T0135407

V&R

Hypomnemata

Untersuchungen zur Antike und zu ihrem Nachleben

Supplement-Reihe

Herausgegeben von
Albrecht Dihle, Siegmar Döpp, Dorothea Frede,
Hans-Joachim Gehrke, Hugh Lloyd-Jones †, Günther Patzig,
Christoph Riedweg, Gisela Striker

Band 2

Walter Burkert, Kleine Schriften

Herausgegeben von Christoph Riedweg,
Laura Gemelli Marciano, Fritz Graf, Eveline Krummen,
Wolfgang Rösler, Thomas A. Szlezák, Karl-Heinz Stanzel

Band VI

Vandenhoeck & Ruprecht

Walter Burkert

Kleine Schriften VI
Mythica, Ritualia, Religiosa 3

Kulte und Feste

Herausgegeben von

Eveline Krummen

Vandenhoeck & Ruprecht

Mit 7 Abbildungen

Bibliografische Information der Deutschen Nationalbibliothek

Die Deutsche Nationalbibliothek verzeichnet diese Publikation in der
Deutschen Nationalbibliografie; detaillierte bibliografische Daten sind
im Internet über http://dnb.d-nb.de abrufbar

ISBN 978-3-525-25276-5

Gesamtherstellung: ⊕ Hubert & Co, Göttingen

Inhaltsverzeichnis

Vorwort

Der vorliegende sechste Band von Walter Burkerts Kleinen Schriften, der den Titel ‚Kulte und Feste' trägt, setzt einerseits die Sammlung der Aufsätze zu ‚Religion und Mythologie' fort, die in Band drei mit den ‚Orphica und Pythagorica' begonnen wurde, und bildet andererseits den letzten Band in der Reihe ‚Mythica, Ritualia, Religiosa', die die Bände vier bis sechs umfassen. Wir freuen uns, dass diese drei Bände begleitet von vielen guten Wünschen gerade rechtzeitig zum 80. Geburtstag von Walter Burkert am 2. Februar 2011 erscheinen können, womit unser gemeinsames Unternehmen, die Sammlung und Herausgabe der Kleinen Schriften durch die bei Walter Burkert habilitierten Kolleginnen und Kollegen in insgesamt acht Bänden, das vor zehn Jahren aus Anlass des 70. Geburtstags begonnen wurde, nunmehr beendet ist.

Wie der Titel ‚Feste und Kulte' besagt, versammelt der vorliegende Band weitere Aufsätze zur antiken Religion und führt nochmals ins Zentrum des wissenschaftlichen Schaffens von Walter Burkert, das insbesondere der antiken Religion gewidmet ist. Während allerdings in Band vier mit ‚Mythos' (A) und ‚Religion' (B) sowie in Band fünf mit ‚Ritus' (C) und ‚Ritus und Mythos' (D) Arbeiten zusammengestellt sind, die vor allem die theoretische Begründung und den Paradigmenwechsel vorführten, den Walter Burkert im Bereich von Mythos und Ritual vorgenommen hat, wendet sich der vorliegende Band sechs mit den Themen ‚Gottheiten und Heroen' (E) und ‚Institutionen' (F) den einzelnen Gestalten der griechischen Religion und besonders der Institution des Tempels, aber auch grundlegenden Fragen zur Bedeutung und Funktion von Ritual, Opfer und Religion zu. Darüber hinaus vermögen diese Aufsätze nochmals eine weitere Perspektive der wissenschaftlichen Arbeit Walter Burkerts zu eröffnen, die in der Rezeption seines Werkes hinter der Diskussion seiner Opfertheorie und des soziobiologischen Zugangs etwas zurückgetreten ist, jedoch ebenfalls ein kontinuierliches Thema seiner Arbeiten bildet. Denn im folgenden geht es bei den sorgfältigen philologischen Begriffsanalysen und der dokumentierenden Beschreibung antiker Kulte, Institutionen und spezifischer ritueller Praktiken nicht nur um eine umfassende Darstellung antiker Religion in der Systematik ihrer Erscheinungen und ihrer kulturellen und praktischen Äußerungen, sondern sehr oft auch um anthropologische Inhalte, um die Frage, wie diese religiösen Phänomene das Wissen über den Menschen und das menschliche Zusammenleben, das immer wieder durch das dem Menschen innewohnende Potential zu Aggression und Gewalt gefährdet erscheint, erweitern und zur Selbsterkenntnis gemäß dem delphischen ΓΝΩΘΙ ΣΑΥΤΟΝ führen können. Sozusagen am Modell der Antike werden auf diese Weise immer neu aktuelle Fragen der Gegenwart in einem übergeordneten Zusammenhang gesehen und gedeutet.

So drängte es sich denn auf, an den Schluss dieses letzten Bandes der ‚Mythica, Ritualia, Religiosa' einen erst kürzlich publizierten Aufsatz zu stellen, der gerade diese Themen einer ‚Anthropologie der antiken Religion' aus einer weiten Perspektive darstellt und gleichzeitig nochmals die markanten Ansätze und Theorien des eigenen Schaffens zur antiken Religion beschreibt, einordnet und weiterdenkt: "Zwischen Biologie und Geisteswissenschaft. Probleme einer interdisziplinären Anthropologie" (2010). Ausgehend vom Begriff des Rituals und dem Phänomen des Tieropfers, diesem befremdlichen Ritual antiker Religion, das eigentlich ein Paradoxon darstellt, insofern es gleichzeitig Destruktion und Heiligung ist, greift Walter Burkert die Frage auf, was denn Religion ist, wie man sie begreiflich machen kann, und noch grundlegender, wie Menschsein definiert werden kann, wobei er auf die Bestimmung des Menschen in der griechischen Philosophie als das Lebewesen, das Denk- und Erkenntnisfähigkeit besitzt, aber sterblich ist (*zoon logikon thneton*), verweist. Philosophie und Religion greifen ineinander.

Es sind diese Themen, die sich denn auch oft als Leitlinien der Darstellung im vorliegenden Band erweisen. Der erste Teil (E) der vorliegenden Aufsatzsammlung enthält Arbeiten zu ‚Gottheiten und Heroen', zunächst drei Aufsätze zu Apollon, dem Walter Burkerts besonderes Interesse gilt. Apollon ist der ‚Gott der Klarheit'. Der ‚griechische Weg' aber ist der ‚Weg der Klarheit', wie Walter Burkert in seinen Vorlesungen formulierte. Bekannt ist Apollon als Gott der Musik, doch ist er auch für die Organisation des gemeinschaftlichen Lebens in der Polis von großer Bedeutung. Während Apollon mit dem ‚ungeschorenen Haar' *(akersekomes)* als das Paradigma des Epheben dem Bereich der Männer, besonders der jungen Männer, zugeordnet ist, gelten weitere Untersuchungen Artemis sowie Aphrodite, Demeter und Persephone, die für das Leben der jungen Mädchen und der Frauen zuständig sind. Erweitert und theoretisch begründet werden diese Untersuchungen im Aufsatz zu den ‚Geschlechterrollen', wo auch die Rolle der Athena in der Organisation des gemeinschaftlichen Lebens von Männern und Frauen, wie es an den Panathenäen, dem großen Fest Athens, prominent zum Ausdruck kommt, aufgezeigt wird. Sie wacht über der politischen Macht im Frieden (über der Polis, dem Handwerk und dem häuslichen Bereich) und über dem ‚geordneten' Krieg.

Im zweiten Teil (F) stehen die ‚Institutionen', die sozialen und pragmatischen Aspekte des religiösen Lebens, wie es sich in Kult und Ritus im Heiligtum und an den großen Festen der Polis manifestiert, im Vordergrund. Es werden Erscheinungsformen des Göttlichen, die Art seiner Verehrung und seiner Vermittlung an die Gemeinschaft diskutiert, ausgehend von den Anfängen in minoischer Zeit. Im Grunde sind in der Darstellung der politischen und sozialen Funktionen der Kulte und ihrer gemeinschaftstiftenden und identitätsbildenden Wirkung bereits die Themen vorausgenommen, die heute unter dem Stichwort ‚Kommunikationssysteme' besprochen werden. Manche Aufsätze schließen an einzelne Kapitel der Monographien wie die ‚Griechische Religion' (1977), ‚Structure and History' (1979) und ‚Die Griechen und der Orient' (2003) an, führen jedoch deren Themen weiter aus, stets begleitet von einer umfassenden Begriffs- und Quellenanalyse, einer reichen Dokumentation von Fakten und einer systematisierenden Darstellung der religiösen Praxis. Zwei für Walter Burkerts Arbeiten charakteristische Themen treten auch im vorliegenden Band besonders hervor, nämlich erstens die Beziehungen der Griechen zu den umliegenden Kulturen in Kleinasien, Mesopotamien, Ägypten oder zum Perserreich, aber auch zu Thrakien und zum Schamanismus, und zweitens die Frühzeit der griechischen Kultur, wobei außer der geometrischen und archaischen Zeit auch die mykenische und minoische Vergangenheit eingehend behandelt wird. Oft geht es dabei um die Frage, inwiefern sich vom Frühen und ‚Ursprünglichen' her die religiösen Phänomene und Praktiken einer späteren Zeit erfassen und begründen lassen.

Durch neue Publikationen und Ausgrabungen ließe sich heute – gerade was die Beziehungen der Griechen zum Vorderen Orient betrifft – manches neu diskutieren, doch die großen Linien, wie sie Walter Burkert gezogen hat, bleiben. Verwiesen sei hier nur auf die jüngst erschienene Monographie von Ch. Marek, Geschichte Kleinasiens in der Antike (2010), darin die Darstellung von Peter Frei, dem langjährigen Kollegen, zu den Hethitern und Phrygern, oder J. Cobet, et al., Hrsg., Frühes Ionien (2007), wo die neueren archäologischen Funde in Kleinasien besprochen sind; besonders interessant in unserem Zusammenhang sind die zahlreichen Aegyptiaca, die zum Vorschein kamen und den frühen Kontakt zu Ägypten belegen. Im Detail immer deutlicher erkennbar wird zudem das umfassende Handelsnetz des 8. Jh.v.Chr., das die gesamte Ägäis und den Mittelmeerraum vom Osten bis in den Westen verband. Die Ergebnisse sind zum Beispiel im Band Zeit der Helden. Die "dunklen Jahrhunderte" Griechenlands 1200–700 v. Chr., Hrsg. Badisches Landesmuseum Karlsruhe, Darmstadt 2008, zusammengestellt. Was Apollon betrifft, sei auf die Gesamtdarstellung von F. Graf, Apollo (2009), verwiesen, die die Arbeiten von Walter Burkert integriert. Die ebenfalls vielfach erwähnten Zeugnisse zur Orphik sind diskutiert bei F. Graf, S.I. Johnston, Ritual Texts for the Afterlife. Orpheus and the Bacchic Gold Tablets (2007), und das Gilgamesch-Epos ist nunmehr in gleich zwei Publikationen neu erschlossen, einerseits von St. Maul, Gilgamesch-Epos (2007) und andererseits von W. Röllig, Gilgamesch-Epos (2009). Auf diese Weise also geht die kritische Auseinandersetzung weiter und die Diskussion bleibt lebendig, wie es Walter Burkerts besonderes Anliegen ist.

Wie in den vorangehenden Bänden hat Walter Burkert zu einigen Aufsätzen ein Addendum geschrieben. Wenige Hinweise auf neue grundlegende Literatur oder Editionen sind den Fußnoten in eckigen Klammern mit Stern hinzugefügt. Versehen im Text der Vorlagen wurden korrigiert. Ein Aufsatz zu Sardanapal, der eigentlich in Band zwei (Orientalia) gehört, jedoch zu spät erschienen ist, als dass er dort hätte aufgenommen werden können, wurde als Nachtrag zum Schluss des Bandes angefügt. Der Aufsatz gibt nochmals ein eindrückliches Beispiel für Walter Burkerts Interesse an den kulturellen Kontakten zwischen den Griechen und ihren Nachbarn im Osten, indem er an der Figur des Sardanapal zeigt, zu welch produktiven und originellen Missverständnissen es zwischen den Kulturen kommen kann, on s'entend parce qu'on ne se comprend pas.

Zum Schluss danke ich ganz herzlich für vielfältige Unterstützung: Frau Angelika Gruber in Graz und einem Team in Zürich für das Scannen der Aufsätze. Am Korrekturlesen auf verschiedenen Stufen waren Frau Waltraut Desch und Frau Ulrike Syrou beteiligt, die zusammen mit Frau Gruber auch für die Erstellung des Layouts nach den Vorschriften des Verlags gesorgt hat. Frau Andrea Riedl danke ich für ihren großen Einsatz bei der Erstellung der Indices und Herrn Alexander Schmid für das Korrekturlesen und seine tatkräftige Unterstützung, wo immer sie gerade erforderlich war.

Graz, den 12. September 2010   Eveline Krummen

E. Gottheiten und Heroen

Erschienen in: Rheinisches Museum 118, 1975, 1–21.

1. Apellai und Apollon

(Alfred Heubeck zum 60. Geburtstag am 20. 7. 1974)

Daß Apollon, der 'griechischste der Götter', in Wahrheit kleinasiatischer Herkunft sei, ist als einprägsames Paradoxon in die meisten neueren Darstellungen der griechischen Religion sowie in die etymologischen Lexika eingegangen. Es war Wilamowitz, der seit 1903 dieser Auffassung energisch zum Durchbruch verhalf;[1] für ihn war der Ausgangspunkt Apollons Rolle in der Ilias: er ist der gefährlichste Feind der Griechen, er schirmt Troia und Aineias, er tötet Patroklos und Achilleus. Auf das lykische Wort lada 'Frau' in Assoziation mit Apollons Mutter Leto konnte Wilamowitz bereits verweisen.[2] In der Folge hat, trotz gelegentlich temperamentvollem Widerspruch,[3] Wilamowitz' These die Erwartungen bestimmt, die die fortschreitende Erschließung kleinasiatischer Originalquellen begleiteten. 1917 wurde ein lydischer Gottesname, der neben Artimu = Artemis steht, als pldãns gelesen und als Apollon identifiziert;[4] *[2]* 1924 wurde der Vertrag des Hethiterkönigs Muwattalliš mit Alakšanduš von Wiluša bekannt,[5] in dem

---

[1] U. v. Wilamowitz-Moellendorff, Apollon, Hermes 38 (1903) 575–586; Greek Historical Writing and Apollo, Oxford 1908; Staat und Gesellschaft der Griechen, 1910 (Kultur der Gegenwart), 33. Der Glaube der Hellenen I, 1931, 324–8. – Wesentliche Anregung und Hilfe verdanke ich einem Kolloquium über Kleinasien und das archaische Griechenland mit meinem Kollegen Peter Frei und Dr. Michael Meier im Wintersemester 1973/74 sowie Gesprächen mit Ernst Risch; die Verantwortung fürs Folgende liegt bei mir.

[2] Hermes 38, 583, 3, nach W. M. Ramsay JHS 4 (1883) 376, Cities and Bishoprics of Phrygia I, 1895, 91, 2. Bereits vor Wilamowitz hatten u. a. Welcker und Zielinski auf Kleinasien hingewiesen, vgl. M. P. Nilsson, Geschichte der griechischen Religion (im folgenden: GGR) I$^{2/3}$, 1955/67, 559, 3.

[3] E. Bethe, Apollon, der Hellene, Antidoron J. Wackernagel, 1923, 14–21; O. Kern, Religion der Griechen I, 1926, 110–112. Die 'nordische' Herkunft Apollons, in Verbindung mit Hyperboreergaben, Bernsteinhandel, der Insel Abalus (Pytheas Plin. n. h. 37, 35), ἀπελλόν· αἴγειρος Hsch., verteidigen u. a. A. B. Cook, Zeus II, 1924, 459–501; A. H. Krappe CP 37 (1942) 353–70; H. J. Rose, Griechische Mythologie, 1961^2, 130; A. Kothe, Apollons ethnokulturelle Herkunft, Klio 52 (1970) 205–30.

[4] O. A. Danielson, Zu den lydischen Inschriften, Uppsala 1917, 24–6; vgl. J. Friedrich, Kleinasiatische Sprachdenkmäler, 1932, Nr. 4b 4; 23, 3; 3; 10. Zustimmend u. a. B. Hrozny, Archiv Orientalni 8 (1936) 194; Nilsson GGR I^2 558; J. B. Hofmann, Etymologisches Wörterbuch des Griechischen, 1950, 21; H. Frisk, Griechisches etymologisches Wörterbuch I, 1960, 124.

[5] E. Forrer MDOG 63 (1924) 1–22; zweisprachige Ausgabe durch J. Friedrich, Staatsverträge des Hatti-Reiches II, 1930, 80 f.; vgl. P. Kretschmer Glotta 24 (1936) 250 f.; vorsichtig Nilsson GGR 558.

unter den Schwurgöttern von Wiluša ein 'Appaliunaš' erschien: Apollon als Gott des Alexandros-Paris von Ilios-Troia bereits im 2. Jahrtausend, als verblüffende Bestätigung von Wilamowitz' Intuition? 1936 rief dann Hroznys Deutung hieroglyphenhethitischer Inschriften einen Gott Apulunas ins Dasein, dessen Symbol mit Toren, dessen Name mit babylonisch abullu 'Tor' verbunden wurde.[6] Dies veranlaßte Nilsson, den seine Studien über den griechischen Kalender schon früher auf eine Einflußlinie Babylon-Delphi geführt hatten,[7] in seinem 1941 erstmals erschienenen Handbuch der aporetischen Behandlung des Apollon-Problems einen ausführlichen Hinweis auf den hethitischen Torgott Apulunas als mögliche Lösung anzufügen.[8] Nicht ohne Zurückhaltung formuliert, doch unverändert auch in der zweiten und dritten Auflage, sichert dieser Passus in dem unersetzlichen Standardwerk dem hethitischen Apollon bis auf weiteres gebührende Beachtung.[9] Hinzugekommen ist mit der Entzifferung von Linear B die Erkenntnis, daß Apollon, in markantem *[3]* Gegensatz zu Zeus und Poseidon, im Pantheon von Knossos und Pylos fehlt.[10] Zu Wilamowitz' These, daß Apollon erst in der Kolonisationszeit von den griechischen Besiedlern Kleinasiens übernommen sei, würde dieser Befund sich bestens fügen.

Spezialisten freilich wissen, daß die scheinbaren Stützen aus nichtgriechischen Dokumenten eine nach der anderen wieder zerbrochen sind.[11] Abgesehen davon, daß die Identifizierung Wiluša-Ilios unhaltbar und der Zusammenhang Alakšanduš-Alexandros zweifelhaft ist, steht unter den Schwurgöttern von Wiluša ausgerechnet -appaliunas nach einer Lücke, die Lesung 'GOTT] Appaliunas' ist ausgeschlossen, GOTT A]-appaliunas ist allenfalls eine unter mehreren Dutzenden

---

[6] Archiv Orientalní 8 (1936) 171–99, bes. 192 ff.; Les inscriptions hittites hiéroglyphiques III, Prag 1937, 424–30; es handelt sich um vier säulenartige 'Altäre' von Emirgazi. Hrozny las Á-pa₁?-lunàs, zog Á-pu?-lu-nàs vor, vergaß aber nicht, im folgenden Apulunas(?), mit Fragezeichen, zu schreiben.

[7] Die älteste griechische Zeitrechnung, Apollon und der Orient, ARW 14 (1911) 423–48 = Opuscula I, 1951, 36–61; Die Entstehung und religiöse Bedeutung des griechischen Kalenders, Lund (1918) 1962² 48–51; Primitive Time-reckoning, 1920 (repr. 1960) 362–9; GGR 561.

[8] GGR I¹, 1941, 527 = ²/³ 558 f.

[9] Vgl. V. K. C. Guthrie, The Greeks and their Gods, 1950, 82–6 (vorsichtig), danach E. Des Places, La religion grecque, 1969, 36 f.; E. Simon, Die Götter der Griechen, 1969, 132–6 (mit weiteren Erwägungen zu bab. abullu); H. Walter, Griechische Götter, 1971, 304; K. H. Roloff, Artemis-Lexikon s. v. Apollon; komplizierter W. Fauth, Der Kleine Pauly I (1964) 445 f.; vgl. H. Cahn, Die Löwen des Apollon, M. H. 7 (1950) 185–199; Hofmann, Frisk o. Anm. 4. – Anders Rose, Oxford Class. Dict., vgl. Anm. 3.

[10] Vgl. A. Heubeck IF 66 (1961) 223; M. Gérard-Rousseau, Les mentions religieuses dans les tablettes mycéniennes, 1968, 165; verwirrend B. C. Dietrich, Origins of Greek Religion, 1974, 154; 241; 276. Kultkontinuität allerdings ist gesichert fürs Artemision von Delos (H. Gallet de Santerre, Délos primitive et archaïque, 1958, 89–100), für Delphi (Nilsson, The Minoan-Mycenaean Religion, 1950², 416–8), fürs Amyklaion (F. Kiechle, Lakonien und Sparta, 1963, 49–54).

[11] P. Chantraine, Dictionnaire étymologique de la langue grecque I, 1968, 98.

möglicher Ergänzungen.[12] Um so sicherer hat die fortschreitende Entzifferung
der hethitischen Hieroglyphen den Torgott Apulunas als Fehldeutung ausgeschaltet; es stimmt weder -pu- noch -lu-, und auch das Symbol hat mit Toren nichts zu
tun.[13] Daß auch pldãnś falsch gelesen und gedeutet war, hat Alfred Heubeck dar-
gelegt.[14] Schließlich ist auch die Gleichung lada-Leto dahingefallen, nachdem
Emmanuel Laroche erkannte, daß die griechische Göttin Leto im Lykischen gerade nicht mit lada wiedergegeben, sondern als 'Mutter dieses Bezirks' umschrie-
ben *[4]* wird.[15] Längst hatte Eduard Meyer darauf hingewiesen, daß die Lykier
den Namen Ἀπολλωνίδης als pulenjda schlicht transkribieren, also offenbar kein
einheimisches Äquivalent für 'Apollon' aufzuweisen haben.[16] Es bleiben die Mythen von Apollons Aufenthalt in Lykien, die Hymnen des 'Lykiers Olen', es
bleibt die Reihe von Apollon-Orakeln an der Küste Kleinasiens von Patara über
Telmissos, Didyma, Klaros bis Gryneion und Zeleia und die besondere Verehrung des Apollon im Hinterland von Kyzikos.[17] Doch für den Namen eines epi-
chorischen Ur-Apollon bietet die kleinasiatische Überlieferung bis auf weiteres
keinerlei Anknüpfungspunkt.

Wie ein Gott überhaupt 'wandern' kann von einem Volk zum andern, inwieweit
je von 'Übernahme' oder aber von Entdeckung, Offenbarung zu reden ist, dies ist
freilich ein Problem voll prinzipieller Schwierigkeiten. Der historisch faßbare
Komplex von Ritualtradition, Name, Mythos, Bildvorstellung und 'Glauben' ist
durchaus auflösbar, ein einheitlicher, wirkungsmächtiger 'Ursprung' alles andere
als selbstverständlich. Zu rechnen ist mit einer Vielfalt von orts- oder stammes-
gebundenen Traditionen, die sich mannigfach überlagert haben, um schließlich in
einem einheitlichen Namen und einem gewissen gemeinsamen Vorstellungsbild

---

[12] F. Sommer IF 55 (1937) 176–82; E. Laroche, Recherches sur les noms des dieux hittites, 1947,
 80; A. Goetze Gnomon 42 (1970) 52 f. Vgl. allgemein G. Steiner, Die Ahhijawa-Frage heute, Sae-
 culum 15 (1964) 365–392. Daß Alexandros ein genuin griechischer Name ist, wird durch myk.
 Arekasadara = Alexandra gestützt. Der Gleichklang mit Alakšansuš kann Zufall sein.

[13] E. Laroche Syria 31 (1954) 113, 59; Les Hiéroglyphes Hittites, 1960, 238; die Lesung ist nun
 á-sa₄?-ᵈ461-su-na-sa-ti, das Symbol 461, das Hrozny mit dem Tor assoziierte, scheint auf eine
 Waffe zu deuten. – Vgl. auch Goetze o. O.

[14] Lydiaka, 1959, 15–30; er deutet +ldãnś als 'König' und bezieht es auf Men; dazu jetzt E. Lane,
 Corpus Monumentorum Religionis Dei Menis, 1971.

[15] BSL 55 (1960) 183 f., was durch eine neue Trilingue aus dem Letoon von Xanthos bestätigt wird;
 vielleicht ist auch die 'Mutter des Gottes' bzw. 'der Götter' Leto, BSL 53 (1957/8) 190.

[16] Geschichte des Altertums I 2², 1909, 640 Anm.; J. Sundwall, Die einheimischen Namen der Lykier, 1913, 21; 34; E. Sittig, De Graecorum nominibus theophoris, Diss. Halle 1911, 32, zu TAM I
 6 = Friedrich (o. Anm.4) Nr.6. Ähnlich erscheint in Side Apollonios als Poloniu, H. Th. Bossert
 Parola del Passato 5 (1950) 37–9; W. Brandenstein, Minoica, Festschr. Sundwall, 1958, 89; G.
 Neumann, Kadmos 7 (1968) 77; 80.

[17] Auf die Beziehung Lykien-Delos (Verg. Aen. 4, 143–9, Serv. auct. zu 144) nimmt offenbar bereits
 der Päan des Simonides, Fr. 519, 55a Page, Bezug; Apollon Λυκηγενής Il. 4, 101; 119, zur Ausdeutung vgl. Menekrates von Xanthos FGrHist 769 F 2; Stesichoros Fr. 198/224 Page. Olen Hdt.
 4, 35; Paus. 5, 7, 8; Apollonverehrung bei den 'Alazonen': Hekataios FGrHist 1 F 217.

zum Ausgleich zu kommen. Zentren und Kräfte solcher Vereinheitlichung sind gerade im Falle Apollons durchaus faßbar: im kultischen Bereich die großen Heiligtümer von Delos und Delphi, die die Verehrung des 'Delischen' und des 'Pythischen' Gottes zu allen Griechen trugen, im Bereich der ausformulierten Vorstellung das homerische Epos, das, indem es die geistige Einheit der Griechen begründete, eben auch Phoibos Apollon in seiner besonderen distanzierten *[5]* Erhabenheit entscheidend gestaltet hat. Weiter zurückzufragen heißt in wahrhaft dunkle Jahrhunderte einzudringen, die nicht durch Schriftzeugnisse und nur schwer durch archäologische Befunde zu erhellen sind. Hier sei nur dem Namen Apollon nachgefragt, wie ja auch die kleinasiatischen Anknüpfungen auf den Namen zielten; ihr Zusammenbruch hat das Problem in den griechischen Raum zurückgespielt. Dabei weist gerade der Name Apollons mit Sicherheit auf vorhomerische Schichten zurück: neben der Form Ἀπόλλων, die im Epos ebenso ausschließlich gilt wie in Delos und Delphi, steht dorisches Ἀπέλλων, kyprisches Ἀπείλων, thessalisches Ἄπλουν. Die thessalische Variante ist nach indogermanisch-griechischen Lautgesetzen kaum zu erklären; daß sie den anderen Formen gegenüber sekundär ist, scheint unzweifelhaft.[18] Die kyprische und die dorische Form gehören offenbar eng zusammen; unabhängige Indizien knüpfen gerade den kyprischen Apollonkult an die Peloponnes an.[19] Für das Verhältnis Ἀπόλλων/ Ἀπέλλων indessen hat sich die Erklärung durchgesetzt, daß die -o-Form *[6]* durch sekundäre Vokalangleichung entstanden ist.[20] Die theophoren Personennamen,

---

[18] Ἄπλουν Plat. Krat. 405c; IG IX 2, 517 (= SIG 543); 199; 512; 569; 1034; 1234; ΑΠΛΟΥΝ[ΙΟΣ? auf einer korinthischen Vase, L. H. Jeffery, The local scripts of archaic Greece, 1961, 125, 3 (im folgenden: Jeffery); ΑΠΠΛΟΔΩΡΟΣ auf einer rotfig. Vase ist Schreibfehler, P. Kretschmer, Griechische Vaseninschriften, 1894, 124; 173. Zu den griechischen Synkopierungen E. Schwyzer, Griechische Grammatik I, 1939, 259: steht beiderseits einer Liquida der gleiche Vokal, so fällt oft der zweite weg, auch bei Ortsnamen wie Tol(o)phon, Tel(e)messos, vgl. Κορύβαντες/Κύρβαντες, im Fall Apollon jedoch der erste, wohl im Voc. Ἄπολλον, da *Ἄπολν unaussprechbar wäre. Die Herleitung vom idg. Ablaut (C. D. Buck, The Greek Dialects, 1955, 46) geht nicht auf, F. Sommer IF 55 (1937) 176, 2. Merkwürdig auch, daß im Phrygischen myk. lawagetas als lawaktei (dat.) erscheint, M. Lejeune Athenaeum 47 (1969) 182–92. – Die etruskische Wiedergabe ist Apulu (= Apollon), dann aplu, einmal aplun, E. Fiesel, Namen des griechischen Mythos im Etruskischen, 1928, 85 f.; die Ähnlichkeit mit der thessalischen Form (Wilamowitz, Glaube der Hellenen I 325) ist Zufall.

[19] Bilingue aus Tamassos: toi apeiloni toi eleitai, O. Masson, Les inscriptions Chypriotes syllabiques, 1961, Nr. 215; zum Zusammenhang mit Lakonien Kiechle (o. Anm. 10) 68–75. – Der Ort des wichtigsten Apollonheiligtums auf Cypern, Kurion, hieß im 19. Jh. bei den Bauern στὸν Ἀπέλλαν, bei den Gebildeten στόν Ἀπόλλωνα, L. Ross, Archäolog. Zeitung 3 (1845) 102; 'Apellon' gibt L. Palma di Cesnola, Cypern, dt. Bearb. von L. Stern, 1879, 281, Masson 190; 198 f., 'Apello' die Karte von M. Ohnefalsch-Richter, Die antiken Cultusstätten auf Kypros, 1891, T. I. Ob hier außerliterarisch die alte Form erhalten blieb, ist schwer abzuschätzen. Die antiken Inschriften von Kurion kennen nur Ἀπόλλων, T.B. Mitford, The Inscriptions of Kourion, 1971. Jedenfalls stammt der Kult aus Argos, Hdt. 5, 113; W.D. Lebek ZPE 12 (1973) 123 f.

[20] J. Schmidt KZ 32 (1893) 327–9; vergleichbar, wenn auch im einzelnen anders gelagert, ist die sekundäre o-Abtönung bei Poseidon, Ποσοιδάν, ποσιδάν.

die kein o-Element enthalten, haben meist das ε bewahrt: Ἄπελλις, Ἀπέλλιχος, Ἀπελλικῶν, vor allem Ἀπελλῆς, -ᾶς, -έας neben Ἀπολλᾶς. Die inschriftlichen Belege zeigen überall das zunehmende Vordringen der Form Ἀπόλλων, die in der Regel mit Beginn der Kaiserzeit Ἀπέλλων verdrängt hat.

Dem geographisch und stammesmäßig umgrenzten Raum, in dem die Form Ἀπέλλων bis in die hellenistische Zeit bewahrt blieb, gebührt damit besonderes Interesse bei der Frage nach Apollons Herkunft; nicht, daß hier mit Sicherheit der 'Ursprung' zu lokalisieren wäre, doch sind hier Traditionen lebendig, die weiter zurückreichen als Homer und die Delisch-Delphische Kultpropaganda. Es handelt sich im Wesentlichen um die dorische Peloponnes und Kreta. An der Spitze steht Lakedaimon mit Sparta, Amyklai und anderen archaischen Heiligtümern, wo Weihgaben seit dem Einsetzen von Inschriften überhaupt für Ἀπέλλων zeugen.[21] Der älteste monumentale Tempel in Syrakus ist nach der Inschrift auf einer Treppenstufe *ΤΟΠΕΛΟΝΙ* geweiht; den gleichen Namen nennt eine alte, in korinthischen Buchstaben geschriebene Weihung der Kerkyräer in Delphi;[22] man wird von den Kolonien auf die Mutterstadt zurückschließen und annehmen, daß auch in Korinth jener Tempel, dessen mächtige Säulen noch heute über dem Marktplatz ragen, dem 'Apellon' gebaut worden ist. Ein weiterer alter Beleg kommt aus Messenien,[23] während in Argos nur 'Apollon' *[7]* belegt ist; an die besonders engen Beziehungen des heroischen Epos zu Argos im 7. Jahrhundert ist dabei zu erinnern.[24] Zahlreich sind die Ἀπέλλων-Belege aus Kreta – Dreros, Gortyn, Knossos – bis ans Ende der hellenistischen Epoche.[25] Zum Randbereich des Dorischen ist auch *ΑΠΕΛΟΝ* in der bizarren Inschrift aus Sillyon in Pamphylien zu

---

[21] Sparta: IG V 1, 145; 219/20; Amyklai: SEG XI 689 (ca. 600, Jeffery 198, 5); 697?; 926; IG V 1, 863; SEG I 87; 88; Epilykos Fr. 3, CAF I 803 Kock; Apellon Hyperteleatas, Epidauros Limera: IG V 1, 977; 980/1; 983/4; 986; 989 (ca. 550, Jeffery 199, 17); Apellon Tyritas, IG V 1, 1517/8; Bull. Epigr. 1941 nr. 14; Gytheion IG V 1, 1149; Tarent? rotfig. Hydria Berlin F 2634, ARV² 1187, 33, Kretschmer (Anm. 18) 212.

[22] Syrakus: IG XIV 1, neue Lesung von M. Guarducci, Arch. Class. 1 (1949) 4–10, SEG XII 406, Jeffery 265, T. 51. Kerkyra: SIG 18 = Fouilles de Delphes II: La Terrace du Temple, 1903, 228–30, Jeffery 234, 15, T. 46 (500/475).

[23] Apellon Korynthos in Korone (Paus. 4, 34, 7), SEG XI 993, Jeffery 204. Auszuscheiden hat die durch schlechte Kopie bekannte Inschrift aus Megara, Dittenberger zu IG VII 179 = CIG 1065. – Ἀπέλλων blieb als die 'dorische' Form bekannt, Herodian II 418, 25 Lentz = Eustath. 183, 10. – Festus p. 22, 14 Müller: Apellinem antiqui dicebant pro Apollinem; dies dürfte auf tarentinischen Einfluß im 3. Jh. (dazu J. Gagé, Apollon Romain, 1955, 228 ff.) weisen, während in den sibyllinischen Orakeln von Cumae nur Ἀπόλλων denkbar ist. Dazu oskisch Appellun, E. Vetter, Handbuch der italischen Dialekte I, 1953, Nr. 18; 196; 197a.

[24] Thebais Fr. 1; Hdt. 5, 67; K. F. Johansen, The Iliad in early Greek art, 1967, 42–84.

[25] Knossos: IC I viii 8; 10; 12 ist SIG 721; 13; 15 (ergänzt); I xvi 5.49; Gortyn: IC IV 51; 171; 183; 184; Dreros: IC I ix 1 = SIG 527; Tylissos IG XII 5, 868 = IC I xxx 2; Lebena IG XII Suppl. 310 = IC I xvii 1; Lato IC I xvi 5, 74; dazu die Mystifikation Inschr. Magnesia 20. Zum angeblichen Ortsnamen *ΑΠΕΛΟΝΙΑ* Bull. epigr. 1965 nr. 325.

rechnen.[26] Dazu kommt der Befund der theophoren Personennamen. Das ins Unübersehbare gewachsene Material ist seit Ernst Sittigs Dissertation von 1911[27] nicht neu bearbeitet worden; doch ist unwahrscheinlich, daß die Proportionen sich gegenüber Sittigs Ergebnissen wesentlich verschieben würden. Beschränkt man sich auf die vorhellenistischen Bezeugungen der Namen mit ε-Element – Ἀπελλις, Ἀπελλῆς –, so findet man diese in Megara, (Korinth-)Syrakus, Arkadien; in Böotien; im ionischen Bereich Kleinasiens: Kyzikos, Kolophon, (Phokaia-)Massalia; Chios, Erythrai, Priene, Iasos.[28] Bezeichnend ist der Ausfall Athens und Attikas, wo doch das Namenmaterial am reichsten fließt; umsomehr fallen die peloponnesischen Zeugnisse aus relativ spärlichem *[8]* Bestand ins Gewicht. Athens Traditionen scheinen besonders direkt im Mykenischen verwurzelt; Apollonkulte sind dort nach Lage und Bedeutung peripher.[29]

Das Namenmaterial weist, wie bereits Sittig gegenüber Wilamowitz betonte, auf die besondere Rolle des dorischen Bereiches hin; die Untersuchung der Namensformen Apollon-Apellon führt in eben diese Richtung. Die "alte These K. O. Müllers", die für Nilsson "nicht mehr widerlegt zu werden" brauchte,[30] daß Apollon von Haus aus ein Gott der Dorier sei, scheint sich zu bestätigen. Was den Namen betrifft, kann man jedenfalls nicht umhin, zwei weitere Gegebenheiten in Betracht zu ziehen, die eben dem dorisch-nordwestgriechischen Bereich eigen sind: den Monatsnamen Ἀπελλαῖος und die Institution von ἀπέλλαι.

Das Zeugnis der Monatsnamen ist mit Vorsicht auszuwerten, weil die unbestreitbare Kontinuität der lokalen Benennungen oft unversehens durch politisch-administrative Manöver durchkreuzt werden konnte; dazu kommen die Lücken unserer Überlieferung. Eben darum ist es beachtenswert, daß der Monatsname Apellaios mit dem dorisch-nordwestgriechischen Sprachraum in dessen ganzer

---

[26] E. Schwyzer, Dialectorum Graecarum exempla epigraphica potiora, 1923, Nr. 686, 30. Zum dorischen Charakter des Pamphylischen F. Bechtel, Die griechischen Dialekte II, 1923, 797; 813 f., vgl. Schwyzer Gr. Gr. I 89; S. Lurje Klio 37 (1959) 12–20 geht nach dem Urteil von E. Risch (mündlich) in der Betonung 'achäischer' Elemente viel zu weit. Vgl. Anm. 59.

[27] O. Anm. 16; zu Apollon S. 36–40.

[28] Vgl. auch u. Anm. 60. – Arkadien: IG V 2, 468; Troizen (oder Megara) IG IV 823, 74; Megara: Erzgießer Apellas, RE Nr. 9, Inschr. Olympia 160; 634; Syrakus: Diod. 11, 88; Böotien: SEG XIX 361; IG VII 1889; 1901; Kyzikos: GDI 5523; Kolophon: der Maler Apelles, RE Nr. 13; Massalia: SIG 12, Jeffery 287 f.; auffallend häufig in Chios, IG XII 5, 111; SEG XIX 575; 580; SIG 142,41; vgl. Ἀπελλις als Großvater Homers, Pherekydes FGrHist 3 F 167, Hellanikos FGrHist 4 F 5, Stesimbrotos Vit. Hom. p. 251, 26 Allen = p. 31, 10 Wilamowitz (fehlt FGrHist), Ἀπελλῆς als Kymäer Ephoros FGrHist 70 F 1; Erythrai: Inschr. v. Erythrai und Klazomenai, 1972/3, 1, 1; 161; 162; Priene: Inschr. Priene 4; Iasos: SIG 169, 15; 42. Nicht zugehörig ist der sikulische Name Ἀπελος (vgl. Apulus) SEG XVI 573, Bull. Epigr. 1950 Nr. 244.

[29] Delphinion und Pythion beim Olympieion, Paus. 1, 19, 1; Plut. Thes. 18; L. Deubner, Attische Feste, 1932, 198; 201.

[30] GGR 531; K. O. Müller, Geschichten Hellenischer Stämme und Städte II 1²: Die Dorier, 1844, 200–81.

Erstreckung verbunden auftritt. Er findet sich auf Kreta in Olus, auf der Peloponnes in Argos und Epidauros; Kalchedon läßt auf Megara, Herakleia in Unteritalien auf Sparta zurückschließen; es folgen die westlichen und die unteritalischen Lokrer, Delphi, Dodona; am Malischen Meerbusen Oitaia und Lamia;[31] schließlich gehört Apellaios dem Makedonischen Kalender an, der durch Seleukiden- und Ptolemäerreich über ganz Kleinasien und Ägypten Verbreitung fand.[32] Für sich steht der Monatsname Ἀπελλαιών auf der Insel *[9]* Tenos, die hier wie sonst Dorisches mit Ionischem amalgamiert.[33]

Die Institution von ἀπέλλαι erscheint in gewichtigen und alten, doch scheinbar divergierenden Zeugnissen: eine Volksversammlung in Lakedaimon, ein Fest der Familienverbände in Delphi. Ἔδοξε τῶι δάμωι ἐν ταῖς μεγάλαις ἀπέλλαις schreibt man in Gytheion im 1. Jahrhundert v. Chr.[34] Die Hesychglosse ἀπέλλαι· σηκοί, ἐκκλησίαι, ἀρχαιρεσίαι bestätigt die sowieso nicht zweifelhafte Wortbedeutung. Daß Wort und Sache weit älter sind, beweist das älteste und berühmteste Dokument der spartanischen Verfassungsgeschichte, die 'Lykurgische', 'Große Rhetra'; ihre Authentizität wird heute kaum mehr angezweifelt, wenn auch die Datierung zwischen 9. und 7. Jahrhundert schwankt.[35] Sie gebietet, ἀπέλλαι abzuhalten an festem Ort und zu festen Zeiten, ὥρας ἐξ ὡρῶν ἀπελλάζειν μεταξὺ Βαβύκας καὶ Κνακιῶνος. Man hat mit erstaunlicher Zuversicht daraus eine monatlich tagende 'Apella' konstruiert, die als gesichertes Faktum in den Handbüchern ihren Platz behauptet.[36] Doch kann der Text nach allen griechischen Parallelen[37] nur meinen: von einer Jahreszeit bis zur entsprechenden

---

[31] A. S. Samuel, Greek and Roman Chronology, 1972, 57–138; Olus: IC I xvi 4 = SIG 712, 59; Argos: SEG XVI 255; Epidauros: IG IV p. 341, Samuel 91 f.; Kalchedon: SIG 1011, 9; Herakleia: IG XIV 645; aus Sparta sind nur 11 Monatsnamen bekannt, Samuel 93; Chaleion, Oiantheia: Tolphon: GDI 1927, 1908, 1954, vgl. Anm. 64; Delphi: Samuel 73–5; Oitaia: IG IX 1 227; 229; 230; Lamia: IG IX 2, 76, 12; zur Dorisierung der Phthiotis Schwyzer Gr. Gr. I 90; 92; Dodona: Bull. Epigr. 1939 Nr. 153.

[32] Samuel 139–51; bis Indien, Schwyzer Gr. Gr. I 195. Zum makedonischen Kalender gehört auch das Zeugnis aus Aigina, SEG XI 13. Vgl. Anm. 63.

[33] IG XII 5, 872, 15; zu Peloponnesischen Beziehungen (Herakles-Tradition, Phyle Hyakinthis, Argivische Zuwanderung) RE, V A 508; 510; 514.

[34] IG VI, 1144, 20; 1146 = SIG 748, 40.

[35] G. Busolt, H. Swoboda, Griechische Staatskunde, 1920/6, 43–6; H. Bengtson, Griechische Geschichte, 1969⁴, 103 (Lit.); Kiechle (o. Anm. 10) 146–62; P. Oliva, Sparta and her social problems, Prag 1971, 71–98. Plut. Lyk. 6 = Arist. Fr. 536; vorausgesetzt von Tyrtaios Fr. 4 West. ἀπέλλαι: ἀπελλάζειν ~ δίκα: δικάζειν, ἀγορά: ἀγοράζειν.

[36] Busolt-Swoboda 691–4; 1332; Bengtson 15 f.; vorsichtig Kiechle 152. H. T. Wade-Gery, Essays in Greek History, 1958, 45 f. erkennt die Bedeutung "year by year" sucht aber dann in ἀπελλάζειν einen Hinweis auf monatlichen Rhythmus. N. G. L. Hammond JHS 70 (1950) 43 will "for ever and ever" übersetzen, wogegen sich Beispiel Theokr. 15, 74 spricht: κῆς ὥρας κἤπειτα.

[37] Vor allem Isyllos 25, p. 133 Powell, wo Wilamowitz (Isyllos von Epidauros, 1886, 11) direkte Nachahmung der Rhetra-Formel sieht; das von Isyllos gestiftete Fest war natürlich jährlich; ἐκ τῶν ὡρῶν εἰς τὰς ὥρας Aristoph. Thesm. 950, εἰς τὰς ὥρας τὰς ἑτέρας Nub. 562, vgl. 1117, εἰς

nächsten, also Jahr für Jahr. Eben darauf, auf ein einmaliges Ereignis im Jahr, weist klärlich der Monatsname Apellaios, der für Sparta zumindest zu erschließen ist (Anm. 31), und nicht minder Hesychs Erklärung *[10]* ἀρχαιρεσίαι für ἀπέλλαι. Gewiß setzen die 'großen' ἀπέλλαι von Gytheion 'kleine' voraus, es gab in historischer Zeit in Sparta eine 'kleine' und folglich auch eine 'große' Volksversammlung, es gab monatliche Versammlungen;[38] die lokale Nomenklatur ist uns unbekannt. Die alten ἀπέλλαι jedenfalls waren keine routinemäßige Volksversammlung, sondern ein einmal jährlich stattfindendes Stammes- oder Gemeindefest, ein 'Thing', eine 'Landsgemeinde',[39] der eben damit eine grundlegende Funktion in der politisch-sozialen Ordnung zufallen mußte.

In Delphi eröffnet der Monat Apellaios das Jahr. Daß in ihm ein Fest, ἀπέλλαι, stattfand, hat einzig die 1895 veröffentlichte 'Labyadeninschrift' aus dem 5. Jahrhundert v. Chr. gelehrt.[40] Sie regelt in ihrem ersten Teil die Bedingungen, unter denen ein bestimmtes Opfer, ἀπελλαῖα, darzubringen und zu akzeptieren ist; offenbar wird ein Opfertier 'herbeigeführt', während Kuchen 'getragen' werden, ἀπελλαῖα ἄγειν – δαράτας φέρειν (A 32; 45; 52). Die ἀπελλαῖα werden am Tag der ἀπέλλαι, und nur an ihm, dargebracht (A 32), einmal im Jahr (A 46). Die Labyaden üben eine Oberaufsicht über die ταγοί, sie entscheiden am Tag der ἀπέλλαι über die ἀπελλαῖα (B 8); sie rufen dabei Apollon, Poseidon Φράτριος und Zeus Πατρῷος an (B 13). Für den Sinn des ἀπελλαῖα-Opfers entscheidend ist die Aufzählung γάμελα – παιδήια – ἀπελλαῖα (A 25): schon der Erstherausgeber Homolle verglich zwingend die Reihe der Opfer in den attischen Phratrien zum Fest der Apaturia. γαμήλιον – μεῖον – κούρειον, entsprechend den drei entscheidenden Veränderungen im Familienverband: Hochzeit, Vorstellung des Kleinkindes, Volljährigkeit. Am wichtigsten hier wie dort ist das Fest der Volljährigkeit, des Übergangs vom παῖς zum ἔφηβος; ihm allein gebührt in Delphi ein Tieropfer, nach ihm allein ist ein Monat benannt. Daß ἀπέλλαι und Monat Apellaios zusammengehören, konnte nie zweifelhaft sein; es wird durch die Labyadeninschrift ausdrücklich bestätigt.[41] *[11]*

Niemand wird annehmen, daß die 'Landsgemeinde' der Lakedämonier und das Fest der Epheben in Delphi durch Zufall den gleichen Namen tragen. Die Auf-

---

ὥρας Od. 9, 135, Plat. epist. VII 346 c, Philemon Fr. 116, Theokr. 15, 74; die Odyssee-Formel ἂψ περιτελλομένου ἔτεος, καὶ ἐπήλυθον ὧραι und Verwandtes.

[38] Schol. Thuk. 1, 67; μικρὰ ἐκκλησία Xen. Hell. 3, 3, 8.

[39] Zur Geschichte der Schweizer Landsgemeinden M. Kellenberger, Die Landsgemeinden der schweizerischen Kantone, Diss. Zürich 1965, 12–20.

[40] Th. Homolle BCH 19, 1895, 5–69; GDI 2561; Schwyzer Nr. 323; SIG² 438 (fehlt in der 3. Aufl.); nur der zweite Teil bei L. Ziehen, Leges Graecorum Sacrae II, 1906, 74, danach F. Sokolowski, Lois Sacrées des cités grecques, 1969, Nr. 77. Vgl. Ziehen RF, XII 307–11. Hsch. ἀπέλλακας· ἱερῶν κοινωνούς.

[41] D 4f.: die Aufzählung der θοῖναι νόμιμοι folgt dem Jahreslauf, am Anfang stehen Ἀπέλλαι καὶ Βουκάτια; Apellaios ist der erste, Bukatios der zweite Delphische Monat.

nahme der Epheben setzt eine Versammlung des Stammes oder Familienclans voraus, in der erstmaligen Teilnahme dokumentiert sich ihre Stellung als Vollmitglieder; für die Jahresversammlung der wehrfähigen Männer ist, wie für jede Korporation, die Aufnahme der neuen Mitglieder einer der wichtigsten Akte. Initiationsfest und politische Beschlußfassung schließen sich zusammen in einer offenbar einst verbreiteten Institution der dorisch-nordwestgriechischen Stämme, die in historischer Zeit verkümmert ist; durch Zufall der Überlieferung wird sie in zwei verschiedenen Aspekten uns eben noch sichtbar.

Wenn nun in dem durch den Monatsnamen umgrenzten Stammesbereich eben auch der Gott Apellon erscheint, dann ist die Frage unabweisbar, ob nicht dieser Name mit in den Komplex des Jahresfestes gehört; ja läßt sich überhaupt vernünftigerweise beides trennen, Apellon samt den Personennamen Apellas, Apellis einerseits und ἀπέλλαι samt Monat Apellaios andererseits? Der Erstherausgeber der Labyadeninschrift, Homolle, hat mit Selbstverständlichkeit Apollon zu ἀπέλλαι gestellt, Farnell betrachtet diese Ableitung als die einzig ernsthaft erwägenswerte, und Jane Harrison hat in ihrem Buch 'Themis' von hier aus die Apollongestalt gedeutet als Urbild der im Initiationsfest aufzunehmenden Jünglinge: "he is ... 'the archephebus'".[42]

Es ist erstaunlich, wie diese These, kaum beachtet, aus der Diskussion unversehens wieder verschwunden ist. Solders hat sie 1935 aufgegriffen, doch mit so viel hypothetischem Steinkult belastet, daß fortan die Kritik an Solders auch seinen Ausgangspunkt zu treffen schien.[43] Der Zufall, daß der entscheidende Text der Labyadeninschrift aus den meistbenutzten kommentierten Inschriftensammlungen verschwand (Anm. 40), war wohl nicht ohne Einfluß. Obendrein hat Jane Harrison, neuen Anregungen allzu zugänglich, in der zweiten Auflage ihre These zugunsten des 'Apfelgottes' Apollon selbst zurückgenommen.[44] *[12]* Und dann war die ἀπέλλαι-Deutung in anderem Sinn vorweggenommen durch Carl Robert: er hatte aus jener Hesych-Notiz ἀπέλλαι· σηκοί herausgegriffen und einen Gott der Hürden und Herden konstruiert. Diese Deutung ist immer wieder diskutiert und abgelehnt worden,[45] mit Recht, weil in ihr ein ganz peripherer Zug zum 'Ursprung' aufgewertet war. Daß es schon im Ansatz verfehlt war, aus der Hesych-Erklärung einen Teil, der offenbar als wörtliche Erklärung gemeint ist, zu isolieren und ganz einseitig auszulegen, als ob σηκοί nur Schafe und nicht auch

---

[42]   Homolle BCH 19 (1895) 44 f.; L. R. Farnell, The cults of the Greek states IV, 1907, 98 f.; J. E. Harrison, Themis, 1912 (1927²) 440 f.

[43]   S. Solders ARW 32 (1935) 142–55; Kritik: P. Kretschmer Glotta 27 (1939) 32; Nilsson GGR 558; Chantraine (Anm. 11).

[44]   Themis² 444 n., nach J. R. Harris, Bull. J. Rylands Lib. 3 (1906) 10–47 und Cook (Anm. 3).

[45]   C. Robert bei E. Meyer, Geschichte des Altertums II, 1893, 98, vgl. II 1², 1928, 284; Sittig (Anm. 16) 40; Kern (Anm. 3) 110–2; vgl. Nilsson GGR 556; Frisk (Anm. 4); Chantraine (Anm. 11); Fauth (Anm. 9).

Ölbäume, Altäre, Geheiligtes aller Art umschließen könnten, daß die Bedeutung von ἀπέλλαι aus viel älteren, direkten Zeugnissen zu entnehmen ist, wurde nicht angemerkt. Der eigentliche Grund für das Versinken von Harrisons These liegt aber wohl darin, daß die – an Émile Durkheim anknüpfende – Zurückführung der Religion auf soziale Gegebenheiten, wie sie Jane Harrison in 'Themis' unternahm, auf unbewußten, doch um so stärkeren Widerstand stieß. Die idyllischen Bilder von Schafhürde und Apfelbaum schienen weit einleuchtendere Anknüpfungspunkte für einen Gott Griechenlands zu bieten. Nilsson hat einmal behauptet, Harrisons Ideen seien "peculiar to one period of the development of humanity, that of savagery and primitive democracy in which the collective emotion and the group-mind governed men completely. But this savage stage had long been passed even in Minoan Crete where a highly developed culture is found".[46] Gewiß, Initiationen sind im Prinzip primitiver als die minoisch-mykenische Palastkultur; aber was auf ihren Zusammenbruch folgte, als eine Gemeinschaft von ὁμοῖοι nicht auf König, Bürokratie und Palast, sondern auf den Altar ihrer Gottheit sich ausrichtete, dies kann durchaus auf tieferen Fundamenten bauen. Diejenigen griechischen Stämme jedenfalls, bei denen komplizierte mehrstufige Initiationsriten mit zweifellos hochaltertümlichen Zügen bekannt sind, sind eben Lakedämonier und Kreter,[47] bei denen auch die ältesten und dichtesten Zeugnisse für Apellon zu finden sind. *[13]*

Freilich genügt es nicht, aufs Geratewohl zu assoziieren. Zu fragen ist, ob die Sprachwissenschaft eine solche Verbindung bestätigen oder falsifizieren kann und ob antike Quellen für oder gegen eine solche Verbindung zeugen. Erst dann wird man der lockenden Frage nachgehen, inwieweit eine solche Herleitung die Apollongestalt ihrerseits beleuchten kann.

Nun ist es ebenso bezeichnend wie verwunderlich, daß die griechischen Götternamen etymologische Durchsichtigkeit geradezu mit System vermeiden; die Unsterblichen kontrastieren eben darin mit den Namen der gewöhnlichen Sterblichen. Selbst 'Zeus' ist nur dem modernen Linguisten durchsichtig, die griechische Sprache hat die zugehörigen Appellativa fast restlos ausgeschaltet; statt der lokal bezeugten, gut griechisch klingenden Eleuthyia hat sich die bizarre Eileithyia[48] durchgesetzt; Ariadne statt Ariagne, Aglauros statt Agraulos, Kekrops statt Kerkops, Erechtheus statt Erichthonios[49] – so auch Apollon statt Apellon?

---

[46]   The Minoan-Mycenaean Religion, 1927, 477 = 1950², 548f; vgl. GGR 11; 64; das Literaturverzeichnis GGR XI nennt von Harrison nur die 'Prolegomena' (1903), nicht 'Themis'.

[47]   Es genüge hier der Verweis auf H. Jeanmaire, Couroi et Courètes, 1939 (der aber die ἀπέλλαι nicht behandelt); A. Brelich, Paides e Parthenoi, 1969; zur Antithese des 'dunklen' und des 'hellen' Aspektes der Ephebie P. Vidal-Naquet, The black hunter and the origin of the Athenian Ephebeia, Proc. Cambridge Philol. Society 194 (1968) 49–64.

[48]   A. Heubeck Kadmos 11 (1972) 87–95.

[49]   Von "spielerischen Varianten" spricht K. Kerényi, Die Jungfrau und Mutter der griechischen Religion, 1952, 41; man rechnet in der Regel in all diesen Fällen mit vorgriechischen Namen.

Stellt man die Reihe ἀπέλλαι – ’Απόλλων – ’Απελλᾶς neben ἔρμα – 'Ερμάων – 'Ερμάας einerseits, ῞Ηρα – ῞Ηρων – 'Ηρᾶς, 'Εκάτη – 'Εκάτων – 'Εκατᾶς andererseits, so sieht man ebenso die formalen Parallelen wie den semantischen Unterschied: dort zwei Formen des Götternamens neben einem Appellativum, hier zwei Möglichkeiten theophorer Kurznamen neben dem Götternamen, in unserem Fall aber neben einem Appellativum einen Götternamen einerseits, einen theophoren Kurznamen andererseits. Daß ἀπέλλαι keine anerkannte indogermanische Etymologie aufzuweisen hat, kommt erschwerend hinzu.[50] *[14]*

Die griechischen Namen auf -ων sind in der Regel Übernamen, oft von einem auffallenden Körpermerkmal gebildet – Simon Rhinon Strabon –, oder aber Kurznamen wie Diodoros – Dion. Apellon fällt in keine dieser Normalkategorien. Allerdings hat das -ων- Suffix dann offenbar gewuchert, es gibt Bildungen direkt von Appellativa, die nicht als Kurzformen von Vollnamen zu deuten sind, wie Dolon, Chalkon, Thoon.[51] Gerade bei Göttern und Heroen findet man nun solche eigentlich irreguläre, doch durchsichtige Bildungen: im Kult etwa Herakles Melon, Hermes Tychon, Matton und Keraon,[52] vor allem aber Pluton,[53] im Mythos auch Skiron der Klippenmann, Echion der Schlangenmann, Python, Phrikon;[54] und aus dem Festnamen Pandia ist ein Heros Pandion entstanden, dem das Fest dann gilt.[55] Es ist fast weniger gewaltsam, wenn man zu den ἀπέλλαι einen Apellon rief; eher noch ist zunächst an einen Beinamen zu denken, Παιάϝων ’Απέλλων oder eben Φοῖβος ’Απέλλων.[56] Nicht als indogermanisch ererbter Name, sondern

---

[50] Die Etymologie ist "ganz unsicher", J. Wackernagel bei Busolt-Swoboda (Anm. 35) 442, 4; 691, 4; vgl. Frisk (Anm. 4), Chantraine (Anm. 11) s. v.; am nächsten liegt die Verbindung mit der 'äolischen' Glosse ἀπέλλειν· ἀπέργειν Hsch.; zu *ja*-Ableitungen E. Risch, Wortbildung der Homerischen Sprache, 1973², 136 f., zum dorischen Akzent von ἀπέλλαι E. Boisacq, Dictionnaire étymologique de la langue grecque, 1916, 68; gerade der Plural ἀπέλλαι würde no da aus verständlich, wie κιγκλίδες und δρύφακτοι die Gerichtsversammlung bezeichnen. Doch ἀπέλλειν wird auf -ελνω zurückgeführt, Boisacq a. O., Schwyzer Gr. Gr. 283; 693; und vollends verwirrend die Hesychglossen ἀππαλλάζειν· ἐκκλησιάζειν. ῎Ιωνες und ⟨ἀπ⟩άλλακες· ἱερῶν κοινωνοί.

[51] Risch 56 f.

[52] Hsch. Μήλων; Poll. 1, 31, 32; RE XV 561. – Strab. 13 p. 588; – Ath. 2, 39c.

[53] Pluton läßt sich natürlich als Kurzform zu Πλουτοδότης auffassen, was aber gerade nicht ein Beiname des Hades ist, Roschers Mythol. Lex. III 2567 f.

[54] Gründungsheros von Kyme, Vit. Hom. Herodot. 176 Allen = p. 9, 4 Wilamowitz.

[55] Wilamowitz, Der Glaube der Hellenen I 277; R. Hanslik RE XVIII 2, 513.

[56] Φοῖβος ist "völlig unerklärt", Nilsson GGR 559. Auffallend ist, daß der einzige zum Namen gehörige Komplex, der von Kult und Mythos des Apollon unabhängig ist, eben in den Bereich der spartanischen Initiationen führt: der Kult der Φοίβα im Phoibaion, Paus. 3, 14, 9, F. Bölte, RE XX 323–6. Nun scheinen die Knaben in einer Phase der Initiationen φουαί ·Füchse' geheißen zu haben, Hsch. φουαί und φούαξιρ, φουάδδειν, MH 22 (1965) 171. Ein zugehöriges Adjektiv könnte *φόϝjος > *φοῖϝος lauten, was dann in einem anderen Dialekt, der ϝ verloren hatte, z.B. in der epischen Kunstsprache als Φοῖβος wiedergegeben werden konnte, wie umgekehrt ἀμοιβά in Korinth auch ἀμοιϝά geschrieben werden konnte, GDI 3119c = IG IV 212; vgl. αἰβετός· ἀετός. Περγαῖοι Hsch., < *ἀϝjετός, Schwyzer Gr. Gr. 272 f. Doch ist die Entwicklung von ϝj durch das Mykenische ganz problematisch geworden, A. Heubeck SMEA 11 (1970) 65–8, M. Lejeune,

[15] als Neubildung in den dunklen Jahrhunderten, vielleicht in Sparta, ist eine solche Ableitung m. E. linguistisch durchaus möglich.

Eindeutiger noch läßt sich konstatieren, daß die Griechen selbst auf jeden Fall ἀπέλλαι und Apollon miteinander assoziiert haben. Die Namen wie Ἀπελλᾶς Ἄπελλις könnten formal zum einen wie zum anderen gehören; daß sie zum Gott in Beziehung stehen, ergibt sich eben aus ihrer Verbreitung, die dem Kult zu folgen scheint und den Bereich lokaler ἀπέλλαι weit überschreitet;[57] auch Namenfolgen in der Familie wie Ἀπελλῆς Πυθέου,[58] Ἀπελλῆς Ἀπολλωνίου, Ἀπολλωνίδης Ἀπελλέος sprechen eine deutliche Sprache. Die pamphylischen Namensformen Πελάδωρυς, (Ἀ)πελάϝρυϝις[59] führen aber formal eigentlich auf ἀπέλλα(ι), und sicher gehört dazu der altbezeugte Name Ἀπελλαῖος,[60] der aber literarisch als auswechselbar mit Apelles oder Apellis gebraucht wird.[61]

Inwieweit die Monatsnamen als bedeutsam verstanden wurden, ist fraglich; doch waren sie für die Griechen zumindest potentiell aussagekräftiger als 'Januar', 'Februar' für Nichtlateiner. Sittig[62] hat argumentiert, der Apellaios müsse Apollon gehören, weil nicht selten ein Monat Artemisios im gleichen Kalender erscheint. Auch die Reihenfolge Dios-Apellaios am Anfang des makedonischen Kalenders sieht fast nach 'Theologie' aus. Der einzige Fall, in dem Apellaios und Apollonios als *[16]* Monatsnamen im gleichen Kalender sicher bezeugt sind, ist Tauromenion,[63] die Neubegründung des 4. Jahrhunderts, als in Sizilien die Gegensätze dorischer und ionischer Tradition sich verwischten. Urkunden aus Cha-

---

Phonétique historique du mycénien et du grec ancien, 1972, 171–3, und man müßte wieder annehmen, daß gerade eine irreguläre Form sakralisiert wurde. Der 'Fuchsgott' als Parallele zum (arkadisch beeinflußten?) Λύκειος wäre verlockend; doch so lange kein lakonisches Zeugnis für *Φοῖϝος oder *Φοίϝα auftaucht, hängt alles in der Luft. – Brüchig ist auch das Fundament des Versuchs, aus der Hesychglosse ἄφικτον· ἀκάθαρτον einen indogermanischen Stamm zu rekonstruieren, zu dem ablautend Φοῖβος gehören soll (A. Fick BB 28, 1904, 109; M. S. Ruipérez Emerita 21, 1953, 14–7; Frisk II 1931). Die Glosse, aus einem literarischen Text (Akkusativ), ist von Ζεὺς Ἀφίκτωρ Aisch. Hik. 1 und dem reinigungsbedürftigen προσίκτωρ Aisch. Eum. 441 nicht zu trennen.

57 Sittig (Anm. 16) 40.
58 Der berühmte Maler. – SEG XVI 648; OGI 265; Ἀπελλῆς καὶ Ἀρτέμισις SEG VI 675.
59 Zu diesen Namen A. Heubeck Beitr. z. Namenforsch. 7 (1956) 8–13. Merkwürdig Ἀπελλίδωρος auf einem kaiserzeitlichen Grabstein aus Amathus, A. S. Murray, A. H. Smith, H. B. Walters, Excavations at Cyprus, 1900, 96, Sittig 37.
60 Der Sieger der 60. Olympiade, 540 v. Chr., aus Elis; ein Athener (?) in einer Rede des Hypereides, Fr. 8–12; auf Kypros, SEG XX 286.
61 Der Großvater Homers, 'Certamen' (Alkidamas?) 51 Allen; von Wilamowitz p. 36, 14 zu Ἀπελλῆς korrigiert, vgl. Anm. 28.
62 Vgl. Anm. 57. Apellaios und Artemitios in den Kalendern von Epidauros, Lokroi, Tauromenion, Makedonien, Samuel (o. Anm. 31) 91; 138; 137; 139; vielleicht Sparta, o. Anm. 31; Apellaion und Artemision in Tenos, Samuel 102.
63 IG XIV 426 iv; 429. Auch in Pergamon sind Apellaios und Apollonios bezeugt, doch scheinen dort der einheimische und der makedonische Kalender nebeneinander gebraucht zu werden, Samuel 125–7.

leion in Lokris nennen einmal den Monat Apellaios, ein anderes Mal den 'Monat Apollons'.[64] Eine solche Monatsbezeichnung ist, gegenüber dem System der Monatsnamen auf -ιος, so singulär, daß bewußte Hervorhebung des Apollon, unter dessen Schutz der Vertrag gestellt wird, vorliegen dürfte und demnach eine Gleichsetzung mit Apellaios sich empfiehlt.[65]

Die Delphischen Apellai sind bei Nilsson in den 'Griechischen Festen' unter den 'Festen unbekannter Götter' abgehandelt; dabei ist gar nicht erwähnt, daß die Labyaden bei ihrer Versammlung 'Apollon, Poteidan Φράτριος und Zeus Πατρῷος' anrufen (B 14). Im 'Handbuch' trägt Nilsson dies nach, warnt jedoch, Apollon spiele "eine so geringe Rolle, daß keine Veranlassung zu der Annahme besteht, daß dieses Fest ihm wirklich zugehört".[66] Gründe zur gegenteiligen Annahme freilich sind noch weniger zu finden. Bemerkenswert ist vielmehr, daß Apollon vor seinem Vater Zeus genannt ist, und daß ihm kein Epitheton gegeben wird: er ist der Gott von Delphi schlechthin, und Apollo Ἀπελλαῖος wäre eine Tautologie. Griechische Städte pflegen am Neujahrsfest im ersten Monat des Jahres ihre Hauptgottheit zu ehren: Athen feiert Panathenaia, Argos Heraia, Dodona Naia. Apollon von Delphi kann im Delphischen Neujahrsmonat Apellaios nicht abseits stehen. Sein Fest ist von lokaler Bedeutung, doch altverwurzelt, so daß die gesamtgriechischen Pythia in den zweiten Monat Bukatios abgedrängt werden. Solcher Art sind offensichtlich die ἀπέλλαι.

Zu den spartanischen ἀπέλλαι schließlich bemerkt Plutarch: "ἀπελλάζειν heißt ἐκκλησιάζειν, weil nämlich Lykurg Ursprung *[17]* und Grund seiner Staatsverfassung an den Pythischen Gott anknüpfte" (Anm. 35). Nicht nur also, daß er ἀπελλάζειν und Apollon assoziiert, er setzt diese Verbindung auch bei seinen Lesern als so selbstverständlich voraus, daß er weder den Namen Apollon noch die dorische Sonderform Apellon – die seine Gelehrsamkeit hätte finden können[67] – auch nur zu nennen braucht. Plutarch knüpft vor und nach diesem Satz an ältere Kommentierung der Rhetra an, er nennt gleich danach Aristoteles; ἀπέλλαι und Apollon, dies scheint demnach nicht ein einmaliger Einfall zu sein, sondern etablierte Tradition.

Angesichts dieser vielfältigen Beziehungen ließe sich behaupten, daß die Beweislast dem zufällt, der Apellai und Apellon, Apelles und Apellaios trennen

[64] Apellaios Anm. 31; Ἀπόλλωνος μηνός GDI 2300 = Fouilles de Delphes III 3 Nr. 38, dem letzten Delphischen Monat Ilaios entsprechend. Außerdem erscheint Ἀπόλλωνος μηνός in der Freilassungsurkunde GDI 1931, die Pomtow (bei E. Rüsch, Grammatik der Delphischen Inschriften, 1914, 96, 3) Amphissa zugewiesen hat.

[65] Zweifelnd L. Lerat, Les Locriens de l'Ouest II, 1952, 173, weil ein Zusammenhang Apollon – Apellai ganz unsicher sei. – Wilamowitz datiert seinen Aufsatz Res Gestae Divi Augusti, Hermes 21 (1886) 627 "im Monat des Augustus".

[66] Griechische Feste, 1906, 464 f.; GGR 556.

[67] Vgl. die Herodianglosse Anm. 23.

will. Eine ernsthafte Schwierigkeit historischer Art bereiten allerdings die Zeugnisse aus Cypern und Pamphylien. Auch wenn kyprisch Ἀπείλων < *Ἀπέλjων so gut wie Ἀπέλλων zu *ἄπελjα sich stellen läßt, muß doch eine sehr frühe Entlehnung vorliegen. Es hat den Anschein, daß zur Zeit der dorischen Eroberung Peloponnesier nach Cypern gelangten, die aber doch wohl der vordorischen, achäischen Bevölkerung zugehörten.[68] Daß sie einen dorischen Götternamen mitgebracht haben sollen, erscheint paradox. Es ist mit der Möglichkeit zu rechnen, daß der Zufall uns narrt, daß ein fremder Gottesname zufällig an die dorischen ἀπέλλαι anklang – wobei die dadurch ausgelösten Assoziationen nichtsdestoweniger für die Wirkungsgeschichte des Gottes von Belang wären. Es ist aber auch zu bedenken, daß die Beziehungen von Vordoriern und Doriern komplexer waren als es das schlichte Wort 'Eroberung' ahnen läßt. Das vordorische Kultzentrum Amyklai und das dorische Sparta standen einander generationenlang auf engem Raum gegenüber, gewiß ohne durch einen eisernen Vorhang getrennt zu sein. Ein gewisser Kultausgleich ist durchaus wahrscheinlich, und der Name des Eroberers kann sich durchgesetzt haben. In Kleinasien wurde eine offenbar alte Göttin unter dem persischen Namen Anahaita-Anaitis jahrhundertelang nach dem Ende des Perserreichs verehrt, und einen anderen altkleinasiatischen Gott kennen wir nur unter seinem griechischen Namen Men (Anm. 14).

Auf jeden Fall läßt die Zusammenordnung von Apellai und Apollon wesentliche Züge der Gottesgestalt klar und überzeugend *[18]* hervortreten. Wie Jane Harrison sah: Apollon ist ja der Ephebe an jener Schwelle des Erwachsen-Seins, in der Vollkraft der Jugend, doch noch mit dem langen Haar des 'Knaben'. 'Der mit dem ungeschorenen' Haar, heißt er bereits bei Homer. Für den Epheben ist das Scheren des Haars ein ebenso schlichtes wie deutliches Zeichen des Einschnitts, den der Übergang in den neuen Status bedeutet. 'Kureotis' heißt danach der Festtag im Rahmen der ionisch-attischen Apaturia, der den Delphischen Apellai entspricht.[69] Einem Gott wird die geschnittene Locke geweiht, gerade dem Delphischen Apollon oder, im Epigramm des Kreters Rhianos, dem Apollon Delphinios, der lokal damals noch Apellon hieß.[70] Die Braut opfert der Artemis vor ihrer Hochzeit,[71] und das Bild der Göttin entspricht dem der Jungfrau in eben dieser Grenzsituation; nicht minder ist Apellon-Apollon Inbegriff jenes 'Wendepunkts der Jugendblüte', τέλος ἥβης, das der Ephebe erreicht hat und mit dem Ritual, das ihm in die Männergesellschaft Einlaß verschafft, auch schon hinter sich läßt. Entrückt, und eben dadurch bewahrt, bleibt das Bild des Gottes, während der Mensch sich wandelt.

---

[68]   Vgl. Anm. 19; 26.

[69]   Deubner (Anm. 29) 234. Ἀκερσεκόμης Il. 20, 39; hy. Ap. 134.

[70]   Theophr. char. 21, 3; Rhianos A. P. 6, 278 = 3242 ff. Gow, vgl. A. P. 6, 155; 6, 198; 6, 279; Plut. Thes. 5; RE VII 2118.

[71]   προτέλεια, W. Burkert, Homo necans, 1972, 75.

Sucht man die frühesten archäologischen Belege für dieses dann kanonische Apollonbild, so findet man die Votivstatuette des Mantiklos aus Theben mit dem besonders auffallenden, wallenden Haupthaar[72] und die ältesten erhaltenen Kultbilder überhaupt, die aus Bronze gehämmerten Figuren von Apellon, Leto und Artemis aus dem besonders altertümlichen Tempel von Dreros in Kreta.[73] Ikonographisch läßt sich die Dreiergruppe, besonders die noch ältere Darstellung auf dem Bronzegürtel von Fortetsa,[74] von ägyptischen Bildern des Horos *[19]* zwischen Isis und Nephthys herleiten. Dies scheint mehr als bloße Äußerlichkeit zu sein: ist doch Horos der jugendliche Gott, der geboren wird, um die Herrschaft anzutreten. Geburt und Antritt der Herrschaft, dies ist es auch, was der alte Apollon-Hymnos von seinem Gott zu erzählen hat.

Ein entschieden jugendlicher Held mit langem Haupthaar, dem es nicht bestimmt ist, Gatte und Vater zu werden, den auf dem Höhepunkt der Jugend Apollons Pfeil trifft, ist Achilleus. Wie in seinem Mythos Initiationsthemen sich häufen, von der Feuerweihe über die Erziehung durch den Kentauren bis zur Mädchenverkleidung, kann hier nur angedeutet werden. Das rituelle Gegenstück, Leben in der Wildnis und Ausziehen der 'Mädchen'-Kleider, findet sich gerade in Sparta und Kreta, im Kulte des Apellon: Gymnopaidia und Krypteia, Entführung des Knaben durch einen Liebhaber und Ἐκδύσια.[75] Die Phthiotis gehört zum dorischen Einflußbereich (Anm. 31). Achilleus, fast ein Doppelgänger Apellons, steht zum Gott offenbar im gleichen Verhältnis wie Iphigenie zu Artemis, Erechtheus zu Poseidon oder Hyakinthos zu Apollon: der Heros als umdunkeltes Spiegelbild des Gottes in der unauflöslichen Polarität des Opfers. Darum muß Achilleus durch Apollon fallen, nicht weil dieser Troia beschirmt – als Troia zerstört wird, greift Apollon nicht ein.

Zurück zu den Apellai: nur an einem reinen Ort kann eine Versammlung tagen,[76] zumal ein jährliches Thingfest, das bereinigen muß, was in der Zwischenzeit sich angestaut hat, und einen neuen, reinen Anfang setzen soll. Eine Art 'lus-

---

[72] Vgl. E. Simon (o. Anm. 9) 124; Jeffery 90, T. 7, 1 (700/675); daneben stehen bärtige Darstellungen des Apollon Kitharodos, ikonographisch notwendiger Ausdruck der Männlichkeit; z. B. att. Krater, Corpus Vasorum Berlin 1, T. 19, 1; 21; kykladische Amphora, Simon 127.

[73] Arch. Anz. 1936, 215–22; BCH 60 (1936) 214–56; Simon 125 ('630'); K. Schauenburg, Artemis-Lexikon (1965) 215 ('680/60'); J. Boardman, The Cretan Collection in Oxford, 1961, 137 ('vor 650'?).

[74] Gefunden in einem geometrischen Pithos, J. K. Brock, Fortetsa, 1957, 134, T. 115; 168; Boardman BSA 62 (1967) 59 f. ('1. Hälfte 8. Jh'); T. Hadzisteliou-Price JHS 91 (1971) 52 mit T. 3, 6; ähnlich ein Elfenbeinrelief aus dem Orthia-Heiligtum, T. 4, 7; ägyptische Fayence-Täfelchen als Vorbild, 59, 80 m. T. 4, 9.

[75] Vgl. Anm. 47. Gymnopaidia für Apollon: Paus. 3, 11, 9, An. Bekk. 234, 4. Ἐκδύσια und Leto-Kult von Phaistos: Ant. Lib. 17 nach Nikandros, Ov. met. 9, 666–797; Theseus als 'Mädchen' am Tempel des Apollon Delphinios: Paus. 1, 19, 1.

[76] Zur Reinigung der athenischen ἐκκλησία Harpokr. s. v. καθάρσιον, Schol. Aischines 1, 23, Schol. Aristoph. Ekkl. 128.

trum' müssen die Apellai sein; der Gott, der angerufen wird, ist notwendigerweise ein Herr der Reinigung und Entsühnung. Wenn aber sein Fest nur einmal im Jahr stattfindet, ist eben dieser Gott nicht immer greifbar, er kommt, er entschwindet, er kehrt wieder; eben dies ist in Kult und Mythos des Apollon entfaltet, des 'Gottes der Ferne'.[77] Dies sind naheliegende, doch nicht *[20]* im Detail zu verifizierende Assoziationen. Tatsache aber ist, daß gerade im dorischen Bereich Apellon-Apollon aufs engste verflochten erscheint mit dem Zentrum der Polis. In Argos untersteht die Agora dem Apollon Lykeios, in seinem Heiligtum brennt das Ur-Feuer des Phoroneus, dort werden Urkunden deponiert,[78] wie auch in den kretischen Apellon-Heiligtümern.[79] Der Apellon-Tempel Korinths (Anm. 22) beherrscht den Marktplatz. Das Heiligtum des 'Apollon an der Agora' zu erneuern, haben die 'großen Apellai' von Gytheion[80] beschlossen. Auf Kolonialboden aber hat die dorische Hexapolis sich im Heiligtum, im Fest des Apollon in Knidos zusammengeschlossen.[81] Daß sie den Gott aus der Heimat mitbrachten, so gut wie die Ionier den Poseidon Helikonios des Panionion in Mykale, ist durchaus wahrscheinlich; dann ist dieser dorische Bund ein Zeugnis für Apellon-Apollon als Gott der jährlichen Versammlung, das noch weiter zurück führt als die spartanische Rhetra. "Gott der Geschlechter und der Volksversammlung ist Apollon erst nachträglich und verhältnismäßig spät geworden", schrieb Nilsson.[82] Kann man billigerweise frühere Zeugnisse fordern?

Apellai und Apollon – für den Namen des Gottes ergibt sich eine befriedigende, sinnvolle Herleitung. Doch von einer 'Ableitung' des Gottes aus einem 'Ursprung' kann keine Rede sein. Zu komplex sind die historisch-sozialen Gegebenheiten. Allein in Sparta stehen drei Apollon-Feste nebeneinander, Gymnopaidien, Karneen, Hyakinthien; bei diesen steht die vordorische Tradition Amyklais im Hintergrund, andererseits ist die Einführung des kretischen Paians im frühen 7. Jahrhundert bezeugt.[83] Inwieweit zu den Karneen Apollon von Anfang an *[21]* gehört, wie die Beziehung zu Delos und Delphi ist, wie es mit den Daphnephoria

---

[77] So charakterisierte W. F. Otto Apollon: Die Götter Griechenlands, 1947³, 63 ff.; vgl. Wilamowitz, Die Ilias und Homer, 1916, 254, 1: "Manche Kulte setzen voraus, daß der Gott eine bestimmte Zeit des Jahres in einer andern Welt abwesend ist, was sich daraus entwickelt, daß sein Einzug zu bestimmter Zeit des Jahres festlich begangen wird".

[78] Hsch. Λύκηος ἀγορά Aisch. Sept. 145, Hik. 686, Soph. El. 6 m. Schol.; IG IV 559, SIG 644, SEG XI 1084 etc.; 'Feuer des Phoroneus' Paus. 2, 19, 5.

[79] IC I viii, 12; I xvi 4, 14 etc.; die ältesten kretischen Gesetze an den Wänden des Apellontempels in Dreros und in Gortyn, Jeffery 311; 315.

[80] IG V 1, 1144 (o. Anm. 34).

[81] Hauptzeugnis Hdt. 1, 144; Aristeides FGrHist 444 F 2, vgl. Jacoby z. d. St.; Busolt-Swoboda (o. Anm. 35) 1281 f.

[82] GGR 558.

[83] Die – im einzelnen schon in der Antike kontroverse – Überlieferung über Thaletas von Gortyn, den Paian und die Gymnopaidia bei Plut. mus, 9; 10; 42; man kombiniert damit das Datum der Stiftung der Gymnopaidia bei Euseb.-Hieron. chron. (ed. Helm 1956) zu Ol. 28 (668 v. Chr.).

vom Tempetal bis Theben, Eretria, Delphi steht, mit den ionisch-attischen Thargelia, mit den Hyperboreern und mit den Orakeln, dies sind weitere dringende Fragen, die hier nicht diskutiert werden können. Es mag genügen, wenn im Komplex von Apellai und Apellon, Jahresversammlung und Initiation ein Zentrum sichtbar wird, von dem aus mit der Gestalt des Gottes auch Selbstverständnis und Selbstdarstellung der frühen Griechen einsichtig wird, auch im literarischen Bild eines Achilleus, auch im plastischen Bild des archaischen Kuros.

Addendum 2008

Inzwischen ist die Anm. 15 genannte Trilingue durch H. Metzger, E. Laroche, A. Dupont-Sommer CRAI 1974, 82–93; 115–25; 132–49 veröffentlicht worden. Der griechische Name Apollodotos ist hier lykisch (Z. 3) Natrbbiyåmi wiedergegeben (121). Der Gottesname Natr kommt, wie Peter Frei sah, auch in der großen Inschrift von Xanthos (Friedrich – o. Anm. 4 – nr. 44 c 33; 48) vor. Damit ist wohl endgültig bewiesen, daß für die Lykier Apollon ein fremder, griechischer Göttername ist.

Addendum 2010

1) Widerspruch gegen die hier vorgetragene These von R.S.P. Beekes, The Origin of Apollo, Journal of Ancient Near Eastern Religion 3 (2003) 1–21, zugunsten eines vagen anatolischen Hintergrunds. Beekes führt an, dass die thessalische Form Aploun von den anderen Formen nicht ableitbar sei, weshalb sie dem 'Ursprung' am nächsten sein müsse. Dagegen argumentiert wiederum M. Egetmeyer, Lumière sur les loups d'Apollon, Res Antiquae 4 (2007) 205–219, Anm. 57.

2) Zu Korinthischen Vasen und Graffito (um 600 v.) mit 'Apellon' vgl. R. Wachter, Non-Attic Greek Vase Inscriptions, Oxford 2002, 51 (COR 20), 57 (COR 28), 117 (COR GR 23). – Zu den theophoren Namen steht jetzt P.M. Fraser, E. Matthews (ed.), A Lexicon of Greek Personal Names I-IV, Oxford 1987–2005, zur Verfügung. – Zu den Monatsnamen C. Trümpy, Untersuchungen zu den altgriechischen Monatsnamen und Monatsfolgen, Heidelberg 1997. – Zu den initiatorischen Elementen der spartanischen Apollonfeste: M. Petterson, Cults of Apollo at Sparta, Stockholm 1992.

3) Die Hieroglyphen-Texte von Emirgazi (Anm. 6; 13) sind neu behandelt bei D. Hawkins, The Hieroglyphic Inscription of the Sacred Pool at Hattuša (Südburg), Wiesbaden 1995, Appendix 2, 86–102 (Hinweis von Thomas Zehnder); dort ist *sunasati* gelesen, übersetzt 'with plenty'.

4) Die Trilingue aus Xanthos (Anm. 15) ist veröffentlicht von H. Metzger, La stèle trilingue du Létoon (Fouilles de Xanthos VI), Paris 1979.

5) Die Identität von (heth.) Wilusa mit (hom.) Wilios = Troia wird, nach weiteren Funden zur Geographie des hethitischen Anatoliens, heute zumeist anerkannt, bleibt aber unbewiesen.

Erschienen in: Grazer Beiträge Band 4–1975, S. 51–79.

2. Rešep-Figuren, Apollon von Amyklai und die "Erfindung" des Opfers auf Cypern

Zur Religionsgeschichte der "Dunklen Jahrhunderte"

Der Versuch, orientalisch-griechischen Beziehungen in den dunklen Jahrhunderten nachzuspüren, ist angesichts der wohlverteilten Zuständigkeiten archäologischer und orientalistischer Einzeldisziplinen eigentlich untersagt; ihn trotzdem zu wagen, ermutigt der Eindruck, dass es weithin nur darum geht, durchaus Bekanntes zusammenzustellen,[1] auch wenn diese Zusammenstellung dann in manchem überraschen mag. Die Kenner des alten Griechenlands *[52]* jedenfalls haben sich kaum verwundert über die doch höchst erstaunliche Tatsache, dass der Haupttyp

---

[1] Abgekürzt zitiert werden im folgenden: ANEP = The Ancient Near East in Pictures, ed. J. B. Pritchard, Princeton 1969². ANET = Ancient Near Eastern Texts, ed. J. B. Pritchard, Princeton 1969³. AOB = Altorientalische Bilder zum Alten Testament, ed. H. Gressmann, Berlin 1927². BCH 1947/8 = H. Gallet de Santerre, J. Tréheux, Rapport sur le dépôt égéen et géométrique de l'Artémision de Délos, BCH 71/2, 1947/8, 184–254. CIS = Corpus Inscriptionum Semiticarum. Enc. Phot. = Encyclopédie photographique de l'art. Musée du Louvre, 1935/8. ICS = 0. Masson, Les Inscriptions Chypriotes syllabiques, 1961. KAI = H. Donner, W. Röllig, Kanaanäische und aramäische Inschriften I-III, Wiesbaden 1966–69². PM = A. Evans, The Palace of Minos, Vol. III, London 1930. Mit Verfassernamen werden zitiert: E. Akurgal-M. Hirmer, Die Kunst der Hethiter, 1961; J. Boardman, The Cretan Collection in Oxford, 1961; H. Th. Bossert, Altsyrien, 1951; H. G. Buchholz-V. Karageorghis, Altägäis und Altkypros, 1971; E. Buschor-W. v. Massow, Vom Amyklaion, AM 52, 1927, 1–85. J. V. Canby, Some Hittite figurines in the Aegaean, Hesperia 38, 1969, 141–9. A. Caquot-O. Masson, Deux inscriptions Phéniciennes de Chypre, Syria 45, 1968, 295–321. D. Conrad, Der Gott Reschef, ZAW 83, 1971, 157–83. V. R. d'A. Desborough (1964), The last Mycenaeans and their successors, 1964. – (1971), The Greek Dark Ages, 1971. J. Dörig, Der Kampf der Götter und Titanen, 1961. H. Gallet de Santerre, Délos primitive et archaïque, 1958. H. V. Herrmann, Werkstätten geometrischer Bronzeplastik, Jdl 79, 1964, 17–71. U. Jantzen, Ägyptische und orientalische Bronzen aus dem Heraion von Samos, 1972 (Samos VIII). E. Kunze, Zeusbilder in Olympia, Antike und Abendland 2, 1946, 95–113. O. Masson, Cultes indigènes, cultes grecs et cultes orientaux à Chypre, in: Eléments orientaux dans la religion grecque ancienne, 1960, 129–42. O. Masson-M. Sznycer, Recherches sur les Phéniciens à Chypre, 1972. V. Müller, Frühe Plastik in Griechenland und Vorderasien, 1929. G. Roeder, Ägyptische Bronzefiguren. Staatliche Museen zu Berlin, Mitteilungen aus der äg. Sammlung 6, 1956. C. Rolley, Les statuettes de Bronze, Fouilles de Delphes V, 1969. B. Schweitzer, Die geometrische Kunst Griechenlands, 1969. E. Simon, Die Götter der Griechen, 1969. H. R. Smith, Near Eastern forerunners of the striding Zeus, Archaeology 15, 1962, 176–83. A. M. Snodgrass, The Dark Age of Greece, 1971. R. Stadelmann, Syrisch-palästinensische Gottheiten in Ägypten, 1967. H. O. Thompson, Mekal, The God of Beth Shan, 1970. E. T. Vermeule, Götterkult. Archaeologia Homerica V, 1974. Für Beratung und Kritik bin ich meinen Kollegen H. Bloesch und P. Frei zu grossem Dank verpflichtet.

der frühesten griechischen Götterdarstellungen im 8. Jahrhundert hethitisch-sy-
risch-ägyptischen Götterstatuetten nachgebildet ist, mit anderen Worten: dass die
Griechen der homerischen Zeit ihre wichtigsten Götter, Apollon und Zeus, sich
nach einem orientalischen Vorbild gestaltet haben. Und die Frage drängt sich auf,
ob der hier fassbare Kontakt sich auf Zufälligkeiten und Äusserlichkeiten beschränkte.

1.

Es geht um einen fest umrissenen Typ vollplastischer Statuetten des 'Krieger-
Gottes', der in der Bronzezeit von Zentralanatolien bis Ägypten verbreitet ist.[2]
Die Figuren sind in der Regel zwischen 10 und 25 cm hoch: ein Mann, mit Gürtel
und kurzem Schurz bekleidet, schreitet aus, das linke Bein vorgestellt; die Rechte
schwingt eine – selten erhaltene – Waffe, der Oberarm ist waagrecht aus-
gestreckt, der Unterarm senkrecht erhoben; die Linke hält am waagrecht nach
vorn gehaltenen Unterarm einen – *[53]* ebenfalls meist verlorenen – kleinen
Schild. Der Kopf trägt eine auffallend hohe, sich verjüngende Bedeckung. Nicht
selten entspringen Hörner an Schläfen oder Hut. In Verlängerung der Beine sind
meist die Gusszapfen erhalten, mit denen die Figur in einer Unterlage aus ver-
gänglichem Material befestigt war.

Das älteste Exemplar stammt aus hethitischem Bereich, aus der Gegend von
Sivas, und wird noch vor die Grossreichszeit, ins 18./16. Jh. datiert;[3] die Kopfbedeckung entspricht der hethitischen Götterkrone, das Hörnerpaar lässt an dem
göttlichen Charakter des Dargestellten keinen Zweifel. Die grosse Masse der Statuetten hat sich indes in Syrien/Palästina gefunden; sie gehört in die Zeit der
ägyptischen Oberherrschaft vom 15. bis zum Ende des 13. Jh.; die Kopfbedeckung gleicht sich der Krone von Oberägypten an. Diese Figuren sind überaus
häufig, sie sind praktisch an jedem grösseren Grabungsplatz der Bronzezeit vertreten. Die prächtigsten Stücke stammen aus Ugarit; eine Statuette aus dem 14. Jh.
ist mit Gold und Silber überzogen, trägt einen Goldreif am rechten Arm; bei einer
anderen ist der Kopfschmuck aus Halbedelstein, das Hörnerpaar aus Elektron auf-
gesetzt.[4] Unter den Exemplaren von Megiddo sind zwei, deren Attribute erhalten

---

[2]   Übersichten: R. Dussaud, Les civilisations préhelléniques dans le bassin de la mer Egée, 1914[2],
      323–6; PM III 466, 477–80; Müller 112–7; BCH 1947/8, 222–4; Roeder 35–45; Smith; Stadel-
      mann, 47–73; Canby.
[3]   aus Dövlek bei Sivas: Akurgal-Hirmer 77, T. 44 ('16. Jh.'), Canby 146, 24, T. 41 ('I8. Jh.'); eine
      weitere Statuette aus Boğazköy: Akurgal-Hirmer T. 51 ('15./13. Jh.'); hethitisch sind auch die
      Exemplare aus Ladakiye (A. 8), Nezero (A. 37), Tiryns (A. 34), Lindos (A. 42), sowie eines in
      Berlin: E. Meyer, Reich und Kultur der Chetiter, 1914, 109 fig. 82.
[4]   Syria 10, 1929, T. 53, Enc. phot. II 101 FG, Bossert 574, Roeder 37 Nr. 9, ANEP 481
      ('15./14. Jh.'), Ugaritica 1, 1939, 113, T. 25. – Syria 17, 1936, 147 fig. 25, T. 21, Roeder 36 f.

sind, Krummschwert bzw. Keule und Schild.[5] Weitere Funde kommen aus La-
chisch,[6] *[54]* Ladakiye-Laodikeia,[7] Antarados-Tortosa,[8] Byblos,[9] Baalbek,[10] Be-
rytos,[11] Kamedel-Loz,[12] Tyros (?),[13] Beth Shan,[14] Gezer[15] und vom Libanon[16]
und vor allem aus Cypern.[17] Auch in Ägypten wurden Figuren genau dieses Typs
hergestellt, vom 14. Jh. bis in die Zeit der Saiten-Dynastie.[18] In Syrien, Palästina,
Cypern scheinen die datierbaren Funde nicht über etwa 1000 v. Chr. herabzufüh-
ren.

Die Verwendung von Edelmetallen und Edelsteinen macht viele der Statuetten
zu echten 'Agalmata'; dass sie einen Gott darstellen, wird erst recht durch die
nicht seltenen Hörner[19] ausgedrückt. *[55]* Auch stammen die Funde oft, wenn
auch keineswegs ausschliesslich, aus Heiligtümern.[20] Den Gott zu benennen, ist
indessen schwierig; sicher konnten von Anatolien über Syrien und Palästina bis
Ägypten verschiedene Götternamen mit dem gleichen ikonographischen Typ verbunden werden. Bei den Hethitern stimmt auffallend genau die Beschreibung des
'Schutzgottes' – [D]LAMA mit Sumerogramm geschrieben –: "Statuette eines
Mannes, stehend, sein Auge goldbelegt, in der rechten Hand hält er eine Lanze

---

Nr. 3. – Weitere Statuetten Syria 16, 1935, T. 33 (3 Exemplare); 17, 1936, T. 15; 18, 1937, T. 23
(3 Exemplare); Ugaritica 5, 1962, 98 fig. 82; Syria 43, 1966, T. 3.

5   G. Loud, Megiddo II, 1948, T. 235 Nr. 22 (mit Gold- und Silberüberzug; 1550/1150); T. 239
Nr. 31, ANEP 494 (mit Schwert und Rundschild; 1050/1000); ANEP 496 (mit Krummschwert und
fast quadratischem Schild; 1350/1200). – Figur unbekannter Herkunft, die rechts Doppelaxt, links
Schwert schwingt: Syria 29, 1952, 51–3, T. 2.

6   O. Tufnell, Lachish II, 1940, T. 26 Nr. 31 (aus einem Tempel, 15./13. Jh.).

7   Enc. phot. II 100 ABC, Bossert 577, Akurgal-Hirmer T. 50, Roeder 39 Nr. 33.

8   Enc. phot. II 99, Bossert 579 (ursprünglich mit Gold oder Silber überzogen). – Bossert 580.

9   M. Dunant, Fouilles de Byblos I, 1939, Nr. 1273 T. 45, Nr. 6450 T. 46, Nr. 1819 T.47, Nr.2030/1
T. 58, Nr. 2555 T. 72; II, 1950, Nr. 7107; 7826 T. 162.

10   Müller 115.

11   Syria 5, 1924, T. 31,1, Roeder 37 Nr. 12.

12   Berytus 18, 1969, 128 (Tempel des 13. Jh.).

13   PM III 479, Abb. 334a, Roeder 36 Nr. 2, aus Beirut oder Tyros. – ANEP 484.

14   A. Rowe, The four Canaanite Temples of Beth Shan I, 1940, T. 50 A 4; Thompson 28 (gefunden
im 'Fort', Schicht des 13. Jh.).

15   R. A. S. Macalister, Excavations at Gezer II, 1912, 335; T. 211, 4 vgl. 5, Roeder 38, Nr. 22. – II,
344; T. 214, 33 (vergoldet).

16   ÖJh 12, 1909, 29 Abb. 21 = Müller Abb. 399, Roeder Nr. 23.

17   E. Babelon, A. Blanchet, Catalogue des bronzes antiques de la Bibliothéque Nationale, 1895,
Nr. 898 (mit Lanze, Elektron-Überzug); 899; 900; 901; Buchholz-Karageorghis Nr. 1732 (aus Enkomi?; 1400/1230; Goldauflage). C. F. A. Schaeffer, Arch. f. Orientf. 21, 1966, 63 Abb. 7 (Enkomi, 12./11. Jh.).

18   z. B. eine Statuette in Berlin 12621, Roeder 36, T. 5 f. = AOB 350; in Hildesheim, Nr. 46, AOB
347, Roeder 42 (19. Dynastie). In Syrien entspricht dem Typ genau die Gottheit 'Phanebalos' auf
kaiserzeitlichen Münzen von Askalon, B. V. Head, Historia Numorum, 1911[2], 804; H. Gese, Die
Religionen Altsyriens, 1970, 214.

19   z. B. bei dem heth. Exemplar (A. 3), dem aus Antarados (A. 8), Ugarit (A. 5), einem der Collection
De Clercq Bossert 573), dem aus Nezero (u. A. 36). Gold, Silber, Elektron o. A. 4; 6; 8; 17.

20   o. A. 6; 12; 14; 15.

aus Silber, in der linken Hand hält er einen Schild, auf einem Hirsch steht er."[21] Dessen ungeachtet hat man meist an einen Wettergott gedacht, den man hurritisch Tešub, semitisch Hadad oder Baal nennen kann.[22] Doch die sicheren Darstellungen des Wettergottes geben diesem den Blitz in die linke Hand.[23] Bemerkenswert ist eine Statuettengruppe aus Ugarit: zwei gleiche 'Krieger'-Figuren stehen zu beiden Seiten eines bärtigen, thronenden Gottes; eine mythische Vater-Sohn-Beziehung, 'El und Baal', bietet sich an.[24] Ägyptische Denkmäler führen indes auf einen anderen, spezielleren Namen: Rešep.[25] Rešep, der 'Brenner', [56] der 'Herr des Pfeils' und der Pest, ist mindestens seit Beginn des 2. Jahrtausends fassbar. Ihm war der 'Obeliskentempel' in Byblos geweiht; in Ugarit spielt er zwar nicht im Mythos, jedoch im Kult eine wichtige Rolle; ein Brief des Königs von Alasia auf Cypern an Amenophis IV. nennt 'Nergal' als Pestgott; die Ägypter übernahmen seinen Kult seit Amenophis II., die Pharaonen ehren ihn als siegbringenden Kriegsgott.[26] Eine grössere Anzahl von Stelen aus dem Neuen Reich, von Privatleuten geweiht, ehrt Rešep, oft zusammen mit Min und Qadeš, mit Bild und Inschrift; der mehrfach verwendete ikonographische Typ entspricht sehr genau den Bronzestatuetten: der Schurz, das vorgestellte Bein, die hocherhobene Rechte mit dem axtartigen Schwert (kopeš), der Schild in der Linken, die hohe Krone von Oberägypten.[27] Eine Bronzestatuette der Spätzeit ist auch inschriftlich als Rešep benannt.[28] Wenn der eindeutig semitische Gott Rešep in dem speziellen ikono-

---

[21]   H. Weippert ZDMG Suppl. 1, 1969, 200; vgl. C. G. v. Brandenstein, Hethitische Götter nach Bildbeschreibungen in Keilschrifttexten, Mitt. d. vorderas.-äg. Ges. 46, 2, 1943, 8 f.; 42 f.

[22]   Von Baal-Hadad spricht R. Dussaud, L'art phénicien du Ile millénaire, 1949, 54, vgl. 66 ('Hadad ou Reshef'), 75 'Hadad', 76 ('Reshef'); 'Wettergott': A. Vanel, L'iconographie du dieu de l'orage, 1965, 103–7. Vgl. Roeder 35; Stadelmann 47 ff.

[23]   z. B. Stele von Ugarit, Syria 14, 1933 T. 16, Bossert 433, ANEP 490; von Zincirli (gefunden in Babylon), AOB 339, Akurgal-Hirmer T. 128; von Zincirli, AOB 340; 2 Stelen von Til-Barsib, ANEP 531/2. Relief Malatya, Akurgal-Hirmer T. 105; anders, sitzend, erscheint der Wettergott von Aleppo, ANEP 500, auch Baal Sapuna von Ugarit, ANEP 485.

[24]   C. F. A. Schaeffer, Syria 43, 1966, 7–9, T. 3. Von 'Baal' spricht C. F. A. Schaeffer auch Syria 16, 1935, T. 33 u. ö.

[25]   Zu Rešep Gese (o. A. 18) 46 f.; 141–5; P. Matthiae, Note sul dio siriano Resef, Oriens Antiquus 2, 1963, 27–43; Conrad; überholt ist Beer RE I A 620–2. Die Vokalisation variierte: Rašap, Rušpan, Rašpon (W. F. Albright, 'Archaeology and the Religion of Israel' [1946]; 1953²) 79; ägyptisch ršpw (Rašpu ?); hurritisch iršappa (Conrad 178); akkadisch rašbu (Thompson 119); AT Rešep.

[26]   Brief aus Alasia: J. A. Knudtzon, Die El-Amarna-Tafeln I, 1915, 285, 13; 287, 37. In Ägypten z. B. ANET 244; 245 (Amenophis II. im Krieg, "wie Rešep"); 250 (Ramses III.: "the chariot-warriors are as mighty as Rashaps").

[27]   PM III 478 f., Stadelmann 56–76, Thompson 148 f.; z. B. Stele Brit. Museum 191, AOB 270, ANEP 473, Stele Louvre C 86, ANEP 474; Stele Hildesheim, AOB 348; Stele Memphis, AOB 349; Stele Chicago 10569, ANEP 476.

[28]   Enc. phot. I 117 B, Saitenzeit; die Inschrift: Roeder 35; 108 f., Stadelmann 72. Allerdings werden in dieser Zeit auch andere Götter durch Statuetten gleichen Typs dargestellt, z. B. Horos und Min (Catalogue général des antiquités égyptiennes du Musée de Caire, 1906, Nr. 38619, 38836); Roeder 41.

graphischen Typ erscheint, der im nordwestsemitischen Kerngebiet durch den Typ der Bronzestatuetten ausgewiesen ist, so wird man a fortiori auch zumindest einen Grossteil dieser Statuetten als Rešep anzusprechen haben. Allerdings fehlt eine sichere, inschriftliche Bestätigung; und 'Nergal', d.i. Rešep, erscheint auf Siegelbildern auch mit Pfeil und Bogen.[29]

Bemerkenswert ist, dass der Rešep-Kult den Zusammenbruch der Bronzezeit überdauert hat: Rešep erscheint unter den *[57]* Göttern von Karatepe und Zincirli im 8. Jh.,[30] er wird noch in Sidon, Karthago und Palmyra[31] und vor allem auf Cypern verehrt. Dort reichen Weihungen vom 7. bis zum 3. Jh. v. Chr.;[32] die Griechen nennen ihn Apeilon, Apollon. Dieselbe Gleichung gilt in Palästina: das dortige Apollonia hat den Namen Rešeps bis in die Neuzeit bewahrt, Arsuf.[33]

Nun sind Bronzen vom Rešep-Typ auch in den griechischen Bereich gelangt, und zwar offenbar nicht nur in seltenen Ausnahmefällen. Mindestens 8 Exemplare sind veröffentlicht – wobei zu bedenken ist, dass gerade die orientalischen Stücke in den Museen oft unbearbeitet liegen bleiben. Bereits Schliemann fand eine solche Figur in Tiryns,[34] Tsountas eine zweite in Mykene;[35] während in Tiryns die Fundumstände unbekannt sind, stammt das mykenische Exemplar aus einem im 11. Jh. zerstörten Haus nordöstlich des Löwentors. Eine ähnliche Figur kam aus Attika ins Berliner Völkerkunde-Museum;[36] falls die gleichzeitig erworbenen Gegenstände – eine Doppelaxt, ein Terrakottastier – vom gleichen Fund stammen, ist dieser ans Ende des 13. Jh. zu datieren. Keine äusseren Anhaltspunkte gibt es für die Figur aus reinem *[58]* Silber, die aus Nezero in Thessalien nach Oxford gelangt ist;[37] aus der Höhle von Patsos in Kreta, die später dem Hermes Kranaios geweiht war, kam eine Oxforder Bronzefigur.[38] Schliesslich gehört zu

---

[29] P. Matthiae, Oriens Antiquus 2, 1963, 27–43; Vanel (o. Anm. 22) 89–91. Nergal in Tarsos, auf Münzen des 5./4. Jh.: L. Mildenberg, Ant. Kunst Beih. 9 (Festschrift H. Bloesch), 1972, 78–80.

[30] Karatepe-Inschrift: KAI 26, 11 10 f., ršp sprm 'Rešep der Vögel'? A. Caquot Semitica 6, 1956, 55, H. Weippert ZDMG Suppl. 1, 1969, 200; 206 f.; Conrad 174. Hadad-Inschrift von Zincirli, KAI 214.

[31] Sidon: KAI 15; Karthago: CIS I 251, Tempel des 'ršp; eine stark ägyptisierende Darstellung AA 1919, 43 f., A. B. Cook, Zeus II, 1925, 631. Palmyra: Syria 17, 1936, 268–70 (1. Jh. v.).

[32] 3 Bilinguen aus dem 4. Jh., ICS 215 und 216 = KAI 41, aus Tamassos; 220 = CIS I 89 = KAI 39, aus Idalion; CIS I 10 = KAI 32, Caquot-Masson 300, aus Kition; die älteste Weihung aus dem 7. Jh., Caquot-Masson 295–300; dazu die Weihungen an ršp mkl aus Idalion, s. u. A. 87/9.

[33] RE Apollonia Nr. 25, arab. Arsuf, israel. Tell Arshaf, bei Tel Aviv, vgl. Thompson 162. – Auch 'Apollon' im Eid Hannibals Polyb. 7, 9, 2 ist wohl Rešep.

[34] H. Schliemann, Tiryns, 1886, 187 Abb. 97; PM III 477 fig. 331 c; Canby 142, 8. T. 38.

[35] Arch. Eph. 1891, 21–30, T. 2; PM III 477 fig. 331 d; A. J. B. Wace, Mycenae, An Archaeological History and Guide, 1949, 108, T. 1 10 d.

[36] V. Müller, Praehist. Zeitschrift 19, 1928, 307–311; zur Datierung 339. Roeder 40 Nr. 54.

[37] JHS 21, 1901, 125 fig. 16, PM III 477 fig. 331 a; Boardman 76, T. 25; Schweitzer Abb. 116, Canby 146, T. 39.

[38] A. Evans JHS 21, 1901, 125; PM III 477 fig. 331 b, Boardman 76, (vgl. 8: ein Beinfragment aus

den Bronze-Weihgaben aus dem Samischen Heraion je ein syrisches[39] und ein ägyptisches[40] Exemplar. Vor allem fand sich eine Bronzestatuette, komplett mit Krummschwert und kleinem Rundschild, in dem Depositum meist mykenischer Schätze, das unter dem Fundament des archaischen Artemistempels auf Delos geborgen wurde; es ist als Bauopfer um 700 unter die Erde gekommen.[41] Anschliessen lassen sich noch, trotz der unklaren Armhaltung, eine Statuette aus Lindos[42] und doch wohl auch die 'Artemis' aus dem Apollontempel von Thermos.[43]

Dass diese Götterfiguren nicht griechischer, sondern orientalischer Provenienz sind, darüber ist man sich einig.[44] Wenig Klarheit indes besteht über die Zeit ihrer Herstellung und Einfuhr. Mykene, Tiryns, die kretische Höhle, der Fundkontext in Delos *[59]* und vielleicht in Attika lassen an die mykenische Epoche denken; von der allerletzten Phase, die noch minoisch-mykenisch heissen könne, sprach Sir Arthur Evans. Andere nennen vage das 15./14./13. Jahrhundert. Die bestgearbeiteten Stücke, die Silberfigur aus Thessalien – die auch das Hörnerpaar trägt – und die Bronzefigur aus Mykene, wurden jedoch kürzlich als hethitische Werke des 18./16. Jh. in Anspruch genommen.[45] Die Exemplare aus Samos gelten dagegen als erst um 700 entstanden und importiert.[46]

Nun ist zu bedenken, dass es sich bei solchen Statuetten um ausserordentlich dauerhafte Gegenstände handelt, von unbegrenzter Haltbarkeit zumal in pfleglicher Behandlung. Wann sie hergestellt wurden, wann sie in griechische Hände gerieten, wann sie unter den Boden kamen, diese drei Daten können um Jahrhunderte auseinanderliegen. So hat man auf Delos anscheinend alte Cimelien als Opfer-Depositum verwendet; die Figur aus Mykene war damals bereits mehr als 300 Jahre lang verschüttet, und doch war sie zuvor wohl Jahrhunderte lang Menschen

---

der Diktäischen Höhle, das zu einer entsprechenden Figur gehören könnte); Schweitzer Abb. 115. Die Funde von Patsos gehören grösstenteils ins 12./11. Jh.

[39] Jantzen 66f, T. 64, undatiert, mit Hörner-Tiara. Vergleichbar, aber ohne Kopfschmuck und mit herabhängender linker Hand, eine Statuette aus geometrischer Füllschicht (um 770 nach E. Buschor, Festschr. A. Rumpf, 1952, 36 T. 10), Jantzen 47, T. 43, von Jantzen als kyprisch, von G. M. Hanfmann Bibl. Or. 30, 1973, 199 als nordsyrisch angesprochen.

[40] Jantzen 12f., 15, T. 11/12; H. Walter-K. Vierneisel AM 74, 1959. 38f. Beil. 78; aus einer um 670 datierten Brunnenfüllung.

[41] BCH 1947/8 bes. 221–30, T. 39; Gallet de Santerre 129, T. 24.

[42] Ch. Blinkenberg, Lindos I, 1931, 395–9, T.64, Canby 147, T. 41 b (hethitisch, 14./13. Jh.).

[43] Deltion I, 1915, 271f., Müller 117, Abb. 403. Ob die Statuette orientalisch oder griechisch, männlich oder weiblich ist, ist umstritten. Zur Hervorhebung der Brüste bei männlichen Statuetten aus Syrien vgl. Syria 29, 1952, T. 1 und T. J. Dunbabin, The Greeks and their Eastern neighbours, 1957, T. 8, 1.

[44] Evans PM III 477 glaubte an Herstellung in Griechenland, weil er nur schlechtgearbeitete syrische Bronzen kannte. Dagegen Helbig ÖJh 12, 1909, 29–32.

[45] PM III 477; 480: "the very latest age that can be called Minoan or Mycenaean"; Schweitzer 132: 14./13. Jh.; Smith 181: 15./14. Jh.; hethitisch: Canby; die Ähnlichkeit der Statuette von Nezero (A. 36) mit der von Dövlek (A. 3) ist frappant.

[46] Jantzen 88–90.

vor Augen gestanden. Dabei ist eine Feststellung sehr bemerkenswert, die bereits Sir Arthur Evans traf: in der minoisch-mykenischen Kunstwelt sind diese Figuren durchaus Fremdkörper, sie fügen sich nicht in das minoische Stilempfinden der fliessenden Linien; sie haben in dieser Epoche in keiner Weise ausgestrahlt oder zu Nachahmungen angeregt. Es gibt im ikonographischen Repertoire der Minoer durchaus den Gott mit dem hohen 'hethitischen' Kopfschmuck,[47] nicht aber mit dem aggressiven Gestus des waffenschwingenden Syrers.[48] Hat erst die Katastrophe des Seevölkersturms mit der *[60]* folgenden Militarisierung und Barbarisierung dafür empfänglich gemacht?

Ganz anders steht es um die Wirkung dieser Figuren beim Einsetzen der griechischen Bronzeplastik im 8. Jh.: der 'Krieger-Typ' nimmt rasch eine hervorragende Stellung ein unter den frühen Menschenfiguren; von hier führt dann lebendige Weiterentwicklung und Durchdringung bis hin zu archaischen Zeusbildern und zu dem grossartigen Poseidon vom Kap Artemision.

Die wichtigsten Werkstätten der beginnenden Bronzeplastik werden in Argos und Korinth lokalisiert; unter den Fundorten stehen Olympia und Delphi obenan. Die frühesten auf Zeus gedeuteten Figuren aus Olympia allerdings zeigen noch den mykenischen Epiphanie-Gestus der beiden erhobenen, flachen Hände.[49] Dann aber drängt sich der 'Krieger-Typ' vor: linke Hand vorgestreckt, rechter Arm drohend erhoben – von der Waffe freilich ist meist nur eine Durchbohrung der Hand geblieben; dazu der hohe, kegelförmige Helm. Eng verwandt ist allerdings der Typ des 'Pferdeführers' – rechte Hand hoch erhoben und durchbohrt, linke Hand herabhängend und durchbohrt; auch kann die Interpretation nicht absehen von der Funktion dieser frühen Bronzen: die meisten gehören zu Dreifusskesseln, die in die Heiligtümer geweiht waren, sie waren als Schmuck freistehend aufgenietet oder als 'Ringhenkelhalter' noch enger mit dem Gefäss verbunden – so etwa auch gerade Paare von 'Pferdeführern'. Entscheidend aber ist, dass zumindest einige dieser Figuren freistehende Statuetten waren, selbständige Weihungen, Agalmata; nur von ihnen seien die wichtigsten und ältesten herausgegriffen:

In Olympia gehören zum 'Kriegertyp' vier längst bekannte Figuren;[50] Exemplare in Paris, New York, Houston/Texas sowie ein Neufund kommen dazu.[51] Ei-

---

[47]   Der 'Götterhut' z. B. M. P. Nilsson, The Minoan-Mycenaean Religion, 1950², 354–355.

[48]   Allenfalls scheint in einer spätminoischen Statuette aus Kreta in Wien der adorierende Gestus in den aggressiven umgeschlagen: AA 1892, 48; H. Th. Bossert, Altkreta, 1937³, Abb. 321 a (Spätminoisch III).

[49]   Kunze 98–101; 8. Bericht über die Ausgrabungen in Olympia, 1967, 213–5; Schweitzer 133 f., Abb. 120/1.

[50]   A. Furtwängler, Olympia IV: Die Bronzen, 1890, Nr. 242, Müller Abb. 294 (mit Schild); Nr. 243, Müller Abb. 295, Kunze Abb. 5, Herrmann 42 f. (Lakonisch, um 750, mit Schildbügel); Nr. 244, Herrmann 53 Abb. 44 (Korinthisch); Nr. 245, Herrmann 55 (Korinthisch, ca. 725), Dörig T. 22B.

[51]   Louvre Nr. 82; E. Kunze, 4. Bericht über die Ausgrabungen in Olympia, 1944, 113 T. 36, 2; Herrmann 53, 142. – New York: Bull. Metr. Museum 32, 1937, 37; G. M. A. Richter, The Metropolitan

ne Figur trägt noch den Rundschild *[61]* (Nr. 242); ein Torso (Nr. 245) stammt von einer verhältnismässig grossen Figur, die kaum als Henkelhalter gedient haben kann. Ähnlich ist in Delphi, wo die alten Weihungen grossenteils aus korinthischen Werkstätten stammen, eine grössere Statuette als selbständige Gabe zu betrachten.[52] Ein anspruchsloses kleines Exemplar, in einem Depositum geometrischer Zeit unter der Heiligen Strasse gefunden und dadurch auf 740/30 sicher datiert, steht mit seinem charakteristischen Rundschild, der erhalten ist, dem Prototyp besonders nahe.[53] Zu ergänzen ist der Schild in der linken Hand bei zwei eindrucksvollen Statuetten von der Akropolis zu Athen; bei der einen[54] sind zwei Nietlöcher, bei der anderen[55] der Rest des Schildbügels vorhanden. Die erstgenannte hat den Helm verloren, der separat gearbeitet war; umso auffallender ist der angegossene Kegelhelm der anderen Statuette. Auch diese Figuren waren nicht Kesselschmuck, sondern selbständige Agalmata.[56]

Dass dieser ganze Typ der 'Krieger'-Figuren den 'Rešep'-Statuetten sehr genau entspricht, ist evident. Grösse, Haltung, Ausdruck stimmen überein; bezeichnend ist der kleine Rundschild, der weder dem Dipylon-Schild noch dem Hoplitenschild entspricht, und der hohe Kegelhelm, den man freilich jetzt den geometrischen Helm nennen kann. Griechische und orientalische Figuren wären *[62]* auf den ersten Blick kaum zu unterscheiden, wäre da nicht als Merkmal des Griechischen die Nacktheit; vom Schurz ist allenfalls der Gürtel geblieben.[57] Der Anschluss der griechischen Bronzen an ihre orientalischen Vorbilder ist 1929 durch Valentin Müller vollzogen worden; seine Darlegungen blieben unwidersprochen.[58] Allerdings ist diese Beziehung in der neueren Diskussion in den Hintergrund getreten gegenüber der Aufgabe, die griechischen Figuren in ihrer doch nur scheinbaren Primitivität als echte Kunstwerke des Formwillens der geometri-

---

Museum of Art, Handbook of the Greek Collection, 1953, T. 13 a, Dörig 47. – Houston: H. Hoffmann, Ten Centuries that shaped the West, 1970 Nr. 72, 152 f. – Neufund: 8. Bericht über die Ausgrabungen in Olympia, 1967, 224–31, T. 108 f.

[52] Rolley Nr. 4, Schweitzer Abb. 171, Herrmann 52, 140, Dörig 47 f.

[53] BCH 68/9, 1944/5, 40 f. T. 1, 2, Rolley Nr. 20, Snodgrass 418. – Weiter gehören zum Krieger-Typ Rolley Nr. 2 (Herrmann 53, 143); Nr. 3 (Schweitzer Abb. 169/70, Herrmann 52, 139); Nr. 14, 16, 18, 19, 22, 28.

[54] Nat. Mus. 6616; AM 69/70, 1954/5, 25 f., Beil. 15; Dörig 44 T. 20; Herrmann 54 f., Abb. 45/6 (750/25).

[55] Nat. Mus. 6613; AM 55, 1930, Beil. 44/5, Schweitzer Abb. 159–61, Herrmann 60, 165, (nach 700); Dörig 44 (letztes Viertel 8. Jh.). Dazu der Torso einer weiteren Figur, Nat. Mus. 6620, Herrmann 63, Abb. 58/9.

[56] Herrmann 63.

[57] Gelegentlich ist allerdings bei orientalischen Statuetten der Schurz ein separates Blechstück, es konnte abgenommen und verloren werden, vgl. Syria 14, 1933, T. 17; 29, 1952, 46, T. 1; eine nackte orientalische Figur: Dunbabin (o. A. 43) T. 8, 1.

[58] Müller 112–7, 167–76; vgl. F. Matz, Geschichte der griechischen Kunst 1, 1950, 82; E. Kunze, 8. Bericht über die Ausgrabungen in Olympia, 1967, 224; Smith.

schen Epoche zu würdigen, die genaue Chronologie zu ermitteln und die Werkstätten zu bestimmen. Unversehens kommt es dann freilich dahin, dass die orientalischen Importstücke und die griechischen Nachbildungen in zwei getrennten
Kapiteln auftauchen.[59] Dabei steht doch zumindest durch den Fund auf Delos
fest, dass im 8. Jh. solche orientalischen Statuetten vorhanden waren,[60] offenbar
als altererbte Kleinodien zusammen mit mykenischen Erbstücken; dass dergleichen spätestens im 12. Jh. auch in die Peloponnes gekommen war, ist durch den
Fund in Mykene gesichert. Die Peloponnesischen Bronzegiesser des 8. Jh. müssen
mindestens ein entsprechendes Exemplar vor Augen gehabt haben, das sie zu ihrer Neugestaltung anregte. *[63]*

Und nicht nur die Bronzegiesser. Aus dem Apollon-Heiligtum von Amyklai
stammt ein nachgerade berühmtes Terrakotta-Köpfchen einer Kriegerfigur, die
auch in die zweite Hälfte des 8. Jh. datiert wird;[61] sie muss, entsprechend dem etwa 8 cm hohen Bruchstück, etwa 40 cm hoch gewesen sein. Charakterisiert ist
der Kopf allein durch den hohen – an der Spitze abgebrochenen – Kegelhelm,
doch genügt dies, mit Sicherheit den Typ des 'Kriegers' zu identifizieren; die Figur von der Akropolis (Anm. 55) ist als Parallele seit langem herangezogen worden.[62] Im Amyklaion selbst fand sich eine kleinere, unscheinbare Tonstatuette
eben des gleichen 'Krieger'-Typs.[63] Der Helm ist mit einem Mäanderband ver-
ziert; auf der Rückseite hängt ein plastisch und malerisch hervorgehobenes Band
herab. Man spricht mit Selbstverständlichkeit vom geometrischen Helm;[64] doch
hat Emil Kunze zu bedenken gegeben, dass bei den sicheren Darstellungen geometrischer Helme der Busch nach vorne 'nickt'.[65] Von der Spitze nach hinten
lang herabhängende Bänder sind ein Charakteristikum der Pharaonenkrone von
Oberägypten, wie sie die Darstellungen von Rešep und Mekal auf ägyptischen
und ägyptisierenden Stelen übernehmen, ausserdem von syrischen Helmen;[66] es

---

[59] Schweitzer behandelt die Figuren von Kreta, Mykene, Tiryns (132) getrennt von den geometrischen und verweist dort (136–8) auf möglichen Einfluss anderer orientalischer Typen; vgl. E. Ho-
mann-Wedeking, Anfänge der griechischen Grossplastik, 1950, 15–23. Nichts zu den orientalischen Statuetten in dem wichtigen Buch von E. Akurgal, Orient und Okzident, 1966.

[60] Desborough (1964) 45 f. meint, vielleicht sei man beim Bau des Delischen Artemisions zufällig
auf mykenische Schätze gestossen, die man dann als Bauopfer verwendete. Dies heisst ein fast
schon verzweifeltes Spiel mit dem Zufall treiben. Bauopfer waren fester Brauch.

[61] Nat. Mus. 4381; Eph. Arch. 1892, T. 4; Buschor-Massow 15; E. Kunze, Anfänge der griechischen
Plastik, AM 55, 1930, 155; R. Hampe, Frühgriechische Sagenbilder aus Böotien, 1936, 32–6, T.
31; K. A. Pfeiff, Apollon, Die Wandlung seines Bildes in der griechischen Kunst, 1943, 20–2, T.
1; Kunze 1946, 101–4; Dörig 46, T. 21 bc; Schweitzer Abb. 162/3; Simon 121 Abb. 114; H. Walter, Griechische Götter, 1971, 328.

[62] Kunze 1930, 156 f. Beil. 44/5; Hampe a. O. T. 31.

[63] Buschor-Massow 42 Abb. 21.

[64] Buschor a. O. 15; Kunze a. O. 156, 4; 161 Abb. 2.

[65] Kunze, 7. Bericht über die Ausgrabungen in Olympia, 1961, 140 f.

[66] Auf der Mekal-Stele, u. A. 92, Thompson 62–6. Auf der kyprischen Vase, u. A. 83; Rešep-Stelen,

sieht so aus, als sei die Tonstatuette von Amyklai in noch detaillierterer Weise dem orientalischen Vorbild verpflichtet, als es die vergleichsweise roheren Bronzen erkennen lassen. Ist es zu kühn zu postulieren, dass im Heiligtum von Amyklai eine orientalische Statuette des Kriegergottes bewahrt war, die im 8. Jh. als Apellon galt? *[64]*

Die Statuetten von Olympia, Delphi, Athen sowie das Köpfchen vom Amyklaion werden zumindest in der deutschsprachigen Forschung seit langem als Darstellung eines Gottes aufgefasst. Bahnbrechend waren Ernst Buschor für die Figur vom Amyklaion,[67] Emil Kunze für die Olympischen Bronzen; sein Hauptargument ist die Feststellung, dass sie "in ihrer Zeit das einzige typische statuarische Weihgeschenk an den Olympischen Zeus" sind.[68] So wurden auch einige Bronzen aus Delphi als Apollon angesprochen,[69] und für die Statuetten von der Akropolis drängt sich dann 'Erechtheus-Poseidon' auf.[70] Eine Inschrift freilich trägt erst der Mantiklos-Apollon im frühen 7. Jahrhundert, in dessen freierer Gestaltung der alte Typ fast nicht mehr durchscheint.[71] Bemerkenswert ist aus der späteren Tradition, dass Pausanias einen Zeus 'mit Helm' im Heratempel in Olympia sah (5, 17, 1) und dass die merkwürdige Kultstatue des Apollon von Amyklai Helm und Speer trug.[72] Im übrigen setzt sich der Typ des ausschreitenden, seine Waffe in der Rechten schwingenden Gottes dann ja fort in der archaischen und klassischen Kunst – Zeus mit dem Blitz, Poseidon mit dem Dreizack; für die bescheidenen frühen Figuren aber fällt doch auch die Übereinstimmung mit den orientalischen Vorbildern ins Gewicht, deren göttlicher Charakter unabhängig gesichert ist.

Dass den Peloponnesischen Künstlern für ihre Ton- und Bronzefiguren mindestens seit der Mitte des 8. Jh. hethitisch-syrisch-ägyptische Statuetten als Vorbild dienten, wird aus chronologischen *[65]* Gründen verwundern; orientalische Importe setzen auf breiter Front erst um 700 ein; von den orientalischen Bronzen auf Samos ist anscheinend kein Stück vor dieser Zeitgrenze zu Hera gelangt (Anm. 46). Wenigstens einige Exemplare des orientalischen Kriegsgottes aber müssen bereits wesentlich früher den Griechen gegenwärtig gewesen sein.

AOB 348, ANEP 476, an syrischen Helmen, Enc. ph. II 151; vgl. E. Kunze, Kretische Bronzereliefs, 1931, 197 f.

[67] Buschor-Massow 15, danach Hampe, Kunze, Pfeiff, Schweitzer, Simon, Walter (o. A. 61); anders J. Boardman, Greek Art, 1964, 37: "presumably a warrior".

[68] Kunze 1946, 103. Dörig 41–3; A. Mallwitz, Olympia und seine Bauten, 1971, 20–2; H.-V. Herrmann, Olympia, Heiligtum und Wettkampfstätte, 1972, 91; 93.

[69] Dörig 46–9.

[70] 'Zeus' Dörig, 44 f.; 'Apollon' Walter 327, Abb. 304. Poseidon geht mit geschwungenem Schwert den Griechen voran Il. 14, 385.

[71] Simon 124; die Statuette trug in der vorgestreckten linken Hand wohl den Bogen. Verloren ist der separat gearbeitete (Kegel-) Helm

[72] Paus. 3. 2, 6; 3, 19, 2; dazu die Münze, Simon a. O. 121. Vgl. u. Anm. 122.

Nun scheint sich freilich die Epoche völliger Isolierung der Griechen vom Orient mehr und mehr einzuengen.[73] Die Kretische Bronzekunst entfaltete sich unter dem Einfluss nordsyrischer Schmiede, die nach John Boardmans Hypothese gegen Ende des 9. Jh. vor der assyrischen Eroberung flohen.[74] Seit Mitte des 9. Jh. gab es auch bereits griechische Handelskolonien in Syrien selbst, zu Al Mina ist neuerdings Taabbat al-Hamman und Tell Sukas dazugekommen.[75] Um die gleiche Zeit gelangte erstmals eine phönikische Schale in ein attisches Grab.[76] Doch für die in Mykene gefundene Statuette (Anm. 35) sind alle diese Daten zu spät; und auch die Exemplare aus Delos, Attika, Tiryns, Patso stehen eher in spätmykenischem Kontext. In die Blütezeit der Mykenischen Epoche zurückzugehen (Anm. 45), hindert anderseits die Fremdartigkeit dieser Figuren gegenüber minoisch-mykenischem Formempfinden. So bleibt, mit Sir Arthur Evans, die allerletzte mykenische Epoche, grob gesprochen das 12. Jh. (Spätmykenisch III C), als wahrscheinlichste Zeit des 'Imports'.

Man konstatiert in dieser Periode eine prekäre Erholung in der Argolis, eine gewisse Blüte in Ostattika und auf den Inseln; und *[66]* man verzeichnet auffallend viele orientalische und ägyptische Funde im Gräberfeld von Perati in Attika.[77] Das religiöse Leben scheint neue Impulse zu gewinnen; neben Schreinen minoisch-mykenischer Tradition wie in Asine und in Malthi[78] steht ein neuer Typ des Heiligtums, mit einem Altar unter freiem Himmel fürs Stieropfer, auf das Terrakotta-Stierfiguren hinweisen. Die Kontinuität zum späteren griechischen Ritus wird eben durch solche Terrakotta-Votive belegt. Zu diesem Typ gehört offenbar auch das Heiligtum von Amyklai.[79] Was im einzelnen in diesen bewegten Zeiten vor sich ging, ist nicht zu erraten. Man mag sich vorstellen, dass damals Griechen mit Philistern und anderen Seevölkern die Küsten der Ägäis heimsuchten,[80] etwa Ugarit plünderten und die Tempel gewiss am wenigsten verschonten. So mögen auch Götterstatuetten in ihre Hände gefallen sein. Der Mythos erzählte später, wie die Griechen aus dem untergehenden Troia das 'Palladion' entführten,

[73] Snodgrass 328 schränkt die Epoche der Isolierung auf 1025–950 ein.

[74] BSA 62, 1967, 57 ff.; 63–7. Zur ägyptischen Anregung für die geometrischen Prothesis-Darstellungen J.L. Benson, Horse, Bird and Man, 1970, 89 ff.; zum mittelgeometrischen Löwenbild J. N. Coldstream Gnomon 46, 1974, 278.

[75] P. J. Riis, Ugaritica 6, 1969, 435–50, Sukas I, Kopenhagen 1970, bes. 126–75; J. Bouzek, Homerisches Griechenland, Prag 1969, 143–5. Skyphoi griechischer Kaufleute in Phönizien, seit ca. 900: V. R. d'A. Desborough, Protogeometric Pottery, 1952, 181–94.

[76] K. Kübler, Kerameikos VI, 1954, 201–5; E. Akurgal, Orient und Okzident, 1966, 150 f.; Snodgrass 115 f.; 333. Zum 'Isis-Grab' in Eleusis, um 750, Snodgrass 342 f.

[77] S. E. Iakovidis, Περάτη, Athen 1970, vgl. V. R. d'A. Desborough Gnomon 45, 1973, 397 f.

[78] Asine: Vermeule 57; Malthi: Desborough (1964) 94.

[79] R. V. Nicholls, Greek Votive Statuettes and Religious Continuity, c. 1200–700 B.C., Auckland Classical Essays pres. to E. M. Blaiklock, 1970, 1–37, bes. 8–13.

[80] Desborough (1964) 228; 238 f.

das kleine, doch von göttlicher Macht erfüllte Athenabild, das dann sowohl Athen als auch Argos zu besitzen behaupteten.[81] Vielleicht sind eher auf solchem Weg als durch regulären Handel alte hethitische Statuetten nach Mykene und auch nach Thessalien gelangt. Dergleichen Figuren liessen sich jedenfalls unschwer auch im primitivsten Kult verwenden und verwahren.[82] Dann läge, bei allem möglichen Missverstehen und Umdeuten, doch ein grundsätzliches Verstehen des göttlichen Charakters jener 'Krieger' vor, und es wäre umso verständlicher, dass die beginnende Plastik wiederum nach diesen Vorbildern die eigenen Götter gestaltete. *[67]*

2.

Eine ganz besondere Rolle spielt im 12. Jahrhundert, in dieser Epoche des Umbruchs, der Übernahme und der Neuansätze offenbar Cypern. Dass nach dem Fall von Mykene und Pylos achäische Griechen aus der Peloponnes nach Cypern auswanderten, hat man seit langem vermutet; in archäologischen Indizien wird diese Zuwanderung immer deutlicher fassbar. In den Heiligtümern zeugen davon eindrücklich die monumentalen Kulthörner minoisch-mykenischer Tradition, wie sie in Myrtou-Pigadhes, Kition und Paphos gefunden wurden.[83] Dabei werden gerade in dieser Periode die Heiligtümer neu und grösser angelegt, mit Tempeln, ja mit Götterstatuen. Aus dem Zentralheiligtum von Enkomi stammt das bedeutendste plastische Werk des 12. Jh., die 55 cm hohe Bronzestatue eines gehörnten Gottes.[84] Er erscheint in seiner Form neu und frei; Verbindungen zur mykenischen Kunst lassen sich ziehen, doch auch das Vorbild der syrischen gehörnten Götter ist nicht zu übersehen. Dieses ist umso evidenter in einer anderen, etwas kleineren, ursprünglich an der Wand befestigten Statuette aus einem anderen Heiligtum von Enkomi; der bärtige Gott hält in der linken, vorgestreckten Hand den kleinen Rundschild, in der rechten, drohend erhobenen das Schwert; er trägt Beinschie-

---

[81] W. Burkert ZRGG 22, 1970, 361, 23. Ein Palladion – rechts Lanze, links Schild – ist dem 'Krieger'-Typ recht ähnlich. Zum Geschlechtsproblem A. 43.

[82] Vgl. V.-H. Herrmann AM 77, 1962, 26–34 zu einem sehr primitiven, aber anscheinend mykenischen Idol aus Olympia.

[83] F. G. Maier, Evidence for Mycenaean settlement at Old Paphos, in: Acts of the international archaeological symposium 'The Mycenaeans in the Eastern Mediterranean', Nicosia 1973, 68–78; Desborough (1964) 196–205; P. Dikaios, Enkomi II, 1971, 519–21, 529. Kulthörner: V. Karageorghis BCH 97, 1973, 653.

[84] P. Dikaios AA 1962, 1–39; Enkomi I (1969) 295; II (1971) 527–30; III (1969) T. 138–44; Buchholz-Karageorghis 1740; Vermeule 159 f.; die Verbindung zu Syrien betonte Dikaios AA 1962, 34 f.; S. Marinatos, Deltion 18 A, 1963, 95–8 vergleicht die mykenische Bleistatuette von Kampos, T. 35.

nen und steht auf einem Kupferbarren; sein Helm trägt Hörner, ähnlich dem der anderen, grösseren Figur.[85] Aus der *[68]* unmittelbar vorangehenden Epoche sind zahlreiche 'Rešep'-Figürchen gerade aus Cypern bekannt (o. Anm. 17); sie lieferten das ikonographische Muster für die neuartigen, grösseren Gebilde des 12. Jh.

Man hat beide Götter aus Enkomi Rešep, den grösseren auch Apollon genannt.[86] Rešep ist in der Bronzezeit in Alasia bekannt (A. 26), und Griechen auf Cypern verehren später einen 'gehörnten' Apollon, Keraiates. Die Phöniker freilich scheinen erst in der Eisenzeit nach Cypern gekommen zu sein; und der Name Apellon-Apollon dürfte vom dorisch-nordwestgriechischen Bereich ausgegangen sein (A. 114). Eine Kontinuität der Gottesvorstellung ist deutlich; der Name konnte wechseln.

Aus der späteren kyprischen Lokaltradition bietet sich jedenfalls noch ein anderer mit Rešep-Apollon verbundener Name an: Mukal/Amyklos. In einer Reihe von phönikischen Weihinschriften aus Idalion auf Cypern erscheint Rešep mit dem Beinamen Mkl;[87] sie stammen aus dem 4./3. Jh. v. Chr. Eine Inschrift aus Kition nennt einen 'Tempel des Mkl'.[88] Eine der Idalion-Inschriften enthält einen Paralleltext in Silbenschrift – es handelt sich um das Dokument, das seinerzeit den Schlüssel zur Entzifferung der kyprischen Schrift geliefert hat.[89] Der Weihung an 'Rešep Mkl' entspricht to A-po-lo-ni to a-mu-ko-lo-i, τῷ 'Απόλλωνι τῷ 'Αμύκλῳ. Man hat den Beinamen zunächst mit Selbstverständlichkeit als 'Apollon von Amyklai' verstanden und auf das bekannte Heiligtum bei Sparta bezogen. In der Tat schreibt *[69]* eine hellenistische Weihung in griechischer Normalschrift aus dem gleichen Heiligtum 'Απόλλων 'Αμυκλαίωι.[90] Doch blieb dann unverständlich, warum die phönikische Transkription den Anlaut[91] weglassen sollte.

Nun ist 1927 in Beth Shan in Palästina in einem Tempel des 14. Jh. eine ägyptisierende Stele zutage gekommen, die in Bild und Inschrift einen Gott Mkl

---

[85]   BCH 88, 1964, 353–5, T. 16; C. F. A. Schaeffer Arch. f. Orientf. 21, 1966, 59–69 ("Rešep-Nergal"); Buchholz-Karageorghis 1741; Höhe 35 cm. Als Gegenstück eine Göttin auf einem Kupferbarren: H. W. Catling, Alasia 1, 1971, 15–32. – Auf einer älteren bunteingelegten Fayencevase aus Cypern (Spätkyprisch II, 1400/1230) erscheint ein 'Krieger' mit ägyptisierender Kopfbedeckung, von der zwei Bänder herabhängen, ein Schwert hoch in der Rechten schwingend, beim Einfangen von Rindern (BCH 87, 1963, T. 8; Buchholz-Karageorghis 1671 a.). Man kann an den Herakles-Rešep der späteren Tradition denken (Anm. 97).

[86]   Vgl. Masson 140; AA 1962, 35; Vermeule 160. Dikaios schlägt AA 1962, 35 'Απόλλων Κεραιάτης vor, auf Grund einer von ihm in Pyla (Cypern) gefundenen hellenistischen Weihinschrift, vgl. Paus. 8, 34, 5; ähnlich, unter Gleichsetzung mit Rešep-Nergal, K. Hadjioannou, Alasia 1, 1971, 33–42.

[87]   CIS I 90 = KAI 38; 91; 93 = KAI 40; 94; ergänzt CIS I, 92; 14; neu: Caquot-Masson 302–6.

[88]   CIS I 86 = KAI 37 A 13: bt mk [, vgl. B 5; u. Anm. 122.

[89]   CIS I 89 = KAI 39 = ICS 220 (um 388 v. Chr.).

[90]   O. Masson BCH 92, 1968, 397–400.

[91]   E. Power, Biblica 10, 1929, 132.

(m'kǝr) als Herrn von Beth Shan vorstellt.[92] Schon vorher hatte man in einem theophoren Namen den gleichen Gott Mkl erkannt.[93] Die Vokalisierung des Namens ist weder von der ägyptischen noch von der phönikischen Schrift ausgedrückt. Ansprechend ist eine semitische Etymologie vom Stamm jkl, 'mächtig sein', eine neuveröffentlichte Weihung (Anm. 87) setzt vor mkl den Artikel, was auf appellativische Bedeutung des Namens weist. Man liest daher Mekal, 'der Mächtige'.[94] Da der Stamm indessen ursemitisch – wie arabisch – wkl lautete, ist eher Mukal anzusetzen,[95] ohne dass für diese Namensform sumerische Etymologien bemüht werden müssen. Der Gott von Beth Shan steht ikonographisch in gewisser Beziehung zu Rešep,[96] was dem *[70]* kyprischen Doppelnamen zu präludieren scheint. In Ägypten ist ein hellenistischer Herakles-Torso als Rešep-Mkl beschriftet.[97]

Das Mkl der Bilingue von Idalion lässt sich nach alledem nicht als einfache Transkription des griechischen Amyklaios auffassen.[98] Nur das Umgekehrte ist möglich: Amyklos ist Transkription des semitischen Beinamens (ha) Mukal.[99] Diese Namensform kann ja auch wortbildungsmässig nicht von Amyklai abgeleitet sein, in solchem Fall wäre einzig Amyklaios möglich. Nun ist anzunehmen, dass gerade die epichorische Silbenschrift, die keiner gemeingriechischen Orthographie verpflichtet ist, die tatsächlich gesprochene Namensform bringt.[100] Der Apollon Amyklos von Idalion also kommt nicht von Amyklai bei Sparta her, er trägt vielmehr einen einheimischen Namen bronzezeitlicher Tradition. In einem anderen Beinamen eines kyprischen Apollon ist die bronzezeitliche Verwur-

---

[92] A. Rowe, The Topography and History of Beth-Shan, 1930, T. 33; L. H. Vincent Rev. bibl. 37, 1928, 512–43; jetzt ausführlich Thompson mit T. 5, vgl. die Rezension von P. Xella, Oriens Antiquus 11, 1972, 328–31; die Stele auch ANEP 487.

[93] Répertoire d'Epigraphie Sémitique 3, 1916, Nr. 1516, Caquot-Masson 313 f.; mkl '[ṣr "M. ist mein Schutz".

[94] L. H. Vincent, Rev. bibl. 37, 1928, 523–8; Caquot-Masson 310; Thompson 188–92; Conrad 175 f.

[95] Diesen Hinweis verdanke ich P. Frei. Westsemitisch u>j: C. Brockelmann, Grundriss der vergleichenden Grammatik der semitischen Sprachen I, 1908, 139. W. F. Albright BASOR 90, 1943, 33 stützt eine sumerische Etymologie auf die 'akkadische' Deutung der eteokyprischen Inschrift von Amathus ICS 196 durch E. Power, Biblica 10, 1929, 129; 141–2, der dort den 'Gott Mukula' fand; dazu Masson ICS 248, 1 und Et. Or. 131, 1. Ein sumerisches Mukal 'grosser Baum' konstruiert M. C. Astour, Hellenosemitica, 1967², 311 f.

[96] Überbetont durch L. H. Vincent Rev. bibl. 37, 1928, 512–43. Dagegen Caquot-Masson, 311, 6; vorsichtiger Thompson 144–63.

[97] E. Bresciani, Oriens Antiquus 1, 1962, 215–7. – ršp mlqrt auf Ibiza: KAI 72.

[98] So z. B. E. Meyer, Geschichte des Altertums II, 1,1928², 253, 2.

[99] "une simple transcription" Masson ICS p. 248, cf. El. Or. 138 f. Caquot-Masson 312 f. Der A-Anlaut kann den Artikel wiedergeben oder einen Aleph-Vorschlag, wie Rešep auch als 'ršp erscheint, CIS I 251 (Karthago), KAI 72 (Ibiza), vgl. o. Anm. 33, der Gott vom Tabor als Zeus Atabyrios (O. Eissfeldt ARW 31, 1934, 1441 = Kl. Schr. II, 1963, 29–54); weitere Beispiele bei A. Vincent, La religion des Judéo-Araméens d'Eléphantine, 1937, 659.

[100] So erscheint die speziell kyprische Namensform Apeilon nur in einem einzigen silbenschriftlichen Zeugnis, ICS 215.

zelung längst erkannt und diskutiert: Apollon Alasiotas, der Gott des alten 'Alasia' der Amarna-Texte.[101]

Was das Verhältnis zum lakonischen Amyklai betrifft, so bleibt die Möglichkeit eines zufälligen Gleichklangs,[102] der von gebildeten zweisprachigen Zyprioten ausgenützt wurde. Will man dem Zufall weniger Spielraum gönnen, so muss man den Schluss wagen:[103] Heiligtum und Ortsname in Kreta[104] wie in Lakedaimon[105] *[71]* kommen von einem 'importierten' Gott östlicher Herkunft, Hamukal/ Amyklos oder Amyklas, dieser Name taucht in genealogischen Konstruktionen sowie in Apollon-Mythen durchaus auf.[106] 'Amyklaion', analog etwa zu Poseideïon, ist die zu erwartende Bezeichnung eines solchen Heiligtums. Ἀπέλλων ἐν Ἀμυκλαίῳ heisst der dorische Gott von Amyklai später, als wäre er noch Bewohner eines fremden Bezirkes.[107] Jedenfalls scheint der Ortsname nicht griechisch zu sein. Das Heiligtum ist vordorisch, spätmykenisch; dass im 8. Jh. zumindest eine Statuette des östlichen Krieger-Gottes dort vorhanden war, liess sich postulieren. Ein strenger Beweis für Kultimport aus dem Osten wird sich nicht führen lassen; doch wer orientalisch-semitische Perspektiven nicht a limine ablehnt, wird feststellen, dass Östliches und Griechisches aufeinander zugeordnet erscheinen, wie Reste einer längst eingestürzten und versunkenen Brücke.

Ob auch der Name des Rešep nach Rhodos[108] und gar nach Arkadien[109] gelangt ist, bleibe dahingestellt.

---

[101] ICS 216, vgl. Masson 139 f., Kadmos 12, 1973, 98 f. mit Verweis auf eine neue phönikische Inschrift, Syria 48, 1971, 391–406; C. F. A. Schaeffer, Enkomi-Alasia, 1950, 1–10.

[102] "homonymie" Caquot-Masson 312; "assonance" Thompson 167.

[103] So bereits P. Foucart BCH 7, 1883, 513; zögernd Albright BASOR 90, 1943, 33 f., vgl. Caquot-Masson 308, 6; entschieden Astour (o. A. 93) 311.

[104] Steph. Byz. Ἀμύκλαι; Gesetz von Gortyn IC IV 72, III 8 'Amyklaion'; vgl. IC IV 172; Monat Amyklaios: IC IV 182, 23; 173, 12 (Gortyn).

[105] Zu diesem Heiligtum Buschor-Massow pass.; F. Kiechle, Lakonien und Sparta, 1963, 49–54. Allerdings fehlen Funde aus dem 11. Jh., so dass den Archäologen Kultkontinuität nicht gesichert scheint, Desborough (1964) 42; (1971) 241; Snodgrass 131. Älteste Erwähnung des Festes Alkman 10a, vgl. 6b 9 Page, älteste Weihungen SEG XI 689 (um 600).

[106] Roschers Myth. Lex. I 325 f., RE I 1999 f.: Amyklas ist Gründer von Amyklai, ist der einzig überlebende Sohn der Niobe, ist Daphnes Vater.

[107] IG V 1, 863 B; 1515 c; Ἀμυκλαῖος 863 A; C etc. – SEG XI 690/1. In der Regel gilt Hyakinthos als Name des vordorischen Gottes von Amyklai, z. B. M.P. Nilsson, Geschichte der griechischen Religion I³, 1967, 316 f. Doch darf die für griechische Kulte bezeichnende Polarität von Heros und Gott nicht ohne weiteres als historische Schichtung interpretiert werden.

[108] Apollon Erethimios/Erysibios = Rešep: B. Schweitzer AA 1919, 46 f.; Herakles, 1922, 31; 63.

[109] Arsippos, Vater des '3. Asklepios' (Cic. n. d. 57, Lydos Mens. 4, 142 in Kombination mit Paus. 5, 7, 1; 8, 28, 2) = Rešep/Apollon: S. A. Cook, The religion of Ancient Palestine in the Light of Archaeology, 1930, 114².

3.

Ob und unter welchen Umständen Götter 'wandern' oder *[72]* gar 'importiert' werden können, ist umstritten. Ist nicht im religiösen Erleben spontane Schau je von neuem zu leisten, sodass nur Eigenes selbst im fremden Spiegel erscheinen kann? Und doch, auch die nicht ableitbare Spontaneität ereignet sich, wenn überhaupt, in einem Beziehungsgeflecht von Vorgegebenem. Und wo Veränderungen zu konstatieren sind, ist es legitim, nach neuen, äusseren Gegebenheiten zu fragen, die zur Wirkung kamen.

Im 8. Jh. ist Apollon nach dem Zeugnis der Kultstätten, der geschichtlichen Wirkung in der Kolonisation, der homerischen Dichtung einer der wichtigsten und eigensten Götter der Griechen;[110] er scheint selbst Zeus und Poseidon zu überstrahlen. Ganz anders war es in der Bronzezeit: kein einziges direktes oder indirektes Zeugnis für 'Apollon' ist in den Linear-B-Texten aufgetaucht, in markantem Gegensatz zu der reichen Bezeugung von Zeus und Poseidon in eben diesen Texten.

Allerdings tritt in einem Täfelchen aus Knossos Paiawon als selbständiger Gott[111] auf. Diese Selbständigkeit scheint noch bei Homer gelegentlich (Il. 5, 401; 899) bewahrt; sonst gilt Paiaon, Paian als Epiklese Apollons und zugleich als das ihm speziell zugehörige Kultlied. Gerade die auffällige Identität von Tanzlied und Gottesnamen fügt sich aufs beste zu einem Wesenszug minoischer Religion, der sich aus den Bilddarstellungen ablesen lässt: nicht in Statuen, sondern in Tanz und Lied wird die Gottheit präsent.[112] Dass Paiawon für Reinigung und Heilung zuständig war, darauf deuten die späten Zeugnisse; die Achäer singen den 'schönen Paieon', um die Pest zu vertreiben (Il. 1, 473). Paieon heisst aber *[73]* auch schon bei Homer das Triumphlied nach der Schlacht (Il. 22, 391 f.). Bemerkenswert ist, dass 'Paian' auch Inbegriff des Festes von Amyklai ist: selbst im Krieg begeben sich die Amykläer "aufs Hyakinthienfest zum Paian".[113]

Der Name Apellon, kyprisch lokal Apeilon, seinerseits lässt sich schwer trennen von der dorisch-nordwestgriechischen Institution der Apellai, der Jahresver-

---

[110] Es genüge der Verweis auf Homer, auf Delos und Delphi, auf die besonders altertümlichen und interessanten Tempel (A. 115). Vgl. allgemein zum Problem mykenisch-griechischer Kontinuität B. C. Dietrich, Origins of Greek religion, 1974, 191–289.

[111] KN V 52; M. Ventris-J. Chadwick, Documents in Mycenaean Greek, 1972², 311 f.; 476. M. Gérard-Rousseau, Les mentions religieuses dans les tablettes mycéniennes, 1968, 164 f. Vgl. L. Deubner, Paian, NJb 22, 1919, 385–406. Die Verbindung Päonisch-Kretisch in Musik und Metrik geht auf die Beziehung Kretas zu Sparta im 7. Jh. zurück, Plut. mus. 1134 e.

[112] Herausgestellt von F. Matz, Göttererscheinung und Kultbild im minoischen Kreta, Abh. Mainz 1958.

[113] Xen. Hell. 4, 5, 11, Ages. 2, 17.

sammlung der Vollbürger mit Neuaufnahme der Epheben. Als Inbegriff des gereinigten Neuanfangs, zwischen Knaben und Jüngling stehend, mit 'ungeschorenem Haar' wird Apollon von hier aus in wesentlichen Zügen deutlich.[114] Eine Verschmelzung mit dem minoisch-mykenischen Paiawon ist durchaus vorstellbar. Offen bleibt, warum Apollon Pfeil und Bogen trägt, in der Ilias als der unheimliche, 'nachtgleiche' Pestgott auftritt, mit Hirsch oder Reh verbunden ist, obgleich er nicht eigentlich ein Gott der Jäger ist. Und dann ist sehr auffallend und nicht aus nördlichen Stammestraditionen ableitbar, dass Apollon weit mehr als Zeus und Poseidon verbunden ist mit Tempel, Altar und Kultbild: eine ganze Reihe wichtiger Tempel des 8. Jh. sind Apollon-Tempel,[115] die ältesten erhaltenen Kultbilder sind die gehämmerten Bronzestatuen aus dem Apollontempel von Dreros;[116] wenn auf Vasenbildern der archaischen und klassischen Zeit Kultbilder und brennende Altäre dargestellt werden, überwiegen Apollonbilder in auffallendem Masse.[117]

Semitische Gottheiten scheinen weit weniger als die Götter Homers durch Gestalt und Funktion definitorisch eingeengt.[118] Und doch hat gerade Rešep eine Reihe von Charakteristika, die stark an Apollon erinnern und die dann eingespielte Gleichsetzung (Anm. 32/3) verständlich machen. Rešep ist der Gott der Pest, in *[74]* Ugarit und Alasia wie im Alten Testament. Er wird mit dem sumerisch-babylonischen Nergal, dem Gott der Unterwelt, gleichgesetzt[119] und ist doch seinem Namen nach, als der 'Brennende', eher ein Gott der Sonnengluten. Er heisst 'Herr des Pfeils' in Ugarit, 'Rešep vom Pfeil' im hellenistischen Cypern[120] – ein erstaunliches Zeugnis für religiöse Kontinuität durch die dunklen Jahrhunderte hindurch; wahrscheinlich ist damit eben seine gefährliche Funktion als Pestgott angesprochen. Dass der Gott der furchtbaren Krankheit auch die Macht hat, die Seuche zu vertreiben, dass der Vernichter auch retten kann, ist selbstverständlich. Für die ägyptischen Pharaonen ist Rešep vor allem der starke Krieger (Anm. 26); merkwürdig, wie die Doppelfunktion des Paians, Seuchenheilung und Siegesmacht, hier wiederkehrt. Das Tier, das Rešep kennzeichnet, ist die Gazelle, oder,

---

[114] E. Homolle, BCH 19, 1895, 44 f.; J. Harrison, Themis, 1927², 439–41. Dazu Verf., Apellai und Apollon (1975) (= Kleine Schriften, Band VI, 3–20).

[115] Genannt seien Thermos, Eretria, Dreros, Gortyn, Olus.

[116] Simon 125, J. Boardman BSA 62, 1967, 61 (noch 8. Jh. ?).

[117] Kultstatuen auf Vasenbildern: z.B. Simon 123; Opfer: H. Metzger, Recherches sur l'imagerie Athénienne, 1965, 107–18, G. Rizza ASAA 37/8, 1959/60, 321–45.

[118] Vgl. P. Xella, Il mito di ŠHR e ŠLM, 1973, 30.

[119] Keret-Epos I 19, ANET 43 "pestilence"; o. A. 25; AT Hab. 3,5; = Nergal: Archiv für Orientforschung 18, 1957/8, 170; Conrad 160, vgl. Thompson 116–27; P. Matthiae, Oriens Antiquus 2, 1963, 27–43.

[120] Ugarit: Palais Royal d'Ugarit II, 1957, 3–5 Nr. 1, 3, vgl. Caquot-Masson 302; Kypros: CIS I 10 = KAI 32, Caquot-Masson 300; Conrad 172 f. "Nergal", d. i. Rešep wird auf einem Siegel mit Bogen, Pfeil, Köcher dargestellt (o. Anm. 29).

in anderer Landschaft, das Reh bzw. der Hirsch.[121] Als Besonderheit Rešeps erscheint der Pfeilerkult im danach benannten 'Obeliskentempel' von Byblos, während in Kition ein eigener Tempeldiener "für die Säulen Mukals" amtet.[122]

Aus allem ergibt sich die Hypothese, dass in der Umbruchszeit des 12. Jh. auf Cypern ein minoisch-mykenischer Paiawon mit einem syrischen Rešep (A)mukal verschmolzen wurde und dieser Kult, begleitet von den syrisch-kyprischen Figuren des Kriegergottes, nach Kreta und in die Peloponnes ausstrahlte, von wo aus dann, verwandelt in den dorischen Gott der Jahresversammlung, Apellon-Apollon seinen Siegeszug in der geometrischen Epoche antrat. Das Kultbild von Amyklai, war nach Pausanias' Beschreibung "abgesehen davon, dass es einen Kopf, Füsse und Arme [75] hat, im übrigen in Gestalt einer ehernen Säule" (3, 19, 2). Wenn man in der Säulengestalt mit Recht das Relikt eines minoisch-mykenischen Säulenkults sieht (vgl. Anm. 72), so weisen die angesetzten Elemente der Menschengestalt, Helm, Lanze und Bogen, eben auf den orientalischen Typ des Kriegergottes; die Stadien der Entwicklung wären noch im Bilde bewahrt.

Was aber Tempel und Altar betrifft, so steht hier der normale griechische Kultus, wie er seit dem 8. Jh. fassbar wird, in entschiedenem Gegensatz zum Minoisch-Mykenischen: dort gibt es keine Altäre, auf denen man die 'Schenkelknochen der Opfertiere verbrennen' könnte, wie es doch als fester Ritus bei Homer geschildert wird.[123] Dagegen sind die 'Speiseopfer' oder 'Friedensopfer', die man in allen Details aus dem Alten Testament kennt, überraschend ähnlich.[124] Allerdings scheint die spätmykenische Epoche mehr und mehr Zwischenglieder, Vorformen des Griechischen zu liefern, sowohl Tempel als auch Altäre.[125] Doch bleibt dem semitischen Raum die Priorität. Besonders eindrucksvoll ist ein Altar aus Basaltstein, 125 cm hoch, der mit Resten von Asche und Tierknochen im Heiligtum des Mekal von Beth Shan gefunden wurde.[126] Freilich ist am archäologischen Befund nicht mehr abzulesen, ob es sich um Holokaust- oder Speiseopfer handelte. Immerhin kennt auch die phönikische und aramäische [76] Opfertermi-

---

[121] Mit Gazellenkopf auf den ägyptischen Stelen o. Anm. 26; Thompson 152–4; zum Hirschgott von Karatepe E. Laroche, Syria 31, 1954, 109–17, o. Anm. 21; 30.

[122] CIS I 86 B 5, vgl. A 13, Masson-Sznycer 61.

[123] Festgestellt von G. Y. Yavis, Greek Altars, 1949, vgl. allgemein W. Burkert, Homo Necans, 1972.

[124] R. K. Yerkes, Sacrifice in Greek and Roman religions and early Judaism, 1952.

[125] Tempel in Mykene: Antiquity 44, 1970, 270–9; Vermeule 32–4. Altar mit Brandspuren, "too faint to be the result of regular household use": Archaeological Reports 1972/3, 13 f.

[126] 13. Jh., Thompson 35 f.; A. Rowe (o. Anm. 92) 17 dachte an minoischen Einfluss, wie R. Schmid, Das Bundesopfer in Israel, 1964, 92 für Israel mykenischen Einfluss annahm; dagegen D. Gill, Biblica 47, 1966, 255–62; vgl. auch H. Ringgren, Israelitische Religion, 1963, 161. – Der Tempel des 14. Jh. in Beth Shan enthielt Reste von Tieropfern im Hof, in einem Raum einen Blutaltar, einen Altar mit deponierten Knochen in einem anderen Raum, Feuerspuren und Tierhörner in einem dritten Raum, Thompson 17–21.

nologie, ähnlich dem Hebräischen, beides, 'Ganzopfer' und 'Schlacht'- oder 'Friedensopfer'.[127]

Historisch gesehen muss der Ritus des Knochen-Verbrennens als Überkreuzung des jägerzeitlichen Brauchs, die Knochen des Jagdtieres geordnet zu deponieren, mit einem Feuer-Vernichtungsopfer gelten. Merkwürdigerweise erzählt ein hellenistischer Lokalhistoriker, Asklepiades von Cypern, in seinem Buch 'Über Cypern und Phönizien' eine entsprechende Geschichte: Unter 'König Pygmalion', in Paphos also sei aus einem Verbrennungsopfer durch ein Versehen, das zuerst streng geahndet wurde, eine Opfermahlzeit geworden; und dabei habe man es schliesslich bewenden lassen.[128] Eine anekdotisch zugespitzte, eine aitiologische und insofern erfundene Geschichte, gewiss. Und doch lässt die Lokalisierung auf Cypern aufhorchen.

Denn nicht nur, dass auf Cypern immer wieder Griechen und Semiten in engen Kontakt kamen. Gerade im 12. Jahrhundert tritt in den kyprischen Heiligtümern das Tieropfer in einem früher nicht bekannten Ausmass in den Vordergrund. Im Heiligtum des Gottes auf dem Kupferbarren in Enkomi (Anm. 85) fanden sich über 100 Schädel von Stieren und Hirschen.[129] Besonders bemerkenswert aber ist das Heiligtum des Schmiedegottes in Kition: hier stehen im Hof des 'Temenos A' nebeneinander ein 'mykenischer' Hörneraltar, auf dem wohl Gaben für die Götter deponiert wurden, und ein Brandaltar mit reichlichen Resten von Asche, Holzkohle und verbrannten Tierknochen.[130] So scheinen östliche und westliche Tradition im buchstäblichen Sinn miteinander in Kontakt zu treten. Dass neugeformtes Brauchtum dann von Cypern aus in die übrige griechische Welt vordrang, ist nicht verwunderlich; [77] für die Verbreitung der Eisenbearbeitung und sonstiger Handwerke, auch für die Neuansätze des protogeometrischen Stils lassen sich kyprische Einflüsse eindeutig nachweisen.[131] Das älteste Heiligtum, in dem sich dann die griechische Normalform des Altars vor dem Tempel findet, ist das Heraheiligtum von Samos.

---

[127] Ringgren (A. 126) 160 f.; verschiedene Opferarten in der Inschrift aus Marseille, CIS I 165; Holokaust ('lwh) und Schlachtopfer (dbhn) in einem aramäischen Text: A. Cowley, Aramaic Papyri of the fifth century B. C., 1923, 30[8].

[128] Asklepiades FGrHist 752 F 1 = Neanthes FGrHist 84 F 32 = Porph. abst. 4,15, vgl. Tatian 1 p. 1, 6 Schwartz.

[129] BCH 88, 1964, 354 f.; Arch. f. Orientf. 21, 1966, 61; auch zwei Altäre werden erwähnt, doch nichts von verbrannten Knochen. Ähnlich offenbar der Befund im Heiligtum des grossen Gottes (A. 84), AA 1962, 9 ff.

[130] V. Karageorghis CRAI 1973, 520–30; BCH 97, 1973, 648–53.

[131] Desborough (1971) 55 ff.; 65; 78; 119; 145; 318; 345 f.; Snodgrass 117–20; 230; 327 f. – Eine Merkwürdigkeit kyprischer Kulte dieser Epoche, die Stiermasken gewisser Priester (V. Karageorghis HThR 64, 1971, 262 f.), wirken einerseits auf die Darstellung von Stiermenschen in geometrischer Kunst (vgl. Schweitzer Abb. 152) und tauchen anderseits im Mythos von den bösen 'Kerastai' von Amathus auf, Ov. met. 10, 223–37.

Noch ein Ausblick in solcher Perspektive: Das Wort 'rein', reinigen, καθαρός, καθαίρω, hat keine griechisch-indogermanische Etymologie. Das Verbum entspricht aber in der Aoristform auffällig genau den gebräuchlichen Formen des semitischen Verbums ktr, das das kultische 'Räuchern' bezeichnet. Das rätselhafte Wort 'Nektar' von einer anderen Form des gleichen Stammes herzuleiten wurde kürzlich vorgeschlagen.[132] Wenn laut Altem Testament der Götzendienst darin besteht, dass man "auf den Höhen räuchert",[133] so steht neben jekatter das Wort bāmāh für den 'Höhen-Altar', dessen Beziehung zum griechischen Wort βωμός schon viel diskutiert wurde.[134] Bei Homer ist καθαίρω freilich längst in seiner praktischen Bedeutung eingespielt. Eine Übernahme müsste weit zurück in den dunklen Jahrhunderten liegen; sie wird darum an direkten Belegen nie abzulesen sein. Aber es fügt sich zu den anderen, durch Statuetten, Namen, Opferbräuche belegten Beziehungen, wenn in einem zur Funktion des 'reinigenden' Apollon gehörigen griechischen Wortstamm gleiche nichtgriechische Herkunft durchscheint. *[78]*

Korrekturzusatz

Soeben erschien: Manfred K. Schretter, Alter Orient und Hellas. Fragen der Beeinflussung griechischen Gedankengutes aus altorientalischen Quellen, dargestellt an den Göttern Nergal, Rescheph, Apollon. Innsbruck 1974 (Innsbrucker Beiträge zur Kulturwissenschaft, Sonderheft 33). Diese Arbeit bringt höchst erwünschte Bestätigung und Ergänzung zu den behandelten Problemen von Seiten der Orientalistik. Ausführlich sind alle mesopotamischen, ugaritischen, phönikisch-aramäischen und kyprischen Zeugnisse zu Nergal, Rešep, Mkl diskutiert. Die Brücke zu Apollon wird über die Funktion des Pestgottes geschlagen; die Statuetten sind nicht berücksichtigt. Bemerkenswert ist die Deutung der κῆλα des homerischen Gottes als 'Brände', d.h. 'Fieberpfeile', auch 'Blitzwaffe', zu κήλευς (182–96). Der mit grosser Zurückhaltung vorgetragene Vorschlag, den Namen Apollon von Mkl herzuleiten (164–9), über *amkul > *amquul > *ampul > *appul, scheitert an den alten e-haltigen Formen: kyprisch Apeilon, pamphylisch Apelon. Einleuchtender ist der Hinweis, dass der Name Ἡρακλῆς durch Eragal = Nergal beein-

---

[132] S. Levin, SMEA 13, 1971, 31–50.
[133] 2. Kön. 23, 5.
[134] βωμός wurde als semitisches Lehnwort von H. Lewy, KZ 55, 1928, 32, nach A. Cuny, in Anspruch genommen; so auch W. F. Albright, Archaeology and religion of ancient Israel 202; dagegen G. Y. Yavis (A. 123) 54, 1; H. Frisk, Griechisches Etymologisches Wörterbuch I, 1960, 279, P. Chantraine, Dictionnaire étymologique de la langue Grecque, 1968, 204. βωμός lässt sich wortbildungsmässig an den Stamm βα-(gυε/οə) anschliessen, während bāmāh semitisch nicht befriedigend erklärt ist.

flusst sein kann (170); dabei sind die Münzen von Tarsos (o. Anm. 29), die 'Nrgl' mit Bogen und Löwen zeigen, Schretter noch unbekannt. Wichtig ist auch der Hinweis auf die Weihung eines beschrifteten Terrakotta-Löwenkopfes (pn arw) an Rešep in Ugarit (121 f.; C. H. Gordon, Ugaritic Textbook, 1965, Glossary nr. 2356): demnach sind die in der Weihung an 'Rešep vom Pfeil' aus Kition (o. Anm. 120) genannten "zwei 'rwm" auch als Löwen zu verstehen (vgl. die Diskussion bei Donner-Röllig zu KAI 32); es ergibt sich ein Anknüpfungspunkt für "die Löwen des Apollon" (H. Cahn MH 7, 1950, 185–199).

Von Schretter auch noch nicht herangezogen ist die neue Apollon-Weihung aus Larnaka-Kition (I. Nikolaou, Report of the Department of Antiquities, Cyprus, 1969, 87–90; pl. XVI; 3. Jh. v. Chr.): Π]νυτόκλα Μικάλι / εὖσε Ἀπόλλωνι / Φιλοίτου εὐχήν, übersetzt (88): "Pnytocla, daughter of Philoitos, made a vow by offering a sacrifice to Apollo Mikal". Damit wäre erstmalig Mkl in direkter griechischer Transkription bezeugt und zugleich die Vokalisierung (o. Anm. 94/5) gesichert (vgl. L. Robert Bull. Epigr. 1970 nr. 645). Doch *[79]* machen vier Singularitäten misstrauisch: 1) die Trennung Name und Vatersname, 2) εὖσε als Opferterminus; sonst heisst εὕειν ausschliesslich (Schweineborsten) absengen; gerade in Sakralinschriften kontrastiert darum εὑστόν mit anderen Opfertieren, bei denen ein Fell zu verteilen ist (F. Sokolowski, Lois sacrées des cités grecques, 1969, zu nr. 28, 12 mit Parallelen); 3) Die Voranstellung von Mkl entgegen allen anderen phönikischen und griechischen Zeugnissen (o. Anm. 87; 89; 90; 97); 4) die Anfügung einer griechischen Deklinationsendung an einen fremden, transkribierten, keinem griechischen Deklinationsschema angepassten Namen. Nun ist in der sehr nachlässig ausgeführten Inschrift gerade die Lesung MIK 'A ΛI (MIKMI ?) unsicher. Zu erwarten wäre an dieser Stelle ein weiterer – griechischer oder phönikischer – Name oder Vatersname, danach vielleicht εἶσε oder ἔ⟨θ⟩υσε. Jedenfalls ist dieses Dokument nur mit Vorbehalt auszuwerten.

In der griechisch-lykisch-phönikischen Inschrift aus Xanthos (H. Metzger, E. Laroche, A. Dupont-Sommer CRAI 1974, 82–93); 115–25; 132–49) ist Apollon phönikisch mit hštrpty wiedergegeben, d. i. persisch xšaθrapati, 'Herr der Königsmacht' (146). Ein Gott Šadrapa' – griechisch später Σατράπης auch transkribiert – erscheint erstmalig im 6./5. Jh. auf der Stele von Amrit (PM 478; ANEP 486; Gese – o. Anm. 18–199 f.) fast genau im hier behandelten ikonographischen Schema: ausschreitend, in der erhobenen Rechten die Keule, ägyptische Krone mit herabhängendem Band (Anm. 64), auf einem Löwen stehend, in der Linken einen Löwen haltend. Hier scheint sich die Tradition des hethitischen Schutzgottes (Anm. 21) abermals mit Apollon zu treffen. – Zu Anm. 134: vgl. jetzt P. H. Vaughan, The meaning of 'bamâ' in the Old Testament, London 1974.

Addendum 2010

Die Statuetten des Kriegergotts ('Smiting God)' sind gesammelt bei H. Seeden, The Standing Armed Figurines in the Levant, München 1980; dazu M. Byrne, The Greek Geometric Warrior Figurine, Louvain 1989; vgl.auch Burkert, Migrating Gods and Syncretisms: Forms of Cult Transfer in the Ancient Mediterranean (2000) (=Kleine Schriften II, 22 f.).

Erschienen in: J. Solomon, ed., Apollo. Origins and Influences, Tucson 1994, 49–60, 145–147.

3. Olbia and Apollo of Didyma: A new Oracle Text

Ever since Wilamowitz declared Apollo to have been a god of Asia Minor and hence not Greek by "origin",[1] this theory has retained its fascination. It seemed to be a memorable paradox because Apollo had often been termed the most "Greek" of all the gods of Greece. Wilamowitz maintained that the Homeric epic had developed in "Asia" and had been heavily influenced by what the emigrating Greeks had met there: "dass die hellenischen Einwanderer einen zunächst fremden Gott verehren gelernt haben, den sie überall vorfanden."[2] What prompted the assumption of Apollo's foreign nature was mainly his role in the *Iliad*; after all, is not Apollo the most effective defender of the walls of Troy? It is Apollo who pushes back Patroclus and even hits him on the back, so that he falls an easy victim to Euphorbus and Hector. Apparently, his role was similar in the original version of Achilles' death prior to the account in the *Iliad*. It was Apollo, together with Paris, who killed Achilles, an event foreshadowing and presupposed in the *Iliad*.

In addition scholars have long been aware of the special ties of Apollo to Lycia. Apollo was Λύκειος and Λυκηγενής (*Il.* 4.119), epithets which have left modern interpreters with three options: "wolf", "light", or "Lycia", whereas ancient tradition referred only to the "wolf" or "Lycia". Even the Delians called upon Apollo to appear from Lycia.[3] Lycia (Lukka) is an established place name since the Bronze Age, so further speculation about the meaning of the place name *[50]* is not relevant. A population called Λύκιοι by the Greeks (*Termilai* by itself) with a language derived from Luwian, is in evidence in Lycia since the eighth century B.C.

Unexpected confirmation of Wilamowitz's thesis seemed to come, five years after his death, from indigenous sources.[4] A Hittite treaty written about 1300

---

[1] See Wilamowitz-Moellendorff, "Apollon", 575–86; and further discussion in *Der Glaube der Hellenen*, 320–29. On Apollo in general, see Burkert, *Greek Religion*, 143–49.

[2] Wilamowitz-Moellendorff, *Der Glaube der Hellenen*, 326.

[3] Simonides PMG 519.55; Serv. on *Aen.* 4.143.

[4] For more detailed discussion, see Burkert, "Apellai und Apollon", 1–21 (= Kleine Schriften, Band VI, 3–20).

B.C. showed King Muwatallis confronting a certain Alaksandus of Wilusa, names that sounded so suggestive of Alexandros/Paris of Wilios, that is, Troy, and to be among the gods by whom Alaksandus was to swear there was "Appaliunas".[5] Was this not Apollo of Ilios in a purely "Asian" context? Then Hittite (or rather Luwian) hieroglyphs from Cilicia were read to yield a god's name – "Apulunas".[6] Apollo soon made his entrance into Nilsson's grand *Geschichte der griechischen Religion.*[7] But the evidence for the presence of Apollo's name in the Cilician hieroglyphs has since become invalid. The name *-appaliunas* in the Hittite text is preceded by a lacuna, it might still be *A]appaliunas*, but other syllables can be restored as well. *Apulunas*, on the other hand, has been entirely discarded by the advance in reading Luwian hieroglyphs. A trilingual inscription discovered in 1973 in the Letoon, the central sanctuary of the Lycians near Xanthos, has further established that neither "Leto" nor "Apollo" are gods' names in the Lycian language. Apollo is *Natr-* in Lycian; Leto is "the Mother of the Sanctuary".[8] Despite Willamowitz's disagreement,[9] I have suggested that the name Apollon/Apellon may originally come from the Northwestern Greeks and their institution of the yearly assembly, the ἀπέλλα.[10]

In fact, the cult of Apollo is so ubiquitous and so well established as soon as our evidence begins to be available, that is, from the eighth century B.C., that it is hopeless to reconstruct earlier developments with any certainty. That Apollo is not so far attested in Linear B makes one postulate some process of diffusion, but the question remains in the dark of the Dark Age. We find Apollo prominent with the Dorians: He is Lykeios in Argos, he is the god of the Karneia, Hyakinthia, and Gymnopaidia festivals at Sparta; from Corinth Apollo came to Corcyra and Syracuse. But we find him prominent as well with the Ionians of Eretria; the main temple of Eretria, newly founded in the eighth century, belongs to Apollo *Daphnephoros.* This links him with cults of Thebes and Delphi (or Anthela). The temple of Dorian Dreros in Crete, from the eighth century, contained the famous sphyrelata of Apollo, Leto, and Artemis, the first clear representations of this triad in Greek iconography (though oriental in type and craftsmanship). The triad also appears in Homer (*Il.* 5.447). Both *[51]* the Dorians and the Ionians in Asia Minor assign to Apollo a prominent rank at their common sanctuaries, at Cnidos

---

[5]   See Kretschmer, "Nochmals die Hypachäer und Alaksandus", 203–251. For recent discussions about Wilusa, see Güterbock and Watkins in *Troy and the Trojan War*, 33–44 and 52–62.

[6]   Hrozny, "Les quatre autels 'hittites' hiéroglyphiques d' Emri Ghazi et d' Eski Kisla", 171 ff.

[7]   Nilsson, *Geschichte der griechischen Religion*, 558 f.; cf. (with qualifications) Dodds, *The Greeks and the Irrational*, 69, n. 32.

[8]   SEG 27 (1977) 942; Metzger, ed., *Fouilles de Xanthos VI*; see also the reviews of Metzger's *La stèle trilingue du Létôon* by both Heubeck and Frei.

[9]   Wilamowitz-Moellendorff, *Der Glaube der Hellenen*, 326 f.

[10] Burkert, "Apellai und Apollon", and Heubeck, "Noch einmal: der Name Apollon", 179–82.

as well as at Mycale; the Ionians made Apollo the father of Ion. And both panhellenic sanctuaries of Apollo are already flourishing by the eighth century – at Delos (though Artemis is preponderant) and at Delphi, where votives seem to reach farther back and thereby warn us not to take the myth of Apollo's wandering from Delos to Delphi as historical reality.[11]

While Apollo is all-pervasive throughout the Greek world, along the coast of Asia Minor there are nonetheless many Apollonian oracles that give the impression of being old and rooted in pre-Hellenic traditions, although the god is still called "Apollo" in our Hellenized evidence. It begins with the oracles of Mopsus and Amphilochus in Cilicia; in Lycia especially, there are Sura, Patara, and Telmessus; up the Troad we find Gryneion and Zeleia, and Thymbra at least in epic tradition.[12] In between there are the two most prominent oracular sites of Asia Minor, Didyma and Claros. "Alle diese Orte sind vorhellenisch, und niemand kann es von ihrem Kulte bezweifeln."[13] Pausanias (7.2.6) expressly states that Didyma was older than the Ionian colonization.

It is on Didyma that we shall concentrate here. What is most prominent at the site today, the gigantic temple of white marble that was, in fact, an unroofed enclosure of the sacred spring, dates from only Hellenistic times, when the oracle had become active again. The oracle had been destroyed, in connection with the *Miletou halosis*, by the Persians either in 494 or in 479.[14] One story told that the priests, the Branchidai, had committed treason and hence agreed to follow the Persians to Persia,[15] which would mean they were no longer on Didyma in later times. Before this catastrophe the oracle had been most important, and it had been directed by this priestly clan (compare the Eumolpidai of Eleusis) and closely linked to flourishing Miletus. The ancestor of the Branchidai and the founder of the oracle was said to be a certain Branchos, genealogically linked to Delphi and *eromenos* of Apollo. In the story about his birth,[16] a curious Egyptian motif appears: his mother dreamt "that the sun entered her mouth and went out through her body and her female parts." A story in Callimachus has it that Branchos stopped an epidemic by sprinkling people with sacred branches and making them sing an incomprehensible song.[17] There are pointers thus to non-Greek connections, but in the sixth century the god obviously spoke the Greek language, some-

---

[11] Wilamowitz-Moellendorff, *Der Glaube der Hellenen*, 327.

[12] *Il.* 10.430; Schol. T *Il.*, 24.257 = Soph. *Troilus* (453 Radt); Apollod. *Epit.* 3.32; Anticleides FGrH 140 F 17.

[13] Wilamowitz-Moellendorff, "Apollon", 577.

[14] On the date of the destruction, see Tuchelt, "Die Perserzerstörung von Branchidai – Didyma und ihre Folgen – archäologisch betrachtet", 427–38.

[15] For the story of the Branchidai, see Parke, "The Massacre of the Branchidae", 59–68.

[16] Konon FGrH 26 F 1.33; Varro in *Schol. Stat. Theb.* 8.198.

[17] Call. fr. 194.28; cf. Apollodorus of Corcyra in Clem. Al. *Strom.* 5.48.4.

times in verse. A few early inscriptions with oracles from Didyma survive, although they are not very telling. They are now to be found, together with all the other evidence, in the book on Didyma completed by Joseph Fontenrose before his death.[18] *[52]*

Given all this, it is startling news that a new archaic text relating to the oracle of Didyma has appeared in an unexpected region and in an unexpected form. The Greek city of Olbia, founded by Miletus at the mouth of the great rivers Bug and Dnjepr (Hypanis and Borysthenes), where Russian excavations have been going on for a long time, has already more than once yielded written documents of the highest interest, private letters on lead[19] and curious bone plaques with a most surprising attestation of *Orphikoi.*[20] An uncommonly long and complicated text from a similar bone plaque has recently (1986) been edited by A. S. Rusjaeva. It clearly refers to Apollo of Didyma.

The plaque is said to have been found at the island of Berezan, which is situated at the mouth of the rivers; the site had been occupied by the Greeks even before they ventured to settle down on the shore. No records of how or where the bone plaque was found survive. The excavator, V. V. Lapin, has died, and the piece was unearthed from his archive. A paleographic study of the letter-forms leads the editors to date them within the second part of the sixth century B.C., most probably to the third quarter, that is, 550–525.[21]

Two texts were written in opposite directions on the recto side of the tablet. The first text to be written in large letters across the tablet – though treated as secondary by the editor – evidently was:

ΑΠΟΛΛΩΝΙ
ΔΙΔΥΜ
ΜΙΛΗΣΙΩΙ
["To Apollo
of Didym(a)
the Milesian"]

---

[18] Fontenrose, (posthumously edited by J. Anderson), *Didyma: Apollo's Oracle, Cult, and Companions,* 177–244 ("Catalogue of Didymaean Responses"). On the earlier collection in Fontenrose, *The Delphic Oracle,* 417–29, see Robert, "Bulletin épigraphique", 348.

[19] For more on the lead letters, see SEG 26 (1976/7) 845; and Vinogradov, *Olbia,* 19.

[20] For discussion of the bone plaques, see Rusjaeva, "Orphism and the Dionysus Cult in Olbia", 87–104; Tinnefeld, "Referat über zwei russische Aufsätze", 67–71; and West, *The Orphic Poems,* 17–19.

[21] Rusjaeva, "Milet – Didimy – Borisfen – Ol'vija: Problemy kolonizacii nižhnevo Pobuzh'ja", 25–28; SEG 36 (1986) 694. A preliminary account of the present study has been published in Burkert, "Apollon Didimy Ol'vija", 155–60. Michael Jameson (oral communication) and Ehrhardt, "Die politischen Beziehungen zwischen den griechischen Schwarzmeergründungen und ihren Mutterstädten", 78–117, would prefer a date in the first part of the fifth century.

In the left upper corner, there is:

ΕΕΠΤΑ
["7"]

This probably was meant to be the beginning of the main text; the writer mis-spelled the first word and started again the other way around. On the lower part of the tablet, we find in smaller letters:

ΜΗΤΡΟΛ ΟΛΒΟΦΟΡΟΣ
ΝΙΚΗΦΟΡΟΣ ΒΟΡΕΩ
ΔΙΔΥΜ *[53]*

The main text evidently is the one written in opposite direction; it carefully avoids as far as possible interfering with the other text on the tablet, which points to the main text's not having been written first. The second text reads:

ΕΠΤΑ ΛΥΚΟΣ ΑΣΘΕΝΗΣ ΕΒΔΟ
ΜΗΚΟΝΤΑ ΛΕΩΝ ΔΕΙΝΟΣ ΕΠΤ
ΚΟΣΙΟΙ ΤΟΧΟΦΟΡΟΣ ΦΙΛΙΣ ΔΟΡΕ
Η ΔΥΝΑΜ ΙΗΤΗΟΣ ΕΠΤΑΚΙΧΙ
ΛΙ ΔΕΛΦΙΣ ΦΡΟΝΙΜΟΣ ΕΙΡΗ
ΝΗ ΟΛΒΙΗ ΠΟΛΙ ΜΑΚΑΡΙΖΩ ΕΚΕΙ
ΜΕΜΝΗΜΑΙ ΛΗ
ΤΟ

The verso side has some scribblings, too:

ΕΒΔΝ ΒΟΥ ΔΙΔ ΑΑΑ
ΑΑ ΑΑΑΑ ΑΑΑ
ΝΙΚΗΦΟΡΟΣ ΒΟΡΕΩ

First some remarks on the initial text. In ΜΗΤΡΟΛ an abbreviation of "Metropo-lis" may have been intended rather than a reference to the Mother of the Gods;[22] could it be taken together with ὀλβοφόρος, μητροπόλιος ὀλβοφόρος "bearer of luck from the metropolis"? This could contrast with νικηφόρος βόρεω, which re-curs on the verso side, too: "Bearer of victory of the North." Olbia no doubt is a "city of the North", viewed from the "metropolis" Miletus. The city's older name, Borysthenes, would suggest associations, if any, with βορέας "the North Wind". Victory corresponds to, nay brings about, ὄλβος "the bliss of riches". One might figure that the city had sent a message of victory with ample sacrifice to Miletus-Didyma, and the god replied by granting the new name Olbia to the city, "the

---

[22] Both possibilities in Rusjaeva, "Milet-Didym-Borisfen-Olbija: Problemy kolonizatsii nizhnevo Pobuzh'ja", 59. One might, of course, suspect dittography: ΟΛ/ΟΛ.

Blessed One". Alas, this information remains beyond verification. EBΔN BOY looks like an abbreviation of ἕβδομον βοῦν, probably a sacrificial term. Βοῦς ἕβδομος is attested for a strange vegetarian offering at Athens.[23] But all remains very tentative. Rusjaeva takes the scribblings to mean that a hecatomb of cattle shall be offered to Apollo.

Fortunately, the main part of the inscription, and the most interesting one, does present a more solid basis for interpretation. The sequence of numbers, 7, 70, 700, 7000, makes up a closed system, followed by a declaration of "peace" and of blessings. Since the reference to Apollo of Didyma is so prominent in the title, it is obvious that this is meant to be an oracular text from *[54]* Didyma, as the Russian editor, too, has assumed without much debate.[24] Of course, the text might still be an ancient fake, but even so it would bear witness to what was expected from Apollo of Didyma in the sixth century B.C. If it is an authentic document, it is truly sensational. Note that we have nothing comparable from Delphi, and the few old inscriptions from Didyma are much less informative. Yet we know there were private copies of oracles in antiquity, for Peisetairos to rebuke the oracle-monger in Aristophanes' *Birds* (982) produces an oracle that he "has copied from Apollo" (παρὰ τἀπόλλωνος ἐξεγραψάμην).

As befits Loxias, the new text will appear enigmatic at first sight. Let us repeat the main text in its clear structure, with a few supplements to restore orthography:

Ἑπτά – λύκος ἀσθενής
Ἑβδομήκοντα – λέων δεινός
Ἑπτ(α)κόσιοι – τοξοφόρος, φίλι(ο)ς δωρεῆ(ι).[25] δυνάμ(ι)
ἰητῆ(ρ)ος[26]
Ἑπτακι(σ)χίλι(οι) – δελφὶς φρόνιμος
Εἰρήνη 'Ολβίη(ι) πόλι
Μακαρίζω ἐκεί(νην)
Μέμνημαι Λητο(ῖ)

7 – wolf without strength.
77 – terrible lion.
777 – bowbearer, friendly with his gift, with the power of a healer.

---

[23] Paus. Att., *Suda* s. v.

[24] This is contradicted by Ehrhardt, "die politischen Beziehungen zwischen den griechischen Schwarzmeergründungen und ihren Mutterstädten", 116 f., who, referring to the Orphic tablets (n. 20) thinks of an Apolline sect; SEG 36.694 agrees.

[25] Rusjaeva transcribes W; the photo and drawing indicate O. It is difficult to make sense of δορή ("hide"), which would also not fit any meter, nor is δ' ὀρῆι attractive. Note that Apollo of Delos is carrying the bow in his left hand, the Charites in his right (Call. fr. 114).

[26] Rusjaeva transcribes IHTHPOΣ; the photo and drawing do not show [R].

7777 – wise dolphin.
Peace to the Blessed City [i. e., Olbia].
I pronounce her to be happy.
I bear remembrance to Leto.

The third line makes a rather miserable hexameter – read δωρεῆι as two syllables and elide δυνάμι (although the restorations could be disputed) – but this confirms the hypothesis that we are dealing with an oracle. The poor quality of this kind of poetry might indeed prove that we are dealing with direct, that is, improvised, utterings of an oracle not subject to careful elaboration.[27] The prophetess probably spoke in a kind of mediumistic trance, as at Delphi; others were there to take down the pronouncements, as Herodotus (8.135) describes in reference to the Ptoon oracle *[55]*

Still in need of explanation is the meaning of this sequence of images: wolf, lion, bow-bearer, and dolphin, together with rising positions of the number 7. All three animals mentioned have special relations to Apollo, as Rusjaeva has already seen and amply documented. There is Apollon Lykeios; the statue of the "lion god" of Delphi[28] and the terrace of lions at Delos; Apollon Delphinios; and the "bow-bearer" in between evidently is the god himself, "with the power of a healer", that is, Apollon Ietros. The cult of Apollo Ietros is well attested at Olbia and in adjacent areas,[29] as is the cult of Apollo Delphinios at Olbia, Miletus, and in many other places. It is not at all clear whether the cult of Apollo Delphinios is originally related to the dolphin at all, but in the sixth century the association was definitely made. We have evidence from Delphi especially, right at the time of the graffito in question: A dolphin is made to bring the priests of Apollo from Crete to Delphi in the Homeric hymn (a sixth-century date of the passage seems at least probable) and the coffered ceiling of the Alcmeonid temple at Delphi was adorned with dolphins, as coins from Delphi show.[30]

Rusjaeva has also seen that the rising sequence should refer to the development of the colony Olbia from difficult beginnings to the affluence and happiness contained in the city's name, ᾿Ολβίη πόλις. First, there is a "wolf without strength" exposed in foreign wilderness and liable to be chased away. Then, at the second stage, there is a "lion", "terrifying" by himself; the colonists have established a

---

[27] Rossi, "Gli oracoli come documento d' improvisazione", 203–27.
[28] Schefold, "Der Löwengott von Delphi", 574–84.
[29] Rusjaeva, "Milet – Didimy – Borisfen – Ol'vija: Problemy kolonizacii nižhnevo Pobužh'ja", 39–42, with further evidence, esp. from graffiti. See also Calder, "Stratonides Athenaios", 325–29; *SEG* 30 (1980): 880.
[30] *Hymn. Hom. Ap.* 400–440 and 493–96; Franke and Hirmer, *Die griechische Münze*, pl. 146. See in general Graf, "Apollon Delphinios", 2–22, and *Nordionische Kulte*, 56 f.; *SEG* 27 (1977): 439–449. According to Strab. 4.1.4 (179), the cult of Apollo Delphinios is common to "all the Ionians".

position of supremacy amidst hostile neighbors, but there is no peace so far. The next stages are evidently concerned with Apollon Ietros and Apollon Delphinios, respectively.

In connection with this hypothesis, and assuming that the numbers refer to the growing numbers of Greek citizens, Rusjaeva has offered an extensive historical study of the development of the city. At the beginning, she thinks (34 f.) that there may have been just 7 families; 7000 is said (50) to refer to a major influx of population about 525, that is, at the time of the oracle. In relation to these demographical changes she sees a transition from an older cult of Apollo Ietros to a new cult of Apollo Delphinios which is being imposed on Olbia by the oracle. She assigns (42–47) the "Second Temenos" as excavated at Olbia, with an altar and a temple, to Apollo Ietros; it seems to fall into disuse during the fifth century. She also refers (40) to older coins of Olbia with arrows and to a graffito which has ΙΗΤΡΟΣ inscribed in a kind of wheel, a "solar symbol", whereas later on, about 500 B.C., dolphins appear in the design of the coins of Olbia. The oracular text of Didyma is thus made to legalize *[56]* the transition from the cult of Apollo Ietros to that of Apollo Delphinios, which in some way should have been more adapted to their recent needs, while the proclamation of "peace" is to ease the social tensions that have accrued.

This is a fascinating study, which still raises some problems.[31] Εἰρήνη usually refers to external war, as does νικηφόρος, and not to civil strife. The cults of Apollon Ietros and Apollo Delphinios are well known, but nothing else suggests that there was any difference in their orientation, in their social appeal, or that rivalry and substitution should have occurred between the two cults; rather, they seem to merge.[32] At any rate the cult of Ietros did not disappear (see chapter note 29). It is difficult to interpret the sanctuaries of Olbia because excavations remain largely unpublished. What seems to be decisive is that by all the historical ad-hoc hypotheses the series of 7, 70, 700, 7000 is made meaningful only in the first and last values, and these values refer to different entities: 7 families, 7000 citizens (?).

It should be evident that the number sequence is to be taken as a priori and will never totally conform with actual numbers of a population. Gradations and sums of this kind are indeed common in the most various religions and magical traditions. The name of one of the apocalyptic monsters is 666 (*Apoc.* 13.18); a secret name in the magical papyri amounts to 9999;[33] the Iranian *Videvdat* (22.2.6) says there are 9 + 90 + 900 + 9000 + 90'000 diseases. The number seven, of course, is

---

[31] Criticized as "fantastic" by Ehrhardt, "Die politischen Beziehungen zwischen den griechischen Schwarzmeergründungen und ihren Mutterstädten", 116.

[32] *SEG* 30 (1980): 977, graffito on a black-glazed skyphos from Olbia, mid-fifth century B.C., has ΑΠΟΛΛ(ΩΝΙ) ΔΗΛΦΙΝΙ(ΩΙ) ΙΑΤΡΟΙ.

[33] Merkelbach and Totti, *Abrasax. Ausgewählte Papyri religiösen und magischen Inhalts*, 20 f., following Bonner, "The Numerical Value of a Magic Formula", 6–9.

related to Apollo, the ἐβδομαγέτας. According to his oracle, Croesus was to reign 14 years plus 14 days.[34]

The alternative interpretation presented below is prompted by a sentence referring to the "Great Year," which is found in the doxographer "Aetios", that is, in Pseudo-Plutarch's *Placita*: "Others say the 'Great Year' is 7777 years."[35] This gives a temporal reference to the clustering of sevens in ascending positions, and we may presume 7777 to be an Apolline number. Thus let us take the numbers of the Didymean oracle to refer to time, that is, to years, and see if this makes sense.

The reference would still be to periods allotted to the development of the city of Olbia within a great cycle:

Stage 1: For the first seven years, the city had been like a "wolf without strength" exposed in the wilderness.

Stage 2: For 70 years she has become a "frightful lion" dreaded by the neighbors, yet still fighting for her existence. Since Olbia was founded about 600 B.C. and the inscription assigned to 550/525 B.C., *[57]* the oracle would indicate the beginning of the third stage.

Stage 3: For the next 700 years – and who would need more – the God, who is carrying his bow and wields the power of a healer, stands at the side of Olbia as a "friend" giving gifts. (In fact, this means sanctioning the cult of Apollo Ietros.)

Stage 4: In the far future there will be a still longer period (7000 years) dominated by the "wise dolphin".

Naturally, this does not preclude a cult of Apollo Delphinios at the present. No wonder Olbia should be pronounced "blessed" by the god. Peace is about to come after the years of wolf and lion, although the Olbians will still be grateful for the protection granted by the god with his bow.

One might still be reluctant about an interpretation that makes the oracle look so far into the future. Yet there is the saying of Heraclitus (B 92) that the Sibyl "attains one thousand years with her voice, through the god" (χιλίων ἐτῶν ἐξικνεῖται τῆι φωνῆι διὰ τὸν θεόν). This must refer to some form of "chiliastic" prediction. But there is a much more important parallel in a well-known text, the reference to which I owe to Fritz Graf. In the first book of the *Aeneid* (1.261–282), Jupiter makes his famous prophecy about the future history of Rome. This is the frame of what he has to say: For 3 years Aeneas will still have to fight in Italy (265); for 30 years his son Ascanius-Iulus will be king (269); after the son's reign, for 300 years kings will reign at Alba Longa (272); then finally Rome will be founded, and her years shall be an *imperium sine fine* (279). Servius in his

---

[34] Hdt. 1.86; cf. 53. This passage was pointed out to me by D. Jordan.

[35] Aet. 2.32.5 (364 Diels *Dox. Graec.*).

commentary wonders at the figure of 300, which does not agree with any accepted chronology.[36] It is again an a priori sequence of numbers made up by rising positions – 3 + 30 + 300 + infinite. This gives the frame to the prophecy.
There are four steps once more, just as at Didyma, with the difference that with
the last, the "chiliastic" step, "infinity" takes over. This striking parallel in structure and function confirms the temporal interpretation of the sequence in the Didymean oracle. We are probably dealing with more than a chance parallel. Because of Heraclitus there was reason to mention the Sibyl, and it is easy to
assume that Virgil is following Sibylline oracles; he had referred to a *Cumaeum
carmen* in a famous earlier poem, the Fourth Eclogue, in connection with a sequence of ages and a reign of Apollo which is to commence.[37] It would not be
impossible, though, to think of Etruscan traditions, too. *[58]*

To sum up, the new text from Olbia shows Apollo of Didyma making predic-
tions in a numerical pattern of four stages, rising positions that link the past to the
future. The same pattern emerges in Virgil, based possibly on Sibylline traditions
which look back to the East.

The Olbia text may appear to be still more significant if seen in a broader perspective. In the Didymean oracle, the four consecutive periods of time are expressed through four images that seem to emerge one after the other: three beasts,
one human figure. The nearest parallel for such a form of prophecy is evidently
in Daniel's vision of four empires (*Daniel* 7): "I saw in my vision by night, and
behold, the four winds of the heaven strove upon the great sea, and four great
beasts came up from the sea, one diverse from the another. The first was like a
lion … a second like a bear … and lo another, like a leopard … and behold a
fourth beast, dreadful and terrible." The Didymean text also describes the figures,
one after another, as they could be seen by a visionary: Behold, a wolf, behold, a
lion; note that even in the third stage, when the reference is no doubt to Apollo
himself, there is no name in the text, just the appearance: "behold, a bow-bearer,
friendly."

Again, this may be more than a chance parallel. Here a cursory account of the
source problems of *Daniel* is called for. The famous visions occur in the Aramaean part of the text (chapters 2 and 7), which is probably considerably older
than the redaction of the whole book of *Daniel*, dated to 163 B.C. The version of
Daniel 2, the statue of four metals, has its intriguing parallel in Hesiod's myth of
the Ages, which has given rise to many attempts at reconstructing a very ancient
common source. We shall mention only in passing the Iranian and Indian parallels and just note another curious parallel in Greek, which occurs in the "oracles

---

[36] Serv. on *Aen.* 1.272; see also Horsfall, "Virgil's Roman Chronography", 111–16.
[37] See also Diels, *Sibyllinische Blätter*, 40 f., on the number 3 in Sibylline oracles and 42.1, an example of periods of mourning comprising 3, 30, 300 days.

of Bakis" as parodied in Aristophanes' *Knights* (128–144). As Trencsényi-Wald-apfel (1966) has seen, we get four "monarchies" even there – the age of the "oa-kam-dealer", the "sheep-dealer", the "leather-dealer", and the "sausage-dealer" – one worse than the other, but with full bliss reached in the end. If we try to find a common source for all this lore about four consecutive stages or empires, we should most probably postulate an Aramaean oracular text of the ninth or eighth century.[38] For a long time evidence has pointed to oriental antecedents for the Si-bylline tradition. Now the new text serves as confirmation that such a scheme was traditional in the realm of seers. Even Greek oracles would reach out for vast periods of time in the fourfold speculative pattern, "through the god" and his sacred numbers.

A final observation is appropriate. The focus of the sanctuary of Didyma was a sacred spring. We have an account of the proceedings of the oracle only *[59]* from a much later period (Iambl. *Myst.* 3.11): A woman, the prophetess, carrying a branch given by the god, dipping her feet and her garment in the spring, takes up the air emanating from the water in her breath. This involves a kind of *pneuma* theory, which it has in common with the Delphic oracle; here it gave rise to the hypothesis of "volcanic vapours" that never existed in reality. Yet there is another function of springs in the context of oracles. At the oracle of Cyaneai in Lycia, the oracle of Apollo Thyrxeus, as we learn from Pausanias (7.21.13), one would get revelations by looking on the surface of the water. "The water at Cyaneai pro-vides the opportunity for one looking into the spring to see whatever he wishes." A similar phenomenon is reported from an oracle of Apollo at Daphne near Anti-och.[39] This method of divination should be taken seriously since it seems to be a feasible technique. One common method for inducing hallucinations is to stare at a shimmering surface for a long period of time; sorcerers and sorceresses some-times used mirrors, crystals, or glass globes for the purpose, to "see whatever they wished to see."[40] We might imagine this method to have been effective at Didy-ma, too. The spring was always kept under the free sky. The huge Hellenistic construction is in fact only an enclosure for the spring. This assumption would make the text even more vivid: as the medium bends over the spring, she utters what she is finally "seeing" – "a wolf", "a lion", "a bow-bearer", "a dolphin". Just once the words fall into a humble hexameter. One might even be tempted to inter-pret *Daniel*'s text against the same background. In his vision, too, the beasts are seen to emerge from the water, but the shimmering surface of a spring has been

---

[38] Burkert, "Apokalyptik im frühen Griechentum; Impulse und Transformationen", 244–51 (= Kleine Schriften, Band IV, 204–224).

[39] Nonnos, *Schol in Greg. Naz. or.* 39, nr. 14, in Brock, *The Syriac Version of the Pseudo-Nonnus Mythological Scholia*, 168 (*Schol. in or. 5.16, 140 and PG 36, 1045 BC* is different).

[40] Much material from the medieval and later periods is found in Delatte, *La catoptromancie grecque et ses dérivés*, 136, who briefly mentions Cyaneai.

turned into the ocean disturbed by the four winds; his prophecies no longer concern the fate of one man or one town, as had been the custom for those practical oracles of archaic Greece, but the history of the world.

The last words of the main text of the inscription still present problems. Evidently, it is the god who is speaking here in the first person, as he did through his medium at Didyma. Origen states explicitly that the god "used the voice of the prophetess."[41] Thus Apollo himself is made to pronounce the blessed state indicated by the new name of the city. It is the god, too, who "retains the memory". At the very end a dative (Λητοῖ) has been restored by the editor. Leto is well attested at Didyma,[42] but the expression is difficult to understand and construe. For a dative like this in connection with μιμνήσκεσθαι, LSJ has examples from only the third century B.C. forward. It still seems remarkable that later inscriptions from Syria and Asia Minor routinely express the wish or prayer that somebody should be "mentioned" to a divinity, usually with the form μνησθῆι. I owe the suggestion and the references to Peter Frei. [60] There are examples from the Apollo oracle at Sura in Lycia.[43] The god "to whom" mention should be made is introduced by παρά, for example, μνησθῇ ... παρὰ τῷ Διί. This use evidently derives from Semitic prototypes, where to "remind" a god of his people or his worshipers and a god "remembering" his people and worshipers have a long tradition.[44] One example from a royal inscription of Zincirli belongs to the ninth or eighth century B.C.[45] It is true that in Homer as well people may pray to a god by using μνῆσαι (Il. 15.375; Od. 4.765). But what is characteristic at Olbia is the divine intermediary, and this is reminiscent of the Eastern practice. The "introduction" of a worshiper to a divinity through an intermediary, a priest or god, is one of the most common scenes in ancient oriental seals. Should we acknowledge that, as the four images leading to Aramaean Daniel, we once more have an Asia Minor-Semitic formula? Doubts remain; Eveline Krummen has suggested that what the writer intended but misspelled through haplography was MEMNHMAI ⟨MI⟩ΛHTO, "I remember Miletus."

Nonetheless, Εἰρήνη 'Ολβίηι πόλι is, of course, quite understandable in Greek, but it is not a common pronouncement in the older Greek evidence. The closest parallel an Ibycus search could produce is the statement εἰρήνη τἀκεῖθεν τέκνοις

---

[41] Origen c. Cels. 1.70: χρῆται ... ὁ Διδυμεὺς ... φωνῇ τῇ ... τῆς ἐν Μιλήτῳ γενομένης προφήτιδος.

[42] See Fontenrose, Delphic Oracle, 134 f.; also Rusjaeva, "Milet – Didym – Borisfen – Olbija: Problemy kolonizatsii nizhnevo Pobuzh'ja", 58.

[43] Bean, "Report on a Journey in Lycia 1960", 6–8. Cf. in general, Rehm, "ΜΝΗΣΘΗ", 1–30; at Delos SEG 26 (1976/7): 860; at Nymphaion, N. Grac, Skythica. Abhandlungen Bayerischen Akademie der Wissenschaften (1987) T. 32: μνηστήσαντες.

[44] Root zkr, Aramaean dkr; Schottroff, 'Gedenken' im alten Orient und im Alten Testament; cf. Botterweck and Ringgren, Theologisches Wörterbuch zum Alten Testament, vol. 2, 571–93.

[45] Donner and Rölling, eds., Kanaanäische und aramäische Inschriften, 214.

("there is peace there for the children") in Euripides (*Med.* 1004). Apollo's message irresistibly reminds us of the greeting *pax vobiscum*, which is, of course, Semitic, the age-old greeting formula *shalom*. We all know it from its translation in the *Septuagint* (e.g., 2 *Sam.* = *LXX* 2 *Reg.* 8.29) and the *New Testament*: εἰρήνη ὑμῖν.

It is not without hesitation that I bring forth these suggestions, and I do not think the material presented here has anything to do with the story that the Branchidai "betrayed" Didyma to the Persians.[46] The new text reminds us of the fact that we have hardly any direct knowledge about the practice and style of archaic oracles. Any new evidence is highly welcome, but just as it will immediately present a new basis for understanding, it will also present new problems. If the perspectives suggested here are valid, Apolline oracular praxis appears much more "international" than had been suspected. Even this likelihood is not too perplexing, since seers had always been migrating "craftsmen"[47] and monarchs often became interested in oracles far from their own reach. While none of this tells us anything about the "origins" of Apollo, whether Greek, Asiatic, or Semitic, or even about the "origins" of the cult at Didyma, religious history is not, after all, a history of origins but of the interrelations and functions of ideas in the context of real life.

Addendum 2010

Der Text aus Olbia: L. Dubois, Inscriptions grecques dialectales d'Olbia du Pont, Genf 1996, nr.93 und SEG 36 (1986) 693.

---

[46] Parke, "The Massacre of the Branchidae", 59–68.
[47] Cf. Burkert, "Die orientalisierende Epoche in der griechischen Religion und Literatur", (1984): 1.

Erschienen in: 100 Jahre Österreichische Forschungen in Ephesos, Wien 1999.

4. Die Artemis der Epheser:
Wirkungsmacht und Gestalt einer grossen Göttin

Festvortrag im Rahmen des Symposions in der Österreichischen
Akademie der Wissenschaften am 14. November 1995

Resümee

Die Eigenart des Artemisheiligtums von Ephesos wird nach zwei Gesichtspunkten dargestellt: Das Heiligtum zwischen den Völkern und Kulturen, das bald als Inbegriff von ›Asien‹ gilt und so von den wechselnden Herrschern Asiens anerkannt wird, und seine wirtschaftliche Selbständigkeit, die auf dem alten Asylrecht beruht und den Tempel zur ›Bank‹ werden läßt. Ein kompliziertes System im Aufbau des Tempelpersonals sichert Nähe und Distanz zur Polis Ephesos. Das – mißdeutete – Bild der 'vielbrüstigen' Göttin läßt sich als Ausdruck uralter religiöser Traditionen verstehen.

Als Weltwunder galt der Tempel der Artemis zu Ephesos[1]. Für den heutigen Besucher ist davon nur eine oft wassergefüllte Mulde geblieben, neben der einen wiederaufgerichteten Säule. Der Tempel läßt sich allenfalls auf dem Reißbrett rekonstruieren, auch die Münzen geben eine im Detail irreführende Vorstellung. Was es mit der 'Großen Göttin' *qua* Göttin auf sich hatte, bleibt uns entzogen. Schon im 3. Jh. n. Chr. wurde der Tempel von den Goten niedergebrannt[2], danach jedoch restauriert. Der Kult ist dann von Christen gestört und schließlich zerstört worden, endgültig wohl erst gegen 450 n. Chr. Wir haben die Inschrift eines gewissen Demeas, der mit dem Kreuzeszeichen besiegelt, daß er die *trügerische Gestalt der Dämonin Artemis* niedergerissen habe[3]. Auch in einigen Inschriften wurde der Name der Artemis ausgemeißelt[4]. Die 'Schöne Artemis' wurde offen-

---

[1] Anth. Pal. 9, 790.

[2] H.Λ. Gallienus 6, 2; Iord. Get. 107. Zur Geschichte von Ephesos genüge hier der Verweis auf Karwiese, Artemis von Ephesos, mit Lit.; ferner auf: FiE I (1906) 237–282: literarische Zeugnisse über den Artemistempel von Ephesos.

[3] Nicht das Kultbild des Tempels, sondern eine Statue, die vor dem Propylon stand, IvE 1351: Δαίμονος Ἀρτέμιδος καθελὼν ἀπατήλιον εἶδος Δημέας ἀτρεκίης ἄνθετο σῆμα τόδε, εἰδώλων ἐλατῆρα θεὸν σταυρόν τε γερέων νικοφόρον Χριστοῦ σύμβολον ἀθάνατον. Vgl. F.R. Trombley, Hellenic Religion and Christianization c. 370–529, I (1993) 102. 185. Der Tempel war um 458 zerstört, Ammonios PG 85, 1577 AB.

[4] IvE 422. 508. 509. 517.

bar sorgfältig bestattet, in einem Hinterzimmer des Prytaneions, um sie der Zerstörung zu entziehen[5]. Ephesos war längst ein christliches Zentrum geworden,
Stadt der Gottesgebärerin Maria und des Lieblingsjüngers Johannes; im Jahr 431
war Ephesos auch Ort des dritten ökumenischen Konzils. Wie Ephesos später
zum Dorf Selçuk verkümmerte, ist hier nicht darzustellen.

Noch unlängst lernte man die ›Diana der Epheser‹ zuerst im Religionsunter-
richt kennen: Der 'Aufstand des Demetrios' gegen den Apostel Paulus und dessen
Christengemeinde ist in der Apostelgeschichte (19, 23 ff.) eindrucksvoll geschildert. Sitzt man heute in dem riesigen, wohl erhaltenen Theater, das an die 25000
Besucher faßte, dann ist es beeindruckend, sich vorzustellen, wie damals jene ›un-
bewilligte Demonstration‹ in eben diesem Theater ihr Ziel fand, wo das Volk sich
sammelte und zwei Stunden lang den Slogan skandierte: »*Groß ist die Diana der
Epheser*« – so nach Luthers Übersetzung (Apg. 19, 34); natürlich schrie es griechisch *[60]* μεγάλη ἡ Ἄρτεμις Ἐφεσίων. Die Inschriften verwenden übrigens mit
Vorliebe den Superlativ: ἡ μεγίστη θεὰ Ἐφεσία Ἄρτεμις[6]. Hier setzen Zweifel
ein: Ist der Berichterstatter der Apostelgeschichte doch nicht genau informiert?
Etliche Details stimmen nicht ganz[7]. Der Ausdruck, Ephesos sei νεωκόρος der
großen Artemis (19, 35), ist zumindest untechnisch: wenn Ephesos in dieser Zeit
sich νεωκόρος nennt, bezieht sich dies auf Kaisertempel und Kaiserkult – letzterer
wird allerdings in Ephesos oft in einem Atemzug mit dem Artemiskult genannt[8].
Daß das Artemisbild »*vom Himmel gefallen*« sei, διοπετές, behauptet einzig dieser Text (Apg. 19, 35) und die ihm willig folgenden christlichen Kommentatoren[9],
während die Heiden durchaus Angaben über den Künstler machen, der das Bild
geschnitzt habe – meist wird Endoios genannt[10]. Nicht ganz geheuer ist auch die
einleitende Angabe der Apostelgeschichte, Demetrios habe »*silberne Tempel der
Artemis*« herstellen lassen, damit ein blühendes Devotionalienhandwerk betrieben
und viele Arbeitsplätze geschaffen. Zu erwarten wäre, daß von solcher Massen-
produktion doch einige Exemplare überleben hätten müssen. Nun gibt es in der
Tat solche silbernen Tempelchen – im Kult der kleinasiatischen Muttergöttin, der

---

[5] S. dazu IvE 1351.
[6] Z. B. IvE 27. 142. 224. 324.
[7] Verwiesen sei auf E. Haenchen, Die Apostelgeschichte (Kritisch-exegetischer Kommentar über
     das Neue Testament III)[16] (1977) 547–556; J. Zmijewski, Die Apostelgeschichte (Regensburger
     Neues Testament) (1994) 704–716.
[8] Vgl. RE Suppl. XII (1970) 332f. 343–345 s. v. Ephesos (Karwiese): Erst als Caracalla die dritte
     Neokorie an Artemis abtrat, IvE 212, nannte sich die Stadt auch Neokoros der Artemis, z.B. IvE
     300. Xen. An. 5, 3, 6 allerdings nennt den Megabyxos νεωκόρος der Artemis; er heißt ζάκορος
     bei Menander, Dis Exapaton fr. 5 (Sandbach).
[9] Von Isidor von Pelusion, PG 78, 1299, bis zur Suda s. v.; weiters in: FiE I (1906): literarische
     Zeugnisse Nr. 142 ff.
[10] Vitr. 58, 13; Plin. Nat. 16, 213; Athenagoras 17, 3.

Meter[11]. Auch in Ephesos gab es ein bedeutendes Meterheiligtum. Hat der Autor der Apostelgeschichte bereits Meter und Artemis verwechselt? Oder hat er damit sogar recht gehabt? Meter ist ja die 'Große Göttin', die *Magna Mater kat' exochen*, sie ist seit Urzeiten in Kleinasien beheimatet, wo ihre Ikonographie bis ins frühneolithische Çatal Hüyük zurückzuverfolgen ist. Und dies ist das Merkwürdige: die 'Große Göttin' von Ephesos wurde immer auch als eine Verkörperung von Asien genommen. Artemis von Ephesos steht zwischen den Völkern und Kulturen, in dieser Position hat sie historische Epochen und grundlegende Veränderungen der Gesellschaft überdauert.

Zwei Aspekten sei darum vor allem nachgegangen: der Stellung des Artemisheiligtums zwischen den Völkern, Sprachen und Kulturen, der ›multikulturellen‹ Artemis sozusagen, und der seltsamen Ideologie und Organisation des Heiligtums, als Asyl und Bankhaus, geleitet von verweiblichten Priestern und vermännlichten Jungfrauen. Wir fassen die 'Große Göttin' in einem doppelten Paradox: das griechische Weltwunder repräsentiert das Nichtgriechische; eine Umkehrung der Normen, die sonst Poliswelt und Poliswerte ausmachen, bestimmt Identität und Stolz einer der bedeutendsten Poleis der griechischen Welt.

Zunächst der multikulturelle Aspekt: Der Verdacht einer ›asiatischen‹ Herkunft der Artemis von Ephesos besteht seit je. Als im Jahr 356 v. Chr. der Tempel durch Herostrat eingeäschert wurde, klagten die anwesenden Magier, dies bedeute ein großes Unglück für Asien – und siehe da, in eben dieser Nacht wurde Alexander der Große geboren, der Asien den Griechen unterwarf[12]. Vorausgesetzt ist die Dichotomie von Asien und Europa, Persern und Griechen, wie wir sie seit Aischylos' Perser kennen. Interessant, wie selbstverständlich Magier als in Ephesos anwesend einbezogen werden. Gewiß, damals gehörte Ephesos *de iure* wie *de facto* zum Perserreich. Zum Wiederaufbau hat »*ganz Asien*« beigetragen[13], nachdem der neue Herrscher über Asien, Alexander, das Heiligtum unter seinen Schutz genommen hatte.

Ein früheres Zeugnis findet sich bei dem Lyriker Timotheos, der um 400 v. Chr. in seinem Poem *Die Perser* noch einmal die Schlacht bei Salamis gestaltet. Timotheos läßt einen Gefangenen *[61]* aus Kelainai in Phrygien in einer Mischung aus lydisch und ionisch jammern: Nein, er werde nie mehr nach Griechenland kommen, sondern brav zuhause bei Sardes, Susa, Ekbatana bleiben, »*Artimis meine große Göttin wird mich bei Ephesos bewahren*«, Ἄρτιμις ἐμὸς μέγας θεὸς παρ' Ἔφεσον φυλάξει (791 Page, 140 ff. 160 f.). Großzügig wird ein Bogen von Sardes bis Persien und Afghanistan geschlagen, die 'Große Göttin' erscheint in ihrer lydischen Namensform, ›Artimis‹, obendrein in eigentlich falschem Griechisch – man nennt eine Göttin ἡ θεός, nicht aber ὁ θεός, μέγας θεός.

---

[11] Ein Beispiel aus Eretria: K. Reber, Ein silbernes Kybele-Bild aus Eretria, AntK 26, 1983, 77–83.
[12] Plut. Alex. 3, 5 ff.; Cic. nat. 2, 69; Cic. div. 1, 47.
[13] Plin.nat. 36, 95, vgl. 16, 213.

Sie wird von dem Barbaren als »*mein Gott*« beansprucht – auch dies eine eigentlich ungriechische Ausdrucksweise. Diese Artemis ist die Göttin von Asien. Auch Aristophanes nennt den Tempel von Ephesos als das Haus, in dem die »*Jungfrauen der Lyder dich gewaltig verehren*«[14]. Wilder asiatischer Kult einer lydischen Artemis vom Tmolos kommt auch bei dem Tragiker Diogenes, um 400 v.Chr., vor[15].

Wie aber sieht es für den Historiker aus? Wir verlieren uns in immer noch recht dunklen Jahrhunderten. Das bronzezeitliche Kleinasien ist vom Hethiterreich bestimmt, das aber nach 1200 v.Chr. zu existieren aufhört. Wir wissen, daß dabei hethitisch im engeren Sinn nur eine Sprache in einer Gruppe altkleinasiatischer, indogermanischer Sprachen darstellt. Zu ihnen gehört luwisch, das sich deutlich im Lykischen fortsetzt; der soeben publik gewordene Fund eines Siegels mit Hieroglypheninschrift in Troja läßt möglich erscheinen, daß man auch dort luwisch sprach. Zur Sprachgruppe gehören auch lydisch und – wie man erst neuerdings nachgewiesen hat – karisch. Mit Karern und Lydern fassen wir die kleinasiatischen Partner der Griechen von Ephesos in der archaischen Epoche. In der griechischen Tradition gilt Androklos, Sohn des Kodros aus Athen, Nachkomme des Nestor von Pylos, als Gründer von Ephesos; er habe Karer und Leleger, vor allem aber Karer bekämpft[16]. Nicht nur, daß Kleinasien vor der Ankunft der Ionier bewohnt war, ist dabei ausdrücklich anerkannt: gerade die Gründung des Artemistempels wird niemals Androklos zugeschrieben, Kult und Tempel seien schon dagewesen – womit man in eine vollends mythische Epoche gelangt.

Wir sind also eingeladen, nach altkleinasiatischer Tradition zu suchen. Das bemerkenswerteste Dokument hethitischer Kultur im ionischen Kleinasien ist die sog. Niobe vom Sipylosberg bei Magnesia-Manissa, mit einer hieroglyphenluwischen Inschrift: zweifellos eine 'Große Göttin' mit der charakteristischen Götterkrone, wenn auch die Darstellung unter dem seit mehr als 3000 Jahren tropfenden Wasser zu leiden hatte – sie weint, sagt Ovid[17]. In hethitischen Dokumenten scheint der Ortsname ›Apaša‹, Hauptstadt des Landes Arzawa, auf. Apaša erinnert an Ephesos, wobei die Identifikation vorläufig nicht sicher ist[18].

Der Name der Göttin jedoch, Artemis, ist eindeutig griechisch. Er ist im Mykenischen bezeugt, zudem ist ›Artemisios‹ oder ionisch ›Artemisión‹ einer der verbreitetsten griechischen Monatsnamen[19]. In Ephesos heißt der Monat Artemisión,

[14] Aristoph. Nub. 599 mit Schol.
[15] TrGF 45 F 1 = Athen. 636A.
[16] Paus. 7, 2, 8. Androklos schon bei Pherekydes FGrHist 3 F 155, Ephoros FGrHist 70 F 126. Erneuerung seines Standbildes in Ephesos: IvE 501A.
[17] E. Akurgal, Die Kunst der Hethiter[2] (1976) Farbtaf. XXIII; Ov. met. 6, 310.
[18] Vgl. Karwiese, Artemis von Ephesos 14 f.
[19] A.E. Samuel, Greek and Roman Chronology (1972) Index S. 186; C. Trümpy, Untersuchungen zu den altgriechischen Monatsnamen und Monatsfolgen (1997) 96–99.

das Heiligtum Artemision. Vorausgesetzt ist dabei als Name der Göttin ›Artemit‹, mit τ, wie er im Mykenischen bezeugt ist, dazu die ebenso im Mykenischen wie im Ionisch-Attischen durchgeführte Assibilation. Der Name der Göttin breitete sich – vielleicht von Ephesos aus – auch in den kleinasiatischen Sprachen aus, er lautet lydisch, wie erwähnt, ›Artimis‹, wozu es theophore Eigennamen wie ›Artimmas‹ und ›Artimous‹ gibt; im Lykischen erscheint Artemis als ›Ertemi‹[20]. Mit anderen Worten: Ein Artemiskult auf altkleinasiatischer Grundlage ist von vornherein ein Stück Synkretismus.

Dasselbe gilt übrigens für den Meterkult: Hier hat sich einerseits der hurritische Name der Göttin Hepat, die im Hethitischen dem Wettergott gegenübersteht, als Μήτηρ ῞Ιπτα bis in die *[62]* Kaiserzeit gehalten, während sich zugleich der östliche Name ›Kubaba‹ von Karkemish bis Sardes ausbreitete und zusätzlich noch die Phryger – deren Sprache indogermanisch, aber nicht altkleinasiatisch ist – mit ihrer ›Matar Kubileya‹, Kybele, ins Spiel kamen; obendrein gibt es eine mykenische Göttermutter[21]. Was die Göttin von Ephesos betrifft, taucht gelegentlich ein nichtgriechischer Name auf, ›Oupis‹ oder ›Opis‹, so beim gelehrten Kallimachos[22]. Vielleicht ist dies ein altkleinasiatischer Name, der jedoch aus so wenig Phonemen besteht, daß man ihn fast jeder Sprache zuordnen kann[23].

Die Archäologie führt beim Artemision selbst nicht weit zurück; wenige Funde datieren vor dem 8. Jh. Unter den archaischen Kleinfunden, gerade den neueren, findet sich viel Fremdländisches, Gold wohl aus dem Lydien des goldreichen Gyges, Elfenbein offenbar aus Phönikien und Ägypten[24]. Man findet östliche Preziosen freilich auch anderwärts, selbst in Olympia. Doch eine gewisse internationale Dimension des Heiligtums von Ephesos ist damit bereits in der frühen Archaik gesichert. Inwieweit die Ikonographie dieser Funde etwas über den Kult von Ephesos aussagt, ist freilich offen[25].

Der monumentale Tempel ist um 550 v. Chr. maßgeblich von König Kroisos miterbaut worden, wovon nicht nur Herodot, sondern auch die Säuleninschriften zeugen[26]. Der Lyderkönig wird ›Artimis‹ gesagt haben.

---

[20] P. Frei in: ANRW II 18. 3 (1990) 1768.

[21] W. Burkert, Antike Mysterien[3] (1994) 13.

[22] Upis: Kall. h. 3, 204. 240; Opis: Alexandros Aitolos fr. 4. J.U. Powell, Collectanea Alexandrina (1925) p. 124 = Macr. Sat. 5, 22, 4; Serv. Aen. 11, 532.

[23] Mesopotamisches fand Ch. Picard, Ephèse et Claros (1922) 468 ff.; vgl. W. Fauth, Kleinasiatisch ΟΥΠΙΣ und ΜΑΛΙΣ; Beiträge zur Namenforschung 4, 1969, 148–171.

[24] A. Bammer, Spuren der Phöniker im Artemision von Ephesos, AnatSt 35, 1985, 103–108; ders., Neue weibliche Statuetten aus dem Artemision von Ephesos, ÖJh 56, 1985, 39–58.

[25] Eine Figur wurde als ›Megabyxos‹ angesprochen, den es damals noch nicht gegeben hat; als ›Kubaba‹ gedeutet von U. Muss, Die Bauplastik des archaischen Artemisions von Ephesos, SoSchrÖAI 25 (1994) 34 ff.

[26] Hdt. 1, 92, 1; SIG 6.

Der Hauptpriester der ephesischen Artemis aber hat den Titel oder Amtsnamen ›Megabyzos‹ oder ›Megabyxos‹, so bezeugt seit Herodot und Xenophon. Xenophon verwendet den Titel wie einen Eigennamen, so wie man mit Βασιλεύς verfährt. Nach Strabon war der Megabyxos ein Eunuche: man suchte anderswo, in der Fremde, jeweils eine Person, die dieser hervorragenden Stellung würdig war[27]. Der Megabyxos dominierte als Prachtgestalt den Festzug zu Ehren der Artemis, nach seinem Tod erhielt er ein ausnehmend prunkvolles Begräbnis; berühmte Gemälde mit Megabyxos-Themen waren in der Antike verbreitet und sind bezeugt[28]. Die literarischen Texte haben überwiegend die Form Megabyzos, mit ζ, doch eine Inschrift, lateinische Texte und die Etymologie sprechen für Megabyxos. Längst konstatierte man hier einen iranischen Namen, wobei ›mega-‹, wie auch sonst, für das iranische Wort ›baga‹, Gott, steht. ›Bagabukša‹ ist als persischer Name wohlbezeugt. Einer der Vertrauten des Dareios beim großen Staatsstreich gegen den Magier trug diesen Namen, der sich auch in der Behistun-Inschrift findet; Herodot schreibt dafür Megabyxos[29]. Bagabukša hatte auch einen gleichnamigen Enkel, der unter Xerxes eine Rolle spielte[30].

Wieso trägt der Priester von Ephesos einen eindeutig persischen Namen? So viel ist klar: Als Kroisos den Tempel baute, konnte der Priester noch nicht so geheißen haben. Nach 547, nach Begründung der Perserherrschaft in Sardes[31], vielleicht auch erst unter Dareios, muß im ephesischen Heiligtum eine Neuorganisation unter persischer Aufsicht stattgefunden haben, wobei dieser Name wichtig wurde. Seit Ferdinand Justis *Iranisches Namenbuch* von 1895 übersetzt man ›Bagabukša‹ mit »*durch Gott befreit*« – griechisch entspräche θεόλυτος. Emile Benveniste *[63]* schlug dagegen eine aktivische Übersetzung vor, »*den Gott erfreuend*« bzw. »*dem Gott dienend*«[32]. Auf jeden Fall hat der Repräsentant des Tempels unter persischer Herrschaft demonstrativ einen persischen Namen angenommen, der seine Beziehung zu ›Gott‹ herausstellen und sichern sollte. Vergleichbar ist, wie die Priester des Priesterstaats der Meter von Pessinus sich mit

---

[27] Strab. 14, 641; vgl. Herakl. ep. 9; Megabyzus als unmännlich, Stichwort *tympana*: Quint. inst. 5, 12, 21.

[28] *Pompa* des Megabyzus von Apelles, Plin. nat. 35, 93; vgl. Plut. mor., adul. 15, 58D; tranqu. 12, 471F ; Ail. var. 2, 2 (der Zeuxis nennt); Begräbnis eines Megabyxos, Gemälde von Antidotos in Ephesos, Plin. nat. 35, 132.

[29] Behistun-Inschrift § 68, altpersisch und akkadisch erhalten; Hdt. 3, 70, 3.

[30] RE XV 1 (1931) 121 ff. s. v. Megabyzos (Kroll); bei Dinon FGrHist 690 F 1 als Βαγάβαζος transkribiert.

[31] Eine Geschichte über einen Ephesier, der von Kroisos zu Kyros überging, bei Ephoros FGrHist 70 F 58.

[32] F. Justi, Iranisches Namenbuch (1895) 56 f.; danach Liddell-Scott s. v. μεγάβυξος; E. Benveniste, Titres et noms propres en Iranien ancien (1966) 108–115; dazu D. Gerry Miller, Review of Titres et noms propres en iranien ancien by Emile Benveniste (1966), Language 44, 1968, 846; zustimmend M. Mayrhofer, Iranisches Personennamenbuch I 2 (1979) 16.

den einfallenden Römern ins Einvernehmen setzten, indem sie in vollem Ornat dem römischen Konsul entgegenkamen, ihm den Sieg verhießen und sich damit wohlwollendste Behandlung sicherten[33]. So muß es den Vertretern des Artemisions gelungen sein, bei den Persern den eigenen sakralen Anspruch durchzusetzen. Durch den Namen Megabyxos wird den Persern in ihrer Sprache gesagt, und sie erkennen es offenbar an, daß hier ein Gott zugehöriger Bereich zu achten ist. Die persische Anerkennung war so wichtig, daß man den entsprechenden Namen demonstrativ führte[34]. Er garantierte die Unabhängigkeit des Heiligtums, seines Besitzes und seines Asylrechts; Steuerfreiheit war freilich nicht eingeschlossen. Ob man Artemis sogleich mit der iranischen Anahita, der Unbefleckten, gleichgesetzt hat, sei dahingestellt. Im übrigen ist die Katastrophe Milets der Stadt Ephesos zugute gekommen: Herodot (5, 54) läßt die Königsstraße in Ephesos beginnen.

Entsprechende Anpassung erfolgte auch bei späterem Macht- bzw. Besitzerwechsel: Die Anerkennung durch den neuen Herrscher wurde stets sogleich erstrebt und auch erreicht. Alexander hat Entscheidungen über das Artemision getroffen, nach ihm Lysimachos, die Ptolemäer und Attaliden, bis Ephesos Hauptstadt der römischen Provinz Asia wurde. Doch auch Mithradates kam nach Ephesos und Kaiser Augustus hat schließlich Besitz und Kult der Artemis von Ephesos neu geordnet.

Noch ein nichtgriechisches Detail im Zusammenhang mit der 'Großen Göttin': Es gibt eine Tradition 'Ephesischer Schriftzeichen', Ἐφέσια γράμματα. Sie waren angeblich an Füßen, Gürtel und Kopfband der Göttin aufgemalt oder befestigt. Sie geben auf Griechisch keinen Sinn, doch konnte mit ihnen Zauber ausgeübt werden. Nach der Hauptüberlieferung heißen die Ἐφέσια γράμματα· ΑΙΣΙΑ ΔΑΜΝΑΜΕΝΕΥΣ ΤΕΤΡΑΞ ΛΙΞ ΑΣΚΙ ΚΑΤΑΣΚΙ – in dieser Form ergeben sie einen Hexameter, sind also doch wieder gräzisiert[35]. Aber die Reihenfolge ist nicht fest. Wolfgang Helck hat die Formel als hethitisch gelesen[36]; ich fürchte freilich, man könnte mit ähnlicher *divinatio* auch andere Sprachen und Übersetzungen ins Spiel bringen. Magier benützten die Ἐφέσια γράμματα, um damit Besessene zu heilen[37], nach einer Behauptung hat Kroisos diese rezitierend

---

[33] Pol. 21, 37, 4–7; 190 v.Chr. Vgl. auch den Medismos der Branchiden von Didyma: H.W. Parke, The massacre of the Branchidae, JHS 105, 1985, 59–68.

[34] Das Fragment von Demokritos von Ephesos, FGrHist 267, Περὶ τοῦ ἐν Ἐφέσωι ναοῦ καὶ τῆς πόλεως, beschreibt ephesischen Kleiderluxus in persischem Stil.

[35] RE V (1905) 2771–2773 s. v. Ἐφέσια γράμματα (Kuhnert); Pausanias, Ἀττικῶν ὀνομάτων συναγωγή s. v., dazu Eust. 1864, 15; Hesych. s. v.; bes. Androkydes bei Clem. Al., stromateis 5, 45, 2; 1, 73, 1.

[36] W. Helck, Betrachtungen zur Großen Göttin (1971) 264, 13 in der Fassung *aski katta aski liks teha Damnasaras ais*, »unten am Tor, im Tor hast du geschworen, und es donnerte der Mund der Damnasares«. Damnasares sind hethitische Eidgottheiten. Helck verweist auch darauf, daß Orontes dem Kyros am Altar der Artemis Treue geschworen hatte, Xen. an. 1, 6, 7.

[37] Plut. mor., quaestionum convivalium 7, 5, 4, 706E.

den Scheiterhaufen überlebt[38]. 'Ephesische' Wörter erscheinen auch gelegentlich in Zauberpapyri[39], von hier aus ist Artemis erst in die Zaubertexte geraten. So tritt denn Artemis von Ephesos erfolgreich der Migräne entgegen, der Föhn-Gottheit Antaura, wie einer dieser Texte, aus Carnuntum stammend, berichtet[40].

[64] Die Wirkung der 'Großen Göttin' von Ephesos beruhte nicht auf dem magischen Schnörkel der Ἐφέσια γράμματα. Worauf aber dann? Man darf nicht erwarten, daß eine solche Frage einfach zu beantworten ist. Worauf beruhte Jahrhunderte lang die Wirkung von Santiago di Compostela? Eine Inschrift aus dem Jahr 44 n. Chr. sagt, das Heiligtum sei der Schmuck der ganzen Provinz Asien *wegen der Größe des Bauwerks, wegen des Alters der Verehrung der Göttin, und wegen der Üppigkeit der Einkünfte, die vom Kaiser Augustus der Göttin restituiert worden sind*[41]. Ähnlich nennt Pausanias (4, 31, 8) den Ruhm der Amazonen und das Alter des Heiligtums, die Größe des Tempels, der alle anderen menschlichen Werke übertreffe, die Blüte der Stadt und τὸ ἐπιφανές der Göttin daselbst. Auch spätantike Inschriften nennen Artemis ἐπιφανεστάτη: es muß also Epiphanien, sinnfällige Beweise der göttlichen Macht gegeben haben. Vor dem Bild war ein Vorhang, der hochgezogen wurde, um es erscheinen zu lassen[42]. Gab es Wunder? Davon erfahren wir, soweit ich sehe, kaum etwas, denn die Ephesia war nicht speziell für Heilungen berühmt. Bei der Pest von 167 n. Chr. allerdings empfahl das Orakel ihren Kult als Abwehrmaßnahme[43]. Für den großen Altar ist reger Opferkult belegt, Tieropfer, vor allem Ziegenopfer, aber auch Stieropfer; Schafopfer, heißt es, seien verboten gewesen[44]. Bei dem eigenartigen Fest der Daitis wurde die Statue der Göttin nach draußen verbracht[45]. Für uns erbringen solche Details nur ein sehr vages Gesamtbild.

Sicher ist, daß der Tempel reich war, und zwar offenbar seit alter Zeit, reich vor allem an Grundbesitz[46]. Hier kommt ein Phänomen ins Spiel, das wiederum eher in der außergriechischen als in der griechischen Welt seinen Platz hat: das Heiligtum als selbständige wirtschaftliche Einheit, Tempel-Wirtschaft, Tempel-Gut, ja Tempel-Staat. In einer griechischen Polis wird normalerweise ein Tempel

---

[38] Paus. Att. loc. cit; vgl. aber W.Burkert, Das Ende des Kroisos. Vorstufen einer Herodoteischen Geschichtserzählung, in: Catalepton. Festschrift B. Wyss (1985) 4–15 (= Kleine Schriften, Band VII, 117–127).

[39] PGM 3, 81. 101; 7, 451; 70, 10.

[40] SEG 39, 1093; R. Kotansky, Greek Magical Amulets I (1994) Nr. 13; vgl. PGM 78.

[41] IvE 18b 1.

[42] Paus. 5, 12, 4.

[43] R. Merkelbach, Ein Orakel des Apollon für Artemis von Koloe, ZPE 88, 1991, 70 ff.

[44] Etym. m. 402, 21 f. = Anec. Ox. II 435. – s. dazu in vorliegendem Band 100 Jahre Österreichische Forschungen in Ephesos, G. Forstenpointner u. a., Wien 1999, 225 ff.

[45] Vgl. Anm. 87.

[46] D. Knibbe – R. Meriç – R. Merkelbach, Der Grundbesitz der ephesischen Artemis im Kaystrostal, ZPE 33, 1979, 139–147.

der Gottheit gestiftet oder überlassen – Grundbesitz ἀνεῖται, Gebäude und Schmuck ἀνάκειται, aber damit hatte es sein Bewenden. Es ist die Polis, die den Kult sichert und finanziert, Polisbehörden verfügen mit Selbstverständlichkeit auch über den 'heiligen' Besitz[47]. Das Heiligtum von Ephesos aber gehörte nicht der Stadt Ephesos, fast ist es umgekehrt: in der Bedrohung durch Kroisos wollten die Epheser ihre ganze Stadt der Göttin schenken, sie verbanden sie durch eine Kette mit dem Heiligtum[48]. Jedenfalls respektierte Kroisos das Heiligtum, wie später auch die Perser. Artemis heißt in Ephesos *die Göttin Artemis, die unserer Stadt vorsteht*, ἡ προεστῶα τῆς πόλεως ἡμῶν θεὸς Ἄρτεμις (IvE 24B 8), sie wird auch ἀρχηγέτις genannt (IvE 1387); kaiserzeitliche Münzen zeigen sie regelmäßig als Patronin der Stadt. Und doch ist sie nicht die Polias-Göttin[49]. Stadtarchiv und Stadtkasse sind nicht in ihrem Tempel. Die alte Stadt lag, nach Herodot (1, 26), 7 Stadien, also mehr als einen Kilometer, von dem Heiligtum entfernt; seit der Verlegung durch Lysimachos war die Distanz bedeutend größer. Freilich waren Tempel und Stadt durch eine Feststraße verbunden, auf der man die prachtvollen Prozessionen zwischen Tempel und Theater veranstalten konnte[50].

Die Artemis von Ephesos hatte nicht nur Grundbesitz, sie hatte auch die ihr ›geheiligten‹ Menschen, ἱεροί, die sie auch ernährte. Vitruv nennt einen »Sklaven der Artemis« als zweiten Architekten des archaischen Tempels[51], was spätestens an den Anfang des 5. Jahrhunderts führt. Es zeigt zugleich, daß solche Hierodulen eine durchaus geachtete Position einnehmen konnten. *[65]* Aus einer kaiserzeitlichen Inschrift, 44 n. Chr., erfahren wir kuriose Einzelheiten über Mißbräuche in bezug auf das Tempelgut, die die römische Regierung abzustellen sich veranlaßt sah[52]. So kauften z. B. ›fromme‹ Bürger armen Leuten billig deren Kinder ab, ›weihten‹ sie der Artemis, womit sie vom Heiligtum ernährt werden mußten, und verfügten doch über sie wie über eigene Sklaven (IvE 18c 18). Andere wußten auf andere Weise in den Genuß von Tempeldiäten zu kommen (IvE 18c 22). Der römische Entscheid empfiehlt im übrigen als Sparmaßnahme, die Musikfestspiele nicht mehr durch hochbezahlte Virtuosen (ὑμνωιδοί), sondern durch die städtische Jugend gratis durchführen zu lassen (IvE 18d 4).

---

[47] Vgl. W. Burkert, Greek Poleis and Civic Cults: Some further Thoughts, in: M. H. Hansen – K. Raaflaub (Hrsg), Studies in the Ancient Greek Polis (1995) 201–210 (= Kleine Schriften, Band VI, 231–240).

[48] Hdt. 1, 26; Ail. var. 3, 26; Polyain. 6, 50. So weihte Polykrates mittels einer Kette die Insel Rheneia dem Heiligtum von Delos, Thuk. 3, 104, 2.

[49] Kreophylos FGrHist 417 F 1 nennt ein offenbar zentrales Athena-Heiligtum.

[50] Darüber auch Philostr., vit. soph. 2, 23.

[51] Vitr. 7 praef. 16: *Demetrius Dianae servus*.

[52] IvE 17–19.

Vom Besitz des Tempels handelt eine Passage aus einer Rede des Dion von Prusa[53]: »*Ihr wißt von den Ephesern, daß viel Geld bei ihnen ist, teils von Privaten im Tempel der Artemis aufbewahrt – nicht nur von Ephesern, sondern auch von Gastfreunden und von irgendwoher kommenden Menschen –, teils von Gemeinden und Königen; alle, die es dort deponieren, tun dies um der Sicherheit willen. Denn noch nie hat jemand gewagt, dem Ort Unrecht zu tun, obwohl unendlich viele Kriege stattgefunden haben und oft die Stadt erobert worden ist. Daß dieses Geld öffentlich deponiert ist, ist klar; bei den Ephesern ist es üblich, unter den öffentlichen Rechnungen diese Gelder aufzuschreiben. Wie nun? Nehmen sie etwas davon, wenn das Bedürfnis besteht, oder machen sie wenigstens eine Anleihe, was vielleicht nichts Arges zu sein scheint? Nein, eher würden sie den Schmuck der Göttin abnehmen als an dieses Kapital rühren.*«

Der internationale Kapitalzufluß hängt, wie man sieht, an der besonderen Vertrauenswürdigkeit der Bank. Daß sie das Geld ungenutzt liegen ließ, ist trotzdem kaum glaubhaft; dies wäre doch ganz gegen den Geist des biblischen Gleichnisses von den anvertrauten Talenten.

Ungefährdet waren die Reichtümer des Tempels nicht. Caesar berichtet im *bellum civile*, wie zweimal einer seiner Gegner drauf und dran war, in Ephesos die »*dort seit alters deponierten Gelder*« zu konfiszieren, in aller Form, mit Senatoren als Zeugen; beide Male sei im letzten Moment, auf den Stufen zum Tresorraum sozusagen, eine Nachricht von Caesars Erfolg dazwischen gekommen und habe die Aktion verhindert. »*So ist Caesar zweimal dem Geld von Ephesos zu Hilfe gekommen.*«[54]

Das Artemision als Bank kommt sogar in einer Komödie des Plautus vor[55]. Viel weiter zurück führt uns Xenophons Kontakt mit der Artemis von Ephesos und ihrem Megabyxos: Die Strategen der Zehntausend hatten bei Sinope ihre Beute aufgeteilt, Geld, das sie vor allem durch Verkauf von Gefangenen eingenommen hatten. Den Zehnten bestimmten sie für Apollon und die Artemis von Ephesos – den Gott der Griechen und die Göttin von Asien, wie man wohl verstehen darf, zumal der Feldzug in Sardes begonnen hatte. Xenophon läßt denn auch dem Apollon von Delphi sein Teil zukommen. »*Den Anteil der Artemis von Ephesos aber läßt er, als er mit Agesilaos aus Asien zum Zug gegen die Böoter aufbrach, bei Megabyzos, dem Tempelwächter [νεωκόρος] der Artemis, [...] und gab ihm den Auftrag, wenn er selbst heil davonkomme, solle er den Betrag ihm zurückerstatten; wenn ihm etwas zustoße, solle er ihn der Gottheit weihen, indem er damit mache, wovon er glaube, daß es der Artemis eine Freude wäre.*« (Xen.

---

[53] Dion Chrys. or. 31, 54. – Man hat angeblich ein Kind, das ein Goldblättchen aufhob, als Tempelräuber getötet: Ail. var. 5, 16.

[54] Caes. civ. 3, 33; 3, 105.

[55] Plaut. Bacch. 306 ff.

an. 5, 3, 6). Nun, Xenophon ist davongekommen, und als er dann in Skillus wohnte, »*kam Megabyzos als Festgesandter nach Olympia* [wohl im Jahr 384] *und gab ihm den anvertrauten Betrag zurück.*« (Xen. an. 5, 3, 7). Es muß ein stattlicher Betrag gewesen sein, den der Megabyxos mitbrachte, denn hiervon kauft Xenophon ein Grundstück, baut einen Tempel und stiftet ein Kultbild nach dem Vorbild des ephesischen, dazu ein jährliches Fest. Das Artemision bewährte sich als Bank, auf deren Dienste man sich verlassen konnte. Stiftungskapital war dort angesammelt, und falls ein Kontoinhaber später verschollen war – um so besser für die Bank. Timaios behauptete, der neue Tempel, der Weltwunder-Tempel nach dem herostratischen Brand sei aus den persischen Deposita *[66]* finanziert worden, die nach 334 plötzlich herrenlos geworden waren; andere glaubten, dem widersprechen zu müssen[56], »*ganz Asien*« habe gestiftet – was eine teilweise Eigenfinanzierung nicht ausschließen würde.

Grundlage für den gesicherten Besitz an Geld und Menschen ist die Unverletzlichkeit des Heiligtums, das Asylrecht des Tempels, das seit jeher besteht. Das Asylrecht dürfte mit der Tradition der 'kleinasiatischen Tempelstaaten' zusammenhängen, nur daß wir von diesen aus den dunklen Jahrhunderten so wenig wissen. Deutliche Zeugnisse zum Asylrecht kommen aus Israel, denn auch Jahwes Heiligtum war ein Asyl[57].

Strabon versichert, das ephesische Heiligtum habe noch immer sein Asylrecht. »*Es ergab sich freilich, daß die Grenzen der Asylie oft geändert wurden: Alexander hat sie auf ein Stadion ausgedehnt; Mithridates aber einen Pfeilschuß abgegeben aus dem Winkel des Dachs, und er schien um weniges das Stadion zu übertreffen; Antonios hat das Maß verdoppelt und einen Teil der Stadt in die Asylie eingeschlossen. Dies erschien schädlich, weil es die Stadt unter die Gewalt der Verbrecher brachte, so daß Kaiser Augustus dies wieder aufhob.*«[58]

Hier haben wir nochmals die Reihe der Herrscher von Asien, und sie alle befassen sich mit dem Tempel der Artemis und seinem Asylrecht, Alexander, Mithradates, auch Marcus Antonius, schließlich Augustus. Wie bildhaft einprägsam ist der Schuß des Mithradates vom Tempeldach! Nach dem Zeugnis der Münzen sind in diesem tatsächlich drei Fenster oder Türen ausgespart: von dort aus (ἀπὸ τῆς γωνίας τοῦ κεράμου) muß Mithradates geschossen haben. Plinius bezeugt, daß es eine Treppe zum Dach gab[59]. Der König von Asien als der Herr des Bo-

---

[56] FGrHist 566 F 150b bei Strab. p. 640.
[57] Vgl. E. Schlesinger, Die griechische Asylie (Diss. Gießen 1933); RAC I (1950) 836–844 s. v. Asylrecht (Wenger); L. Delekat, Asylie und Schutzorakel im Zionheiligtum (1967); U. Sinn, Das Heraion von Perachora. Eine sakrale Schutzzone in der korinthischen Peraia, AM 105, 1990, 53–116, bes. 71–83; ders., Greek Sanctuaries as Places of Refuge, in N. Marinatos – R. Hägg (Hrsg.), Greek Sanctuaries. New Approaches (1993) 88–109.
[58] Strab. 14, 1, 23 p. 641.
[59] Plin. nat. 14, 9.

gens – dies geht bis auf die Achämenidensymbolik zurück, die der König von Sonnenaufgang, der ›von Mithras Gesetzte‹, aufgriff. Der Bereich des Heiligtums ist befriedet, weswegen die Göttin selbst in ihrem Tempel keine Waffen trägt. Aber sie empfängt die Herrscher, die ihr opfern, und es ist der Bogenschuß des Herrschers, der den befriedeten Bereich schafft.

Über das Asylrecht des ephesischen Heiligtums gibt es viele detaillierte Zeugnisse. Von Fall zu Fall ergaben sich juristische Probleme, wie weit das Asylrecht wirkte, inwieweit es Eigentumsrechte außer Kraft setzte: Konnten sich Sklaven ihren Herrn entziehen[60]? Konnten Schuldner sich dem Zugriff des Gläubigers entziehen[61]? Alexander schrieb zu einem solchen Fall in einem Brief, man solle das Asyl respektieren und warten, bis sich der Flüchtling einmal außerhalb der Grenze aufhalte – dann wäre der Zugriff erlaubt[62]. Bei revolutionärem Umsturz freilich wurde das Asylrecht wiederholt aufs Gräulichste verletzt[63].

Auf das Asylrecht bezieht sich maßgeblich der Gründungsmythos des Heiligtums, der Amazonenmythos. »*Theseus, der zusammen mit Herakles nach dem Gürtel der [Amazone] Hippolyte auszog, verfolgte die Amazonen bis Lydien; und dort flohen sie zu einem Altar der Artemis und beteten, daß sie Rettung finden möchten; und Artemis gewährte ihnen ihre Rettung [ἐφεῖναι]; daher sei der Ort Ephesos genannt worden.*«[64] Auch Kallimachos führt in seinem Artemishymnos die Amazonen von Ephesos ein (3, 237). Pausanias schreibt (7, 2, 7): »*Weit älter als die Epoche der Ioner ist, was Artemis von Ephesos betrifft.*« Die Amazonen nämlich hätten dort auf der Flucht vor Theseus und auch vor Herakles geopfert, »*andere [Amazonen] aber noch [67] weit früher auf der Flucht vor Dionysos, indem sie als Schutzflehende dorthin kamen.*«[65] Als die Ioner unter Androklos kamen, »*wohnten um das Heiligtum unter anderen Schutzflüchtlingen auch Frauen aus dem Volk der Amazonen*«. Dabei »*hatten die ums Heiligtum Wohnenden nichts zu befürchten, vielmehr schlossen sie Eidverträge mit den Ionern und waren aus dem Krieg ausgenommen.*«[66] Hier ist ausdrücklich das Nebeneinander

---

[60] Cic. Verr. 2, 1, 85: Ein Sklave wurde nicht herausgegeben.

[61] Plut. mor., De vitando aere alieno 827 ff.

[62] Plut. Alex. 42.

[63] Athen. 593 AB; App. Mithr. 23.

[64] Etym. m. 402, 8 ff.; cf. Anec. Ox, II 435.

[65] Die eigentlichen Gründer seien, noch vorher, Koressos und Ephesos gewesen, Paus. 7, 2, 7. ›Koressos‹ ist ein Ortsname in Ephesos, Kreophylos FGrHist 417 F 1. Dieser relativ alte Autor nennt ἱερὸν Ἀρτέμιδος ἐπὶ τῆι ἀγορῆι, nach U. v. Wilamowitz-Moellendorff, Kleine Schriften V 1 (1937) 159 mit Anm. 2 eine »*Filiale*« des Artemisions, nach anderen ein Beweis, daß die älteste Siedlung beim Artemision lag.

[66] Paus. 7, 2, 8; kürzer Paus. 4, 31, 8: ἄγαλμα von Amazonen errichtet. Auch Dionysios Periegetes hat die Amazonengeschichte, 826 ff. mit Schol. Vgl. auch Plin. nat. 34, 53. Nach R. Fleischer, Der Fries am Hadrianstempel in Ephesos, in: Festschrift F. Eichler (1967) 35–42 nimmt das Relief am Hadrianstempel darauf Bezug.

von Stadt und Heiligtum festgehalten, sie sind gleichberechtigte Partner im eidlichen Vertrag. Am merkwürdigsten ist dabei der Mythos, daß Amazonen vor Dionysos fliehen; dies wird einzig in diesem Zusammenhang erwähnt, während Herakles und Theseus als Amazonenkämpfer zur Standardmythologie gehören. Vor Kaiser Tiberius hat eine ephesische Gesandtschaft in Rom vorgetragen: Bei ihnen, und nicht etwa auf Delos, sei Artemis geboren worden, in ihrem Hain habe bereits Apollon selbst Asyl gefunden, als Zeus ihm zürnte, sodann die vor dem Zorn des Dionysos fliehenden Amazonen; Herakles habe die Riten erweitert, Perser, Makedonen und Römer das Recht des Tempels immer anerkannt[67]. So kommt man vom Mythos über die Historie zur Gegenwart. Das Recht des Tempels ist das Asyl.

Der Asylgedanke, das Ideal des Staatswesens, das einem Gott gehört und damit dem Kriegselend entzogen ist, könnte als typisch hellenistisch erscheinen. Doch führt die Tradition mindestens ins 6. Jh. v. Chr. zurück[68], und schon Pindar erzählt den Amazonenmythos in der athenischen Version[69]. Es gibt aus der Zeit des Pindar aber auch Monumente für diese Verbindung, die gerühmten Amazonenstatuen, die Polyklet und Phidias zugeschrieben wurden. Athen hat damit nach dem Erfolg der Perserkriege in seiner Weise seine Macht über Asien dokumentiert[70]. Daß die verwundeten Amazonen als Sinnbild des besiegten Persien verstanden wurden, ist zu vermuten: die Fremden, die Überwundenen, doch dauerhaft bewahrt im Bereich der 'Großen Göttin', der damit auch Athen die Ehre erweist.

Nochmals ist auf die schon herangezogene Passage aus Timotheos' *Die Perser* zurückzukommen, den Jammer des Unterlegenen: Ἄρτιμις ἐμὸς μεγάς θεὸς παρ' Ἔφεσον φυλάξει, »*Artemis wird mich bei Ephesos bewahren*«. Dies greift, wie man jetzt sieht, genau den athenischen Amazonenmythos auf. Nach der Flucht vor den Athenern hofft der Perser als Asylflüchtling in Ephesos auf Dauer seine Sicherheit zu finden.

Den Mythos spiegelt in ihrer Weise die Organisation des Heiligtums. Da gibt es ›heilige‹ Jungfrauen, die der Artemis für eine bestimmte Zeit ›geweiht‹ sind. Plutarch vergleicht sie mit den Vestalinnen und nennt drei Stufen, μελλιέρη, ἱέρη, παριέρη[71]. Dies hieß also, mindestens drei Jahre des Lebens der Gottheit zu opfern. Soll man aus Aristophanes und ähnlichen Zeugnissen schließen, daß es vorzugsweise lydische Jungfrauen waren, die man zu diesem Dienst heranzog[72]?

---

[67]   Tac. ann. 3, 61.
[68]   Baton FGrHist 268 F 3 über den Tyrannen Pythagoras, der wegen Verletzung des Asyls einen Tempel stiftete.
[69]   Pind. Fr. 174 – von den Herausgebern B. Snell und H. Maehler irrtümlich auf Didyma bezogen.
[70]   Vgl. LIMC I 1 (1981) 643 s. v. Amazones Nr. 602–605 (Devambez): er datiert die Weihung um 430, zur Vollendung des ephesischen Tempels.
[71]   Strab. p. 641; Plut. mor., An seni 24, 795D.
[72]   Vgl. Anm. 14.

Frauen dagegen war es bei Todesstrafe verboten, den Hauptraum des Tempels zu betreten[73].

Über den Jungfrauen steht Megabyxos, der Eunuche. Man berief ihn von auswärts, suchte einen passenden Anwärter weitum. Der Megabyxos übernimmt damit ein offenbar lebenslanges Amt, er kann mit Pomp dem Tempelstaat vorstehen, noch sein Begräbnis ist ein prachtvoller Akt. *[68]* Eunuchen im Dienst der 'Großen Göttin' findet man in Asien auch sonst; es gibt sie, um »*Gottesfurcht zu verbreiten*«, wie ein akkadischer Text sagt[74]. Uns erscheint dies als abstoßend, als typisch asiatisch. Man sollte aber auch die rein organisatorische Funktion einer solchen Regel nicht übersehen: das Eunuchentum bedeutet, daß ein solcher Vorsteher keine Familie und damit keinen lokalen Familienclan begründen kann. Dies steht wieder im Gegensatz zur griechischen Normalpraxis, wonach bestimmten Familien ein Priesteramt zusteht – die Eteobutaden in Athen z.B. stellen Erechtheuspriester und Athenapriesterin –, und entspricht dem ›internationalen‹ Status des Heiligtums. Für die organisatorische Kontinuität ist die ständige Erneuerung offenbar ein Vorteil; man darf von ferne an den tibetischen Dalai Lama erinnern. Ein Megabyxos spielt noch unter der Herrschaft des Antonius und der Kleopatra eine Rolle[75], während Strabon andeutet, daß seine Funktion der Vergangenheit angehört. Dann hat wohl Augustus, der empfindlich gegen alle sexuellen Abnormitäten war, im Zuge seiner Neuregelung das Amt abgeschafft.

Neben dem einen, diskontinuierlichen Vorsteher steht ein Kollegium, ein Priesterkollegium von ephesischen Bürgern mit dem eigenartigen Namen Ἐσσῆνες, Bienenkönige[76]. Die Ἐσσῆνες manifestieren sich auch darin, daß die Biene von Anfang an auf den Münzen von Ephesos erscheint. Sie sind ein Jahr lang die ›Bewirter‹ beim Festessen für Artemis[77]. Ἱστιάτωρ, in der ionischen Form, ist sicher ein alter Terminus. Mit bezeichnendem Realismus wird damit auch gesagt, daß die Gottheit ihre ›Heiligen‹ nährt. Sie wohnen wohl auch im Tempelbezirk. Jedenfalls sind sie während dieses einen Jahres zur Keuschheit verpflichtet, dann kehren sie ins normale Leben zurück. Die Essenes treten bei Bürgerrechtsverleihungen in Aktion[78] und sicher sind es auch sie, die den Megabyxos wählen. Die Kontinuität des Heiligtums beruht auf dem Gleichgewicht von

---

[73] Artemidor 4, 4; vgl. Ach. Tat. 7, 13.

[74] Erra 4, 56; S. Dalley, Myths from Mesopotamia (1989) 305.

[75] App. civ. 5,9: der Megabyxos sollte von Antonios zur Verantwortung gezogen werden, Ἐφεσίων αὐτὴν Κλεοπάτραν ἱκετευσάντων μεθῆκεν.

[76] So die Erklärung des Etym. m. 383, 30 ff. – Kall. h. Zeus 66, fr. 178, 23; Hesych. Etym. m., Etym. Gud., Suda s. v. ἐσσήν. Eine neue Inschrift, hellenistisch: C. İçten – H. Engelmann, ZPE 108, 1995, 88 f.; die Essenes gehören demnach zur Gruppe der Neopoiai; SEG 34, 1125 ἐσσηνεία. Vgl. auch Muss (Anm. 25) 53.

[77] Paus. 8, 13, 1: τοὺς τῆι Ἀρτέμιδι ἱστιάτορας. Ob man dem Wort entnehmen darf, daß sie die Göttin formell bewirteten? Das Wort erscheint auch bei den Orgeonen des Amynos, IG II/III² 1259.

[78] IvE 1408 etc.

nicht synchronen Unterbrechungen – ἐσσῆνες, Jungfrauen, Megabyxos. Inwieweit das wichtige und hochangesehene Kollegium der Kureten von Ephesos dem Artemiskult zugehört[79] oder eher als Vertretung der Stadt in die Kultbeziehungen eingetreten ist, sei dahingestellt.

Die Gottheit konstituiert ein ›Draußen‹ gegenüber der Stadt, die doch die ihre ist. Die Normalitat, die polistragende Familie, ist ausgeschlossen. Die Amazonen verweisen auf einen doppelten Umkehrungsprozeß: sie sind die der Normalität entrissenen Frauen, die zu Kriegerinnen, Bogenschützen geworden sind, befinden sich im Heiligtum aber als Schutzflehende, besiegt, verwundet, entwaffnet; dazu Jungfrauen im wechselnden Übergang, dazu Priester, denen ihre Männlichkeit genommen ist: das große Göttliche ist das ganz Andere.

Damit ist endlich die berüchtigtste Besonderheit dieser Göttin zu besprechen, die Sondergestalt, die absurde Gestalt dieser 'Großen Göttin', wie sie zumindest seit dem Hellenismus bekannt ist: die 'vielbrüstige' Göttin. Unsere Reaktionen freilich haben sich gewandelt: Noch Ulrich v. Wilamowitz-Moellendorff fand hier die reine »*Barbarin*«[80]; dagegen haben Tiefenpsychologen unseres Jahrhunderts das Absonderliche eher mit Begeisterung begrüßt, ja noch tiefer im Unbewußten verankert[81]. Und doch, im Kreis der Kenner hat es sich längst herumgesprochen, daß die Interpretation der Vielbrüstigkeit nicht bestehen kann. Allerdings gibt es zwei christliche *[69]* Texte, die die Artemis von Ephesos als die Vielbrüstige bezeichnen, πολύμαστος, *multimammia* – Minucius Felix und Hieronymus. Da sich beide das griechische Wort doch wohl nicht ausgedacht haben können, geben sie eine auch anderwärts vertretene Interpretation wieder[82]. Aber die erhaltenen Statuen, die Robert Fleischer umfassend untersucht hat, zeigen es anders: Was immer diese Protuberanzen sind, es sind keine Brüste. Besonders beweisend sind diejenigen Statuen, die die Göttin als ›Schwarze‹ zeigen: Gesicht und auch Hände sind schwarz, die 'Brüste' aber sind hell und gehören daher nicht zum Körper, sondern zum Gewand. Wir haben es mit einem alten Holzbild zu tun, das mit der Zeit schwarz geworden war, zumal man es regelmäßig mit Nardenöl eingerieben hat[83]. In der Nähe von Zürich gibt es die 'Schwarze Maria

---

[79] Nur der Mythos von der Geburt der Artemis im ephesischen Ortygia bezieht die Kureten ein Strab. 639 f., mit einem offenbar der Zeusgeburt nachgebildeten Motiv. Sie haben ihr Zentrum im Prytaneion der Stadt. Vgl. FiE IX 1, 1 (1981); G. M. Rogers in vorliegendem Band 241 ff.

[80] U. v. Wilamowitz-Moellendorff, Der Glaube der Hellenen II (1931) 149.

[81] A. Galvano, Artemis Efesia (1967), dazu M. Ghidini Tortorelli, Nuova rivista storica 56, 1972, 440–452.

[82] Min. Fel. 21, 5 *mammis multis*; πολύμαστος – *multimammia* Hier. comm. in ep. Pauli ad Ephes., praef. = Migne L 26, 470C. Von Brüsten sprechen u.a. A.B. Cook, Zeus II (1925) 595; F. Chapouthier, Dioscoures au service d'une déesse (1935) 237; R. Turcan, Les cultes orientaux dans le monde Romain (1989) 250 f.

[83] Fleischer, Artemis; Plin. nat. 16, 213 f.; vgl. Vitr. 58, 13; Dion Chrys. or. 31, 54; Athenagoras 17, 3. Ein Xoanon ›alten Typs‹ in Massalia, nach dem Vorbild von Ephesos, Strab. 4, 1, 4 p. 179; Liv.

von Einsiedeln', ein spätgotisches Holzbild, dessen Heiligkeit dadurch gesteigert ist, daß es durch die Kerzen der Verehrer geschwärzt ist. Die 'Schwarze Maria von Einsiedeln' hat übrigens auch einen beachtlichen Kleiderschrank, sie zeigt sich bei verschiedenen Festen in verschiedener Garderobe, mit jeweils passender Ausstattung für das Jesuskind.

Auch die Artemis von Ephesos trägt ein kompliziertes Gewand[84]. Sie hat den hohen Göttinnenhut, den sog. Polos, der seit der Bronzezeit für Göttinnen charakteristisch ist; hinzu kommen ein Schleiertuch mit Tierbildern, das zu einem kreisrunden Nimbus verfestigt sein kann, und eine Halskette. Unter den 'Brüsten' wird ein Prachtgewand sichtbar, offenbar mit Metallplatten belegt, die ihrerseits Reliefschmuck tragen: Tierprotomen wie Löwen, Stiere, Equiden und Greife. Dazu kommt immer wieder die Biene, jenes Zeichen, das Ephesos auch auf die Münzen prägte. Auf den abgespreizten Armen hat die Göttin kleine Löwen. Flankiert war die Statue von zwei Hirschen. Soweit scheint klar: Diese Artemis ist eine Herrin der Tiere, eine Πότνια θηρῶν. Rätselhaft sind die beiden Stricke, die von ihren Händen auf den Boden reichen, wo sie in einer komplizierten Quaste enden.

Die 'Brüste' sind ein Umhang um dieses Gewand. Gerade beim ältesten dieser Bilder, das wohl noch späthellenistisch ist – heute in Basel –, ist dieser Umhang auch so angebracht, daß anatomisch Brüste gar nicht suggeriert werden[85]. Darüber hinaus sind so gut wie nie Brustwarzen angedeutet. Die 'Vielbrüstigkeit' ist eine mögliche, späte Interpretation, jedoch nicht das eigentlich und ursprünglich Gemeinte.

Aber wenn dies keine Brüste sind, was dann? Man hat schon lange festgestellt, daß es sich bei der ephesischen Ikonographie um keine singuläre handelt; verwandte Kultbilder, uns meist nur durch Münzen kenntlich[86], zeigen einen entsprechenden Umhang mit quasi kugelförmigen Gebilden. Zu nennen ist vor allem die Hera von Samos, die auch jene merkwürdigen Stricke von ihren Händen hängen hat, aber auch der Zeus von Labraunda. Die 'Brüste' sind also nicht geschlechtsspezifisch. Mit der Hera von Samos verbindet die Artemis von Ephesos auch, daß das Bild an einem Festtag aus dem Tempel entfernt wurde und außerhalb, sozusagen im Grünen, eine Mahlzeit erhielt[87]. Bei Statuetten aus dem Be-

---

1, 45 leitet die Diana vom Aventin von der Ephesia her, vgl. Aur. Vict., De Viris illustribus 7; Dion. Hal. ant. 2, 22; 4, 25; von 'Brüsten' ist keine Rede. Xen. an. 5, 3, 12 sagt, das ephesische Bild sei »*golden*« – wie die Holzstatue des Apollon im Tempel von Delos? Die Vergoldung hätte dann die Jahrhunderte nicht überstanden.

[84] Merkwürdig ist die Inschrift über eine Gesandtschaft nach Sardes ἐπὶ χιτῶνας, IvE 2; vgl. D. Knibbe, ÖJh 46, 1961–63, 175 ff.; H. Wankel, EpigrAnat 9, 1987, 79 f.; SEG 36, 1011.

[85] Fleischer, Artemis Nr. E 58 Taf. 33.

[86] Ältestes Beispiel ist Artemis von Astyra, um 400 v. Chr.: H. Cahn, AA 1985, 593.

[87] Zur Daitis: Etym. m. 252, 11 ff.; eine Inschrift: R. Heberdey, Δαιτίς, Ein Beitrag zum ephesischen Artemiskult, ÖJh 7, 1904, 210 ff.; vgl. H. Engelmann, Degustation von Götterwein (I.v.E. 2076) ZPE 63, 1986, 107.

reich der Demeter, die vor allem in Sizilien verbreitet sind, werden ähnliche Rundungen am Brustumhang deutlich zu Früchten; auch Ölfläschchen sind *[70]* erkennbar, Zeichen der Fülle bei einem Erntefest, möchte man interpretieren[88]. Aber in Ephesos fehlt eine solche Andeutung.

Eine überraschende Erklärung hat 1979 Gérard Seiterle geboten: Nach seiner Meinung handelt es sich bei den 'Brüsten' um Stierhoden[89]. Seiterle hat im Antikenmuseum Basel mit Hilfe des Basler Schlachthofes ein entsprechendes Modell angefertigt, das in verblüffendem Maß entspricht. Allerdings konnte dieses Modell nur sehr kurz gezeigt werden, da die Originaltestikel rasch in Verwesung übergingen. Wenn diese Deutung richtig ist – und sie ist visuell überzeugend –, dann konnte die Erscheinung der Artemis immer nur wenige Tage, eben während des Hauptfestes der Artemisia, präsentiert worden sein; denkbar scheint immerhin, daß während der Kaiserzeit eine dauerhafte Kopie, aus welchem Material auch immer, angefertigt wurde.

Es fand sich keine Quelle, die Seiterles Deutung direkt bestätigt. Doch gibt es nicht nur die dem Strukturalisten einleuchtende Konträrbeziehung zu den enthaltsamen oder gar kastrierten Priestern, sondern immerhin Zeugnisse aus dem verwandten Kult der Großen Mutter: Im Kult der Meter spielt seit alters das Stieropfer eine besondere Rolle, eine Art Stierjagd, ταυροβόλιον; dabei heißt es nun in den kaiserzeitlichen Inschriften, daß die *vires* des Tieres, was die Genitalien bedeuten muß, rituell getragen, anderswohin gebracht werden: *vires transtulit*. In einem Fall wird sogar gesagt, daß diese auf das Götterbild geworfen werden: *imagini illidunt*[90]. Das mag uns immer grotesker erscheinen. Doch gibt es einen allgemeinen religionsgeschichtlichen Zusammenhang, der die Deutung plausibel macht und ihren alten Sinn erweist. Die Jägerkulturen – und Jägerkultur ist bei Artemis noch immer präsent – haben eine uns durchaus sympathisch berührende Sorge um die Kontinuität des Lebens. Der Mensch jagt, tötet, ißt, vernichtet und erwartet doch, immer wieder Wild zu finden. Er muß besorgt sein, die Wurzel des Lebens nicht zu zerstören. Mythisch gesprochen: Er muß Herren oder Herrinnen der Tiere versöhnen, durch bestimmte Enthaltungen und durch Gaben-Opfer. Die Eskimos sammeln die Harnblasen der gejagten Seehunde und versenken sie zeremoniell zu Ehren der Herrin der Robben; den Juden verbot Moses, die Nieren der Tiere zu essen; sie werden mit dem zugehörigen Fett auf dem Altar für Jahwe den Herrn des Lebens, verbrannt. Die Hoden einer großen Göttin zurückzugeben,

---

[88] G. Zuntz, Persephone (1971) 114–141.

[89] G. Seiterle, Artemis, die Große Göttin von Ephesos, AW 10, 1979, 3–16; zustimmend R. Fleischer, AA 1983, 81–93; Karwiese, Artemis von Ephesos 39. W. Helck wollte ein altanatolisches Symbol finden: W. Helck, AA 1984, 281 f.; R. Eisler, Weltenmantel und Himmelszelt I (1910) 150 (vgl. Fleischer, Artemis 78–84) hatte an die abgeschnittenen Brüste der Amazonen gedacht. Zu Rinderopfern in Ephesos: Liv. 1, 45.

[90] H. Hepding, Attis, seine Mythen und sein Kult (1903) 72 (*Passio Symphoriani*).

ist anatomisch sogar richtiger. Artemis als Herrin der Tiere zeigt sich so in ihrer sehr spezifischen und fundamentalen Rolle. Karl Meuli hat immer vermutet, daß Artemis als Jagdgöttin bis ins Paläolithikum zurückreiche, und nach sibirischen Parallelen gefahndet[91]. Dies sei dahingestellt. Wir können jedenfalls verstehen, inwiefern Artemis als Herrin der Tiere eben die Garantin des Lebens ist, eines wilden, geheimnisvollen, ›großen‹ Lebens, außerhalb der Alltäglichkeit, in der üblicherweise mit mehr oder weniger Plage Zeugung und Geburt sich abspielen. Anerkannt bleibt hier ein Anderes, unangreifbar, das Asyl der Großen Potnia.

---

[91] K. Meuli, Gesammelte Schriften (1975) 963 f. 1083 ff.; vgl. W. Burkert in F. Graf (Hrsg.), Klassische Antike und neue Wege der Kulturwissenschaften (1992) 174.

Erschienen in: C. Bonnet, C. Jourdain-Annequin, V. Pirenne-Delforge, éd., Le Bestiaire d'Héraclès. IIIe Recontre héracléenne, Liège 1998, 11–26.

5. Héraclès et les animaux.
Perspectives préhistoriques et pressions historiques

Les anciens Grecs, comme presque tous les peuples méditerranéens, n'ont guère manifesté de tendresse particulière pour les animaux, pas plus qu'ils ne firent la preuve d'une sollicitude romantique à leur égard. Eumée le noble porcher de l'*Odyssée* chasse ses propres chiens en leur jetant des cailloux. Il est d'autant plus remarquable qu'Héraclès, le héros le plus populaire des Grecs, soit entouré d'un véritable «zoo» d'animaux. Un héros homérique comme Achille s'inscrit dans une dimension pleinement humaine, entre amis et ennemis, entre Pélée, le père, Patrocle, l'ami, Agamemnon, le général, Hector, l'adversaire; si l'on cherche une deuxième dimension, on la trouve dans le monde des dieux avec Thétis, la mère divine dont tous les dieux ont célébré les noces. Héraclès, par contraste, se place entre le taureau et les vaches, les chevaux, le sanglier, le cerf – ou plutôt la biche, – les oiseaux, le serpent et le lion; lors de sa rencontre avec le souverain des morts, Hadès, il combat le chien Cerbère, et, même en devenant dieu, il emmène dans l'Olympe sa peau de lion.

Il semble donc qu'Héraclès ne puisse être imaginé sans la référence à l'animal. Mais le même Héraclès a été choisi comme ancêtre des dynasties royales les plus illustres, à Argos, à Sparte, en Lydie, en Macédoine. Ainsi, Héraclès avec la tête de lion est l'emblème des monnaies d'Alexandre le Grand et l'empereur Commode se proclama «nouvel Héraclès» en tuant les animaux féroces dans l'arène.[1] Mais le même Héraclès est aussi devenu le symbole de la victoire sur la mort. On a même suggéré que l'ultime parole de Jésus-Christ sur la croix, τε-τέλεσται, *consummatum est*, serait l'écho d'une mise en scène d'Héraclès.[2] Wilamowitz pensait qu'il pouvait ramasser la figure d'Héraclès en une formule faisant écho au credo chrétien: *Mensch gewesen – Gott geworden; Mühen erduldet – Himmel erworben.*[3] *[12]*

---

[1] DION CASS., 72, 15–17; SCRIPTORES HISTORIAE AUGUSTAE Commodus 8, 5 cf. 8, 9; 9, 2; 9, 6; 12, 12. Je remercie Vinciane Pirenne-Delforge qui a bien voulu corriger mon texte français. Je reste responsable de la forme présente.

[2] C. SCHNEIDER, Geistesgeschichte des antiken Christentums, München, 1954, p. 142.

[3] U. v. WILAMOWITZ-MOELLENDORFF, Euripides Herakles, Berlin, 1895², I, p. 38 (réimpr. Darmstadt 1959, II, p. 38).

Déjà pour Hérodote se posait la question de savoir si Héraclès était un héros ou un dieu; et l'historien est disposé à approuver les quelques cultes qui font d'Héraclès l'un et l'autre à la fois.[4] Mais, en fait, Héraclès n'est ni l'un ni l'autre: il n'a pas de tombeau, pas d'héróon, comme les héros normaux, locaux, et il n'a guère de temples, comme les dieux olympiens des cités. Dans le sanctuaire central à Thasos, le temple est du ve siècle, c'est-à-dire bien plus récent que l'autel et les *hestiatoria*.[5] Mais il y a une foule de sanctuaires, Ἡρακλεῖα et dans presque toute la Grèce.

Le bestiaire d'Héraclès, thème de notre rencontre au cours de ces journées, s'est élaboré avant tout dans une série d'âthla, de travaux du héros. C'est une donnée mythologique bien connue, mais pourtant étrange: jamais nous ne trouvons cette série élaborée dans ses détails par un grand texte, par un poème connu. La série est illustrée sur les métopes du grand temple de Zeus à Olympie; on a même pensé que le nombre douze des âthla serait dérivé des exigences architecturales de ce monument,[6] ce que je ne crois pas. Dans la poésie classique et hellénistique, la série est supposée connue; on s'y réfère, on y fait allusion, mais il serait superflu de la raconter une fois encore. Il faut attendre Diodore et la *Bibliothèque* d'Apollodore[7] pour en trouver le tableau complet. Pourtant, la tradition de ces travaux d'Héraclès est sans doute très ancienne. On a proposé une filiation indo-européenne, d'une part;[8] on a montré des parallèles orientaux importants, d'autre part, surtout les prétendus trophées du dieu sumérien Ninurta.[9] Peut-être faudrait-il même remonter plus haut.

Si nous nous penchons sur ce cycle des travaux d'Héraclès, entre les reliefs d' Olympie et le compte rendu d'Apollodore, il est frappant de constater l'existence de deux sortes d actions très diverses, de deux fonctions différentes des animaux dans la série. D'une part se déroulent des combats serieux, quasi-héroïques; la gloire d'Héraclès s'inscrit dans l'élimination des bêtes dangereuses et nuisibles, notamment l'Hydre de Lerne et le lion de Némée. Ce n'est pas un hasard si ces deux types d'animaux dangereux apparaissent: le lion est la bête la plus forte, le

---

4   HDT., II, 44, cf. P. LÉVÊQUE, A. VERBANCK-PIÉRARD, *Héraclès, héros ou dieu? Recherche d'une méthode*, in C. BONNET, C. JOURDAIN-ANNEQUIN (éds.), *Héraclès d'une rive à l'autre de la Méditerranée*, Bruxelles-Rome, 1992, p. 51–65.

5   B. BERGQUIST, *Herakles on Thasos*, Uppsala, 1973.

6   F. BROMMER, *Herakles. Die zwölf Taten des Helden in der antiken Kunst und Literatur*, Darmstadt, 1979[4].

7   DIOD., IV, 11–28; APOLLOD., II, 74–126; un résumé allusif EUR., *Herc.*, 359–429.

8   F. BADER, *De la préhistoire à l'idéologie tripartie: les Travaux d'Héraclès*, in R. BLOCH (éd.), *D'Héraclès à Poseidon*, Genève, 1985, p. 9–124; *Les travaux d'Héraclès et l'idéologie tripartie*, in BONNET, JOURDAIN-ANNEQUIN, *op. cit.* (n. 4), p. 7–42, et dans ce volume, p. 151–172.

9   W. BURKERT, *Oriental and Greek Mythology: The Meeting of Parallels*, in J. BREMMER (éd.). *Interpretations of Greek Mythology*, Beckenham, 1987, p. 10–40, spéc. 25–34 (= Kleine Schriften, Band II, 48–72).

roi des animaux, l'animal royal,[10] dominant et impressionnant jusqu'à nos jours. Le serpent, d'autre part, souvent nommé «dragon» dans les *[13]* contextes mythiques, est l'animal le plus odieux, inspirateur d'une terreur incontrôlable. Les primates, déjà, expriment la peur des serpents, par héritage génétique.[11] L'action d'Héraclès est donc l'élimination de la terreur. À l'époque classique, de Pindare à Euripide, cet aspect est accentué et généralisé: Héraclès est acclamé comme «pacificateur» du monde, qui a «domestiqué» la terre, ἡμερῶσαι γῆν, et pas seulement la terre, mais aussi la mer jusqu'aux «colonnes d'Héraclès» près de Gibraltar.[12]

Au niveau populaire, l'activité d'Héraclès est banalisée et recouvre des domaines plus proches des gens du commun, et plus nécessaires à leur existence: il n'y a guère de lions à craindre chez les Grecs moyens. Par contre, Héraclès continue à protéger des serpents en général, tout autant que des vermines et des sauterelles qui menacent la récolte. En général, Héraclès devient le défenseur contre le mal sous toutes ses formes; il est *Alexikakos, Keramyntes.* Des disques d'argile qu'on suspend aux portes des maisons, ou dans des lieux quelconques n'affirment-ils pas qu'«Héraclès, fils de Zeus, est logé ici: que rien de mauvais n'y entre», Ἡρακλῆς ἐνθάδε κατοικεῖ· μηδὲν εἰσίτω κακόν.[13]

Cependant, cette fonction de protecteur et d'exterminateur n'est pas la plus importante dans la série des «travaux». Il tue le lion de Némée et l'Hydre de Lerne, sans doute. Mais, parmi les autres animaux d'Héraclès, quelques-uns ne sont ni dangereux ni nuisibles, comme la biche, et ils ne sont ni éliminés ni tués, mais apportés à Eurysthée, le roi de Mycènes: ainsi les vaches, le taureau, les chevaux, le sanglier et les oiseaux. S'ils sont finalement tués, c'est comme victimes sacrificielles, lorsqu'elles sont pleinement intégrées dans l'ordre civilisateur de la *polis* grecque. L'activité propre à Héraclès, c'est le transfert des animaux du monde sauvage vers la civilisation. En fonction de cela, Héraclès est devenu le grand sacrificateur. Mais Héraclès le sacrificateur est aussi le grand mangeur de viande, car, ne l'oublions pas, les animaux sacrifiables sont les animaux bons à manger. La comédie grecque ne se privera pas de représenter ce type de situation.

De ce point de vue, on pourrait s'étonner que les espèces les plus communes des sacrifices, les brebis et les chèvres, ne figurent pas dans la série des *âthla.* En fait, une loi sacrée de Thasos interdit le sacrifice de chèvre et de cochon à Héraclès *Thasios.*[14] Pourtant le récit étiologique, à propos d'une Héra *aigophagos* à

---

[10] κοιρανέων: Hés., Théog., 331.

[11] E. O. Wilson, *On Human Nature*, Cambridge Mass., 1978, p. 83.

[12] W. Burkert, *Eracle e gli altri eroi culturali del Vicino Oriente*, in Bonnet, Jourdain-Annequin, *op. cit.* (n. 4), p. 113 sq (Kleine Schriften, Band II, 73–86).

[13] *Ibid.*, p. 112.

[14] F. Sokolowski, *Lois sacrées des cités grecques, Suppl.*, Paris, 1962, n° 63; cf. St. Georgoudi dans ce volume, p. 301–317.

Sparte, présente Héraclès sacrifiant des chèvres à défaut de victimes plus no-bles,[15] et il existe un Héraclès *Melon* en Eubée, avec un récit étiologique qui joue sur la double signification de *mêlon*, «brebis» et «pomme»;[16] *[14]* en outre, sur quelques reliefs votifs, une brebis est offerte à Héraclès.[17] Brebis et chèvres ne sont donc pas absentes de la sphère héracléenne. Mais, apparemment, ces espèces étaient trop modestes pour fournir des «trophées»; on peut aussi noter que, pour les Grecs, les chèvres relèvent à la fois de la domestication et du monde sauvage: elles peuvent ainsi échapper au transfert.

Regardons de plus près deux épisodes de cette série: la capture des vaches de Géryon et la rencontre avec la biche d'Artémis.

Les vaches de Géryon[18] se trouvent dans une île lointaine, l'île rouge, Éry-theia; elle ne peut être atteinte que par la barque du Soleil, la coupe dorée dans la-quelle Hélios fait le voyage sur l'Océan chaque nuit pour aller d'ouest en est. L'Océan est en fait la région où ciel et terre se touchent; au coucher du soleil donc, voilà l'île rouge. Géryon, dont le nom signifie le «hurleur», est un monstre à trois têtes, à trois vies, à ce qu'il semble; son chien, un bon intermédiaire, a deux têtes. Héraclès combat Géryon et le tue de ses flèches, à trois reprises, et il transporte les vaches en Europe – toutes dans la coupe du Soleil, semble-t-il. Puis commence le travail le plus contraignant: conduire le troupeau de vaches à tra-vers différents pays, de l'Espagne jusqu'en Argolide, avec beaucoup de détours et d'aventures: il y a les antagonistes, les voleurs de vaches, spécialement en Ita-lie, le pays des vaches. Mais, comme il se doit, Héraclès parvient finalement en Argolide. Ce qu'Héraclès a accompli, c'est donc le transfert des troupeaux d'un au-delà mythique, aux frontières du monde, vers le centre de la civilisation grecque, Mycènes. Les vaches seront sacrifiées à Héra, la déesse principale de la plaine argienne. Mais on raconte que les vaches de Géryon se sont également pro-pagées parmi les troupeaux sacrés de quelques sanctuaires et parmi certains grou-pes de bétail sauvage. Les troupeaux de l'au-delà sont devenus accessibles aux hommes; ils sont soumis à la domination humaine, grâce au travail d'Héraclès.

La biche d'Héraclès pose un problème zoologique, en ce qu'elle porte une ra-mure. Une fibule béotienne du VIIIe siècle,[19] la représentation la plus ancienne, la montre ainsi, mais elle apparaît aussi dans les textes de Pindare, de Sophocle,

---

[15] PAUS., III, 15, 9; *cf.* P. BRULÉ dans ce volume, p. 257–283.

[16] POLLUX, I, 30 sq.; mais *cf.* APOLLOD., *FGrHist*, 244 F 115; A. SCHACHTER, *Cults of Boiotia*, II, Lon-don 1986, p. 21 sq. – Héraclès demandant un bélier: légende de Cos, *cf.* n. 46.

[17] F. T. VAN STRATEN, Hierà kalá. *Images of Animal Sacrifice in Archaic and Classical Greece*, Lei-den, 1995, fig. 95, *cf.* n° R 89, 91, 92 du catalogue. – Héraclès tenant un chevreau, à Amrith: C. JOURDAIN-ANNEQUIN, *Héraclès-Melqart à Amrith? Un syncrétisme gréco-phénicien à l'époque perse*, Paris, 1992, p. 69–86, 73.

[18] W. BURKERT, *Structure and History in Greek Mythology and Ritual*, Berkeley, 1979, p. 83–88.

[19] K. SCHEFOLD, *Götter- und Heldensagen der Griechen in der Früh- und Hocharchaischen Kunst*, München, 1993, fig. 88.

d'Euripide, etc. Devant de telles autorités, les zoologistes n'ont qu'à se taire, comme l'affirmait un philologue antique ...[20] je pense que c'est méconnaître le sens de la narration archaïque, tout comme l'hypothèse qu'à l'origine il s'agissait d'une renne, dont la femelle porte des ramures. La clé est fournie par les [15] illustrations des VIe et Ve siècles, qui montrent comment Héraclès brise la ramure de la biche.[21] C est donc un mythe étiologique. Pourquoi la biche ne porte-t-elle pas de ramure? Parce qu'elle fut capturée par Héraclès et mutilée. Cette espèce est ainsi devenue plus faible. C'est pourquoi il est désormais possible pour les hommes normaux de chasser et de capturer un cerf, triomphe du chasseur. Héraclès a même établi la domination des hommes en dehors des cités, dans les bois, dans l'ἄγριον. Pourtant, une complication a surgi: quand Héraclès a saisi la biche, la déesse Artémis est intervenue pour sauver l'animal qu'elle aime et protège. Dans cette situation, la βίη Ἡρακληείη n'a pas fonctionné: le héros a dû discuter avec la déesse le droit du chasseur. Un seul argument a porté: le héros n'a pas agi de sa propre volonté, mais sur ordre d'Eurysthée; la déesse lui a alors accordé sa proie.[22] Ce n'est donc pas un simple triomphe de vitesse et de force, mais un accord entre la vie sauvage et l'ordre civilisateur qu'Héraclès réussit à établir. Notons aussi que, dans un autre cas, Héraclès n'utilise pas sa force; avec Augias, il passe un contrat qui l'oblige à un travail vil et dégradant, mais nécessaire: nettoyer les étables du roi. *Augeias*, «le brillant», est en fait un fils d'Hélios. Héraclès se contentera de la dîme des vaches, les vaches du soleil une fois encore.[23]

Si, dans la littérature classique, la première perspective à savoir la «pacification» victorieuse, apparaît dominante, dans une vision historique, la seconde apparaîtra comme plus fondamentale. Toutes deux font d'Héraclès un héros culturel, un héros médiateur entre la sauvagerie et la civilisation, un type bien connu dans la mythologie générale et qui remonte sans doute à une haute antiquité. Le motif de la domination des animaux comestibles trouve sa fonction principale dans le monde des chasseurs, hors de l'agriculture, avant l'agriculture. Encore aujourd'hui, nous pouvons admirer le souci des chasseurs primitifs pour les animaux, spécialement pour les bovins, dans les fameuses peintures des grottes paléolithiques. Dans ce contexte, Héraclès apparaît comme une sorte de chamane qui obtient la domination sur les animaux en trouvant un arrangement avec un maître ou une maîtresse surnaturelle des animaux, ou en se battant contre lui – ou contre elle. Ce n'est pas le lieu de traiter ici des parallèles avec les rites et les mythes des Esquimaux et d'autrès peuples.[24] Notons seulement qu'Héraclès, dans cette perspective, n'est pas lui-même le seigneur des animaux, mais bien le mé-

---

[20]   W. J. Slater (éd.), *Aristophanis Byzantii Fragmenta*, Berlin, 1986, n° 378.
[21]   Brommer, *op. cit.* (n. 6), pl. 15 a; *cf.* K. Meuli, *Gesammelte Schriften*, Basel, 1975, p. 802 sq.
[22]   Apollod., II, 82.
[23]   Burkert, *op. cit.* (n. 18), p. 95.
[24]   *Ibid.*, p. 88–94.

diateur entre les hommes normaux et un ou plusieurs seigneurs surnaturels. Artémis porte encore l'épithète de *Potnia therôn* chez Homère (*Il.*, XX, 470), mais elle n'est pas seule à remplir cette fonction; Géryon est un maître de bétail dans l'île du Soleil, de même qu'Augias, fils du Soleil. Le chamane peut accomplir sa tâche en s'arrangeant avec le maître ou la maîtresse des animaux, comme Héraclès le fait avec Augias et avec Artémis, la maîtresse de la chasse, *[16]* mais aussi par la force, en combattant les seigneurs démoniaques, comme Géryon, le maître des vaches, et Diomède, le maître des chevaux cannibales, qui ne sont plus anthropophages après la conquête. Certains traits supplémentaires dans la mythologie d'Héraclès s'accordent bien avec un tel caractère chamanique, spécialement la capacité de voyager vers l'au-delà dans la voie du soleil, vers l'île rouge, vers le jardin divin des Hespérides, vers le pays des Hyperboréens, et avant tout vers l'Hadès.

Une telle perspective dépasse les époques connues de l'histoire grecque. Mais elle permet de coordonner des aspects très variés de la mythologie d'Héraclès. Cependant, la signification de cette mythologie n'est pas seulement préhistorique, puisque des institutions réelles sont le résultat des exploits d'Héraclès: ce sont les sanctuaires avec leurs rituels sacrificiels. En dominant les animaux, Héraclès devient l'instaurateur des sacrifices, qui aboutissent à des repas de cérémonie somptueux – et pas seulement dans les sanctuaires d'Héraclès; il est le médiateur dans un sens beaucoup plus large. Bon nombre de narrations étiologiques mettent en scène une fondation par Héraclès. À Rome, c'est l'Ara Maxima avec les riches sacrifices, sacrifices de la «dîme», une réalité cultuelle qui a perduré pendant des siècles; le récit fondateur, c'est l'arrivée d'Héraclès avec les troupeaux de Géryon, Cacus le voleur, etc. – nous le connaissons par l'Énéide de Virgile.[25] En Sicile, c'est le culte à la source Kyane près de Syracuse, mais aussi à Éryx, et à Crotone, en Italie, le culte d'Héra *Lacinia*.[26] À Lindos de Rhodes, on offrait des sacrifices de bovins sur la pente de l'Acropole où Héraclès, disait-on, avait détaché les boeufs du paysan Theiodamas, qui labourait à la charrue, et les avait mangés tous les deux.[27] En Attique, beaucoup de petits sanctuaires d'Héraclès peuplaient le paysage. Les calendriers locaux attestent que l'on s'y rencontrait pour des repas sacrificiels. Une inscription d'environ 120 ap. J.-C. nous fait encore connaître un groupe d'*Hérakliastai en Limnais* à Athènes. Les réunions se fondent sur les contributions des membres, *eranos*, et, une fois l'an, le trésorier doit procurer un sanglier pour le sacrifice à Héraclès – et pour le repas, naturellement:

---

[25] *Ibid.*, p. 84 sq.

[26] *Cf.* M. GIANGIULIO, *Le héros fondateur, l'éspace sacré de la déesse. Notes sur Héraclès et les sanctuaires d'Héra du Péloponnèse à la Grande Grèce*, in C. JOURDAIN-ANNEQUIN, C. BONNET (éds.), *Héraclès. Les femmes et le féminin*, Bruxelles-Rome, 1996, p. 215–233.

[27] W. BURKERT, *Buzyge und Palladion*, in *Wilder Ursprung*, Berlin, 1990, p. 77–85, spéc. 81 (= Kleine Schriften, Band V, 206–217).

on reproduit donc l'épreuve d'Héraclès qui avait apporté le sanglier de l'Érymanthe à Eurysthée.[28]

Les deux orientations de la mythologie, – l'élimination des animaux nuisibles et la domestication des animaux comestibles, – se perpétuent donc dans l'omniprésence d'Héraclès, que ce soit au niveau populaire, par les invocations quotidiennes au protecteur, ou dans les sacrifices réglementés. Le défenseur contre le mal et le garant du bien-être, c'est Héraclès, avec son cortège d'animaux. En Italie, nous trouvons une concrétisation supplémentaire et importante *[17]* du mythe: Hercule qui a conduit ses vaches, non sans peine, mais avec succès, est le modèle et le protecteur idéal des bouviers qui guident leur troupeaux à travers la montagne au rythme de la transhumance annuelle. Des dédicaces à Hercule ont eté mises au jour dans toutes les passes des Apennins.[29]

Naturellement, on peut s'opposer à la thèse selon laquelle la mythologie d'Héraclès a des racines aussi profondes, peut-être même paléolithiques. Doit-on parler d'origines si reculées et si vagues? Entrons plutôt dans la période historique pour observer les configurations de la mythologie d'Héraclès dans son contexte. En le faisant, pourtant, nous devons admettre que les origines d'Héraclès restent introuvables. Nous n'avons pas d'informations sur les débuts, ni du mythe ni du culte d'Héraclès. Jusqu'à présent, il n'existe pas de témoignage mycénien direct, ni écrit ni figuré,[30] même si les reconstructions ne font pas défaut. Le sens étymologique du nom est moins clair qu'on le pense habituellement: la composition présente un problème, avec le *a* court, et il reste difficile de rapporter «la gloire d'Héra» au conflit mythologique entre le héros et la déesse, même si beaucoup d'interprètes l'ont tenté, dès l'antiquité.[31] Et de quelle Héra s'agit-il? Héra est attestée à Pylos et à Thèbes à l'époque mycénienne, mais son sanctuaire principal en Argolide n'est pas en fonction avant le VIIIe siècle.[32] Il n'est dès lors pas étonnant qu'on ait émis l'hypothèse de l'origine orientale du nom d'Héraclès, dérivé de ERAGAL, un dieu infernal[33] – ce que je ne trouve pas très convaincant. Il serait peut-être préférable de faire dériver le nom d'*Heraklewes*, non pas directement de la déesse Héra, mais d'une racine commune à *Héra* et *héros*, une racine dont la signification renverrait à la «jeunesse» ou à la «maturité»;[34] Héraclès se-

---

[28] *SEG*, XXXI, n° 122, 37 sq.; A. E. Raubitschek, *The School of Hellas*, Oxford, 1991, p. 134–142.

[29] F. Van Wonterghem dans ce volume, p. 241–255.

[30] Un nom personnel fragmentaire à Knossos, KN Xd 305, pourrait être intégré comme *Heraklewes,* cf. E. Risch, in *Zeitschrift für Vergleichende Sprachforschung*, 100 (1987), p. 7.

[31] Diod., IV, 10, 1; *cf.* Zwicker, in *RE*, VIII (1912), c. 524; W. Pötscher, *Der Name des Herakles*, in *Hellas und Rom*, Hildesheim, 1988, p. 209–226.

[32] M. Piérart, G. Touchais, *Argos. Une ville grecque de 6000 ans*, Paris, 1996, p. 25–27.

[33] M. K. Schetter, *Alter Orient und Hellas*, Innsbruck 1974, p. 170 sq.

[34] *Cf.* W. Pötscher, *Hera und Heros*, in *RhM*, 104 (1961), p. 302–355; Id., *Hera*, Darmstadt, 1987, p. 2 sq.

rait alors «glorieux» dans un contexte initiatique. Mais c'est une hypothèse parmi d'autres, invérifiable.

Notons en tout cas qu'Héraclès est mal inséré dans la mythologie héroïque habituelle des Grecs: on le fait naître à Thèbes, ses activités se concentrent en Argolide, il reçoit sa femme d'Achéloos en Étolie, il conquiert Oichalia dont personne ne connaît la position géographique, il meurt sur l'Œta – une biographie assez compliqué, même sans y mêler les régions de ses voyages lointains pour les *âthla*. Cependant, les parents d'Héraclès ont des noms parlants, trop parlants, ce qui suggère une invention pas trop ancienne: Amphitryon modifie *'Αμφίτωρ le «protecteur», nom pertinent pour le père d'un héros protecteur, et *[18]* Alcmène, féminin d'Alcma(o)n, est la «vaillante», nom banal pour la mère d'un héros. Par une invention similaire, on a créé un roi Eurysthée, «au large pouvoir», à Mycènes, qui ne s'accorde à aucune des autres généalogies argiennes. On a le sentiment qu'il s'agit d'inventions assez récentes autour d'un noyau très ancien.

Nos premières sources directes sont Homère et l'art figuré grec des alentours de 700 av. J.-C., notamment plusieurs fibules béotiennes avec l'Hydre aux sept têtes et la biche à la ramure, et le «bouclier de Tirynthe» représentant, comme je le crois, Héraclès et l'Amazone.[35] Il y a aussi le combat avec le lion, les centaures, le combat pour le trépied, et contre les deux Molions, les jumeaux siamois; mais des problèmes de détail apparaissent dans chacune de ces représentations, et il est même parfois douteux qu'Héraclès soit le combattant. Le texte d'Homère révèle lui aussi que la mythologie d'Héraclès était déjà assez complexe. Des informations antérieures n'existent pas. Une documentation des «origines» est impossible.

Cependant, dès les premiers documents, les rois d'Argos et de Sparte se réclament déjà d'Héraclès dans leurs généalogies. Ces aspirations royales durent se heurter au bestiaire d'Héraclès dont nous avons parlé, et lui apporter des changements significatifs. C'est donc une mythologie corrigée ou inventée à laquelle nous nous attendons dans le domaine des rois. Mais en même temps, ou peu après, la monarchie entra en conflit avec la *polis* naissante en Grèce et fut abolie presque partout, ce qui dut engendrer une autre pression contre les tendances trop royales de la mythologie héracléenne. Il existe donc deux tendances, deux lignes de force à l'époque géométrique tardive et à la période archaïque: les rois, d'une part, et la cité de l'autre, qui constitue la civilisation caractéristique des Grecs comme elle s'est formée alors, avec le culte sacrificiel, le *symposium* et les événements sportifs. Dans ce cadre complexe, nous ne sommes encore qu'au seuil de l'histoire connue, souvent sans documents directs. C'est seulement par des conclusions *a posteriori* que nous pouvons nous faire une idée des interférences entre le dompteur «chamanique» des animaux, l'ancêtre adoptif des monarchies

---

[35] Schefold, *op. cit.* (n. 19), fig. 1, p. 104 sq.

doriennes dans le Péloponnèse, et le héros panhellénique qui pouvait s'imposer dans toutes les *poleis* de la Grèce. Il reste difficile mais fascinant de suivre l'évolution historique de la mythologie héracléenne dans ces perspectives, d'observer comment on tenta de dégager Héraclès de ses liens avec les animaux, et comment les animaux sont malgré tout restés inséparables d'Héraclès.

La situation historique du Péloponnèse est loin d'être claire. Qu'il y ait eu une migration dorienne, une conquête du Péloponnèse par certains groupes grecs du nord-ouest après la chute de la civilisation mycénienne, me semble pourtant difficilement contestable.[36] Nous trouvons les dialectes de type «nord-ouest» *[19]* sur une couche culturelle mycénienne: le dieu *Poseidaon*, secondairement *Pohoidan* à Sparte, est mycénien, en contraste avec le dorien Ποτειδάν; le mois Ἀρτεμίσιος à Sparte est mycénien, en contraste avec le dorien Ἀρτεμίτιος.[37] Il est aisé de concevoir qu'Héraclès appartient à la couche la plus ancienne, que son nom et ses légendes étaient déjà présents à haute époque. Une tradition ancienne de l'Argolide fut assimilée par les envahisseurs; Héraclès fut adopté comme médiateur dans une fonction nouvelle, pour donner aux rois doriens une légitimation pré-dorienne – avec la conséquence étrange que vers 500, un roi de Sparte, comme Héraclide, pouvait dire: «Je ne suis pas Dorien» (Hdt., V, 72, 3). Mais la datation et les détails restent dans les ténèbres des âges obscurs. La filiation héracléenne des familles royales du Péloponnèse doit s'être établie à l'époque géométrique tardive, au plus tard. En tout cas, la légende du «retour des Héraclides» est utilisée par Tyrtée, c'est-à-dire dans la première moitié du VIIe siècle.

Elle n'était certainement pas originale: les familles royales se nommaient Téménides à Argos, Aipytides en Messénie, Agiades et Euryp(h)ontides à Lacédémone, et les rois de Sparte ont plus à voir avec les Dioscures, les Tyndarides, qu'avec Héraclès. Mais les premiers textes littéraires de Sparte, dus à Tyrtée et à Alcman,[38] introduisent Héraclès. Pour nous se pose la question de savoir quelle maison royale fut la première à se réclamer d'Héraclès et à inventer le «retour des Héraclides»; la réponse probable sera Argos, là où la mythologie des *âthla* trouve son centre. L'antagonisme entre Argos et Mycènes transparaît peut-être dans la figure négative d'Eurysthée et sa suprématie injuste sur Héraclès. Mais la tradition argienne est devenue obscure; d'après Éphore, le roi Pheidon «rétablit les possessions de Téménos», mais des controverses déjà anciennes ne permet-

---

[36] La thèse de CHADWICK selon laquelle la «migration dorienne» n'eut jamais lieu n'a pas prévalu; cf. P. G. VAN SOESBERGEN, *The coming of the Dorians*, in *Kadmos*, 20 (1981), p. 38–51; D. MUSTI, *Le origini dei Greci: Dori e mondo egeo*, Rome, 1985, 1991²; V. PARKER, *Zur Datierung der Dorischen Wanderung*, in *MH*, 52 (1995), p. 130–154.

[37] Sur les noms des mois, cf. A. E. SAMUEL, *Greek and Roman Chronology*, München, 1972; C. TRÜMPY, *Untersuchungen zu den altgriechischen Monatsnamen und Monatsfolgen*, Heidelberg, 1997.

[38] TYRTÉE, 11, 1 West; ALCMAN, 1.

tent pas de savoir quand Pheidon vécut.[39] Plus tard, la Monarchie fut abolie à Argos; ainsi la tradition de la royauté héracléenne ne se maintenait qu'à Sparte.

Quelques réflexions encore sur les autrès rois héraclides. Pour les rois de Macédoine, qui apparaissent sous les feux de l'histoire dès le VIe siècle, l'évolution était aisée et simple, pour ce que nous en voyons: les Macédoniens visaient l'égalité des droits avec les Grecs, concrétisée par la participation aux jeux Olympiques. Dans un Péloponnèse dominé par Sparte, ils se réclamaient d'Héraclès eux aussi, en alléguant que leur famille se nommait *Argeadai* et provenait donc d'Argos. La construction généalogique ne donnait guère naissance à des mythes;[40] et je ne trouve pas de place spéciale pour le lion dans les traditions *[20]* macédoniennes. Héraclès apparaît sur les monnaies de Macédoine depuis Perdiccas et Archélaos, au Ve siècle, et surtout chez Alexandre le Grand.

La situation est encore bien plus compliquée dans le cas de la troisième dynastie héraclide de l'époque archaïque, celle de Lydie. Nous ne disposons ni de documents indigènes, lydiens, ni de documents contemporains grecs. En fonction de ce que nous savons, le royaume de Lydie n'existait pas avant Gygès, un usurpateur, qui s'établit entre l'Assyrie et l'Égée, riche de l'or trouvé près de Sardes. Mais on évoquait une dynastie lydienne antérieure, et cette dynastie était censée dériver d'Héraclès.[41] Les affabulations grecques postérieures offrent l'image d'un Héraclès transformé en milieu oriental: esclave de la reine Omphale parée de la peau de lion, le héros file au fuseau. Pourtant, Héraclès reste suffisamment homme pour procréer la lignée des rois à venir. La date de ces mythes est très controversée.[42] Sans doute y trouvons-nous le stéréotype du monde oriental, efféminé, une vue caractéristique de l'époque d'après Marathon, d'après Platées;[43] la féminisation du roi oriental se trouve aussi dans la figure de Sardanapal,[44] qui conserve quelque similarité avec l'Assurbanipal historique du VIIe siècle. Nous trouvons également le motif de la reine qui rejette et accepte le roi dans le conte célèbre de Gygès et de Candaulès (Hdt., 1, 8-12). Je ne voudrais pas exclure que la légende d'Héraclès et Omphale remonte, dans son noyau primitif, à l'époque du royaume lydien, avant la conquête de Cyrus; la légende généalogique remplissait sa fonction quand Crésus se faisait l'allié de Sparte: le besoin d'une tradition royale correspondant aux Héraclides de Lacédémone se faisait sentir. Mais le re-

---

[39] ÉPHORE, *FGrHist*, 70 F 115; *cf.* PIÉRART et TOUCHAIS, *op. cit.* (n. 32), p. 38.

[40] Mais *cf.* HDT., VIII, 137-139.

[41] HDT., I, 7; W. BURKERT, *Lydia between East and West or How to Date the Trojan War: A Study in Herodotus*, in J. B. CARTER, S. P. MORRIS (éds.), *The Ages of Homer*, Austin, 1995, p. 139–148 (= Kleine Schriften, Band I, 218–232).

[42] PHÉRÉCYDE, *FGrHist*, 3 F 82; SOPH., *Trach.*, 69 sq., 248–257; HDT., I, 7, 4 (mention de Iardanos). *Cf.* BURKERT, *op. cit.* (n. 41), p. 144 avec n. 42.

[43] *Cf.* D. FEHLING, *Ethologische Überlegungen auf dem Gebiet der Altertumskunde*, München, 1974, p. 103 sq.

[44] CTÉSIAS, *FGrHist*, 688 F 1, 24; 1p; *cf.* aussi CLÉARQUE, fr. 43 Wehrli, sur Midas.

jet de la tradition orientale par les Grecs se manifestait déjà au cours du VIᵉ siècle, avec l'histoire d'Héraclès tuant le roi égyptien Bousiris qui avait tenté de transformer le grand sacrificateur en victime sacrificielle.[45]

L'aspect décisif de la mythologie héracléenne pour les rois dans cette « adoption » est clairement la « victoire » : Héraclès est l'invincible, ἀνίκητος, voire καλλίνικος, garant de la belle victoire. Dans notre plus ancien témoignage, Tyrtée s'adressait ainsi à ses concitoyens : Ἡρακλέους γὰρ ἀνικήτου γένος ἐστέ (11, 1 West). Cette exploitation de la tradition était sans doute unilatérale : on connaissait non seulement des travaux peu héroïques, comme le nettoyage des écuries d'Augias, mais aussi une véritable défaite et même une fuite d'Héraclès, lors du combat contre les Méropes de Cos – une tradition étrange et isolée, même si un *[21]* fragment d'une *Méropis* est apparu sur un papyrus de Cologne.[46] À Cos, Héraclès se cachait en revêtant une robe féminine – mais « Héraclès et les femmes » était le sujet d'une autre rencontre héracléenne.[47]

D'autre part, Héraclès avait vaincu les sauvages, les Centaures – qui sont nommés φῆρες dans l'*Iliade* (I, 268) – et ces femmes dénaturées qu'étaient les Amazones, auxquelles l'un des premiers monuments figurés se réfère. Mais, à une époque où le combat hoplitique s'introduisait dans les *poleis*, la nécessité se fit sentir d'élever Héraclès le vainqueur au-dessus des bêtes et des sauvages. Le héros allait devoir vaincre les hoplites eux-mêmes. On trouve au moins quatre élaborations de récits de cette sorte. Un mythe faisait de la gigantomachie un combat des dieux contre des adversaires hoplites ; Héraclès prenait part à cette lutte en invincible allié des dieux.[48] Un autre mythe, parallèle dans sa fonction, présente un seul hoplite comme adversaire d'Héraclès, Kyknos fils d'Arès, représentant la guerre « normale », mais d'une monstruosité interne : il veut fabriquer un temple avec des crânes humains. Le récit se trouve dans l'*Aspis* pseudohésiodique.[49] Il est clair qu'Héraclès doit être victorieux une fois encore ; mais le nom de cet adversaire hoplite, Kyknos le cygne, est curieux. Nous ne pouvons guère dépasser ce constat ; nous sommes libres d'imaginer un modèle antérieur impliquant un cygne en lieu et place d'un hoplite.[50] Nous percevons d'autant mieux la tendance à extraire Héraclès du bestiaire.

Une stratégie plus radicale était d'entraîner Héraclès dans le cycle troyen : Héraclès a conquis Troie avant la guerre « homérique », et beaucoup plus vite. Sans doute est-ce une invention secondaire, mais elle était connue du poète de l'*Iliade*

---

[45]   Cf. A.-F. Laurens, in LIMC, III (1986) s. v. Bousiris, spéc. n° 9.

[46]   Plut., *Qu. Gr.*, 58; Apollod., II, 71, *cf. Il.*, XIV, 255. Méropis: *Supplementum Hellenisticum* n° 903 A.

[47]   *Cf.* C. Bonnet, *Héraclès travesti*, in Jourdain-Annequin, Bonnet, *op. cit.* (n. 26), p. 121–131.

[48]   F. Vian, in *LIMC*, IV (1988), s. v. *Gigantes*.

[49]   Hés., *Aspis*, 56 sq.

[50]   *Cf.* Adler, in *RE*, XI (1922), c. 2437 sq.

que nous possédons.[51] Mais même à Troie, Héraclès fait son entrée en combattant un animal, le *ketos*, auquel on avait exposé Hésione, comme Andromède dans le mythe de Persée. Le bestiaire reste inévitable.

Une dernière élaboration de la mythologie héracléenne eut un succès plus important dans l'épopée grecque: Héraclès et Oichalia. Une épopée en style homérique, souvent attribuée à Homère lui-même, était encore accessible pour Callimaque et portait le titre d'*Oichalias Halosis*. Nous sommes mal informés sur son contenu, mais il est certain qu'aucun animal n'apparaissait dans l'intrigue. On y trouve un roi, Eurytos, et sa jolie fille, Iole, une épreuve d'archers, un meurtre, la prise de la cité, c'est-à-dire une intrigue qui se situe sur un plan héroïque et humain, «homérique», peut-être déjà tragique, comme Sophocle l'a *[22]* mise en scène beaucoup plus tard.[52] L'*Oichalia* introuvable fut située en Messénie par quelques autorités; le poète de l'*Oichalias Halosis*, Créophylos, était samien, d'après la tradition, ce qui n'exclut pas une perspective péloponnésienne, concernant les rois doriens.

L'utilisation d'Héracles comme ancêtre des rois ne se faisait pas sans contacts ni sans influences des civilisations orientales, qui proposaient le modèle de la royauté, l'exemple du «grand roi». Une impulsion est évidemment venue d'Égypte: c'est le fameux conte d'Amphitryon. Le dieu suprême, – Amûn en égyptien, – adopte la figure du roi et, accompagné de son dieu serviteur Toth, rend visite à la reine pendant la nuit pour engendrer le futur roi. Cette histoire est attestée dans les temples égyptiens du Nouvel Empire – texte et illustrations – spécialement dans un des grands temples de Louxor, en rapport avec Aménophis III, mais aussi à Deir el Bahri pour Hatchepsout. On ne peut douter, à mon avis, que le conte d'Amphitryon trouve là son origine, probablement au VIIe siècle[53] – cette histoire devenue si populaire par ses diverses adaptations dramatiques depuis la comédie de Plaute. Peut-être la double référence du nom de «Thèbes», Thèbes en Béotie et Thèbes en Égypte, était-elle opérante dans cette transposition des contes. La mémoire de cet acte divin était cultivé à Sparte: on y montrait la coupe, le *karchesion*, que Zeus avait donnée à Alcmène à cette occasion.[54] Dans la chute générale des royautés en Grèce, les rois de Sparte restaient, si pas les seuls, du moins les plus respectables; ils le faisaient en imitant l'idéologie de la

---

51 *Cf.* P. Wathelet, *Les Troyens de l'Iliade. Mythe et Histoire*, Liège, 1989, p. 100–102. La priorité de la guerre héracléenne par rapport à la guerre homérique est proposé par D. Fehling, *Die ursprüngliche Geschichte vom Fall Trojas, oder: Interpretationen zur Troja-Geschichte*, Innsbruck, 1991.

52 *Cf.* W. Burkert, *Die Leistung eines Kreophylos. Kreophyleer, Homeriden und die archaische Heraklesepik*, in *MH*, 29 (1972), p. 74–85 (= Kleine Schriften, Band I, 74–85).

53 *Cf.* Burkert, *op. cit.* (n. 27), p. 87 sq.

54 Charon, *FGrHist*, 262 F 2.

royauté égyptienne. Paradoxalement, le mythe royal égyptien rendit Héraclès plus grec que jamais, fils de Zeus d'une manière très spéciale, fils du Zeus indo-européen – qui pourtant, dans cette aventure amoureuse, se faisait accompagner par Hermes-Toth, *alias* Sosias, selon le modèle égyptien.

Avec le conte d'Amphitryon, nous nous sommes éloignés du bestiaire – qui, malgré tout, continue d'accompagner Héraclès. L'animal royal, l'animal de la belle victoire, c'est le lion. Vers la fin du VIIe siècle se concrétise la figure d'Héraclès à la peau de lion. Ce motif est devenu si populaire en Grèce, et si bien connu pour nous encore, que nous ne nous étonnons guère de cette combinaison étrange de l'homme nu sous son butin animal.

Sans doute cette figure présente-t-elle, dans une perspective structuraliste, les traits d'un être marginal, médiateur entre la nature sauvage et la civilisation – une interprétation qui nous ramène au héros culturel avec les traits chamaniques dont nous avons déjà parlé. Du point de vue historique, le lion, inséparable d'Héraclès, est un symbole royal et, en même temps, orientalisant. On a vivement débattu la question de savoir si des lions ont vécu en Grèce à une époque ou l'autre; mais, même si on peut trouver là et là en Grèce quelques os ou des *[23]* dents de grands félins, la connaissance si répandue du lion est clairement due à l'iconographie orientale, dès la période mycénienne, et à l'époque homérique qui en dépend.[55] Nous connaissons les chasses au lion dans l'art mycénien, et, mieux que tout, la porte aux lions du palais royal de Mycènes; le combat contre le lion réapparaît, à Chypre et en Crète, à l'époque géométrique en Grèce, renforcé par les contacts avec la Syrie du Nord des Néo-Hittites et finalement avec les Assyriens; le lion domine les comparaisons homériques, introduisant aussi le mot sémitique *lis*. Mais, comme Dunbabin l'a déjà remarqué,[56] les lions d'Homère ne rugissent pas; on ne les connaissait que par l'iconographie.

En Orient, il est clair que l'emblème du lion est en relation avec les rois et les dieux guerriers. Au Louvre, on peut voir la statue colossale d'un souverain tenant un lion – on l'appelle Gilgamesh, sans justification réelle.[57] Les rois assyriens, et les rois perses ensuite, établirent leurs *paradeisoi*, leurs zoos avec des lions pour démontrer leur suprématie royale dans la chasse au lion; Alexandre n'a pas manqué de le faire encore. L'image du lion apparaît aussi dans le royaume lydien: Hérodote raconte (I, 84) qu'au premier roi de Sardes, Mélès, un Héraclide dans le système lydien de l'historien, sa maîtresse donna un lion comme progéniture et que, sur l'injonction de l'oracle, ce lion fut porté tout autour de l'acropole de Sardes pour la rendre imprenable – comme la peau de lion rend Héraclès invulné-

---

[55] *Cf.* W. Burkert, *The Orientalizing Revolution*, Cambridge Mass., 1992, p. 19 avec n. 23.
[56] T. J. Dunbabin, *The Greeks and their Eastern Neighbours*, London, 1957, p. 46.
[57] E. Strommenger, *Fünf Jahrtausende Mesopotamien*, München, 1962, fig. 222.

rable. C'est le lion qui renforce le pouvoir royal, même si, dans le cas de Sardes, le résultat ne fut pas parfait.[58]

Néanmoins, l'Héraclès à la peau de lion n'est pas «royal». La dérivation iconographique pose quelques problèmes;[59] John Boardman pense à un costume très simple, rural;[60] Adolf Furtwängler, dans son article du *Mythologisches Lexikon* de Roscher, avait évoqué la figure du Bès égyptien ou égyptisant, notamment connu à Chypre; ce Bès, détenteur de pouvoirs magiques, garant du bien-être sous de multiples formes, porte souvent une peau de lion à la manière d'Héraclès. La tradition étrange d'un Héraclès Dactyle, d'un Héraclès nain, pourrait trouver son origine dans des statues de ce type.[61]

Toutefois, dans l'iconographie grecque, le motif d'Héraclès combattant le lion s'est affranchi des connotations orientales et royales. Le grand succès de l'image d'Héraclès au lion est attesté par les peintures de vases attiques dès le VIe siècle. Le *LIMC* a ainsi accumulé des centaines de représentations.[62] Il est intéressant *[24]* de comparer le type chypriote d'Héraclès au lion: ici, le héros tient en main un maigre lion, la tête en bas; cette image condense toute la supériorité du héros-dieu sur un adversaire qui serait horrible pour les hommes. Cet Héraclès chypriote est probablement déjà une création syncrétique visant le Melqart phénicien, comme Corinne Bonnet l'a montré.[63] En tout cas, la conception grecque est très différente: Héraclès est représenté luttant avec un lion d'une taille égale à la sienne, il lutte à mains nues, dans un corps à corps sans armes. Les dieux avaient interdit d'utiliser des armes dans ce combat, disait-on. Héraclès ne tire presque jamais de flèche sur le lion,[64] comme le faisaient les rois orientaux. En se battant, il descend au niveau sauvage de l'animal et transporte en même temps l'animal sur un plan agonistique. C'est la «belle victoire» que les Grecs ont aimée, la lutte entre des combattants égaux, avec des chances égales; Jacob Burckhardt a parlé de l'«esprit agonistique» des Grecs.[65] Cette imagerie d'Héraclès se retrouve dans sa lutte avec Achéloos le dieu-taureau,[66] et avec le «vieux de la mer», le *Halios Ge-*

---

[58] HDT., I 84, 3. *Cf.* aussi un autel (de Kubaba-Kuvav?) avec lions à Sardes, G. M. A. HANFMANN, *From Croesus to Constantine*, Ann Arbor, 1975, p. 14 avec fig. 32.

[59] Une discussion ancienne: ATHÉNÉE XII, 512 f., falsifié par l'iconographie connue.

[60] J. BOARDMAN dans ce volume, p. 27–35.

[61] A. FURTWÄNGLER, in W. ROSCHER, *Mythologisches Lexikon*, I (1886), c. 2143–2147. *Cf.* JOURDAIN-ANNEQUIN, *op. cit.* (n. 17), p. 81 (Chypre); patère d'Idalion, JOURDAIN-ANNEQUIN, *ibid.*, pl. XI/XII.

[62] *LIMC*, V (1990) s. v. Herakles, n° 1762–1925.

[63] C. BONNET, *Héraclès en orient: interprétations et syncrétismes*, in BONNET, JOURDAIN-ANNEQUIN, *op. cit.* (n. 4), p. 165–198; JOURDAIN-ANNEQUIN, *op. cit.* (n. 17), p. 74–79.

[64] Exception: un monument des Agrigentins à Olympie, où Héraclès apparaît comme παῖς, PAUS., V, 25, 7.

[65] J. BURCKHARDT, *Griechische Kulturgeschichte*, IV, Basel, 1957, p. 82–117.

[66] H. P. ISLER, *Acheloos*, Bern, 1970.

ron; cette lutte ouvrira la mer jusqu'aux colonnes d'Héraclès – peut-être à la suite, une fois encore, d'un syncrétisme avec Melqart.

Dans l'Athènes du VIe siècle, un tout autre aspect d'Héraclès va prendre de l'importance: le theme de sa descente dans l'Hadès.[67] Ce n'est pas une nouveauté, mais une tradition qui remonte très haut; on a montré que la fameuse Nékyia de l'*Odyssée*, dans certains détails, présuppose déjà la catabase d'Héraclès et y fait référence.[68] La mention d'une bataille d'Héraclès avec Hadès ἐν Πύλωι ἐν νεκύεσσι dans l'*Iliade* (V, 396 sq.) est un fragment mythique énigmatique, méconnu déjà dans les *Catalogues* d'Hésiode.[69] En tout cas la catabase d'Héraclès est beaucoup plus ancienne que la catabase d'Orphée que nous pouvons situer depuis le milieu du Ve siècle.[70] Dès le VIe siècle, la catabase d'Héraclès fut adoptée par Éleusis; nous le voyons d'abord dans quelques peintures de vases attiques, puis dans un poème de Pindare (Fr. 346/70B), et enfin dans l'*Héraclès* d'Euripide.[71] Comme initié de ces mystères, Héraclès pouvait *[25]* traverser les enfers sans dommage: τὰ μυστῶν δ' ὄργι' εὐτύχησ' ἰδών (Eur., *Herc.*, 613). Héraclès profitait d'Éleusis et Éleusis profitait d'Héraclès; le héros était devenu un des *protomystai* du culte éleusinien, qu'on utilisait dans l'iconographie propagandiste du lieu, et même dans les entretiens diplomatiques avec les Héraclides de Sparte (Xén., *Hell.*, VI, 3, 6). Même dans l'iconographie postérieure, à l'époque impériale, Héraclès reste le centre de l'initiation éleusinienne.[72]

Mais, en contraste avec Orphée, la catabase d'Héraclès a eu peu d'effet sur la religion vivante. Si, dans l'imagination, on peut se mettre au-dessus de la mort à la manière d'Orphée ou à la manière d'Héraclès, par le chant magique ou par la force héroïque, il est clair que la force finira par échouer; la magie peut prévaloir, peut-être. Quoi qu'il en soit, il y a des mystères orphiques, il n'y a pas de mystères héracléens. Dans la grande peinture des enfers, reproduite sur les vases apuliens,[73] on trouve toujours, dans le registre inférieur, Héraclès tirant Cerbère par la laisse; mais, au centre, c'est Orphée qui chante à la porte du palais d'Hadès. Héraclès le vainqueur, un thème qui s'est développé ou accentué dès l'époque archaïque, reste lié à la force, la βίη, ce qui fait une bonne narration, mais n'enlève

---

[67]   On prétend couramment que les pommes des Hespérides sont des «pommes d'immoralité». Je n'en discuterai pas ici. Les peintures du ve siècle, dès le peintre de Meidias, offrent une atmosphère «mystérique». *Cf.* A. Verbanck-Piérard, E. Gilis dans ce volume, p. 37–60.

[68]   P. Von der Mühll, *Ausgewählte Kleine Schriften*, Basel, 1975, p. 23–26, 68.

[69]   Hés., fr. 33–35, sur la bataille d'Héraclès à Pylos.

[70]   F. Graf, *Eleusis und die orphische Dichtung Athens in vorhellenistischer Zeit*, Berlin, 1974.

[71]   J. Boardman, *Herakles, Peisistratos and Eleusis*, in *JHS*, 105 (1975), p. 1–12; Pind., fr. 346b; Eur., *Herc.*, 613.

[72]   K. Kerényi, *Eleusis. Archetypal Image of Mother and Daughter*, New York, 1967, p. 52–60, fig. 11–13, 45, 50.

[73]   A. D. Trendall, A. Cambitoglou, *The Red-Figured Vases of Apulia*, Oxford, 1978/1982, I, p. 430 sq., fig. 160; II, p. 533, fig. 194, 196.

rien à l'anxiété reelle de la mort.[74] C'est Orphé maintenant qui s'entoure d'animaux, qui enchante les animaux, pas Héraclès – même si on peut trouver des traces chamaniques dans sa mythologie. En outre, les vestiges chamaniques sont beaucoup plus clairs dans la figure d'Orphée.

Pourtant la force reste bonne à penser, bonne à regarder, bonne à imaginer. Et notons que la catabase d'Héraclès, dans la mythologie naïve et réaliste, est toujours associée à un animal – encore une fois –, un animal mythique, grotesque, Cerbère aux trois têtes. Ce mythe du chien infernal est mentionné déjà dans l'*Iliade*; sa formulation classique se trouve chez Hésiode.[75] Cerbère est un monstre, sans doute, mais qui conserve les caractéristiques du chien. Une très belle illustration de l'action d'Héraclès est due au peintre d'Andocide et conservée au Louvre: ici, Héraclès se comporte envers Cerbère comme un habile connaisseur des chiens, en le calmant, en le caressant un peu.[76] Le guide efficace des troupeaux, le dompteur de chevaux, le vainqueur du sanglier est aussi un bon connaisseur des chiens. On peut formuler ou reformuler des spéculations religieuses grandioses à l'égard de la mort; avec Héraclès, nous sommes confrontés à l'animal, et à la domination par la force. Dans l'image de l'animal, la terreur devient palpable, saisissable, bonne à penser, bonne à raconter, bonne à illustrer; s'il est vrai qu' un homme normal ne pourra jamais maîtriser ce monstrueux *[26]* chien des enfers, un protecteur d'une plus grande force le peut, un ἀνίκητος, καλλίνικος; Héraclès l'a fait.

Nous avons suivi le bestiaire d'Héraclès, depuis l'époque archaïque, dans ses fonctions historico-pratiques et symboliques, depuis le «chamane» qui garantit le gibier jusqu'au roi maître du lion et au vainqueur de Cerbère dans les enfers. Supérieur aux hommes, le fils de Zeus garantit la domination par son contact avec cette realité intérieure à l'humain, mais toujours si vivace: le monde des animaux.

---

[74] On a même produit des illustrations où Héraclès combat le *Gêras* avec sa massue, H. A. SHAPIRO, in *LIMC*, IV (1988) s. v. Geras.

[75] *Il.* VIII, 368; HÉS., *Théog.*, 311 sq., 769–773.

[76] BOARDMAN, *art. cit.* (n. 71), pl. II a.

Erschienen in: R. Hägg, N. Marinatos, G. C. Nordquist, ed., Early Greek Cult Practice, Stockholm 1988, 81–88.

6. Katagógia-Anagógia and the Goddess of Knossos

Abstract

The 'Nature Goddess from Knossos' published by J. N. Coldstream in 1984, a Potnia arriving and leaving with sprouting or waning vegetation, is discussed in view of a possible ritual context. The wheeled platform on which the standing goddess is shown is taken to be indicative of a cult chariot or wagon. Cult chariots abound especially in regions North of Greece. Festivals of 'Arrival' are common in the Greek cults of Apollo, Dionysus, Demeter and Persephone, but also with Aphrodite of Eryx. Quite often processions of advent make use of an aniconic symbol of the divinity. Of special interest is the Boeotian *Daidala* festival, which has a tree brought into the town on a chariot as a 'bride', to be burnt after some time. This gives a possible scenario for a ritual of arrival and departure of a goddess without presupposing a permanent cult statue and temple. It is tempting to see some connection between *Daidala* and Daidaleion/Daidalos of Knossos. The name of the goddess remains in the dark; it might have been Ariadne.

This paper is not to present either a new document or a definite thesis, but rather some reflections or reactions caused by a most remarkable discovery, a Protogeometric 'Nature Goddess from Knossos', painted twice on a pithos urn from about 850 BC, found in the Teke cemetery and published by Nicolas Coldstream in 1984 *(Figs. 1–2).*[1] The Dark Centuries have seen some flashes of light recently even with regard to Greek religion – suffice it to mention the already famous 'Heroon' at Lefkandi[2], and even the 'Goddess from Knossos' is not unique. A comparable representation on a pithos urn from Fortetsa was published as early as 1933 and taken as a reappearance of the Minoan snake goddess, though in the

---

[1]   J. N. Coldstream, 'A Protogeometric nature goddess from Knossos', *BICS* 31, 1984, 93–104. I thank Prof. Coldstream for putting the originals for *Figs. 1* and *2* at my disposal.

[2]   H. W. Catling, *AR* 1981–82, 15–17 and 1982–83, 12–15; M. R. Popham, E. Touloupa & L. H. Sackett, 'The Hero of Lefkandi', *Antiquity* 5, 1982, 169–176; P. Blome, 'Lefkandi und Homer', *WürzJbb* 10, 1984, 9–22; A. Mazarakis-Ainian, *AntCl* 54, 1985, 6–9; the designation 'heroon' is controversial; was it a dynast's residence or a hall for funerary ceremonies?

Fig. 1. Nature goddess from Knossos. Pithos urn from Teke cemetery, front side. Middle of 9th century BC. (BICS 31, 1984, 96; courtesy, British School at Athens.)

Fig. 2. Nature goddess from Knossos. Reverse side of pithos urn in Fig. 1. (BICS 31, 1984, 98; courtesy, British School of Athens).

light of the new discovery it should be asked whether the so-called snakes are not to be understood as another attempt at wings.[3] Another Cretan 'nature goddess' holding up flowers comes from Arkades and is dated to the 7th century,[4] which is 'late' in comparison to the Knossos pictures.

What is totally new and startling about the goddess who emerged from the Teke tomb is that we get not just one isolated picture, but two pictures which produce context by opposition. As Nicolas Coldstream pointed out, front and reverse picture present a deliberate antithesis through the form of the trees and the gesture of the goddess. With the trees raising their branches and growing flowers, the goddess presents herself, energetically lifting up her birds in her hands and lowering her wings *(Fig. 1)*; with the trees hanging down their branches, the goddess is dismissing her birds but has raised her wings to fly away *(Fig. 2)*. We thus get a sequence from arrival – front side, to departure – reverse, in correlation with

---

[3]   S. Marinatos, *AA* 1933, 307; A. B. Cook, *Zeus* III, Cambridge 1940, pl. 25; J. K. Brock, *Fortetsa*, Cambridge 1957, 125 f., pls. 77 and 163; Coldstream (supra n. 1), 94 with n. 22. For the coiled wings which have been taken for snakes cf. the relief pithos from Copenhagen in A. Lebessi, *Kato Symne* I, 1, Athens 1985, 80 with n. 109, pl. 64.

[4]   *ASAtene* 10–12, 1927–29, 330, fig. 431; *Hesperia* 14, 1945, pl. 12; Coldstream (supra n. 1), 97 with n. 43.

sprouting and wilting vegetation.[5] So far the title 'nature goddess' proposed by the original publication is fully justified.

An additional and surprising item is the wheeled platform on which the goddess is standing in both pictures, no doubt an abbreviation of a chariot or wagon, as Coldstream stated. If we were to look at the picture from a realistic point of view, wheels and wings make up a striking contradiction: a flying goddess does not need a chariot. It is easy to answer that both, wings and chariot, are complementary signs of status to indicate swiftness and energy, but this does not solve the problem. The wings are used by the goddess to fly away, they are functional, whereas the wheels seem to be a dysfunctional addition; in other words, the two signs are used at different levels. Why then has the painter been anxious to add the reference to a chariot or wagon? For an answer, attention should be paid to another type of representation with dysfunctional wheels, the well-known *[82]* ship car of Dionysus which appears in three Attic vase paintings from the end of the 6th century. Ship and wheels contradict each other, so one vase-painter decided to drop the disturbing wheels and to serve pure imagination by representing the same figure of Dionysus with a similar retinue in a 'real' ship amidst the waves. Dionysus is arriving from the sea, an idea that had found its unforgettable form in the cup of Exekias. Yet the wheels are there as elements from another level: Nobody, as far as I see, has doubted that they pertain to the level of cultic reality. A car in the form of a ship was used in the Dionysiac *pompé* of Athens at that time, this is the conclusion to be drawn, even if we get direct confirmation only from texts that are some 600 years later and do not even refer to Athens.[6] The dysfunctional wheels of the 'Goddess of Knossos' suggest an analogous inference: they point to the reality of cult, to ritual actually performed at 9th century Knossos. In other words: Arrival and departure of a 'Nature Goddess' was enacted with the use of a cult chariot or wagon.

This hypothesis calls for a survey of comparative material in a search for corroborating or conflicting evidence. The search will have to move in three directions. First one may look for a Cretan, Minoan tradition, especially as just in the period of our potter Minoan traditions and motifs are consciously revived, as

---

[5] The indication of sprouting and wilting in the two pictures is quite suggestive, but it is difficult to make botanical sense of it. For attempts to find changes of season in Minoan iconography, see A. W. Persson, *The religion of Greece in prehistoric times*, Berkeley 1942, 32 f., followed by T. B. L. Webster, *BICS* 5, 1958, 46.

[6] The representations of the ship car are conveniently assembled in A. Pickard-Cambridge, *The dramatic festivals of Athens*, Oxford 1968[2], 13, figs. 12 and 13; the two pictures of the ship without wheels (Tarquinia) in K. Kerényi, *Dionysos, Urbild des unzerstörbaren Lebens*, München 1976, figs. 49 and 50, after *Jdl* 27, 1912, 76 f., figs. 1 and 2. Texts attest the ship car for Smyrna, Aristid. *or.* 17, 6, Philostr. *VS* 1, 25, 1; cf. W. Burkert, *HN^E*, Berkeley 1983, 200 f.; for ship processions in Europe, see W. Mannhardt, *Wald- und Feldkulte* I, Berlin 1905[2], 593–595; in Mesopotamia, M. Streck, *Assurbanipal* II, Leipzig 1916, 271 n. 8.

Fig. 3. Cult vehicle from Strettweg. Graz, Landesmuseum Joanneum. *C.* 700 BC. (Copyright by Foto Fürböck, Graz/Austria.)

Coldstream has shown. On the other hand, it is to be presumed that there has been no serious break between 9th century Knossos and the later historical period of Crete, that the Dorian invaders must have arrived before and somehow have become integrated in the newly developing civilization; this means that we should make use of later Greek evidence without too many scruples. A third direction is indicated by the very strong Oriental influence in Crete right at the period in question.

From the Minoan-Mycenaean side the most striking parallel is a flying figure on a Tanagra sarcophagus from the 13th century, now in the Ludwig collection.[7] This representation which became known in 1964 has raised considerable comment and controversy in itself. It has been debated especially whether this figure resembling a flying angel is meant to be a goddess or else the soul of the deceased person. The new representation may tip the scales *[83]* towards the first interpretation. It should be noted that both the Tanagra and the Knossos picture come from a funerary context. At the same time the wheels of the Knossos picture appear all the more strange by comparison.

---

[7] *Antike Kunstwerke aus der Sammlung Ludwig* I, ed. by E. Berger and R. Lullies, Basel 1979, 18, no. 2 (with bibliogr.); published also by E. Vermeule, *Götterkult* (= *ArchHom*, Kap. V), Göttingen 1974, 43, pl. 6; *eadem, Aspects of death in early Greek art and poetry*, Berkeley 1979, 65, fig. 23.

In Oriental imagery, especially on Syrian seals, gods and goddesses with wings are quite common. The wings are usually rendered with more care, more bird-like, but there are also abbreviations comparable to the wings of our goddess.[8] There are also goddesses between trees, and goddesses with birds.[9] What is not found, as far as I can see, is a comparable combination of chariot and wings, or even a direct iconographic model of our picture. The oddity of the wheels is stressed once more.

If, on the other hand, we concentrate on wheels and chariots, we find that gods and goddesses on chariots are common everywhere, whether we look at Indo-European, Oriental, or Greek evidence. One might be tempted to say: no god without a chariot. 'Northern' and 'Eastern' connections seem to meet.[10] One remarkable and probably quite ancient case is the Mother Goddess carried in procession on a wagon drawn by oxen or cows; the goddess is represented by a stone.[11] Germanic Nerthus celebrates her advent in a veiled vehicle, drawn by cows, as Tacitus describes it identifying her as 'Mother Earth'.[12] From the Balkan region up to Austria and Germany various forms of small vehicles with birds and with cauldrons have been found in tombs, a fascinating and enigmatic complex which has sometimes been used in an effort to prove the 'Northern' connections of the Greeks, the Dorians, or Apollo.[13] The most grandiose exemplar is the 'cult chariot from Strettweg', dated about 700 BC *(Fig. 3)*.[14] The central dish or cauldron is upheld

---

[8] A thesaurus of Oriental goddess pictures is presented by U. Winter, *Frau und Göttin* (Orbis Biblicus et Orientalis, 53), Freiburg 1983; see, for wings, nos. 134, 136, 166 f., 169, 171–184, 187, 191–199, 201, 203–207, 379 f., 424 and 430; less elaborate wings: 173 and 179; cf. O. Weber, *Altorientalische Siegelbilder* (Der Alte Orient, 17–18), Leipzig 1920, nos. 45–47 etc.; winged animals drawing a god's car: nos. 296 and 298.

[9] Trees: Winter (supra n. 8), nos. 150 and 155; cf. nos. 38–43 (Egyptianizing); *idem*, in O. Keel, *Vögel als Boten* (Orbis Biblicus et Orientalis, 14), Freiburg 1977, 63 (goddess holding two birds).

[10] See, in general, R. Forrer, *Les chars cultuels préhistoriques et leur survivances aux époques historiques*, Paris 1932; J. Smolian, 'Vehicula religiosa', *Numen* 10, 1963, 202–227; for Mesopotamia, A. Salonen, *Prozessionswagen der babylonischen Götter*, Helsinki 1946. Not relevant in our context is C. F. A. Schaeffer, 'Chars de culte de Chypre', *Syria* 46, 1969, 267–276 (figure of a bull on wheels).

[11] Mentioned in Latin authors, Verg. *G.* 1, 163 (with ancient commentators), Ov. *Fast.* 4, 337–348, G. Wissowa, *Religion und Kultus der Römer*, München 1912², 319; Astarte of Sidon is carried on a wagon in the form of a baetyl, G. F. Hill, *Catalogue of the Greek coins of Phoenicia* (BMC 23), London 1910, pls. 23, 9, 10, 12 and 17; 24, 5–10 and 25, 4; Heliogabalus paraded his baetyl on a wagon, Hdn. 5, 6, 6.

[12] Tac. *Germ.* 40; cf. Mannhardt (supra n. 6), 567–602.

[13] H. Mötefindt, 'Der Wagen im nordischen Kulturkreis zur vor- und frühgeschichtlichen Zeit', in *Festschrift E. Hahn*, Stuttgart 1917, 209–240; G. Kossack, *Studien zum Symbolgut der Urnenfelder- und Hallstattzeit Mitteleuropas* (Römisch-germanische Forschungen, 20), Berlin 1954, 28 f., 62–69; E. Sprockhoff, 'Nordische Bronzezeit und frühes Griechentum', *JRGZM* 1, 1954, 28–110; V. Sümeghi, 'Die Wagengefäße und das Daidala-Fest', in *Atti del VII Congresso Internazionale di Archeologia Classica* III, Roma 1961, 123–133.

[14] W. Schmid, *Der Kultwagen von Strettweg*, Leipzig 1934; M. Mellink and J. Filip, *Frühstufen der*

by a 'Great Goddess', with a retinue of attendants leading stags, and of mounted warriors.

The interpretation *[84]* 'arrival of a great Nature Goddess' obtrudes itself. Yet we shall never have a text for explanation, and it is just playing to call the figure *Noreia*, the eponym of the later Roman province Noricum. An especially fine example of a wagon with cauldron and birds comes from Southern Germany,[15] and it seems to be closely paralleled in Greece: in Krannon in Thessaly "they have, dedicated in a sanctuary, a bronzen chariot; and if there is a drought, they shake this chariot and pray to the god for rain, and they say rain will come then", an early Hellenistic text says, adding that there are only two ravens at Krannon; contemporary coins of Krannon indeed show the chariot in the form of an amphora on wheels, and the two birds.[16] Yet the god moved to rain at Krannon must be Zeus, of course; so if we accept this clue to the meaning of the 'Nordic' vehicles we lose sight of the 'goddess' of Strettweg again. In this way problem will emerge after problem in the realm of Northern 'barbarians'; we shall not pursue this way further. The tempting guess that a Minoan 'flying goddess' has been provided with a 'Nordic', possibly Dorian, vehicle cannot be substantiated.

If we concentrate on the Greek evidence, the idea of seasonal arrival and departure unexpectedly turns into a problem. Vegetal life personified in the figure of a nature goddess who comes in spring and leaves in autumn, this seems to be so easy to think, nay to feel in empathy. But the facts of cult are different. Symmetrical festivals of spring and fall that should be postulated for a vegetation cycle are simply not to be found. The postulate of such a cycle is there even in Greek tradition, but it turns out to be speculation not corresponding to the facts of ritual. If, for example, the emperor Julian makes the 'Lesser' and the 'Greater' mysteries of Athens correspond to the spring and the autumn equinoxes and the ascending and descending sun,[17] he thinks in terms of the Roman calendar of which the old moon calendar was ignorant; the opposition of 'Lesser' and 'Greater' mysteries seems to have been rather one of local cults, Agrai versus Eleusis. Plutarch says that the god Apollo is absent from Delphi in the winter months, leaving these to Dionysus in turn; but he gives evidence only for Apollo's epi-

---

Kunst (= *Propyläen Kunstgeschichte*, 13), Berlin 1974, 311, pl. 348. There is some similarity to the Etruscan car of Bisenzio, M. Moretti, *Museo Nazionale di Villa Giulia*, Roma 1967, 61, fig. 43 (incense burner?).

[15] Chr. Pescheck, 'Ein reicher Grabfund mit Kesselwagen aus Unterfranken', *Germania* 50, 1972, 29–56; E. Simon, *Die Götter der Griechen*, München 1980², 17, fig. 5 (combination with Krannon).

[16] A. B. Cook, *Zeus* II, Cambridge 1925, 832, figs. 788–791; Simon (supra n. 15), 17, fig. 4, cf. *RE*, Suppl. XV, 1414 f.; Antigonos, *Mir.* 15.

[17] Iul. *Or.* 5, 173ad; for the problems of how the stay of Persephone in the Netherworld should be related to the agricultural year see Burkert, *HN^E*, 259–263.

phany in spring.[18] Diodorus says that the Sicilians have two important festivals of the 'Two Goddesses', Demeter and Persephone, for Persephone in early summer, for Demeter at sowing time in autumn.[19] But the second festival turns out to be a variant of the Panhellenic *thesmophória*; this means there is no necessary relation to Persephone's festival, the neat polarity breaks down. We are left with Plutarch's statement that 'the Phrygians' say 'the god' goes to sleep in winter and is awake in summer, and that they have corresponding rituals of 'putting to sleep' and of 'wakening'.[20] This is an isolated and marginal case.

The one case when we get a clear opposition between festivals of arrival and departure respectively, with names and some ritual details, concerns once more a para-Greek society and sanctuary, that of *Venus Erucina*: "At Eryx in Sicily they have a festival which they call *Anagógia* ... because they say Aphrodite is leaving from there to Africa in these days", and all the doves disappear with her. "After nine days one dove, outstanding by vigor and beauty, is seen flying in from the sea which lies towards Africa ... and clouds of other doves accompany her, and again the people of Eryx celebrate a festival, the *Katagógia*", i.e. the arrival, *adventus*.[21] The goddess leaves her temple for eight days, to come back with her doves; one might compare the folk belief that the bells of the churches fly off to Rome on Good Friday to come back at Easter. The remarkable fact is that the interval between both festivals is very short. The emotional tension, and hence the ritual, cannot outlast a few days.

The same impression is conveyed by the Greek festivals of divine advent, though the sequence may as well be inverted, so that the god's presence only lasts some short period. The main divinities who 'arrive' and 'depart' have already been mentioned: Apollo, Dionysus, Demeter and Persephone. *Katagógia*, festivals of 'arrival' of Dionysus are attested in several cities, notably of Asia Minor.[22] We have a nice song hailing the advent of Dionysus in spring: "The season is here, the flowers are here;" but it begins: "Let us sing Dionysos, who is staying

---

[18] Plut. Περὶ τοῦ Ε τοῦ ἐν Δελφοῖς, 389c; *quaest. Graec.* 292 ef.; Burkert, *HN*, 124 f. Apollo's advent at Delphi was celebrated by Alcaeus (307 Voigt), his advent on a chariot drawn by winged horses is represented on the krater from Melos in Athens, Simon (supra n. 15), 127, fig. 120. Schol. Callim. *Ap.* 1 says that only oracular gods 'arrive and leave', but this is too narrow a statement.

[19] Diod. 5, 4, 6f.; on Thesmophoria, see W. Burkert, *GR^E*, Oxford 1985, 242–246.

[20] Plut. *De Is. et Os.* 69, 378 ef.

[21] Ael *NA* 4, 2; *VH* 1, 15; Ath. 394 f.; see H. v. Gaertringen, *RE* I, 2026; M. P. Nilsson, *Feste*, Leipzig 1906, 374.

[22] *Katagógia* of Dionysus are attested at Miletus (F. Sokolowski, *Lois sacrées de l'Asie Mineure*, Paris 1955, no. 48), Priene (*SIG* 1003 = Solokowski no. 37), Ephesos (H. Engelmann, D. Knibbe & R. Merkelbach, *Die Inschriften von Ephesos* III, Bonn 1980, no. 661, 20, cf. Nilsson, *Feste*, 416 f.) Athens (Iobacchi: IG II/III^2 1368 = *SIG* 1109, 114); *katáploi* at Smyrna (Aristid. *or.* 21, 4 Keil); cf. Eur. *Bacch.* 85 f.: *katágousai*. The same sense is to be found in the 'two *káthodoi* of the god' (Dionysus) at Rhodes, *ÖJh* 7, 1904, 92 f.

away for twelve months".[23] His joyful presence, brought about by the *Hôrai*, the Seasons, is just a short period of exaltation. The *Hôrai* and Dionysus appear together already on the François Vase.[24] In a similar mood, Persephone is felt to come when the earth is sprouting with fragrant spring flowers, as the Homeric *[85]* Hymn has it.[25] There must have been corresponding festivals. The Persephone celebration of Sicily mentioned by Diodorus (n. 19), *Kóres katagogé*, is somewhat later, "when the fruit of the grain is about to reach completion", i.e. about May; it clearly is a festival of advent, Kore the corn-maiden equalling the grain. There was a statue of Persephone 'arriving', *catagusa*, by Praxiteles.[26] A festival *Korágia*, 'guiding Kore', is attested at Mantineia; a statue of the goddess was kept for a while in a priest's or priestess's house and then ceremoniously brought back to the temple.[27] In Laconia, a statue of Kore was brought up from Helos, at the seashore, to the temple of Eleusinian Demeter at the slopes of Taygetos.[28] In this context a strange Athenian seal impression should be mentioned (*Fig. 4*), published by Furtwängler and dated by him to about 300 BC:[29] a female bust on a wagon with old-fashioned wheels, laid out with a kind of *stibás*. Furtwängler interpreted the gesture of the figure as 'Earth pleading to Zeus for rain', mentioned among the Acropolis sculptures by Pausanias. The wagon clearly points to some ritual; we have no text for explanation.

It seemed natural to imagine so far that the divinity arriving or departing on a wagon or chariot should be represented by a statue; and this is explicitly stated in some cases. Additional evidence however indicates that in the same ritual context the goddess or god could as well be indicated by some aniconic symbol. The sacred stone of the Mother Goddess was mentioned at the beginning of the survey. The image of Samian Hera which was taken from the temple and brought

---

[23] D. L. Page, *Poetae Melici Graeci*, Oxford 1962, no. 929 b, Pap. Graec. Vindob. 19996a; line 5, instead of πάντα δ' ἄνθη (Page), πάϱα δ' ἄνθη has been suggested. Cf. Theoc. 15, 103 on Adonis: "in the twelfth month the soft-footed *Hôrai* brought him", and he will be dispatched "tomorrow morning", 132 f.

[24] See K. Schefold, *Frühgriechische Sagenbilder*, München 1964, fig. 48a.

[25] Hymn. Hom. Cer. 402 f.; 'spring' is equated with Persephone by Theopompus, *FGrH* 115 F 335 = Plut. *De Is. et Os.* 378e; Diod. 5, 4, 6 cf. n. 19.

[26] Pliny *HN* 34, 69.

[27] *IG* V, 2, 265 cf. 266; R. Stiglitz, *Die großen Göttinnen Arkadiens*, Wien 1967, 72–79.

[28] Paus. 3, 20, 7.

[29] A. Furtwängler, *Meisterwerke der griechischen Plastik*, Leipzig 1893, 257–263, esp. 257, fig. 33, cf. Paus. 1, 24, 3 (Berlin Terrac. 6787). On the 'cross-bar wheel' see H. L. Lorimer, *JHS* 23, 1903, 145–149; V. Gordon Childe, in *A history of technology* I, ed. C. Singer (et al.), Oxford 1954, 214; W. Burkert, Technikgeschichte 34, 1967, 295 (= Kleine Schriften, Band V, 104–125).
A goddess either 'arriving' or 'leaving' is attested in connection with a festival *Procharistéria* or *Proschairetéria* in some lexica glosses; it seems that one piece of information has been variously abbreviated and corrupted in the tradition, but the original cannot be reconstructed; see L. Deubner, *Attische Feste*, Berlin 1932, 17.

Fig. 4. Female bust on Archaic chariot. Attic seal impression, 4/3rd centuries BC.
(See n. 29.)

Fig. 5. Kalathos of Demeter on chariot.
Alexandrian coin, 2nd century AD (the in-
scription means: 'year 13' sc. of Trajan).
(See n. 31.)

back in a complicated ceremony originally had been an 'unwrought plank'.[30] The
Demeter hymn of Callimachus describes a festival of advent of the goddess at
Alexandria: It is a basket, *kálathos*, that 'comes in' on a wagon, while Demeter is
invoked in prayer. The scene is illustrated on later Alexandrian coins *(Fig. 5).*[31]
Another scenario is graphically indicated by the Christian writer Firmicus Maternus: "In the cult of Persephone a tree is felled and fashioned in the image and
form of a maiden, and after it has been brought into the city, it is mourned for 40
nights, and in the 40th night it is burned."[32] Firmicus explicitly compares the tree
which was made to 'enter' in the Magna Mater festival, though this tree was not
said to represent the divinity herself. In both cases we are evidently dealing with
a more general complex to which much attention has been paid ever since the
seminal study of Wilhelm Mannhardt, *Wald- und Feldkulte*: the 'maypole'-com-
plex:[33] Bringing a tree from the woods to the centre of the village or city where it
is erected for some time until it is finally burnt; frequently the tree is made to represent a maiden. But also in Apollo cult similar customs obtain, carrying the *Eir-*

---

[30]   Callim. Fr. 100; Burkert, *GR^E*, 134 f.

[31]   Callim. *Cer.* 1 ff.; *katióntos* (1) recalls *káthodos* and *katagogé* (see supra n. 22). *BMC* 16: *Catalogue of the coins of Alexandria and the nomes*, London 1892, no. 552 f.; *DarSag I*, 813; here *Fig. 5.*
The coins prove that Callimachus is describing a festival of Alexandria, cf. M. L. West, *CR* 36,
1986, 28 against N. Hopkinson, *Callimachus Hymn to Demeter*, Cambridge 1984, 38, 42.

[32]   Firm. Mat. *Err. prof. rel.* 27, 2: In Proserpinae sacris caesa arbor in effigiem virginis formamque
conponitur, et cum intra civitatem fuerit inlata, quadraginta noctibus plangitur, quadragesima vero
nocte conburitur. For 'bringing in the tree' in the Magna Mater cult, which is finally burnt, see,
after Mannhardt (supra n. 6), II, 291–295, H. Hepding. *Attis. Seine Mythen und sein Kult*, Giessen
1903, 149–155.

[33]   Mannhardt (supra n. 6), I, 156–190; see also W. Burkert, *Structure and History in Greek Mythology and Ritual*, Berkeley 1979, 136–138.

esióne branch, or a strangely adorned pole in the Boeotian festival of *Daphne-phoría.*[34]

Most interesting in this context are the *Daídala* of Boeotia, as known from Plutarch and Pausanias. To give just a very rapid survey of the ritual and the accompanying aetiological myth: A *daídalon* is a roughly carved image made out of a tree. The cities of Boeotia each provide their own *daídalon* from a sacred grove, where it is indicated by *[86]* a bird. In myth bringing in the *daídalon* becomes a mock marriage ceremony: Zeus is marrying *Plataía*; for the procession, a wagon or chariot is used. *Plataía* is the old, Indo-European name for the Earth Goddess; this may remind us of the Athenian seal impression in Furtwängler's interpretation. But the advent of the goddess is followed by a sudden departure: the *daídalon*, or rather all the *daídala* of the different Boeotian communities together are brought in wagons to the summit of Mount Kithairon and burnt in a great nocturnal festival which is just called *Daídala.*[35]

The *Daídala* festival has already been connected with the 'nordic' cult vehicles by other scholars.[36] The parallelism to the testimony of Firmicus Maternus is even more notable, although another goddess and different timing is indicated there. Anyhow these tree rituals present some features that are most remarkable in view of the problems presented by the advent of the 'Goddess of Knossos' and her wheels: A tree will normally require a wagon for transport; a tree, brought in and presented to the public, will have to be dispatched again after some time, to be replaced by a fresh one at regular intervals; and the proceedings do not presuppose a temple with a permanent cult image – on the contrary, even if they may develop into institutions of this kind, as the Samian example shows. We thus get a possible scenario for a ritual of arrival and departure of a goddess of nature using a wagon, but not at all presupposing a permanent cult image and a temple. This could possibly be reflected in the Knossian picture of the goddess on her wheeled platform.

There are some suggestive details in the *Daídala* context that even seem to point to Minoan Crete, and to Knossos in particular: A wooden altar was erected for the fire festival on Mt. Kithairon, Pausanias says, and a wooden altar seems to appear in Minoan iconography.[37] What is more intriguing, *daídala* belongs to *Daidalos*, the mythical name connected with Minos, Ariadne, and the Labyrinth. Note that we get *daídalon* as a common noun with a simple, realistic meaning in Boeotia; it has been mythologized at Knossos. There a *Daidaleion* is attested in

---

[34] Mannhardt (supra n. 6), II, 214–258; Burkert (supra n. 33) 134 f.
[35] Paus. 9, 3, 1–8; Plut. Fr. 157 Sandbach; Burkert (supra n. 33), 132–134; F. Frontisi-Ducroux, *Dédale, Mythologie de l'artisan en Grèce ancienne*, Paris 1975, 193–216.
[36] See Sümeghi (supra n. 13).
[37] Paus. 9, 3, 7; I. A. Sakellarakis, *ArchEph* 1972, 245–258 with pl. 95.

the Bronze Age by one of the Linear B tablets; what it may have been like is left to one's imagination.[38]

To strike a note of caution: This is not to suggest that the Goddess of Knossos should be called *Plataía* the Earth Goddess, nor to hypothetize about special connections between Boeotia and Crete. Tempting associations do not constitute proof. It is more important to note that some form of Minoan tree ritual can be reconstructed from iconography, as Nanno Marinatos has shown:[39] There the tree is brought in a boat – not a wagon, it is implanted in a sacred place, it is closely associated with a goddess, though goddess and tree are always kept distinct. An actual procession with a tree, transported on a wagon, is found however on Urartian seals from the 8th century: "A pole with leaves still growing from the top, set upon a wagon with solid wheels", with a dignified man following it, and a griffin *(Fig. 6).*[40] Given the trade connections between Urartu/North Syria and the Greek world, this item is not even far-fetched. Thus the Minoan and the Urartian evidence combined may even turn into probability what seemed a possible interpretation of the Knossian document, a tree ritual enacting the advent and departure of a nature goddess. It may even be noted that the variation of the trees in the picture[41] would agree better with the concept of fresh/green contra dry than with the seasonal changes of living plants.

Be that as it may, it is still a challenge to reflect on possible names for the Knossos goddess. Coldstream pertinently referred to Demeter-Persephone, mentioning the Demeter sanctuary at Knossos excavated by himself and also the clay model from Archanes which seems to show a goddess in an underground chamber, raising her hands in the gesture of epiphany; it is approximately contempor-

---

[38] On Daidalos, see Frontisi-Ducroux (supra n. 35) – but cf. H. Koenigs-Philipp, *Gnomon* 51, 1979, 42–48; Knossos tablet Fp 1 + 31, see A. Heubeck, *Aus der Welt der frühgriechischen Lineartafeln*, Göttingen 1966, 97 f.; a *Daidaleon* at Athens: *Hesperia* 10, 1941, 14 line 11, cf. 20 f.; an Archaic Artemis statuette with dedication ΤΑΙ ΔΑΙΔΑΛΕΑΙ SEG 16, 284, *LIMC*, s. v. 'Artemis' no. 81; Daidalos, Knossos and a 'dancing place' *(Χορός)* for Ariadne in Homer, *Iliad* 18, 591 f.

[39] 'The tree as a focal point of ritual action in Minoan glyptic art', to be published in *Fragen und Probleme der bronzezeitlichen ägäischen Glyptik* (CMS, Beiheft 3), Berlin, forthcoming. I am grateful to Dr. Nanno Marinatos for making this paper available to me before publication.

[40] N. M. Loon, *Urartian art*, Istanbul 1956, 154, cf. 153, fig. 18 E 3; Berlin VA 4299, reconstructed from 4 exemplars, published by C. F. Lehmann-Haupt, *SBBerl* 1900, 626; *idem*, 'Materialien zur älteren Geschichte Armeniens und Mesopotamiens', *AbhGöttingen*, N. F. 9, 3, 1907, 108, fig. 80, cf. p. 107; *idem, Armenien einst und jetzt* II, 2, Berlin 1931, 580 f.; Weber (supra n. 8), no. 412; B. Brentjes, *Alte Siegelkunst Vorderasiens*, Leipzig 1983, 154; here *Fig. 6.* Lehmann-Haupt, op. cit. 1907, 107, declared this to be a 'ship-procession', but op. cit. 1931, 580, he agreed it was a sacred tree on a car; he read the inscription, with doubts, R]u-sa-ni. A second, fragmentary representation: Lehmann-Haupt, *Armenien* II, 1, Berlin 1926, 94, van Loon, op. cit., 153, fig. 18 E 2. Van Loon, 154, dates the seal to the 8th century. One may compare the procession with a kind of tree on coins from Temenothyrai (Eastern Lydia), P. R. Franke, *Kleinasien zur Römerzeit*, München 1968, no. 114 (p. 46: "ein von 5 Männern an Stricken gehaltenes Kultbild"); here *Fig. 7.*

[41] Supra n. 5.

Fig 6. Procession with tree on wagon. Urartian seal impression, 8th century BC.
(See n. 40.)

Fig. 7. Procession with tree (?) on chariot.
Coin of Temenothyrai, 2nd century AD.
(See n. 40.)

ary with the Teke urn.[42] One may add the strange information of Diodorus that rituals resembling the mysteries of Eleusis were performed in public at Knossos:[43]
A main event in the Eleusinian mystery night must have been the advent of Kore.
Yet the *ánodos* from underground should be a different form of epiphany from
that which is suggested by our goddess's wagon or chariot. There are other more
Cretan goddesses. Not much is to be said in this context for Diktynna, Britomar-
tis, Akakallis, but a case could be made for either Europa or Ariadne. As to Europa, there is a strange *[87]* testimony about a festival *Hellótia*, a huge wreath carried in procession which contains the 'bones of Europa';[44] Europa, mother of
Knossian Minos, is closely associated with a tree at Gortyn; other evidence about
Hellótia points to a fire festival. If we look at the Europa myth from the Knossian
point of view, Europa is a goddess who arrives from the sea, marries the sky god,
gives birth, and seems to disappear somehow.

As to Ariadne, there is much more and more confused mythology;[45] it seems to
be told mostly from the viewpoints of Naxos, Delos, or Athens. Seen from Naxos,
we get the arrival by boat from the sea, jubilation and mourning strangely mixed
up in a festival, the marriage to Dionysus and finally the disappearance on the
summit of Mt. Drios[46] – a sequence in fact which fits a *daídala* complex surpris-

---

[42] Coldstream (supra n. 1), 100 f.; *idem, Knossos, the sanctuary of Demeter*, London 1973; for the
   model from Archanes see also Burkert, *GR^E*, 42 f.
[43] Diod. 5, 77, 3.
[44] Seleukos Ath. 678a, cf. Nilsson, *Feste*, 94–96 with other testimonies. See in general W. Bühler,
   Europa, Ein Überblick über die Zeugnisse des Mythos in der antiken Literatur und Kunst, Münch-
   en 1968.
[45] On Ariadne, see J. Meerdink, *Ariadne*, Diss. Amsterdam, 1939; R. F. Willetts, *Cretan cults and
   festivals*, London 1962, 193–197; on the possible Minoan background, see also Ch. Picard, *Les religions préhelléniques*, Paris 1948, 187–189; Nilsson, *MMR^2*, 523–528.
[46] Disappearance on Mt. Drios at night: Diod. 5, 51, 4 cf. Aratus 72 with schol.; more ritual details

ingly well. Very few texts give a scenario for Knossos, with Dionysus arriving to woo Ariadne and to present her his famous wedding gift, a wreath or crown, *stepháne*, wrought by the *Hôrai*:[47] this has a ring of advent and sacred marriage in spring, reminiscent of the Athenian Anthesteria, and even the gloomy tale that Ariadne died by hanging herself on a tree at Knossos would not be out of place there. Ariadne has been called a goddess of fertility and associated with tree cult on account of her death.[48] A dancing ground for Ariadne, built by 'Daidalos', is mentioned in the *Iliad*. We may imagine this to be the old *Daidaleion*, where Ariadne 'the very pleasant one' – or Ariagne 'the very pure one' – is brought in, celebrated by dances, and finally dispatched in a *daídala* ritual ...

Alas this remains imagination, even if all the details can be substantiated by better documented parallels. The new document is by centuries closer to the main body of our evidence than anything Minoan, and yet it remains baffling. In a way we are still moving in a labyrinth, probing various possibilities but without another thread of Ariadne that might definitely hold. *[88]*

Discussion

N. Coldstream: I wonder if the fish below the handles should also be integrated with the main scenes. Taken with the birds of the air and the trees growing from the earth, they represent the third element of the nature goddess's domain, the sea. I had them in mind while trying to see the goddess as an undifferentiated deity of nature with different symbols of her domain.

P. Calligas: I wonder if the wheels couldn't be better connected with the East rather than the North. I am thinking of the bronze wheels found in a tomb at Lefkandi of a similar date (*BSA* 77, 1982, 239), which are Cypriot work and could be connected with Syrian bronze stands on four wheels with attached sacrificial bulls.

W. Burkert: It is mostly for reasons of time that I didn't expand in this direction. It's true that, for historical reasons, the Cypriot/Syrian stands with wheels could play a role.

---

in Plut. *Thes.* 19f.; the scene of Ariadne at Naxos in literature owes most to Catullus 64. *Od.* 11, 321–325 was enigmatic already in antiquity.

[47] Epimenides, *GFrH*, 457 F 19; *Hôrai*: Schol. Arat. p.353, 2 Maass, cf. Eratosth. *Cat.* 5; marriage in 'Cretan caves': Himer. *Or.* 9, 5; death at Knossos: Plut. *Thes.* 20, 1. For the Anthesteria see Burkert, *HN*, 213–243; they are also a festival of the dead. It should finally be mentioned that a festival *tonoeketerijo* (i. e. *thornohelketerion*, 'pulling the throne'?) is attested at Pylos, PY Fr 1222, cf. Heubeck (supra n. 38), 105, Burkert, *GR^E*, 105.

[48] *MMR²*, 527 f.

N. Coldstream: The wings of the goddess are an Eastern element; possibly also the *polos* crown. But for the rest one can find prototypes on Minoan larnakes visible to those who reused the tombs in the 9th cent. For example, a LM IIIA larnax pieced together from the same tomb as the goddess pithos (T. 107) shows a lady (goddess?) with a bird, and a spiral tree. I also recall, since my article, a larnax published by A. Lebessi from Kavrochori near Tylissos (*ArchDelt* 31, 1976, Chronika, 351, pl. 274*b*); this depicts a wheeled platform but with the addition of a latticed chariot box – which convinces me that our wheeled platform was meant to be an abbreviated chariot. That is why I prefer to seek parallels in the Minoan past, even if one has to go back five hundred years.

R. Koehl: I wonder if you would consider some evidence from the Karphi shrine: a goddess with upraised arms and a terracotta rhyton in the form of a chariot. Might they have been places together constituting a ritual complex, or reconstructing a ritual event?

A. Petropoulou: Could the epiphany of Athena, staged by Pisistratus and recorded by Herodotus, be a reflection of a real ritual? She too arrives on a chariot.

W. Burkert: For some time I have toyed with the idea that this reflects some cultic reality. But the other possibility, that the story is a literary interpretation of Pisistratus' victory with elements of anti-Pisistratid propaganda, cannot be excluded. I am torn between the two possibilities.

N. Marinatos: The "goddess on chariot" type is attested in Minoan Crete. On the Hagia Triada Sarcophagus, two goddesses arrive on a chariot. There are also two scenes in glyptic art with goddesses on griffin-drawn chariots, a sealing from Knossos and a seal from Phourni, Archanes. However, I am convinced that, as you pointed out, the 9th cent. pot from Knossos reflects a cultic reality (a cult image being wheeled around?). It seems to me important that the chariot is omitted and that we don't see the goddess in her supernatural guise. To that extent I see an important change from the Minoan antecedents.

Erschienen in: J. Martin, R. Zoepffel, Hg., Aufgaben, Rollen und Räume von Frau und Mann, Freiburg, 1989, 157–179.

7. Weibliche und männliche Gottheiten in antiken Kulturen: Mythische Geschlechterrollen zwischen Biologie, Phantasie und Arbeitswelt

Das Religionssystem der antiken Hochkulturen im nahöstlichen und mediterranen Raum erscheint seit Beginn unserer Dokumentation allenthalben als anthropomorpher Polytheismus: Viele Götter werden nebeneinander von den gleichen Gruppen und Individuen verehrt – die berühmten, aber isolierten Ausnahmen, Echnatons Reform in Ägypten, der Jahvekult in Israel, der philosophische Monotheismus der Griechen, können hier vernachlässigt werden –; Götter haben Eigennamen, werden analog zu Menschen vorgestellt und in Menschengestalt dargestellt.

Mit dem Anthropomorphismus ist die Geschlechtlichkeit der Götter von vornherein gegeben: es gibt Götter und Göttinnen. Daß die Sprachen der Semiten, Hamiten und Indogermanen ein grammatisches Genus kennen und damit zumindest im Personbereich die Festlegung auf 'männlich' oder 'weiblich' erzwingen, ist nicht unwichtig, doch keineswegs ausschlaggebend.[1] Immerhin ist z.B. im Griechischen und Lateinischen auch einem Eigennamen nach Wortbildung und Flexion meist anzusehen, ob er männlich oder weiblich ist. Am sinnfälligsten stellt der Polytheismus sich dar in der 'Götterversammlung', die als Begriff, als mythische Episode, als Bildthema in all diesen Kulturen belegt ist.[2] Dabei verlangt die Vielheit nach Differenzierung, *[158]* deren Hauptkategorien Geschlecht und Al-

---

[1] Die sumerische Sprache hat, im Gegensatz zum (semitischen) Akkadisch, kein Genus; das Hethitische hat die Differenzierung von Masculinum und Femininum aufgegeben; doch sumerische, akkadische und hethitische Mythologie sind durchaus gleicher Art und übersetzbar. Das Finnische kennt kein grammatisches Geschlecht, doch im Mythos gibt es durchaus männliche und weibliche Wesen, auch Paare: I. Paulson: Die Religionen Nordeurasiens, Stuttgart 1962, S. 174, 177, 182; freilich auch Waldgeister "deren Geschlecht und Gestalt gar nicht geschildert werden" (ebd. S. 188).

[2] Belege sind hier und im folgenden stets *exempli gratia* zu verstehen. Zur Götterversammlung vgl. Burkert 1984, S. 108; vgl. das hethitische Felsheiligtum von Yazilikaya bei K. Bittel: Hattuscha, Hauptstadt der Hethiter, Köln 1983, S. 133–161 und die Dinoi des Sophilos (um 580) bei G. Bakir: Sophilos, Mainz 1981, Tf. 1–5; vgl. auch H. Knell: Die Darstellung der Götterversammlung in der attischen Kunst des VI. und V. Jahrhunderts v.Chr., (Diss.) Freiburg i. Br. 1965.

ter sind. Naheliegend ist eine Familienstruktur; sie muß nicht gleich alle Götter umfassen, aber einzelne Zellen sind stets gebildet, ein Götterpaar,[3] eine Kernfamilie Vater-Mutter-Kind,[4] manchmal auch nur ein Elternteil mit Kind[5] oder eine längere genealogische Folge Großvater-Vater-Sohn.[6] Oft scheint vorausgesetzt, daß jedem rechten Gott eine Gemahlin zugesellt ist.[7]

Die Quellen für die alten Religionen und Kulturen sind bekanntlich heterogen und lückenhaft. Eine Vorrangstellung haben schriftliche Quellen: Textcorpora gibt es seit dem 3. Jahrtausend in Mesopotamien, Syrien und Ägypten, im 2. Jahrtausend treten Hethiter/Hurriter, Ugariter und mykenische Griechen dazu, in der ersten Hälfte des 1. Jahrtausends v. Chr. liefern Israel und Griechenland die reichsten Denkmäler. Es gibt Ritualtexte, Gebete, literarisch gestaltete Mythen – wobei in unserem Zusammenhang die an sich zu enge Definition des Mythos als 'Göttererzählung' genügen kann. Dazu tritt die Bildkunst verschiedensten Niveaus, vom Kultbild bis zum dekorativen Zierat. Jene Differenzierungen und Zuordnungen der [159] Götter sind am deutlichsten im Mythos durch die erzählten Ereignisse ausgedrückt, sind aber auch in der Einrichtung der Heiligtümer dargestellt und finden Ausdruck in Ritual und Gebet. In der Bildkunst werden Attribute wie Haartracht, Kleidung, Geräte, Lieblingstier bedeutend; in der kultischen Realität treten Geschlecht und Alter der Priester, aber auch der Opfertiere als differenzierende Zeichen ein.[8]

Daß die Menschen sich ihre Götter nach dem eigenen Bild gestaltet haben, hat schon der Rhapsode und Philosoph Xenophanes am Ende des 6. Jahrhunderts v. Chr. behauptet. Demnach liegt es nahe, ein polytheistisches System als Widerspiegelung der realen menschlichen Gesellschaft zu verstehen; eben dies gibt Anlaß, in einer historisch-anthropologischen Untersuchung der Geschlechterrollen auch nach den Göttern zu fragen. Um so signifikanter werden Abweichungen

---

[3] Gelegentlich ist der Name der Gattin eine grammatische Femininbildung zum Gottesnamen: akkadisch Himmelsgott Anu/Antu; ägyptisch Urozean Nun/Naunet; mykenisch Zeus/Diwija; homerisch Zeus/Dione; vgl. Burkert 1984, S. 93 f. Oft werden Götterpaare im gleichen Heiligtum verehrt, z. B. Zeus und Hera in Olympia.

[4] So im mykenischen Kult 'Zeus, Hera, Drimios' (sonst unbekannt), der 'Sohn des Zeus', wie auf Lesbos 'Zeus, Hera, Dionysos', Burkert 1977, S. 83 f. Das Gilgamesch-Epos läßt Ischtar mit ihren Eltern Anu und Antu zusammentreffen, Burkert 1984, S. 92 f.

[5] Am geläufigsten sind im Griechischen die 'zwei Göttinnen' Demeter und Persephone; sehr häufig auch die Triade 'Leto – Apollon – Artemis', vgl. im Ägyptischen Isis mit Horos und Nephthys; besonders eng gehört Dionysos zum Vater Zeus, aus dessen Schenkel er zum zweiten Mal geboren wurde.

[6] Besonders im Sukzessionsmythos, nicht ohne Generationskrisen, vgl. G. Steiner: Der Sukzessionsmythos in Hesiods Theogonie und ihren orientalischen Parallelen, (Diss.) Hamburg 1959: Uranos – Kronos – Zeus im Griechischen, Anu – Ea – Marduk in Babylon.

[7] Im Sakralgesetz der attischen Tetrapolis wird auch jedem Heros stets eine 'Heroine' im Opfer zugeordnet; vgl. F. Sokolowski: Lois sacrées des cités grecques, Paris 1969, Nr. 20.

[8] Zu den Priestern Farnell 1904; vgl. Burkert 1977, S. 162; zu den Tieren Stengel 1910, S. 191–196.

sein, ob sie nun als historische Verschiebung oder als phantastische Um- oder Ausdeutung des Bestehenden zu erklären sind. Mit der Frage nach Korrelationen sei also eine Reihe von Lebensbereichen der Alten Welt durchmustert. Im Zentrum steht, entsprechend fachlicher Zuständigkeit, doch auch entsprechend der besonders reichen Bezeugung, die griechische Mythologie; Ausblicke auf die verwandten gleichzeitigen und älteren Kulturen sind nach Möglichkeit eingeschlossen. Das sich ergebende Bild ist komplex: es gibt neben erwartbaren Parallelismen und vorstellbaren Kompensationen auch merkwürdige Asymmetrien, ja Paradoxien. Inwieweit sie sich sozialpsychologisch oder historisch auflösen lassen, wird dann zu fragen sein.[9]

Religion kann als ein Orientierungssystem gelten, das Identität vermittelt. Dementsprechend haben es Männer primär mit Göttern, Frauen mit Göttinnen zu tun. In geläufigen Alltagsbeteuerungen *[160]* rufen Männer Götter an: 'beim Zeus' 'bei Apollon', Frauen ihrer Rolle gemäß Göttinnen: 'bei Hera', 'bei Artemis'.[10] Das zentrale Götterpaar an der Spitze der Olympischen Familie, Zeus und Hera, repräsentiert die staatstragenden Familienväter und die verheirateten Frauen; die Jugendlichen finden bei Musik und Tanz in Apollon und Artemis ihr Gegenbild, beim Sport in Hermes und Herakles, lauter Kindern des Göttervaters Zeus. In Olympia, dem bedeutendsten gesamtgriechischen Heiligtum, wird das Fest des Zeus mit den Wettspielen der Männer begangen, von dem Frauen ausgeschlossen sind; die Frauen ihrerseits feiern ebendort zu anderer Zeit ihr Hera-Fest. Zeus ist repräsentiert durch den Altar, auf dem der Sieger das Feuer entzündet, Hera hat seit alters ihren Tempel: Der Mann ist im Freien aktiv, die Frau hütet das Haus. Anders wird die Repräsentation des Götterpaares, wenn im 5. Jahrhundert Zeus seinerseits einen Tempel erhält, und zwar den weit mächtigeren mit der Pheidias-Statue, die als Weltwunder galt. Genau besehen ist das Bild der Kulte freilich von Anfang an komplexer: als einzige Frau sieht die Priesterin der Demeter Chamyne beim Wettkampf zu; es gibt auch einen Tempel der Göttermutter im Heiligtum.[11] Doch sei dem jetzt nicht nachgegangen. Ein anderes Beispiel kultischer Entsprechung: Für Apollon tanzen die Knaben den *Paian*, für Artemis tanzen die Mädchen im Reigen; das Heiligtum von Delos gehört Artemis und Apollon, hier

---

[9]   Die zahlreichen neueren Arbeiten zum Thema 'Frau in der Antike' enthalten meist auch Beiträge zu Religion und Göttinnen; verwiesen sei auf Peradotto u. Sullivan 1984 (Bibliographie); Cameron u. Kuhrt 1983, S. 245–298; Lefkowitz u. Frant 1982, S. 249–255; bes. Pomeroy 1975, S. 1–15. Die Idee vom Matriarchat (vgl. Anm. 75) bestimmt Göttner-Abendroth 1980. Zur Psychoanalyse verschiedener Richtung vgl. Neumann 1956 (nach Jung); Slater 1968; Devereux 1982. Die prähistorischen und orientalischen Materialien sind bei Helck 1971 aufgearbeitet, die Ikonographie besonders Palästinas und Syriens bei Winter 1983.

[10]   Doch sagt auch Sokrates "bei Hera", Platon: Theaitetos 154 d; Phaidros 230 b.

[11]   Paus. 6, 20, 9; 5, 20, 9; vgl. allgemein H. V. Herrmann: Olympia, Heiligtum und Wettkampfstätte, München 1972.

tanzen Jünglinge und Mädchen zusammen den 'Kranichtanz'. Freilich gibt es auch hier, genau besehen, Komplikationen, das Delische Heiligtum gehört eigentlich der Artemis, Apollons Tempel steht am Rand und ist wesentlich später gebaut.[12] Blickt man nach Aulis, wo im Mythos Männer am Altar der Artemis die Königstochter Iphigenie opfern, oder nach Sparta, wo am Altar der Artemis Ortheia Knaben gepeitscht werden,[13] so versagt vollends die Parallelprojektion als Erklärungsprinzip. *[161]*

Es gibt wesentliche Lebensbereiche, die den Frauen vorbehalten sind: Menstruation, Schwangerschaft, Geburt, Kinder-Stillen. Für diese Bereiche werden naturgemäß Göttinnen angerufen. Bei der Geburt insbesondere pflegen die Frauen einander beizustehen, Männer haben da nichts zu suchen; dementsprechend können nur Göttinnen göttliche Geburtshelfer sein: Eileithyia und Artemis bei den Griechen, Iuno Lucina bei den Römern.[14] Verbreitet ist auch das Bild der Göttin, die ein Kind säugt, im Mythos vorzugsweise ein Königskind: Nur eine Göttin kann dem gefährdeten Säugling Gedeihen geben.[15] Eine Asymmetrie allerdings zeigt sich darin, daß die Geburtsgöttin Artemis ihrerseits die entschiedene Jungfrau ist, die selbst nie geboren hat noch gebären wird, ja daß sie es ist, die die Frauen im Kindbett tötet, wenn sie nicht 'besänftigt' ist.[16] Heißt dies, daß die Situation nur meistert, wer sie nie selbst erlitt, und daß volle Rettung nur aus der Negation des Gefährlichsten kommen kann? In mesopotamischer Tradition ist der Dämon, der das Kind schon im Mutterleib und danach bedroht und 'raubt', ein weibliches Scheusal, Lamaschtu-Lamia.[17] In Griechenland sind im übrigen die eigentlichen Frauengottheiten Demeter und Persephone, Mutter und Tochter, deren Gemeinsamkeit gegen die Männer gerichtet ist. Ihnen gilt das verbreitetste und wichtigste Frauenfest, die *Thesmophoria*, von dem die Männer strikte ausgeschlossen sind. Es geht bei diesem Fest, heißt es, um die Fruchtbarkeit der Frauen ebenso wie um die der Erde; Karl Kerényi hat, nicht zu Unrecht, wie mir scheint, Züge eines Menstruations-Festes an den *Thesmophoria* gesehen.[18] Jedenfalls gab dieses Fest offenbar Gelegenheit, sich der Frauen-Identität in Trennung

---

[12] B. Bergquist: The Archaic Greek Temenos, Lund 1967, S. 26–30. Zum 'Kranichtanz': K. Latte: De saltationibus Graecorum capita quinque, Gießen 1913, Berlin [2]1967, S. 67–71. Zum Artemiskult der Mädchen: Lefkowitz u. Fant 1982, S. 118–121; vgl. Calame 1977.

[13] Burkert 1977, S. 393 f. Vgl. zur jungfräulichen Geburtshelferin auch Devereux 1982, S. 180–212.

[14] Vgl. Binder 1973, S. 45–47, 51–59, 75–81, 101–112. Nur bei den Ägyptern spielt auch ein männlicher Dämon eine Rolle bei der Geburt, der phallische Gnom Bes, mit apotropäischer Wirkung, vgl. ebd. S. 57.

[15] Hadzisteliou-Price 1978; Winter 1983, S. 465 Abb. 398–412; Kühne 1978; Brunner 1964, S. 122–136; Renard 1964; Tran tam Tinh u. Labrecque 1973.

[16] 'Löwin für die Frauen' schon Ilias 21, 483.

[17] Burkert 1984, S. 80–82.

[18] K. Kerényi: Zeus und Hera, Leiden 1972, S. 126 f.; vgl. Burkert 1977, S. 365–370; M. Detienne, in: M. Detienne und J. P. Vernant: La cuisine du sacrifice en pays grec, Paris 1979, S. 183–214.

von den Männern zu vergewissern; es untersteht ausschließlich weiblichen Gottheiten. *[162]*

Die eigentliche Erfüllung der Geschlechterrollen liegt in den Akten der Sexualität; auch dies wird in die Götterwelt projiziert. Hier sind Männlich und Weiblich aufeinander angewiesen. Dies läßt vielleicht verstehen, daß Liebesgottheiten oft paarweise auftreten: es gibt Aphroditos neben Aphrodite, nach westsemitischer Tradition, wo Aštar neben Aštart steht; oft sind Hermes und Aphrodite zueinander gesellt, sie verschmelzen in hellenistischer Zeit zur Mischgestalt des Hermaphroditos; das übliche Paar freilich ist Aphrodite und Eros.[19] Hier muß die Asymmetrie erstaunen, steht doch Eros meist als Knabe neben der reifen Frau, die seine Mutter heißt; man kann dies zusammen nehmen mit dem orientalisch geprägten Liebespaar Aphrodite – Adonis – der unmännliche Jüngling, der umkommt, sobald er das Manneswerk der Jagd versucht –; parallel, doch eigentümlicher geprägt ist das Verhältnis der kleinasiatischen Göttermutter zu ihrem Partner Attis.[20] Doch 'symmetrische' Götterhochzeit scheint eher die Ausnahme zu sein. Griechengötter sind sexuell aktiv, ungehemmt besonders im Umgang mit sterblichen Frauen; so kommen die griechischen Adelsgeschlechter zu ihren göttlichen Ahnen. In orientalischen Kulten werden gelegentlich Priesterinnen einem Gott zur Gemahlin gegeben.[21] Dagegen stellt die sexuelle Rolle der Göttinnen ein Problem, scheint doch Hingabe im Konflikt zur göttlichen Souveränität zu stehen. Besonders im Griechischen gilt unverrückbar Männlich mit aktiv, Weiblich mit passiv korreliert. Göttinnen zerbrechen dieses Schema, sie wählen sich aktiv ihre Liebhaber und verwerfen sie auch wieder: So ist Ischtar im Gilgamesch-Epos dargestellt, und Aphrodite handelt gegenüber Anchises nicht anders; auch Heras 'Trug an Zeus' ist auf diesem Hintergrund zu sehen.[22] Ein sumerischer König feiert Heilige Hochzeit mit der Himmelsherrin Inanna, die ihn erwählt hat.[23] Verbreitet im Orient ist das Bild der Göttin, die *[163]* sich entblößt präsentiert oder überhaupt nackt erscheint, der göttlichen Hetäre.[24] Man kann aber auch im gött-

---

[19] Burkert 1977, S. 238 f., 274 f. Vgl. allgemein Friedrich 1978, auch zum Verhältnis von Aphrodite und Demeter.

[20] Burkert 1979, S. 99–111.

[21] Babylon: Herodot 1, 181 f. Vgl. RIA IV, S. 259: Die 'Gottesgemahlin', Priesterin des Amun im ägyptischen Theben, Herodot a. O.; C. E. Sander-Hansen: Das Gottesweib des Amun, Kgl. Danske Videnskabernes Selschab, Hist.-filol. Skrifter I 1, 1940; Patara, Lykien, Herodot a. O.

[22] Gilgamesch V. Tafel; Homerischer Hymnus 5.; Ilias 14.

[23] S. N. Kramer: The Sacred Marriage Rite, Bloomington 1969; J. Renger: s. v. Heilige Hochzeit, in: RIA IV, S. 251–259; Winter 1983, S. 252–301.

[24] Vgl. Contenau 1914; jetzt neben Helck 1971 vor allem Winter 1983, S. 93–199. Die Benennung als Inanna/Ischtar ist nicht durch Schriftzeugnisse gesichert, im Gegensatz zur entsprechenden Benennung der bewaffneten Göttin (vgl. Anm. 53), vgl. RIA V, S. 89; nach Winter 1983, S. 192–199 stammt die nackte Göttin aus Syrien und ist mit keiner aus der Literatur bekannten Göttin zu identifizieren. Auf einer ägyptischen Stele ist eine nackte Reiterin als Astarte bezeichnet: Haussig: WM, S. 251. Zu nackten Frauenfiguren im griechischen Bereich vgl. LIMC II, s. v. Aphrodite.

lichen Bereich das weibliche Prinzip dem männlichen als dem stärkeren erliegen lassen und von Vergewaltigung von Göttinnen erzählen; so ein sumerischer Mythos, so die Griechen über Demeter und Persephone.[25] Ein berühmt-berüchtigter Komplex, vielschichtig und schwer objektiv zu fassen, ist die kultische Prostitution in orientalischen Kulten und ihre Projektion in den göttlichen Bereich.[26] Auch in Griechenland unterstehen Prostituierte der Aphrodite, können ihr als Sklavinnen gehören, doch weiß man, daß für sie erniedrigender Zwang ist, worin die Göttin frei ihr Wesen erfüllt.[27] Eine sehr besondere Arbeitswelt wird so vom Mythos mehr verhüllt als gespiegelt. Im übrigen gibt es im aphrodisischen Bereich natürlich kompensatorische Querverbindungen: die nackten Aphroditen sind für die Schaulust der Männer geschaffen, den Frauen traut man zu, daß sie dem Kult phallischer Götter ergeben sind, Hermes, Pan und gar Priapos.[28]

Bestimmend für die Frauenrolle ist, nächst der Biologie, stets die Verteilung der Arbeit. Antike Arbeitswelt zerfällt zunächst in zwei Bereiche, Landwirtschaft und Handwerk. Landwirtschaft im mediterranen Raum ist seit Beginn Pflugkultur mit Getreideanbau, wozu seit der Bronzezeit intensiver Wein- und Olivenanbau kommt; daneben steht die Viehzucht mit Rind, Schwein, Schaf und Ziege, letztere *[164]* vor allem in den Berggebieten. Alle landwirtschaftlichen Arbeiten gelten in der griechischen Literatur im Prinzip als männliche Aufgaben durch die Klassen hindurch: Homer kennt Lohnknechte und Sklaven auf dem Felde, setzt zugleich voraus, daß auch ein Odysseus zu pflügen und zu mähen weiß, doch Frauen kommen nur als Gehilfinnen bei der Ernte ins Bild.[29] Spezifische Schwerarbeit ist wohl nur das Pflügen sowie das Wegräumen der Steine vom Acker; doch die Frauen kann Hesiod schmähen, sie seien 'Drohnen', die, selbst untätig, sich vom Mann ernähren lassen.[30] Auch Hirten sind bei Homer durchweg männlich – spätere Bukolik hat die Hirtinnen entdeckt –; das Hirtenamt ist von Herrscher-Art, es

---

[25] Sumerischer Mythos von Enlil und Ninlil, Haussig: WM, S. 62. Vergewaltigung Demeters durch Zeus im Derveni-Papyrus Kol. 18 u. 22, in: Zeitschrift für Papyrologie und Epigraphik 47 (1982); durch Poseidon: Paus. 8, 25, 4–6; 42, 1–2. Zu Persephone N. J. Richardson: The Homeric Hymn to Demeter, Oxford 1974, besonders S. 136–155.

[26] E. M. Yamauchi, in: Orient and Occident, Essays presented to C. H. Gordon, Neukirchen-Vluyn 1973, S. 213–222; Helck 1971, S. 234–239; Winter 1983, S. 334–342.

[27] Pindar: Fr. 122 Snell; vgl. Burkert 1977, S. 239; Aphrodite, Kult der Prostituierten in Kalydon: Plautus: Poenulus 1173–1183.

[28] Zahlreiche griechische Vasenbilder zeigen, wie Frauen phallische Hermen bekränzen. Die Mutter des Helden in Menanders 'Dyskolos' opfert dem Pan. Quartilla als Priapos-Priesterin: Petron 16–26.

[29] Vgl. allgemein W. Richter: Die Landwirtschaft im homerischen Zeitalter (Archaeologia Homerica II H), Göttingen 1968, besonders S. 15. Homer: Odyssee 18, 366–375; Ilias 18, 559–566.

[30] Hesiod: Theogonie 592–602.

hat bekannte Metaphern für das Königtum geliefert; es schließt realiter auch immer Revierverteidigung ein.[31]

Nach göttlichen Gegenbildern zur Landarbeit sucht man indes vergeblich. Es ist offensichtlich: Götter arbeiten nicht; man erlebt sie an den Festen, die im Kontrast zum Werktag stehen. Götter stiften Kultur: Demeter 'zeigt' den Ackerbau, Dionysos den Weinbau; aber kein Gott führt selbst den Pflug;[32] nur vorübergehend, von den Göttern verbannt, hat Apollon selbst die Herden des Admet geweidet.[33] Und doch braucht man die Götter dringend in der Landwirtschaft, freilich nicht für die Bauerntätigkeiten, an denen kaum ein Geheimnis haftet, wohl aber für den Erfolg, der ja von ganz anderen Faktoren abhängt als von Kraft und Fleiß: Fruchtbarkeit des Bodens und ausreichender Regen, dies ist es, wofür die Götter einzutreten haben. Es entspricht dies offenbar den von Bronislav Malinowski aufgezeigten Verhältnissen:[34] Alle Menschen verfügen über praktische Intelligenz und wissen, was sie erreichen können und worauf es ankommt; nur für all *[165]* das, was der menschlichen Machbarkeit entzogen ist, bedarf es der Magie oder eben der Religion. Dabei wird nun der göttliche Ursprung landwirtschaftlichen Erfolges geschlechtlich differenziert, ja eigentlich sexualisiert: Für die Griechen steht fest, daß die Erde weiblich ist, Samen und Regen empfängt und wie aus Schwangerschaft die Frucht hervorbringt, während der Regengott männlich sich ergießt.[35] Für die Erde tritt auch die Getreidegöttin Demeter ein, die dann wiederum mit der Erde, Gaia, identifiziert wird. Zuordnungen dieser Art sind nicht universell – im Ägyptischen ist die Erde ein männlicher Gott, der Himmel eine Göttin –;[36] doch ist die fruchtgebärende Muttergöttin und der männlich potente Wettergott weit über Griechenland hinaus nachweisbar; aus naturmythologischer Sicht sucht man hier oft eine Urform religiöser Phantasie. Dies sei dahingestellt. Auf jeden Fall ist die Sexualisierung der Götter, von deren Wirken die 'Nahrungsmittelproduktion' abhängt, nicht eine Spiegelung menschlicher Arbeitsteilung, sondern muß auf urtümliche Imagination, Spekulation oder Traditi-

---

[31] Zur sexuellen Revierverteidigung vgl. D. Fehling: Ethologische Überlegungen auf dem Gebiet der Altertumskunde, München 1974, S. 19 f.

[32] Vgl. die beiden bei A. B. Cook: Zeus I, Cambridge 1914, pl. 20 und S. 224 wiedergegebenen Vasenbilder mit Demeter, Triptolemos und Pflug (Paris, Cabinet des Médailles 424, ARV[2] 1036, 12 und Berlin 3412).

[33] Euripides: Alkestis 6–8.

[34] Malinowski: Magic, Science and Religion, New York 1948; dt. Magie, Wissenschaft und Religion, Tübingen 1973 (urspr. 1925).

[35] Der berühmteste griechische Text dafür ist Aischylos: frg. 44 Nauck/Radt. Demeter = Ge Meter im Derveni-Papyrus (wie Anm. 18) Kol. 18. Vgl. Dieterich 1905, passim, besonders S. 16–18, 38–41.

[36] Ägypten kennt eben keinen befruchtenden Regen. Die fruchtzeugende Vereinigung von Himmel und Erde ist explizit auch in Mesopotamien bezeugt, Burkert 1984, S. 90, wird aber auch für China, Südafrika u. a. m. berichtet.

on zurückgeführt werden. Hervorbringen wird als Zeugen und Gebären verstanden; es gibt vielbeachtete rituell-magische Praktiken bei den verschiedensten Völkern, die die menschliche Sexualität und vegetabilische Fruchtbarkeit unmittelbar in Parallele setzen und durch das eine das andere zu fördern suchen.[37] Eine zusätzliche Dimension gewinnt dieser mythisch-rituelle Komplex aus der Tatsache, daß die Erde auch die Toten zur Bestattung aufnimmt; die Wachstumskräfte kommen von unten, aus dem Dunkel, aus der Totenwelt: Totengott und/oder Totengöttin können damit zugleich Götter des Getreidereichtums sein. Dies gilt im Griechischen von Hades-Pluton und Persephone;[38] die Mysterien von Eleusis sind von hier aus geprägt. *[166]*

Weniger geheimnisvoll könnte der Handwerkerbereich erscheinen, und doch: gibt es keine Götter, die Bauernarbeit tun, so gibt es doch Götter, die Handwerker sind, Prometheus im Griechischen und vor allem Hephaistos, lateinisch Vulcanus. Ähnliche Handwerkergötter gibt es im Ugaritischen: dort tritt Kotar auf, auch mit Doppelnamen 'Kotar und Hasis' genannt; im Ägyptischen ist Ptah von Memphis der Gott der Handwerker.[39] Daß die Götter hier stärker in die Rolle ihrer menschlichen Schutzbefohlenen eintreten als in der Landwirtschaft, dürfte darin begründet sein, daß bei qualifiziertem Handwerk Arbeit und Ergebnis in anderer Weise einander zugeordnet sind als Arbeitsaufwand und Ertrag beim Ackerbau; das Werk wächst aus den Händen – und doch bleibt das 'Gelingen' etwas nicht Voraussetzbares; so hebt die griechische Sprache vom 'Herstellen' (*teúchein*) das 'Gelingen' (*tycheîn*) ab, das der Glücksgöttin Tyche den Namen gibt. Prometheus wie Hephaistos haben es vor allem mit dem Feuer zu tun. Auch beim undramatischen Töpferhandwerk ist das Brennen im Ofen doch immer risikoreich und bedarf der göttlichen Hilfe. Fest steht für antike Gesellschaften, daß nicht nur der Schmiede-, sondern auch der Töpferberuf Männern zukommt; unter den vielen bekannten Töpfernamen scheint keine Frau bezeugt zu sein. Dem entsprechen die männlichen Handwerkergötter.

Frauen obliegt hingegen, wohl aus allerältester Tradition, der Unterhalt des Feuers im häuslichen Herd. Dieser gilt als Zentrum der Familie, so sehr, daß 'Herd' und Familie synonym gebraucht werden; und so ist denn der 'Herd' auch direkt eine Göttin, Hestia, die zwar nach außen nicht in Erscheinung tritt und sich nicht mit anderen Göttern paart, im Hause aber Anspruch auf Erstlingsgaben bei jeder Mahlzeit hat. Auch eine Stadt hat dann ihr Zentrum in einer kultisch verehr-

---

[37]   Vieles ist zusammengestellt bei J. G. Frazer: The Golden Bough, London 1911, II[3], S. 97–104. Das 'Brautlager auf dem Ackerfelde' im europäischen Volksbrauch hat W. Mannhardt: Wald- und Feldkulte I, Berlin 1875, [2]1905, S. 480–488 behandelt.

[38]   Hades = Plouton 'Gott des Reichtums'; "von den Toten kommt die Nahrung und das Wachsen und die Samen", Hippokrates: Vict. 4, 92, VI 658 Littré.

[39]   Haussig: WM, S. 295 f., 387–389. An der Töpferscheibe Menschen bildend wird der Menschenschöpfer Chnum dargestellt, ebd. S. 346 f.

ten 'gemeinsamen Hestia' – wobei das Bereiten der Speisen im übrigen in der Antike keineswegs ausschließlich Frauensache war. In Rom ist bekanntlich der Staatsherd, der 'Vesta-Tempel' mit seinem ewigen Feuer, betreut von 'Jungfrauen', den Vestalinnen, in besonderem Maß als das Dauer garantierende Zentrum verehrt worden; daß dabei eine als phallisch empfundene Macht durch die Magie der *[167]* 'Reinheit' beschworen wird, findet sich in Mythen und Riten angedeutet.[40]

Eigentlich weibliches Handwerk ist Spinnen und Weben, und zwar in so allgemeiner und ausschließlicher Weise, daß dies zum definitorischen Merkmal für den weiblichen Bereich geworden ist. Für den Archäologen weist bei Grabfunden unter den Beigaben die Spindel auf eine Frau, die Waffe auf einen Mann. Nicht nur Penelope arbeitet im homerischen Epos am Webstuhl, auch Kirke auf ihrer einsamen Insel, auch Kalypso, auch Briseis hat nichts anderes zu erwarten.[41] Ein Mann aber verliert sein Mannestum, wenn er die Spindel in die Hand nimmt, wie Herakles bei Omphale, wie Midas und Sardanapal in der Legende.[42] In Wirklichkeit gibt es allerdings durchaus Männer, die als Weber tätig sind,[43] der Mythos aber scheint dies zu ignorieren. So ist denn diese Handarbeit einer Göttin unterstellt, Athena, speziell Athena Ergane genannt, Göttin der Arbeit. Wenn der Göttin ein neues Gewand festlich übergeben wird, beim Panathenäenfest in Athen oder auch im homerischen Troia, so ist dies ein Beitrag der Frauen für die Polis, Frauenarbeit für die Göttin der Stadt.[44] Die Symmetrie der Geschlechterrollen freilich ist insofern gestört, als die Handwerkergötter für handwerkliche Spezialisten da sind, während die Handarbeit dem weiblichen Geschlecht generell zugemessen wird. Athena ist denn auch eine sehr viel bedeutendere, umfassendere Gottheit als Hephaistos, und sie greift über auch in den Bereich der männlichen Handwerker. Auch Töpfer verehren sie und beten, daß *[168]* sie ihre Hand über den Töpferofen hält, auch Schmiede feiern für sie, zusammen mit Hephaistos, ihr Fest Chalkeia, auch Zimmerleute haben Athena als Patronin. Athena hat das erste

---

[40] Hestia vgl. Burkert 1977, S. 264 f.; Vesta: vgl. C. Koch: RE VIII A, S. 1717–1776; zum phallischen Element vergleicht man den Mythos von der Zeugung des Servius Tullius aus dem Herdfeuer, RE XVII, S. 1782 f.; XIX, S. 1721; U. W. Scholz: Studien zum altitalischen und altrömischen Marskult und Marsmythos, Heidelberg 1970, S. 126–140.

[41] Homer: Odyssee 10, 222; 5, 62; Ilias 1, 31.

[42] Herakles (erst hellenistisch nachweisbar): L. Preller und C. Robert: Die griechische Heldensage, Berlin 1921, S. 594. Midas: Klearchos: frg. 43 a Wehrli. Sardanapal: Ktesias: Fragmente der griechischen Historiker 688 F 1p. Anders nur die Theogonie des Pherekydes von Syros: Zeus schenkt seiner Gattin Erde ein selbst gewebtes Gewand (H. Diels und W. Kranz: Die Fragmente der Vorsokratiker, Berlin ⁵1934, 7 B 2).

[43] 'Weber' bei Platon: Phaidon 87 b; Politeia 369 d; Aristoteles: Politica 1291 a 13; in Israel: 2 Moses 35, 35; bei Hethitern: ANET 191 § 51. – Zur Mitarbeit der Frauen im Werkstattbetrieb vgl. I. Kehrberg: The potter-painter's wife. Some additional thoughts on the Caputi Hydria, in: Hephaistos 4 (1982) S. 25–35 mit Anm. 44.

[44] Homer: Ilias 6, 87–92, 287–311; Burkert 1977, S. 222.

hölzerne Schiff gebaut, sie hat das hölzerne Pferd vor Troia erfunden; ein Vasenbild zeigt, wie sie ein Pferd aus Ton formt.[45] Insgesamt ist Athena der Inbegriff
der besonnen zugreifenden Intelligenz – Metis, die Klugheit, wird als ihre Mutter
genannt – und diese ist es, die sich in allem 'technischen' Verfahren bewährt. An
weiterer Spezialisierung scheinen Religion und Mythologie kaum interessiert zu
sein. Vielbewunderte technische Neuerungen wie die Entwicklung des Tunnel-
baus oder die Erfindung des Bronzehohlgusses im 6. Jahrhundert v. Chr. haben
keinen Reflex im Olymp gefunden, und die klassischen Bildhauer sind durch ihre
eigene Leistung berühmt, nicht durch einen Gott, auf den zu verweisen wäre. Keine Widerspiegelung im göttlichen Bereich finden auch jene notwendigen und lästigen Alltagspflichten, die man – fast definitorisch – den Frauen überläßt, Was-
serholen und Wäschewaschen; und doch sind eben diese Tätigkeiten auch im
Tempelkult zum Ritual geformt, ja als Fest gestaltet, 'Hydrophoriai' und 'Plynteria'.[46] Doch offenbar gilt auch hier: Göttinnen arbeiten nicht.

Die definitorische männliche Tätigkeit ist der Krieg – wie es auch die Waffen
unter den Grabfunden anzeigen. "Du geh ins Haus und besorge deine Arbeit: der
Krieg wird Sorge der Männer sein", so Hektor zu Andromache.[47] Es ist also fast
selbstverständlich, daß es einen Gott des Krieges gibt, den man sich bewaffnet
vorstellt, Ares im Griechischen, Mars in Rom.[48] Man erwartet Kampfeshilfe von
den Göttern, vorzugsweise den maskulinen wie Zeus, den Dioskuren oder Herakles. Daß der Mythos von bewaffneten Frauen erzählt, den Amazonen, ist die
phantastische Umkehrung, die die Regel bestätigt: *[169]* diese widernatürlichen
Ares-Verehrerinnen kommen vom Rande der Welt und sind nur da, um von den
Männern schließlich doch im doppelten Sinne übermannt zu werden.[49] Und doch
kommt es in diesem Bereich zu einer besonders auffallenden Asymmetrie: Weit
wichtiger und lebendiger für die Griechen als der plumpe Kriegsgott Ares, den
man sich gern bei den gleichfalls marginalen Thrakern denkt, ist die Göttin Athena, die jungfräuliche Tochter des Zeus, die regelmäßig mit Helm, Schild, Lanze
dargestellt wird; als Panzer trägt sie die furchterregende Aigis. Was die Gestalt
noch komplexer macht, ist, daß sie im Mythos so unweiblich wie nur möglich
dargestellt wird: sie ist nicht von einer Mutter geboren, sondern aus dem Haupt

---

45   LIMC II s. v. Athena, nr. 48. 'Töpfersegen' Homer: Vitae p. 212 Allen. Chalkeia: Deubner 1932,
    S. 35 f.
46   Deubner 1932, S. 17–22, 113.
47   Homer: Ilias 6, 490f.
48   Burkert 1977, S. 262–264; Latte 1960, S. 114–116. Scholz (wie Anm. 40). Weit verbreitet von den
    Hethitern und Syrern bis Ägypten und Griechenland, von der Bronzezeit bis in die frühe Eisenzeit
    ist ein Typ von Statuetten des 'Kriegergottes' mit geschwungener Waffe, Helm und Schild, vgl.
    Burkert 1975; H. Seeden: The standing armed figurines in the Levant, München 1980 (vermutet
    Fruchtbarkeitsbedeutung der Figuren).
49   Verwiesen sei auf P. Devambez: s. v. Amazones, in: LIMC I. W. B. Tyrrell: Amazons. A Study in
    Athenian Mythmaking, Baltimore 1984.

des Vaters Zeus entsprungen, sie ist unberührbare Jungfrau, die nie gebären wird.[50] Dies sind griechische Besonderheiten; Kriegsgöttinnen an sich aber, bewaffnete Göttinnen sind in der alten Welt geläufig. Schon im bronzezeitlichen Heiligtum von Mykene war eine Göttin mit Helm dargestellt.[51] Auch Hera von Argos ist eine kriegerische Göttin, an deren Fest ein heiliger Schild getragen wird. Auch die römische Iuno hat kriegerische Züge. Sogar Aphrodite tritt in Waffen auf, auch sie kann den Sieg verleihen.[52] Dies weist in den semitischen Osten: Auch Ischtar ist eine eminent kriegerische Göttin.[53] Bei den Hethitern/ Hurritern spielt Šauška eine vergleichbare Rolle, in Syrien 'Anat, bei den Ägyptern Sechmet.[54] Bei diesen Gestalten freilich wissen die Mythen nichts von der Klugheit der Athena zu erzählen, wohl aber von Wildheit und Blutdurst. Gemeinsam bleibt, daß gerade das angeblich männlichste Werk immer wieder einer weiblichen Macht unterstellt wird.

Eine vergleichbare Konstellation zeigt sich in einem weiteren Bereich: sie prägt die Struktur der Königsmacht wie das Selbstverständnis *[170]* von Stadtstaaten. Griechische Poleis haben mit Vorliebe Athena als Stadtgöttin verehrt, nicht etwa nur Athen, wo Athena einen Königstitel führt, *'Archegetis'*,[55] sondern ebenso z. B. Sparta, in Homers Ilias sogar Troia, entsprechend der realen Stadt Ilion.[56] Offenbar wird die Unberührtheit der Jungfrau mit der Uneinnehmbarkeit der Stadt gleichgesetzt: ein *'Palladion'*, ein Athena-Bild garantiert den Bestand der Stadt; erst als das Palladion geraubt war, konnte Troia erobert werden. Eine Stadt erobern, heißt in homerischer Metapher 'ihren Schleier lösen'.[57] In der hellenistischen Epoche ist Tyche, die Göttin des Glücks, zur neuen beliebten Stadtgöttin geworden; am berühmtesten war die Tyche von Antiocheia in Syrien. Auch Aphrodite, obschon nicht jungfräulich, kann Stadtgöttin sein, so natürlich in Aphrodisias in Karien. Überhaupt reicht die Ideologie der Stadtgöttin weit über Griechenland hinaus: Byblos hat seine Baalat, Karthago seine Tinit.[58] Nirgends bedeutet diese Suprematie einer Stadtgöttin etwas wie Matriarchat, stets ist die

---

[50] Burkert 1977, S. 220–225. Jungfräulichkeit und Unverwundbarkeit werden oft assoziiert, z. B. Aischylos: Agamemnon 245.

[51] Burkert 1977, S. 67, 80.

[52] Hera: Burkert 1972, S. 183 f.; bewaffnete Iuno Curitis in Tibur: Servius auctus: Aeneis 1, 17; Aphrodite: Nilsson 1967, S. 521, 5.

[53] Barrelet 1955; Winter 1983, S. 217–238; RIA V, S. 83 f.; 87–89; Graf 1984.

[54] Haussig: WM S. 179, 235–241, 393. S. E. Hoenes: Untersuchungen zu Wesen und Kult der Göttin Sachmet, (Diss. Münster) Brno 1976.

[55] J. H. Kroll: Hesperia Suppl. 20, 1982, S. 65–76; *archagétai* ist der Titel der Könige Spartas. Vgl. Nilsson 1967, S. 433–437.

[56] Vgl. Anm. 44.

[57] Homer: Ilias 16, 100.

[58] Meist 'Tanit' transskribiert, vgl. Der Kleine Pauly V, S. 855 f. s. v. Tannit. F. O. Hoidberg-Hausen: La déesse Tnt, Kopenhagen 1979.

Macht in den Händen der waffentragenden Männer, doch eine weibliche Macht gibt Orientierung, Zusammenhalt, Identität.

Ähnliches gilt weitum für die Machtkonzentration im einzelnen, im Monarchen. Für die Griechen ist Königtum marginal; doch fügen sich gerade Tyrannen in das Schema: Peisistratos läßt sich von Athena zur Herrschaft führen, die Sizilischen Tyrannen geben sich als Hierophanten von Demeter und Persephone.[59] Deutlicher und beständig ist der König von Paphos auf Cypern seiner 'Herrin' *(Wanassa)*, der Aphrodite, zugesellt.[60] Letztlich kommt die Tradition offenbar vom sumerischen Königtum; bei den Sumerern feierte der König die Heilige Hochzeit mit Inanna, der Großen Göttin.[61] Assurbanipal von Ninive hat sich als Schützling der Ischtar von Arbela, seiner 'Herrin *[171]* und Mutter' dargestellt.[62] Besonders eng ist in Ägypten das Verhältnis des Pharao zur Göttin Isis: er ist Horos, ihr Sohn, Isis aber bedeutet den Thron, an dem das Königtum haftet.[63] Ein Wandgemälde aus dem Palast von Mari am Euphrat aus dem 18. Jahrhundert v. Chr. zeigt, wie die Große Göttin, auf einem Löwen stehend, dem König Ring und Stab als Insignien seiner Herrschaft verleiht; das gleiche Motiv, die Göttin über den Löwen, die dem König den Stab entgegenreckt, zeigt das königliche Siegel aus dem minoischen Knossos.[64] Souveränität und Macht konzentrieren sich in einer Göttin, der König ist Herrscher von ihren Gnaden. Dies gilt nicht ausnahmslos – Hammurabi läßt sich auf seiner berühmten Gesetzes-Stele vom männlichen Sonnengott die Herrschaftszeichen übergeben –, aber die andere Konstellation ist doch erstaunlich fest etabliert und weit verbreitet. Auch sie hat, was kaum der Hervorhebung bedarf, nichts mit realem Matriarchat zu tun.

Schließlich sind als Machtträger, neben Heer, Stadt, König, auch Männerbünde überhaupt zu nennen. Gewiß, es gibt Männerbünde unter männlichen Göttern – die Mysterien des iranischen Mithras, die das weibliche Element ausschließen, sind ein Beispiel –;[65] aber die griechische Überlieferung präsentiert vor allem immer wieder Männerbünde, die einer 'Mutter' unterstehen; als Zentrum und Ausgangspunkt erscheint eine kleinasiatische Muttergottheit. Es gibt ekstatische Waffentänzer mit wechselnden Namen, *Kureten, Korybanten, Kyrbanten*; es gibt vor allem die berühmt-berüchtigten Eunuchenpriester, die *Galloi* der Agdistis von

---

[59] Herodot 1, 60; 7, 153.
[60] E. Schwyzer: Dialectorum Graecarum exempla epigraphica potiora, Leipzig 1923, Nr. 681, 2; 4. Vgl. Pindar: Pythie 2, 15–17.
[61] Vgl. Anm. 17.
[62] M. Streck: Assurbanipal III, Leipzig 1916, S. 748–750.
[63] H. Frankfort: Kingship and the Gods, Chicago 1948, S. 43 f.
[64] E. Strommenger: Fünf Jahrtausende Mesopotamien, München 1962, T. 165. Nilsson 1967, T. 18. Vgl. auch Medaillons von Zincirli, F. v. Luschan: Ausgrabungen in Sendschirli V, Berlin 1943, T. 46; Winter 1983, Abb. 503.
[65] R. Merkelbach: Mithras, Meisenheim 1984.

Pessinus.[66] Die kultische Selbstkastration ist ein Extremfall; aber Selbstverwundung mit ekstatischen Tänzen finden sich in verschiedenen Variationen von 'Mutter'-Kulten, die sich ausbreiten, bei der 'Syrischen Göttin' etwa oder bei 'Ma Bellona', die sich in ihrem Namen als 'Mutter' und als Herrin des Krieges darstellt. Man mag geneigt sein, von Perversion zu sprechen, *[172]* doch handelt es sich jedenfalls nicht um Einzelfälle; und gerade Extreme können gleichsam als Testfälle besondere Aufschlüsse liefern.

Es bleibt ein Bereich mit besonders ausgeprägter Asymmetrie, der hervorzuheben ist: die Jagd. Jagd ist weltweit mit verschwindenden Ausnahmen Männersache, und zwar in der Regel eine sehr prestigeträchtige Aufgabe der Männer.[67] Dies gilt auch in den antiken Kulturen: Auch wenn die Jagd nach der Vernichtung der mediterranen Wälder nur noch eine Nebenrolle spielen konnte, sie blieb ein nobler Sport; Könige wie Kaiser posierten als Jäger. Die Jagd aber untersteht bei Griechen wie Römern ausschließlich einer Göttin, Artemis, Diana; im Bild ist sie an Pfeil und Bogen kenntlich.[68] Artemis hat einen Zwillingsbruder, Apollon, doch dieser ist gerade kein Jagdgott. Die Konzeption einer Göttin der Jagd ist nicht universell; sie fehlt z. B. in Mesopotamien.[69] Immerhin ist das Bild der Göttin mit dem Bogen bereits in der mykenischen Epoche bezeugt,[70] es findet sich auch bei den Phrygern,[71] und die Westsemiten von Ugarit erzählen von der wilden göttlichen Jungfrau 'Anat, die den Jäger Aqhat erschlägt, um seinen Bogen zu gewinnen.[72] Artemis ist die Herrin der wilden Natur außerhalb von Siedlung und bebautem Feld; sie ist die Herrin der Tiere, *Potnia therôn*: sie ist zumal den Tierjungen liebevoll zugewandt und zürnt, wenn sie umkommen – bei den Menschen ist sie Geburtsgöttin –, und doch ist sie zugleich die Schlächterin, die jauchzend den Tod sendet. Für Artemis tut der Jäger sein Gelübde, ihr weiht er einen Beuteanteil nach der Jagd. Dabei scheinen besonders altertümliche rituelle Formen bewahrt, die Spätantikes bis an paläolithisches Brauchtum binden.[73]

Um zusammenzufassen: Die Geschlechterdifferenzierung der Götter im antiken Polytheismus zeigt erwartungsgemäß Reflexe der menschlichen Sozialordnungen, doch läßt sie sich nur zu einem sehr *[173]* begrenzten Teil in direkter Korrelation zu diesen begreifen. Es gibt die Familienstruktur, die Gatten- und Elternrolle mit Zeugen und Gebären; es gibt auch die Götter des männlichen und

---

[66] Burkert 1979, S. 99–122. Chapouthier 1935 behandelt einen ikonographischen Typ, der die Vertreter des Männerbundes unter dem Patronat einer Göttin darstellt.

[67] Vgl. die Beiträge in: R. B. Lee und I. DeVore: Man the Hunter, Chicago 1968.

[68] Burkert 1977, S. 234; Bruns 1929; L. Kahil, in: LIMC II, S. 618–753.

[69] RIA, s. v. Jagd, V, S. 234–238. Dagegen läßt sich die ägyptische Pfeilgöttin Neith 'die Schreckliche' mit Artemis assoziieren, Haussig: WM S. 379.

[70] LIMC II s. v. Artemis nr. 1.

[71] LIMC II s. v. Artemis nr. 109 a.

[72] Haussig: WM S. 241–244.

[73] K. Meuli: Gesammelte Schriften II, Basel 1975, S. 948–989, 1084–1090.

weiblichen Handwerks. Im übrigen aber ist die Arbeitswelt und damit auch die Arbeitsteilung zumindest in der uns zugänglichen Dokumentation nicht der entscheidende, prägende Faktor. Einer engeren Bindung der Götter an die Arbeitswelt steht nicht nur entgegen, daß die Götter als die 'leicht lebenden' in einer festlichen, nicht alltäglichen Existenz vorgestellt werden, sondern auch daß Arbeit im eigentlichen Sinn, als technische Intelligenz, manuelle Geschicklichkeit, Kraft und Ausdauer nach einem göttlichen Äquivalent kaum zu verlangen scheint. Was Götter geben, wozu man der Götter bedarf, ist gerade das, was man nicht technisch-handwerklich 'in der Hand hat': Gelingen, Ertrag, Erfüllung. Religiöse Erfolgserlebnisse spielen dabei eine nicht weiter ableitbare, zufällige, aber bestimmende Rolle: Ein Gott hat geholfen, und er wird weiter helfen; hat er sich einmal bewährt, wird er für möglichst vielerlei Funktionen herangezogen, auch wenn dies den Systematiker wie den Phänomenologen in Verlegenheit bringt. Ein Beispiel ist die Beschreibung der Göttin Hekate bei Hesiod: in so ziemlich allen Lebensbereichen hat sie, wird gesagt, einen 'Anteil'; wahrscheinlich handelt es sich um eine Familiengottheit, worauf der Name von Hesiods Bruder Perses weist.[74] Man muß dem individuellen Zufall sein Recht lassen und sollte nicht alles systematisch-allgemein abzuleiten versuchen.

Des Nachdenkens und der Erklärung bedarf aber doch die starke Asymmetrie, daß gerade in den spezifischen Tätigkeitsbereichen der Männer immer wieder eine weibliche Gottheit zu präsidieren scheint, von der Jagd über den Krieg und die Herrschaft bis zum Handwerk insgesamt, in anderer, eigentümlicher Weise auch in der Landwirtschaft.

Es gibt seit langem Versuche, durch historische Hypothesen die Asymmetrien aufzulösen: Man erschließt andersartige gesellschaftliche Organisationen, die in direkter Projektion jene Konstellationen hervorgebracht hätten, die als mythische *survivals* erhalten sind. Die herrscherliche und kriegerische Rolle von Göttinnen, auch die bewaffneten Amazonen sollten demnach auf ein prähistorisches *[174]* Matriarchat zurückweisen,[75] das Überwiegen weiblicher Gottheiten in der Landwirtschaft auf einen urtümlichen, den Frauen zufallenden Garten- oder Knollenfrüchtebau.[76] In der historischen Dokumentation scheint mir jeder Halt für diese Hypothesen zu fehlen, auch wenn ihre Faszinationskraft noch keineswegs erloschen ist. Es bleibt die Aufgabe, den Befund als strukturelle Notwendigkeit zu

---

[74] Hesiod: Theogonie 411–452.
[75] Die eindrucksvolle Theorie stammt bekanntlich von Bachofen. Zur Diskussion vgl. A. E. Jensen: Gab es eine mutterrechtliche Kultur?, in: Studium Generale 3 (1950) S. 418–433; Pembroke 1967, S. 1–35; Vidal-Naquet 1981, S. 267–288; J. Bamberger, in: Rosaldo u. Lamphere 1974, S. 263–280.
[76] So zuletzt ausführlich Schmidt 1955, S. 33–46. Widerlegt wurde die These durch die Ausgrabungen in Jericho, die Entdeckung des frühen Neolithikum mit Getreideanbau im 8. Jahrtausend v. Chr.

begreifen. Dabei sollte man sich meines Erachtens nicht in einem Spiel formaler Antithesen verlieren, sondern den Blick auf Realitäten bewahren; Anregungen einer verstehenden Psychologie sind nicht von der Hand zu weisen, auch wenn die Gefahr, unscharf erfaßtes Material durch eigene Projektionen zu gestalten und zu deuten, durchaus besteht.

Die Verehrung weiblicher Gottheiten durch Männergruppen scheint zunächst Anlaß, den Begriff der direkten Korrelation, der 'Widerspiegelung' durch den der Komplementarität zu ersetzen oder zu ergänzen: Es ist das Andere, das als göttliche Macht erfahren wird. Zu vermeiden freilich ist, dialektisch einen Widerspruch als Ausgangspunkt zu nehmen, aus dem sich rein logisch bekanntlich alles ableiten läßt.

Zunächst eine allgemeine Überlegung in historischer Perspektive: Konstituierend für Jagd und Krieg, zwei grundlegende 'männliche' Aufgaben, ist die Trennung von der häuslichen Basis, der Abschied von Frau und Kind. Man 'zieht aus'. Der Verzicht, die Trennung von der Frau kann im Ritus akzentuiert werden: Es gibt die Forderung der Keuschheit des Jägers, es gibt auch geschlechtliche Enthaltung vor der Schlacht. Damit ist realiter ein Bereich des 'Jungfräulichen' konstituiert, der in der jungfräulichen Göttin sein Gegenbild hat. Dazu kommt als Motivation für Jäger wie Krieger der Appell an die Rückkehr zu den Frauen, an die Verpflichtung, für Weib und Kind zu jagen oder zu kämpfen: Es ist ein weiblicher Wille, der über die eigene Lust und Laune hinaus vorantreibt. Dies wiederum gibt dem *[175]* Bild der großen Göttin Überzeugungskraft. Verzicht steigert die Bereitschaft zur Aggression: auch dies geht ins Bild der Göttin ein.[77] So lassen sich eben die Verzerrungen der Symmetrie von Männlich und Weiblich im Götterbild aus diesen Spannungen, die menschliche Existenz seit ältester Zeit geprägt haben, verstehen: Die Göttin ist nicht einfach 'Frau', sondern jungfräulich-unzugänglich, aufreizend und grausam, insofern unweiblich bei aller Weiblichkeit, und daran steigert sich im Gegenzug die männliche Kraft der Männer. Der Unterschied von Artemis und Athena innerhalb des Griechischen – lieblich-herausfordernd die Jagdgöttin, eher abweisend, asexuell die Kriegsgöttin – dürfte mit dem Gegensatz von Sport und Ernst zusammenhängen; der Krieger ist in ganz anderer Weise persönlich gefährdet, hier wird Verzicht und Kraft härter und düsterer gezeichnet.

Wenn man diese Überlegung für plausibel hält, insofern sie von der ältesten, fundamentalen Arbeitsteilung der menschlichen Gesellschaft ausgeht, kann man auch die Unterordnung von Männerbund, Herrscher, Stadt als Exponenten kriegerischer Macht unter eine Göttin davon herleiten. Man kann freilich auch die strukturelle Antithese sehen, daß eben das konträre Geschlecht der Gottheit die reale Souveränität des Männlichen bestätigt. Dazu können psychologische Beobach-

---

77   Burkert 1972, S. 72–79.

tungen über männliche Sehnsüchte und Ängste treten, Geborgenheitsbedürfnis, Entlastung von Super-Männlichkeit, Unterwerfung um der Überlegenheit willen und dergleichen. Aus der Vielzahl möglicher Erklärungen wird man kaum generell, sondern nur im jeweiligen Einzelfall diejenige auswählen können, die die deutlichste und umfassendste Erhellung verspricht.

Auf jeden Fall ist der Macht der – wie immer zustandegekommenen – historischen Tradition Rechnung zu tragen. Es ist offensichtlich, daß der Kult einer Großen Muttergöttin in Anatolien etwas sehr Altes ist. In verblüffender Weise haben dies die Funde aus der neolithischen Stadt Çatal Hüyük gezeigt, um 6000 v. Chr.: in 'Heiligtümern', über Totengebein und aufgestelltem Stiergehörn, eine gebärende Göttin; auch die Statuette einer gebärenden Göttin, die zwischen zwei Raubtieren thront, ganz wie Jahrtausende später die Göttin Kybele.[78] Weiter zurück bis ins Jungpaläolithicum weisen die *[176]* sogenannten Venus-Statuetten: man ist sich heute einig, daß nicht einfach jede dieser Statuetten als Bild einer Muttergöttin, gar 'der' Magna Mater zu gelten hat, auch wenn positive Deutungen unsicher bleiben; bestehen aber bleibt die Tatsache, daß es fast immer weibliche Figuren sind, die man hergestellt hat, und daß es hierin Kontinuitäten gibt vom Paläolithicum bis zu den Hochkulturen.[79] Die Anfänge liegen in Jägerkulturen, die zweifellos männlich bestimmt waren.

Für die Interpretation geraten wir, je weiter wir zurückgehen, vom *obscurum* zum *obscurius*. Doch dies zumindest ergibt sich, daß im Bereich der Religion und speziell der Götter- oder vielmehr Göttinnen-Vorstellung es überaus alte und zähe Traditionen gibt, die Hunderte von Generationen überspannen; dies besagt zugleich, daß diese sich den rasch wechselnden wirtschaftlichen und gesellschaftlichen Veränderungen nicht eilfertig anpassen, wie sie auch von diesen nicht kurzfristig erzeugt werden. Das einzige 'Handwerk' mit strikter Geschlechtertrennung, das Zehntausende von Jahren lang in Geltung war, ist die Jagd, deren Besonderheit zudem der Umgang mit dem Tode ist. Es gibt vielleicht gangbare Wege, in schamanistischem Ritual um 'Jagdzauber', um die Gewinnung der Lebensfülle von einer sexuell potenten Mutter der Tiere sehr altertümliche Vorstellungen und Praktiken zu fassen,[80] was dann verwandelt auch in die Besänftigungsriten der Ackerbaugottheiten eingegangen ist. Doch gerät man dabei sehr leicht über die Grenzen des Beweisbaren hinaus. Es bleibt die biologische Gewißheit, daß der Mensch, auch als denkende, handelnde, gestaltende, verantwortliche Person sich als Glied einer Kette erkennt, die aus fernster Vergangenheit zu ihm reicht, ja genau besehen nur als Halbglied dieser Kette, sei es männlich oder

---

[78] J. Mellaart: Çatal Hüyük, Stadt aus der Steinzeit, Bergisch Gladbach 1967.

[79] Vgl. Helck 1971, S. 13–70. Unkritisch verallgemeinernde Studien zur 'Magna Mater': Neumann 1956; James 1959.

[80] Ein Vorstoß in dieser Richtung: H. P. Duerr: Sedna oder die Liebe zum Leben, Frankfurt a. M. 1984.

weiblich; es kommt mehr von der Lebenswirklichkeit als von der Arbeitswelt, wenn die Götter auch an dieser Bestimmung Anteil haben. *[177]*

Literatur

ANET: J. B. Pritchard (Hrsg.): Ancient Near Eastern Texts Relating to the Old Testament, Princeton [3]1955.

ARV[2]: J. D. Beazley: Attic Red-figure Vase-painters, Oxford [2]1963.

LIMC: Lexicon iconographicum mythologiae classicae, Bd. I/II, Zürich und München 1981–1984.

RAC: Reallexikon für Antike und Christentum, hrsg. v. Th. Klauser, Stuttgart 1941 ff.

RE: Realencyclopädie der classischen Altertumswissenschaft, Stuttgart 1893–1980.

RIA: Reallexikon der Assyriologie, Berlin 1932 ff.

WM: H. W. Haussig (Hrsg.): Wörterbuch der Mythologie I, Stuttgart 1965.

Bachofen, J. J.: 1861: Das Mutterrecht, Basel (auch in: Gesammelte Werke II/III, Basel 1948).

Barrelet, M. Th.: 1955: Les déesses armées et ailées, in: Syria 32, S. 222–260.

Binder, G.: 1973: s. v. Geburt, in: RAC IX, S. 36–217.

Brunner, H.: 1964: Die Geburt des Gottkönigs, Wiesbaden.

Bruns, G.: 1929: Die Jägerin Artemis, (Diss.) Bonn.

Burkert, W.: 1972: Homo Necans. Interpretation altgriechischer Opferriten und Mythen, Berlin.

– 1975: Rešep-Figuren, Apollon von Amyklai und die 'Erfindung' des Opfers auf Zypern, in: Grazer Beiträge 4, S. 51–71 (= Kleine Schriften, Band VI, 21–42).

– 1977: Griechische Religion der archaischen und klassischen Epoche, Stuttgart.

– 1979: Structure and History in Greek Mythology and Ritual, Berkeley.

– 1984: Die orientalisierende Epoche in der griechischen Religion und Literatur, Heidelberg.

Calame, C.: 1977: Les chœurs de jeunes filles en Grèce archaïque, Rom.

Cameron, A. und Kuhrt, A. (Hrsg.): 1983: Images of Women in Antiquity, London.

Chapouthier, F.: 1935: Les Dioscures au service d'une déesse, Paris.

Contenau, M.: 1914: La déesse nue babylonienne, Paris.

Deubner, L.: 1932: Attische Feste, Berlin.

Devereux, G.: 1982: Femme et mythe, Paris.

Dieterich, A.: 1905: Mutter Erde, Leipzig.

Farnell, L. R.: 1904: Sociological Hypotheses Concerning the Position of Women in Ancient Religion, *[178]* in: Archiv für Religionswissenschaft 7, S. 70–94.

Friedrich, P.: 1978: The Meaning of Aphrodite, Chicago.

Göttner-Abendroth, H.: 1980: Die Göttin und ihr Heros. Die matriarchalen Religionen in Mythos, Märchen und Dichtung, München.

Graf, F.: 1984: Women, War and Warlike Divinities, in: Zeitschrift für Papyrologie und Epigraphik 55, s. 245–254.

Hadzisteliou-Price, T.: 1978: Kourotrophos, Cults and Representation of Greek Nursing Deities, Leiden.

Helck, W.: 1971: Betrachtungen zur Großen Göttin und den ihr verbundenen Gottheiten, München.

James, E. O.: 1959: The Cult of the Mother-Goddess, London.

Kühne, H.: 1978: Das Motiv der nährenden Frau oder Göttin in Vorderasien, in: Studien zur Religion und Kultur Kleinasiens. Festschrift K. Dörner, Leiden, S. 504–515.

Latte, K.: 1960: Römische Religionsgeschichte, München.

Lefkowitz, M. R.: 1982: Women's Life in Greece and Rome. A Source Book in Translation, London.

Neumann, E.: 1956: Die große Mutter, Zürich (The Great Mother, New York 1955, ^{2}1963).

Nilsson, M. P.: ^{3}1967: Geschichte der griechischen Religion, Bd. I, München.

Pembroke, S.: 1967: Women in Charge. The Function of Alternatives in Early Greek Tradition and the Ancient Idea of Matriarchy, in: Journal of the Warburg and Courtauld Institutes 30, S. 1–35.

Peradotto, J. und Sullivan, J. P. (Hrsg.): 1984: Women in the Ancient World. The Arethusa Papers, New York (mit: Selected Bibliography on Women in Classical Antiquity, by S. B. Pomeroy, S. 343–372).

Pomeroy, S. B.: 1975: Goddesses, Whores, Wives, and Slaves. Women in Classical Antiquity, New York.

Renard, M.: 1964: Hercule allaité par Junon, in: Hommages à J. Bayet, Brüssel, S. 611–618.

Rosaldo, M. Z. und Lamphere, L. 1974: Women, Culture and Society, Stanford.

Schmidt, W.: 1955: Das Mutterrecht, Wien-Mödling.

Slater, Ph. E.: 1968: The Glory of Hera, Boston.

Stengel, P.: 1910: Das Geschlecht der Opfertiere, in: Opferbräuche der Griechen, Leipzig.

Tran tam Tinh, V. und Labrecque, Y. [179]: 1973: Isis Lactans, Leiden.

Vidal-Naquet, P.: 1981: Esclavage et gynécocratie dans la tradition, le mythe, l'utopie, in: Le chasseur noir, Paris, S. 267–288.

Winter, U.: 1983: Frau und Göttin: Exegetische und ikonographische Studien zum weiblichen Gottesbild im alten Israel und in dessen Umwelt, Fribourg.

Erschienen in: F. Stolz, Hg., Religion zu Krieg und Frieden, Zürich 1986, 67–87.

8. Krieg, Sieg und die Olympischen Götter der Griechen

‹Friede auf Erden› ist die Verkündigung der Engel zu Weihnachten; in der Frie-densbewegung der letzten Jahre spielte und spielt die christliche Kirche eine we-sentliche Rolle, sie hat dem Prophetenwort ‹Schwerter zu Pflugscharen› wieder Aktualität verliehen; es gibt eine internationale Organisation ‹Religionen für den Frieden›, an der auch die Schweiz beteiligt ist. Daß Religion auf Frieden aus sei, daß sie da sei, den Frieden zu verkünden und zu fördern, steht für die Öffentlich-keit weithin außer Frage.

Dem sei zunächst ein altorientalisches Zeugnis gegenübergestellt, eine In-schrift des Königs Samsuiluna von Babylon, Nachfolger Hammurabis (1749–1712 v.Chr.). Die Inschrift stammt aus der mesopotamischen Stadt Kisch und nimmt auf diese Bezug.[1] Ich gebe sie verkürzt: Gott Enlil, dessen Herrschaft groß ist unter den Göttern – der eigentliche Hauptgott –, der die Geschicke be-stimmt, wendet sich an Sohn und Tochter, die Götter Zababa und Ischtar; die Stadt Kisch zur bevorzugten Götterwohnung, zu ihrem kostbaren Aufenthaltsort zu machen, hat er beschlossen; mit freudiger Miene spricht er das gute Wort zu ihnen: ‹Samsuiluna, der wackere, rastlose – ihr sollt sein glänzendes Licht sein: tötet seine Feinde, gebt seine Gegner in seine Hand, er soll die Mauer der Stadt Kisch erbauen, in reiner Wohnung darin soll er euch wohnen lassen›. Zababa und Ischtar sind hoch erfreut über das Wort des Vaters, sie ergreifen die Hand des Samsuiluna und sprechen jauchzend das Wort: ‹Samsuiluna, Same der Götter, Gott Enlil hat dein Geschick groß gemacht; wir gehen an deiner Seite, wir töten deine Feinde, wir geben deine Gegner in deine Hand, Du aber erbaue die Mauer der Stadt Kisch; über alles hinaus, was da war, erhebe sie›. Samsuiluna hört das Wort der Götter, er vertraut sehr auf Zababa und Ischtar, er rüstet seine Waffen, um die Feinde zu töten, er zieht aus, er erschlägt den König von Larsa, vernichtet die Rebellen, nimmt einen weiteren König, der auf ihn nicht hört, gefangen und läßt sein Leben vernichten, er bringt die Gesamtheit *[70]* des Landes Sumer und

---

[1] Transkription und Text der ‹Inschrift C› des Samsuiluna bei R. Borger, Babylonisch-Assyrische Lesestücke, Rom 1979[2], I 52 f., II 316 f.; Bearbeitung von F. Sollberger Revue d'Assyriologie 63, 1969, 29–40; französische Übersetzung: F. Sollberger, J. R. Kupper, Inscriptions royales sumé-riennes et accadiennes, Paris, 1971, 223–226.

Akkad zum Gehorsam, läßt die 4 Weltgegenden nach seinem Gebot wohnen; und so erbaut Samsuiluna die Stadt Kisch, über alles hinaus, was da war. Ihm schenken Zababa und Ischtar Frieden und Leben, das so lange währt wie Mond und Sonne.

Was also tut ein frommer König, der aufs Wort der Götter hört und ihnen vertraut? Er beginnt einen Krieg – ein weiterer Kriegsgrund wird nicht angegeben, nur daß ‹Feinde› da waren, wird festgestellt –; er vernichtet Städte und vergießt das Blut von Königen – und von vielen anderen, ungenannten Menschen –, und so wird im Glanz die ‹reine und gute› Wohnstätte der Götter erbaut. Blendet man die Götter einmal aus, so sieht das ganze so aus: ein König stellt fest, daß er Feinde hat, darum fängt er Krieg an, fällt über seine Nachbarn her, vergießt Blut und vollbringt große Taten, gewinnt damit reiche Beute und baut davon schließlich Tempel für die Götter, womit er den Anspruch erhebt, sein Krieg und Sieg sei Wille eben dieser Götter gewesen. Bestehen bleibt der Göttertempel mit dem auf Dauer angelegten, aufwendigen, wirtschaftlich wichtigen Opferkult der davon lebenden Priester; seine Voraussetzung ist der Krieg des Königs, der vom direkten Auftrag der Götter zu wissen behauptet. Die auf Gewalt gegründete Herrschaft sakralisiert sich nachträglich in der Religion; die institutionalisierte Religion wächst aus dem Krieg der Mächtigen. Wir pflegen dabei von einer frühen Hochkultur zu sprechen.

Es ist nicht zu leugnen: dergleichen ist uns nicht fremd. Im Bayerischen Kirchengesangbuch, das ich in meiner Jugend in der Hand hatte, war zum Choral ‹Nun danket alle Gott› ausdrücklich vermerkt, daß dieser auf dem Schlachtfeld von Leuthen, 1757, gesungen wurde, als das preußische Heer unter Friedrich II. die Österreicher vernichtend geschlagen hatte. Ich bin überzeugt, die Anmerkung war gleichsam als zusätzlicher Glockenklang gemeint, erhabene Gefühle zu wecken, und nicht etwa als Anregung, gegen den Strich zu denken und zu fragen, wer denn damals unter den Christen auf dem Schlachtfeld Anlaß hatte, Gott zu danken und wer nicht. Gott ist auf der Seite der Sieger: *victrix causa deis placuit*, hat der römische Dichter Lucan formuliert (1, 128) – dabei ist er überzeugt, daß die unterlegene Sache die bessere war.

Auch bei den Griechen gibt es genügend Zeugnisse, wonach *[71]* gerade im Krieg und im Sieg die Götter ihre Macht am deutlichsten offenbaren, sodaß der Krieg als Prüfstein, ja gar als Fundament der Religion erscheinen kann; den Zentren der Religion, den Tempeln, kann eben die Erinnerung an Krieg und Sieg den auffälligsten Glanz verleihen. Zunächst eine Inschrift:[2] «Durch folgende Götter siegen die Selinuntier: durch Zeus siegen wir und durch den Schrecken und durch Herakles und durch Apollon und durch Poseidon und durch die Tyndariden (=

---

[2] Inscriptiones Graecae XIV 268; W. M. Calder III, The Inscription from Temple G at Selinus, Duke University 1963; Z. 100 TO DIO[S ist als *toû Diós* aufzufassen (anders Calder).

Dioskuren) und durch Athena und durch (Demeter) Malophoros und durch Pasi-
krateia (die All-Überwältigende) und durch die anderen Götter, durch Zeus aber
am allermeisten. Nachdem Freundschaft zustande kam, soll dies in Gold getrieben, die Namen eingemeißelt und das ganze im Apollontempel aufgestellt werden, mit der Aufschrift: (dies gehört) dem Zeus. Das Gold soll 60 Talente betra-
gen»; das sind immerhin anderthalb Tonnen Gold. Man läßt sich den Dank an die
Götter etwas kosten, man kann es sich leisten. Die stolze Inschrift stammt aus der
Zeit um 413, als die Selinuntier im Bund mit den Syrakusanern das Heer der
Athener vor Syrakus vernichtet hatten – wir kennen durch Thukydides auch die
andere Seite, das Grauen der Gefangenen in den Steinbrüchen von Syrakus. Der
Apollontempel in Selinus ist der größte, der sog. Tempel G, Sizilienreisenden
wohl bekannt. Daß hier auch sein Vater Zeus geehrt wird, dagegen kann Apollon
nichts einzuwenden haben. Ironie der Geschichte: der gigantische Tempel ist nie
fertig geworden; wenige Jahre später, im Jahre 409, kam der Gegenstoß der Kar-
thager, Selinus wurde zerstört; halb ausgemeißelte Säulentrommeln des Apollon-
tempels sind heute noch im Steinbruch unweit von Selinus zu besichtigen.

Man kann sich auf die Hilfe der Götter im Krieg nicht verlassen; umso mehr
sucht man sich ihrer auf jede Weise zu versichern, denn bei den Göttern liegt die
Vollendung. Seit je hat man geglaubt, daß die Götter die Schlachten entscheiden,
hat ihnen entsprechende Gelübde getan und Dankopfer abgestattet; man hat Beutewaffen den Göttern geweiht, die Tempel mit Waffen geschmückt. Nach dem
großen Perserkrieg beschlossen die Griechen, den Zehnten der Beute dem Gott
von Delphi, Apollon, zu weihen, dazu auch Zeus und Poseidon (Hdt. 9, 81), – ein
Rest des delphischen Weihgeschenks, *[72]* die sog. Schlangensäule, steht heute
noch in Istanbul –; darüber bestand Konsens: der Gott hat geholfen, der Gott hat
Anspruch auf Dank, und dies geht allem anderen vor. «Nicht wir haben dies zu-
standegebracht, sondern die Götter und die Heroen», läßt Herodot den Themistokles nach der Schlacht von Salamis sagen (8, 109). Not lehrt beten, sagt das
Sprichwort: Krieg macht fromm. An der ‹heiligen Straße› von Delphi stehen nebeneinander und gegeneinander die Monumente der griechischen Siege, Siege
von Griechen über Griechen: Argiver gegen Spartaner, Spartaner gegen Athener,
Thebaner gegen Spartaner, Aigospotamoi, Leuktra ... «der Ausdruck des Dankes
an den Gott wird hier zur drohenden Kriegsfanfare», formuliert Kirsten;[3] Plutarch
hat noch weit schärfer gesagt, diese Siegesmonumente im Heiligtum seien kein
geringerer Skandal als das Bild einer Hetäre, das auch zu sehen war (De Pythiae
oraculis 401 C). Götter sind Opportunisten: sie sind immer auf der Seite des Sie-
ges und profitieren von jedem Krieg. Delphi steht keineswegs allein. Man denke
an die Nike des Paionios in Olympia, an die Nike aus dem Heiligtum von Samo-

---

[3]   E. Kirsten, W. Kraiker, Griechenlandkunde, Heidelberg 1967[5], 255.

thrake. Erst recht waren die römischen Tempel fast durchweg Monumente römischer Siege, Erfüllung von Gelübden in Schlachten, die gewonnen wurden.

Hilfe kommt von den Göttern: die Gegenwart göttlicher Kampfhelfer wird nicht selten wie ein direktes Erlebnis geschildert, als göttliche Epiphanie. So Archilochos, der archaische Jambendichter, über einen Krieg der Nachbarinseln Paros und Naxos: ‹Ihnen trat Athena in der Schlacht freundlich strahlend zur Seite, die Tochter des gewaltig donnernden Zeus, sie trieb ihr Herz an …› (Fr. 94 West). Von der Akropolis leuchtete zuhöchst die vergoldete Lanzenspitze der Athena Promachos, der ‹Vorkämpferin›. Anderswo erkannte man die Dioskuren, die göttlichen Reiter, die rettend zu Hilfe kommen und in den Kampf eingreifen. So ist früh schon der Dioskurenkult ans römische Forum gekommen: an der Iuturna-Quelle sah man die Dioskuren nach der Schlacht ihre Pferde tränken. Übrigens hat ja auch beim schließlichen Sieg des Christentums zwei Mal die göttliche Kampfeshilfe eine entscheidende Rolle gespielt, für Konstantin an der Milvischen Brücke – ‹in diesem Zeichen siege› – und dann bei dem Sieg Chlodwigs über die [73] Alemannen, der die Christianisierung, Katholisierung des Frankenreiches nach sich zog.

In besonderer Weise ist für die Griechen die sieghafte Kraft des Göttlichen in Herakles verkörpert, der den ‹schönen Sieg› schlechthin im Beinamen trägt, Herakles Kallinikos. Darum legten die zeusentsprossenen Könige Wert darauf, von Herakles abzustammen, Herakliden zu sein. Dies galt vor allem für die Könige von Sparta, dann aber auch für die Könige von Makedonien; Alexander der Große freilich, der gewaltigste Sieger, hat sich damit nicht mehr begnügt, er ließ sich gerne sagen, daß er direkter Sohn des Zeus sei, des Zeus Ammon: solch ein unerhörter Siegeszug kann nur göttlichen Ursprungs sein. An Alexander knüpft dann der hellenistische Herrscherkult an: Wenn es denn die auf Gewalt und Sieg gegründete Macht ist, die kultischen Respekt erheischt, dann besteht aller Grund, sich der konkreten politisch-militärischen Macht direkt zu beugen. Hier sind die ‹Sieger› und ‹Retter› gegenwärtig, sind ‹offenbare› Götter: Seleukos Nikator, Ptolemaios Soter, Antiochos Epiphanes.

Dabei ist nicht zu übersehen, daß das Kriegerisch-Militärische gerade in der griechischen Kultur eine besondere Dimension gewonnen hat. Das grundlegende literarische Werk, welches das Selbstverständnis und Weltverständnis der Griechen in unerhörtem Ausmaß geprägt hat, ist ein Kriegsgedicht, ein heroisches Epos, eben die Ilias Homers. Ein Wort für ‹Kampf› scheint ‹Freude› zu sein, *chárme*, und der kampfesfrohe Heros ist in diesem Text vorgezeichnet; vor allem der unwiderstehliche und doch vom frühen Tod überschattete Achilleus wird zur griechischen Idealfigur schlechthin. Von der Literatur zur Realität der Gesellschaft: zur Eigenprägung der griechischen Kultur als Stadtkultur, Poliskultur trug eine damals neue Kampfesweise Entscheidendes bei, die ‹Hoplitentechnik›, die ‹Schlachtreihe› der Schwerbewaffneten – wie boshaft doppeldeutig die deutsche

Schulübersetzung von *phálanx*, *acies* als ‹Schlachtreihe› ist, wurde im Gymnasialunterricht nicht immer realisiert -. Dies ist eine Kampftechnik, die einen Höchsteinsatz des einzelnen in Selbstkontrolle und kollektiver Solidarität erfordert: jeder muß sich auf seinen Nebenmann verlassen können. Lange war diese Technik jeder anderen Kampfesweise überlegen, *[74]* doch forderte sie ungeheure Opfer, wenn gleich tapfere ‹Schlachtreihen› aufeinander trafen; von Tausenden, wenn nicht Zehntausenden von Gefallenen ist die Rede. Eben die Solidarität der ‹Schlachtreihe› aber ist aufs engste verbunden mit der Entwicklung zur Demokratie, zur Gleichberechtigung einer breiten Oberschicht, zur gemeinsamen Beschlußfassung in Rat und Volksversammlung. Es ist nicht mehr nur der König, der sich aufs persönliche Wort der Götter berufen kann, um zu kriegen und zu siegen, sondern die Gesamtheit der Bürger. Eben im Zusammenhang damit wird bei den Griechen, seit Tyrtaios, das ‹Vaterland› entdeckt, die Heimaterde, *gê patrís*, *pátra*, lateinisch dann als *patria* übersetzt: dies ist die Grundlage, die man nicht preisgeben kann, ohne seine Identität zu verlieren; für sie zu fallen ist ‹schön›, *kalón* – Horaz hat das mehr als problematische *dulce* hinzugefügt, *dulce et decorum est pro patria mori* (c. 3, 2, 13). Alles dies gehört zu der nicht mehr ‹frühen›, sondern reifen Hochkultur der klassischen Antike. Auch die ‹väterliche Erde› wird als Göttin beschworen.

Und doch gibt es von Anfang an die andere, der Militarisierung zuwiderlaufende Tendenz, es gibt die Vernunft, die eine Schönfärberei des Krieges nicht zuläßt. Das Bild vom ‹kampfesfrohen› Heros müßte zum Zerrbild des Menschlichen werden, wenn es allein gültig wäre. Der griechische Kriegsgott ist Ares, wohl ein sehr alter Name, ein sehr alter Gott; und wer wollte seine Macht bestreiten. Und doch ist Ares bei den Griechen alles andere als ein vielverehrter Gott: es gibt kaum Ares-Tempel und Ares-Feste in Griechenland, man opfert ihm nur notgedrungen von Fall zu Fall; in Athen ist erst in der Zeit des Augustus ein alter Tempel als Ares-Tempel auf die Agora versetzt worden, dem ‹Mars Ultor› des Princeps zuliebe. Der Mythos erzählt von einem Sohn des Ares, Kyknos, der jeden erschlug, dessen er habhaft werden konnte, um seinem Vater einen Tempel aus Menschenschädeln zu erbauen: selbst wenn dies im Sinne des Ares war, dieser Kyknos ist ein Monstrum, und Herakles hat ihn beseitigt. Allenfalls die Randvölker sieht man als besondere Ares-Verehrer, die Thraker, die Amazonen, um sich von ihnen abzusetzen. Mit dem römischen Mars steht es übrigens anders, er ist ein römischer Hauptgott; freilich ist er mehr als nur der Gott des Krieges. *[75]*

«Am verhaßtesten bist du mir von den Göttern, die den Olymp bewohnen», sagt in der Ilias Zeus zu Ares, seinem Sohn; «immer ist dir Streit lieb und Kriege und Schlachten» (Il. 5, 890f). Dies ist Urteil aus höchstem Munde; was ‹den Göttern lieb› ist, ist alles andere als Krieg. Ares heißt, mit seinen typischen Beinamen, der ‹Menschenverderber›, der ‹Meuchelmörder› verbunden mit ‹vielen Tränen›, ‹Stöhnen›, ‹Untergang›. Zum Glück ist Ares auch ein wenig ein Tolpatsch, dem man es gönnt, wenn er zu Boden fällt, brüllt, ja gar verwundet wird. Aber immerhin, die Heroen sind ‹Gefolgsleute des Ares›, sind sie doch in den Krieg gezogen; und was wären sie ohne diesen?

Gegenspielerin des Ares in der Ilias ist Athena. Auch sie ist eine gewaltige Kampfhelferin, gerade sie stellt man sich immer mit Helm, Schild und Speer vor, sogar als ‹Jungfrau› im Parthenon trägt sie ihre Waffen; aber bei ihr ist der Kampf von Klugheit gelenkt. Sie hält Achilleus zurück, als er in blinder Wut losschlagen will; sie hat als besonderen Liebling den klugen Odysseus. In der Odyssee ist es Athena, die immer wieder die Handlung zugunsten ihres Schützlings vorantreibt, und am Schluß wird sie zur Friedensstifterin: Zeus hat ja beschlossen, daß Odysseus heimkehren und Rache an den Freiern nehmen soll, jetzt aber, da dies geschehen, wollen die Götter ‹Vergessen› der Mordtaten schaffen, eine erste ‹Amnestie›: «Sie sollen miteinander Freundschaft halten, wie vorher, Reichtum und Friede soll zur Genüge vorhanden sein» (Od. 24, 484–6); so ruft denn Athena laut beim letzten Treffen mit den Verwandten der Freier: «Laßt ab vom schmerzhaften Krieg, ihr Leute von Ithaka» (24, 531), und sie selbst bringt den Friedensschluß zuwege, die Eide (hórkia), «dem Mentor gleichend an Gestalt und Stimme» – so der letzte Vers der Odyssee (24, 548). Frieden also ist, was die Götter wollen, nicht Krieg um Krieg oder Rache um Rache; für Frieden sorgen Zeus und seine helläugige Tochter; und mit dem Frieden zusammen geht der Reichtum, Plutos (Od. 24, 486).

Die bedeutendste Darstellung des ‹Friedens› in der griechischen Literatur ist die Komödie ‹Der Frieden› des Aristophanes, aufgeführt im Frühjahr 421 nach 10 Jahren Peloponnesischem Krieg – die Friedensfreude war verfrüht, wie wir im nachhinein wissen, der *[76]* Krieg kam wieder. Der Held des Stückes ist der attische Weinbauer Trygaios: wenn Trygaios nur zum Himmel aufblickt, fängt er an zu schelten auf Zeus, der durch den nicht endenden Krieg ganz Griechenland ruiniert; aber er läßt es damit nicht bewenden, sondern faßt einen tollkühnen Plan, er fliegt auf einem Mistkäfer zum Himmel, um nach dem Rechten zu sehen. Dort erfährt er, daß die Götter gar nicht mehr zu erreichen sind, sie haben sich in die hintersten Zellen des Himmels zurückgezogen aus Zorn über die Griechen, aus Ärger über den Krieg: während sie, die Götter, immer wieder Friedensverträge, *spondaí*, zustandebringen wollten, haben die Griechen sich immer wieder für den Krieg entschieden. Jetzt haust der Krieg, der *Pólemos*, im Olymp, und er ist soeben dabei, in seinem Mörser die griechischen Städte eine nach der anderen zu zerstampfen. Zum Glück ist auch er ein Tolpatsch; seine Mörserkeulen sind ihm soeben zerbrochen – die ärgsten Kriegstreiber in Athen und Sparta, Kleon und Brasidas, sind eben gefallen –; so besteht die Chance, in aller Eile die Friedensgöttin, *Eiréne*, auszugraben, sie aus der Höhle, in der Polemos sie eingesperrt und verschüttet hat, frei zu bekommen; dies leisten denn die Menschen zur allgemeinen Freude, wenn auch zum Verdruß der Rüstungsindustrie.

Die Götter also mögen den Krieg nicht, bei Aristophanes so wenig wie bei Homer; was sie von sich aus anbieten, sind die *spondaí*, die Trankopfer, mit denen man einen Vertrag besiegelt und beschwört; auch dies ist wie in der Odyssee. Die Menschen sind es, die sich immer wieder für den Krieg entschieden haben, an den Menschen ist es auch, durch gemeinsame Anstrengungen den Frieden wieder möglich zu machen. *Eiréne*, der Frieden, ist ein göttliches Wesen; es ist wunderbar, wenn diese Göttin den Menschen zugewandt bleibt; aber sie hat offenbar nicht die Macht, sich selbst durchzusetzen, und die Götter, die Seligen, unternehmen von sich aus nichts Entscheidendes zu ihren Gunsten.

Knapp 50 Jahre später, 375 v. Chr., hat der Bildhauer Kephisodotos eine berühmte Statue der Eirene, der Friedensgöttin geschaffen; nach jahrzehntelangen Kriegen hin und her hatte man wieder einmal die Hoffnung geschöpft, es lasse sich eine gesamtgriechische Friedensordnung finden und durchsetzen. Die Friedensgöttin *[77]* stand auf der Athener Agora und erhielt Opfer. Eirene trägt auf ihrem Arm den Plutos-Knaben, den Reichtum, mit seinem Emblem, dem Füllhorn: mit dem Frieden komme der Reichtum zur Genüge, wie schon die Götter der Odyssee es meinten. Die Statue blieb berühmt, Kopien sind erhalten; doch die Kriege politisch zu überwinden, ist den Griechen nicht gelungen. Selbst theoretische Überwindung schien nur möglich, indem man den gemeinsamen Kampf gegen Persien proklamierte. Es dauerte noch Jahrhunderte, bis die Römer mit eiserner Faust ihre recht eigene Art des Friedens auch in Griechenland zur Geltung brachten.

Die Götter sind für den Frieden, doch in merkwürdig distanzierter Weise. Den Frieden zu verwirklichen ist Sache der menschlichen Vernunft, wie denn alle Menschen im Grund den Frieden aufs innigste ersehnen. Die Götter bieten die Zeremonie der *spondaí*, sie sind insofern präsent bei allen Verträgen; aber sie haben dabei eigene Interessen, und sie drohen, wenn verletzt, ihrerseits mit Krieg und Vernichtung. Sieht man auf die realen Verfahren der griechischen Stadtstaaten, so findet man in der Tat die religiös ausgeformten und garantierten *spondaí* mit Göttereiden. Es gibt auch speziell deklarierte Formen des Gottesfriedens für die großen gesamtgriechischen Feste, für die Olympischen Spiele z. B., auch für die Pythien und die Eleusinischen Mysterien. Dann ziehen *spondophóroi* durch das Land, Verkünder der Friedensverträge, und man pflegt ihre Unverletzlichkeit anzuerkennen; zumindest wäre es schwerer Frevel, *asébeia*, dagegen zu verstoßen. Aber dabei handelt es sich ausdrücklich um vorübergehende Ausnahmen in einer dem Krieg ausgesetzten Welt, beschränkte, umhegte Lichtungen im Urwald, wo jeder des Nachbarn Feind ist.

Es gibt ganz spärliche Ansätze zu einer Humanisierung des Krieges in religiösem Bereich, etwa im Rat der Amphiktyonen: In diesem Bund, der das Delphische Heiligtum mit den Pythischen Spielen gemeinsam verwaltet, gilt, daß ein Partner dem anderen im Krieg nicht das Wasser abschneiden soll, daß eine Bundesstadt nicht vernichtet werden soll. Aber die Möglichkeit des Krieges auch unter Bündnern ist damit ausdrücklich anerkannt und scheint den Gott von Delphi nicht zu bekümmern.

In der Tat: Wenn der Friedensvertrag eine religiöse Zeremonie *[78]* ist, so ist es die Eröffnung des Kriegs, ja die ganze Führung des Krieges nicht minder. Die Götter stehen mit ihren Ritualen für alles zur Verfügung, was seinen anerkannten Platz in der Menschenwirklichkeit hat; nie braucht der Kriegführende sich als gottverlassen zu empfinden. Die spartanischen Könige sind Heerführer, und das heißt, daß sie vor allem für alle religiösen Zeremonien verantwortlich sind; sie wie andere Feldherren haben zudem ihre Seher zur Seite, die eben darum sogar als die eigentlichen ‹Führer› des Heeres erscheinen können. Man beginnt mit vorbereitenden Opfern beim Auszug, die den Erfolg garantieren sollen; der Mythos setzt hier sogar Menschenopfer an: Iphigeneia in Aulis. Man opfert dann beim Überschreiten der Grenze, der Flüsse, man opfert vor allem unmittelbar vor der Schlacht und nimmt zu diesem Zweck ganze Ziegenherden mit ins Feld. Mit ihrer Schlachtung beginnt das blutige Werk. Dies sind mantische Opfer, die den Ausgang der Schlacht erkennen lassen – «die Opfer sind gut», dies ist die erwünschte, ermutigende Meldung, die dem Heer mitgeteilt wird; zugleich sind dies aber Götteropfer, für ‹Artemis Agrotera› die Göttin des ‹Draußen› in der Regel. Nach dem Kampf errichtet man auf dem Schlachtfeld ein Mal, das *Trópaion* – unser Wort ‹Trophäe› hat den Sinn etwas verschoben –: ein Eichenstamm, an dem Beutewaffen aufgehängt werden, ein Helm, ein Schild; dies ist ein ‹Kultbild des Zeus›, denn er ist der Gott, von dem die Entscheidung kommt. «Durch Zeus siegen wir». Schließlich kommt, neben der Bestattung der Gefallenen, die Aufteilung der Beute mit jenen schon erwähnten Weihungen an die Tempel. Die *spondaí*, die schließlich folgen, mit dem Eid, nun Frieden zu halten auf begrenzte Zeit, sind nur ein letzter Akt in einem Verfahren, das, wie immer der Ausgang, in die Praxis der Religion nahtlos eingepaßt ist; und falls man festzustellen glaubt, daß der andere Part die Eide verletzt hat, zieht man erst recht im Vertrauen auf die Götter von neuem in den Krieg. Kurzum: Gerade im Krieg spielt die Religion eine überaus prominente Rolle, und sie zieht ihrerseits einen Großteil ihres Prestiges eben aus dem Kriegserlebnis und der Kriegsangst; die hauptberuflichen Vertreter der Religion, die Seher und Priester, ziehen am unmittelbarsten Nutzen aus dem Krieg. So kommt aus der praktizierten Religion kein Impuls, den Krieg *[79]* zurückzudrängen oder gar zu verbannen. Er gehört zur Wirklichkeit, in der die Götter präsent sind.

Vor der Schlacht bei Marathon gelobten die Athener, für jeden getöteten Perser der Artemis von Munichia eine Ziege zu opfern. Nach dem Sieg war die Zahl der getöteten Feinde so groß, daß genügend Ziegen gar nicht aufzutreiben waren. Man beschloß also, pro Jahr an einem Festtag 500 Ziegen für Artemis zu opfern, und nach Xenophons Zeugnis war man noch zu seiner Zeit, nach 90 Jahren, mit dem Opfern zugange (Anab. 3, 2, 12); man käme also auf eine Zahl von mehr als 45000; in Wirklichkeit hatte man wohl zu zählen aufgehört. Es deutet dieses Gelübde aber auf eine sehr eigentümliche, unheimliche Entsprechung von Krieg und Opferkult: In diesem steht ja eben das Töten, das ritualisierte Schlachten eines Tieres im Zentrum, und ein Blutvergießen nimmt auf das andere Bezug. Das Opfer vor der Schlacht ist eine apotropäische, kontrollierte Vorwegnahme, das Opfer nach der Schlacht eine ungefährliche, entlastende, aber doch immer noch blutigernste Wiederholung des Werks der Tötung. Der Mythos setzt Menschenopfer ein, Iphigenie vor dem Krieg, Polyxena nach dem Sieg für den gefallenen Heros: Opferpraxis und Kriegswerk hängen aneinander und bestärken sich gegenseitig. Der Krieg mit allen seinen Ritualen bildet letztlich einen großen Spannungsbogen nach Art eines Festes, eines Opferfestes.

Eine besondere Dimension gewinnt das Ineinander von rituell gebundener Gesellschaft, Religion und Krieg unter dem Aspekt der Initiation. Ausgeprägte Rituale von ‹Jugendweihen›, wie sie von sogenannten Primitivkulturen bekannt sind, gibt es in der Stadtkultur kaum mehr, wohl aber allerlei Relikte und Transformationen; und immer wird klar, daß der Eintritt der Jungen in die Welt der Erwachsenen, die Welt der Männer, eben den Übergang in den Status des Kriegers bedeutet. Eine ausgeprägte Form von Initiationsritual blieb lange auf Kreta erhalten; hier gehört eine Entführung des Knaben dazu, eine homosexuelle Phase, den Abschluß aber bildet das Geschenk der kriegerischen Kleidung, und fortan üben sich die Jungen in Jagd und rituellem Kampf, bis die Hochzeit das Ausscheiden aus der ‹Herde› der jungen Krieger bringt. Ein altes griechisches Wort für die Jungmannschaft ist ‹Kureten›, und *[80]* es gibt ‹Kureten› teils als reale Kultgenossenschaften, teils im mythischen Bild: sie sind bewaffnete Krieger, die Waffentänze aufführen; Kureten haben das Zeuskind beschützt, indem sie ihre Schilde aneinanderschlugen und das Weinen des Kindes übertönten; man stellt sich die Kureten aber auch im männermordenden Krieg vor. Auch die Dioskuren, die jugendlichen Reiter auf ihren weißen Pferden, sind, wie man gesehen hat, Gegenbilder der adligen, berittenen Jungmannschaft, wechselweise mit Krieg und mit Mädchenraub beschäftigt. Eine Vereinigung von Waffentänzern sind auch die römischen Salii mit ihrem uralten, in historischer Zeit nicht mehr verständlichen Kultlied. Viele Mythen verwenden Initiationsmotive, etwa der von Achilleus auf Skyros: In Mädchenkleidern versteckt unter Mädchen lebt der Knabe, wenngleich schon zeugungsfähig, bis er die Kriegstrompete hört: da findet er zu sich selbst, reißt sich die Mädchenkleider vom Leib, greift nach den Waffen und zieht in den Krieg. Die Geschlechtsidentität ist mit dem Kriegszug unmittelbar verknüpft: das ist der Stolz des Mannes, daß er Schild und Speer hat und darum kein Weib ist. Friedensverträge wurden in Griechenland in der Regel für maximal 30 Jahre abgeschlossen: die neue Generation hat Anspruch auf ihren Krieg. Dabei ist aufgefallen, daß diese Kriege oft viele Generationen lang um ein kleines Stück

Grenzland geführt wurden, etwa die Kynouria, ‹Hundsschwanz›, zwischen Argos und Sparta. Jede Generation muß beweisen, daß sie ‹nicht schlechter als die Väter ist›, muß den Tod auf dem Schlachtfeld kennengelernt haben; und diejenigen, die übrig bleiben, werden von ihren Söhnen einst das gleiche fordern. In Athen gab es Jahrhunderte lang die Institution der Ephebie, eine Art Wehrdienst für die begüterte Jugend, die es sich leisten kann; diese Ephebie wurde endgültig erst nach der Schlacht von Chaironeia organisiert, als es zu Ende war mit selbständiger Politik und eigenen Kriegen Athens; aber die Jugend muß Waffen tragen. De facto haben die Epheben, wie wir aus vielen Inschriften wissen, vor allem die traditionellen Götterfeste zuchtvoll und glanzvoll mitzufeiern, einschließlich einer Schiffsregatta zur Erinnerung an die Schlacht von Salamis zu Ehren des Aias, aber auch die Mysterien von Eleusis sind für sie ein Höhepunkt des Jahres: der aktive Kern der damaligen Gesellschaft, *[81]* in der es viel weniger alte Menschen gab, sind die Jugendbünde, und sie treten auf als Krieger; in dieser Gestalt geben sie den Götterfesten ihren Glanz. Man denke auch an die jugendlichen Reiter auf dem Panathenäen-Fries; auch sie sind junge Krieger.

Wie die Jugend überhaupt, so hat sich insbesondere der junge König im Krieg zu bewähren: Daß für einen neuen König ein Krieg gleich nach Regierungsantritt eine geradezu rituelle Verpflichtung ist, hat man oft schon hervorgehoben. Insofern ist auch Samsuilunas göttlicher Auftrag zu verstehen. Sehr ausgeprägt war dieses Schema im Ägyptischen, wo jeder Pharao Horos war und den Sieg des Horos über Seth zu wiederholen hatte.[4] Es gibt aber Beispiele fürs Gleiche weit über die Antike hinaus. Da aber im klassischen Griechentum das Königtum in seiner Bedeutung sehr reduziert erscheint, mag dieser kurze Hinweis genügen.

Archaische Gesellschaft, Religion und Krieg sind aufs engste ineinander verzahnt. Von der polytheistischen Religion ist kein Impuls zu erwarten, den Krieg einzuschränken, in Frage zu stellen oder gar aufzuheben. Der Krieg gehört zur menschlichen Wirklichkeit, und die Götter haben dabei durchaus ihre je individuellen Interessen, auch wenn sie das ganze aus olympischer Distanz betrachten können. Eine positive Konsequenz der polytheistischen, zumindest der griechisch-homerischen Götterauffassung ist immerhin hervorzuheben: Es gibt für die Griechen keinen Religionskrieg. Auch wenn die Städte je ihre Stadtgottheit haben, die Athener eben ihre Athena, die Argiver Hera, die Spartaner die Dioskuren, so sind diese Götter doch ‹vielverehrt›, haben an vielen Orten ihre Heiligtümer; keine Stadt kann sich auch auf die Götter ganz verlassen. Lokal gebunden sind die Heroen, aber die sind eine untergeordnete Klasse. In der Ilias bietet Hera selbst ihr Argos zur Vernichtung an, wenn nur Troia endlich falle (4, 51–54). Im tatsächlich praktizierten Ritus kann man versuchen, eine Stadtgottheit ‹herauszulocken›, durch *evocatio*, damit die götterleere Stadt dann erobert werden kann.

---

4   E. Hornung, Geschichte als Fest, Darmstadt 1966.

Innerhalb einer Stadt wird man sich bemühen, das Wohlwollen möglichst vieler Götter zu erhalten und vielleicht noch fremde dazuzugewinnen; aber man kann auf Griechisch nicht sagen: ‹mein Gott›, man pflegt auch nicht zu sagen: ‹unser Gott›; ein Gott behält es sich vor, für welche Seite im Krieg *[82]* er Stellung nimmt. Es gibt auch m. W. nicht im Griechischen jene mythische Spiegelung, die Sieg oder Niederlage einer Stadt als Triumph oder Leiden ihres Gottes darstellt, wie vielleicht bei Marduk von Babylon. Letztlich stehen die Götter über dem menschlichen Zwist. Für die Ilias ist es selbstverständlich, daß die Troianer die gleichen Götter haben, zu den gleichen Göttern beten wie die Griechen. Daß Apollon, den man den griechischsten der Götter genannt hat, auf der Seite der Troianer steht, ist dem modernen Historiker verwunderlich; erstaunlicher noch, daß ausgerechnet Athena, die Feindin der Troianer, als die Stadtgöttin von Ilios erscheint in jenem Gesang, in dem Hektor und Andromache einander begegnen: die Frauen von Troia unternehmen eine Bittprozession zu Athena, gleich der Panathenäenprozession, mit einem Gewand für die Göttin – Athena aber sagt Nein (Il. 6, 311). Eine solche Religion ist ‹schwach›, indem sie dem Menschen die Unsicherheit der Zukunft, die Verantwortung seiner Entscheidung nicht abnimmt. Sie macht aber auch einen ‹Heiligen Krieg› schwer vorstellbar. Es gab sogenannte ‹Heilige Kriege› um Delphi, bei denen es um den Besitz des Heiligtums ging; ‹heilig› ist hier mehr Sachbezeichnung als verpflichtender Appell. Den Unterlegenen wurde Frevel gegen Gott und Heiligtum unterstellt – Verbrechen in der einen anerkannten Wertordnung, man konnte darüber rechten. Anders ist es, wenn man dem Gegner die wahre Religion abspricht, nur Götzen, falsche Götter, falsche Religion unterstellt und damit jede Gewalt von höchster Stelle legitimiert sein läßt, ja die volle Vernichtung des Gegners zur heiligen Pflicht macht. Krieg ist für die Griechen der Zusammenstoß gleichrangiger Menschen, auch wenn der Sieg nur einer Seite gehören wird. Dies gilt fraglos in einer von Homer bestimmten Kultur. Selbst der Begriff des ‹gerechten Kriegs› spielt im Griechischen kaum eine Rolle – anders als bei den Römern –. Man sieht im Krieg eher die zeitweilige Suspension des Rechts. Wenn man erzählt, daß Zeus von sich aus einen Krieg in Gang setzt, etwa den Troianischen Krieg, dann darum, um die überhandnehmende Zahl der Menschen zu reduzieren oder um ein ganzes Geschlecht von Heroen zu vernichten:[5] Man sieht die Katastrophe, man sieht in ihr einen göttlichen Willen, doch in der Sicht der potentiell betroffenen Menschen; man *[83]* sieht nicht sich selbst als die allein Bestätigten, Bevorzugten, die Auserwählten eines ‹heiligen Kriegs›.

Im übrigen bleibt die Feststellung, daß weder die griechische Religion noch die griechische Kultur überhaupt, bei aller künstlerischen Verfeinerung, menschlichen Vertiefung, philosophischen Durchdringung den Krieg prinzipiell zu über-

---

[5]   Anfang des Epos ‹Kypria›, Fr. 1 Allen; Hesiod Fr. 204, 96ff.

winden unternommen hat. Selbst Platon hat bei der Konstruktion seines Idealstaa-
tes den Krieg nicht etwa beiseite gelassen, sondern die kriegerischen Notwendig-
keiten geradezu zum Fundament der Menschenformung, der Erziehung der
‹Wächter› erhoben: eine rigoros durchdachte und verfeinerte militärische Ausbil-
dung. Sokrates-Platon wünscht sich denn auch vorzustellen, wie der Idealstaat im
Krieg mit anderen Staaten sich ausnehmen würde (Tim. 19bc): dies wäre die eigentliche Bewährung. Dieses Unvermögen, vom Krieg wenigstens in Theorie
und Utopie loszukommen, mag paradox erscheinen. Es ist auch nicht nur als Reflex der Fakten, der tatsächlichen Allgegenwart von Kriegen, zu verstehen. Vielmehr hat es m. E. mit allgemeineren Paradoxen oder vielleicht Antinomien zu
tun, die fundamentale Schichten von Wertwelt, Gesellschaft, condition humaine
betreffen.

   Die erste Antinomie wurde bereits angedeutet: Sieg, Nike, ist ein überwälti-
gendes Erfolgserlebnis, ein Glück, das für einmal weit über den Alltag hinaus-
reißt, ‹zeusgegebener Glanz›, der es vergessen läßt, daß der Mensch nur ‹Traum
eines Schattens› ist – so drückt es Pindar (Py. 8, 95f.) aus. Er spricht vom Sieg im
sportlichen Kampf, doch Nike ist umfassender. Sie ist eine Göttin, eine strahlen-
de, von jedermann ersehnte Göttin; sie schwebt auf der Hand der Athena, wie es
die Pheidias-Statue im Parthenon darstellte, sie hat ihren reizvollen Tempel zuvorderst an der Akropolis; um ihretwillen aber muß Athena auch Waffen tragen.
Die besondere Empfänglichkeit der Griechen für Wettkampf, Agon, hat man oft
betont; man spricht vom ‹agonalen Geist› der Griechen. Was für antiquierte Moral ‹Tugend› hieß, ist für sie ‹Bestheit›, *areté*, als Superlativ verstanden. Gewiß,
es gibt Agone mannigfacher Art, zuvorderst die sportlichen Wettkämpfe, die Pindar besingt, gesamtgriechisch organisiert, allen voran die Spiele von Olympia; es
gibt die ‹musischen› Agone: Musikvortrag, Theater, *[84]* Tragödie, Komödie,
auch die Prunkrede, alles wird zum ‹Agon›, überall winkt der ‹Sieg›. «Nike, die
Tochter des besten Vaters (Zeus), die Jungfrau, die das Lächeln liebt, sei gnädig
stets mit uns», so lautet der typische Schluß der Menander-Komödien. Aber bei
diesen vielerlei Agonen und Siegen ist doch eine Rangfolge unübersehbar und
unaufhebbar: am wichtigsten ist das wirklich Ernste, der Sieg im Krieg. Schließlich war es ja auch ein kriegerischer Sieg, der Sieg über die Perser, der das Selbst-
bewußtsein der Griechen jahrhundertelang geprägt hat. Nur ganz wenige Außen-
seiter haben es versucht, aus dieser Phalanx auszubrechen. Die Kyniker haben
behauptet, ihr lebenslanger Kampf um Unabhängigkeit, gegen alle Bedürfnisse
der Weichlichkeit, sei ein wahrhaft herakleisches Unternehmen, und Diogenes
rief, sein Kampf gegen die Krankheit sei großartiger als alle Athletik in Olympia
– doch kaum jemand sah sich nach ihm um (Epikt. 3, 2, 58); ‹Kampf der Heiligung›, ‹Herrschaft über sich selbst›, ‹Sich selbst besiegen ist der schönste Sieg›,
dies mögen bedenkenswerte Worte und Programme sein. Der große Jubel aber
gilt den Siegen anderer Art. ‹Nun danket alle Gott›: Geschichte blieb Kriegs-

geschichte, Heldentum blieb Heldentum vor allem im Krieg; Sieg setzt Krieg voraus. Wo bliebe sonst die höchste Arete?

Eine zweite Antinomie: Auch wenn Religion im allgemeinen als eine erhaltende, Ordnung stiftende Kraft erscheint, ist Garantie der Ordnung schwer vorstellbar ohne die Drohung und gegebenenfalls die Anwendung von Gewalt. Man mag darüber nachsinnen, daß die weihnachtliche Friedensverkündigung ausgerechnet von einer himmlischen Armee stammt, den ‹himmlischen Heerscharen›, *plêthos stratiâs uraníu* (Luk. 2, 13). Auch die Götter der Griechen, Zeus zumal sind Garanten von Eintracht und Gerechtigkeit, *Díke*, ist die Tochter des Zeus; Zeus ist der Gott der Eintracht, Zeus *Homários*, er beschützt auch die Fremden, die außerhalb der geschlossenen Gesellschaft stehen, Zeus *Xénios*, er garantiert die Eide, die zumal mit der Zeremonie der *spondaí* geschworen werden. Aber das kann man sich nur so vorstellen, daß Zeus dann notfalls seinen Blitz gegen die Meineidigen schleudert, und damit ist das Bild des archaischen Kriegsgottes wieder beschworen. Pheidias hat in Olympia den Zeus thronend, ohne Waffe, dargestellt, *[85]* nach dem Vorbild der Ilias, wie es hieß, wo Zeus mit einem Nicken seines Hauptes entscheidet und den großen Olymp erbeben läßt; man war sich einig, daß dies das erhabenste Bild des Zeus sei. Doch bleibt der Blitz zur Hand: Strafe, Gewalt, Vernichtung ist nicht wegzudenken von der höchsten Autorität. Wenn ein naiver Vasenmaler Dike, die Gerechtigkeit, malen will, zeichnet er eine allegorische Frauengestalt, die mit einem hochgeschwungenen Beil eine andere allegorische Person, Adikia, die Ungerechtigkeit, auf den Kopf haut.[6] Die Tragiker lassen *Krátos* und *Bía*, Macht und Gewalt, als die Knechte des Zeus auftreten. Ohne Gewalt geht es nicht. Man hat – nachhomerisch – auch die Götter immer wieder im Krieg dargestellt, im Gigantenkampf. Die Giganten, die Söhne der Erde, darum auch schlangenfüßig dargestellt, sind zur Vernichtung bestimmt; so beweist sich die Souveränität der Olympier. Wenn Religion auf Garantie einer Ordnung, eines Kosmos, im Chaos zielt, erweist sich diese Ordnung, wie es der Mythos ausmalt, immer wieder als durch Gewalt und Kampf errungen, und dies rechtfertigt die Verteidigung oder Neubegründung der Ordnung durch Krieg – wir kommen hier zurück zum rituellen Krieg des antretenden Königs, des Vertreters der Ordnungsmacht.

Es ist hier wohl angebracht, endlich das berühmt-berüchtigte Wort des Heraklit zu zitieren, daß der ‹Krieg der Vater aller Dinge ist›; genauer genommen schrieb Heraklit (B 53): «Krieg ist von allem Vater, von allem König, und die einen hat er als Götter erwiesen, die anderen als Menschen, die einen hat er zu Sklaven ge-

---

[6]   Vasenbild mit Beischriften: Wien 3722, J. D. Beazley, Attic Red-Figure Vase-Painters, Oxford 1963[2]. 11, 3; Corpus Vasorum Wien 2 Tafel 51; auch in W. H. Roscher (Hg.), Ausführliches Lexikon der griechischen und römischen Mythologie I, Leipzig 1884/90, 1019. Vgl. Paus. 5, 18, 2 (Kypselos-Lade).

macht, die andern zu Freien». Das ist im Schlußteil eine Feststellung, der schwer zu widersprechen ist: der Kriegsgefangene wurde zum Sklaven; Krieg hat bis heute entschieden, wo die Grenzen verlaufen, gerade die zwischen einem freien und einem unfreien Land. Wieso es der Krieg ist, der Götter zu Göttern, Menschen zu Menschen gemacht hat, ist geheimnisvoller, ein Rätselspruch, der für Heraklit doch besonderen Sinn enthält.

Wir bewegen uns damit im Bereich eines dritten Paradoxon, das Heraklit auch anders formuliert hat: «Unsterbliche – sterblich; Sterbliche – unsterblich: sie leben den Tod von jenen; indem jene leben, sind sie tot» (B 62). Heraklit hatte besondere Theorien über solchen Austausch, doch die Grundeinsicht ist allgemein verständlich: *[86]* Alles Leben setzt den Tod von anderem voraus und ist seinerseits auf den Tod hin ausgerichtet, um wieder anderem Platz zu machen. Der Mensch ist, mit dem so abgegriffenen und doch unüberbietbaren Wort, der ‹Sterbliche›, das auf den Tod hin ausgerichtete und doch bewußte Wesen. Darum ist für ihn der Umgang mit dem Tod unaufhebbar; und darum ist die Begegnung mit dem Tod im Krieg, im Töten und im Schock des Überlebens eine Möglichkeit, scheinbar mit dem Tod fertig zu werden, indem das Erleiden durch Aktivität verstellt wird. Dies könnte man auch als eigentlichen Sinn jener Hinführung zum Krieg in Initiationsriten vermuten. Man spricht heute gern vom ‹würdigen Tod›: der Tod des ‹Helden› im Krieg erscheint seit der griechischen Tradition als der würdige Tod schlechthin, als der ‹schöne› Tod: «Tot zu sein ist schön, unter den Vorkämpfern als Held für die eigene Erde gefallen» – so bei Tyrtaios (Fr. 10 West). Der technisch vertausendfachte Tod, schon bei Verdun, hat diese Sinngebung für uns wohl endgültig zerstört. Heldentod, Heldenehrung wird uns heute bestenfalls als hilfloser Versuch erscheinen, dem Absurden Form zu geben, schlimmstenfalls als Heuchelei derer, die manipulieren und profitieren, der Überlebenden. Aber wir dürfen nicht in Zynismus verfallen und übersehen, welche Kräfte des Willens und der seelischen Formung in diesem Bereich, im kriegerischen Heldentum in archaischen und auch in modernen Gemeinschaften entbunden worden sind. «Ja, mein lieber», sagt Sarpedon in Homers Ilias zum Mitkämpfer Glaukos (12, 322–328), «wenn wir, aus diesem Krieg entronnen, für immer ohne Alter sein würden und unsterblich, dann würde ich selbst nicht unter den Ersten kämpfen, und auch dich nicht zur Schlacht, der männermordenden, rufen. Jetzt aber, da gleichwohl vor uns stehen die Göttinnen des Todes, zehntausende, denen kein Sterblicher entfliehen kann oder entrinnen, Gehen wir! ob wir einem Ruhm verleihen oder einer uns.» Ähnlich reden übrigens schon Gilgameš und Enkidu, als sie gegen Humbaba ziehen, und ich habe mir sagen lassen, daß sogar in der amerikanischen Armee, im heutigen Ernstfall, solche Aufforderung vorkommt: «Boys, are you going to live forever?» Die volle Utopie vernünftiger Selbstverwirklichung ist unerreichbar; die auf dem ‹Meer des Werdens› – ein Bild Platons – umhertreibenden *[87]* Sterblichen aber sind bereit ein Ideal sich zu eigen zu machen, das absoluten Sinn verspricht, absolut eben durch Einsatz des eigenen Lebens. Sinngebung durch Opfer: Hier klingt Krieg und Kult, Krieg und Religion in nicht zufälliger Weise wieder zusammen.

Daß allein Friede und gerechte Ordnung Ideale der Vernunft sein können, hat man seit je verstanden; und doch bleiben Vernunft, Frieden, individuelles Glück eine stets begrenzte, gefährdete Lichtung in einem Umgreifenden, im Gesamt der menschlichen Existenz. Die Götter des Polytheismus bieten hier nur begrenzte Hilfe; sie sind gerade nach griechischer Auffassung dem Tod entrückt: Erhabenheit ohne letzten Ernst, Macht ohne Schicksal, Ideal, das sein Scheitern einbezieht. Ob die Vernunft des Menschen so weit dringen kann, daß sie das Umgreifende meistert, daß sie das Schicksal der Menschheit lenken kann – dies ist auch heute im Zeitalter der Computer eine ungelöste Aufgabe mit ungewissem Ausgang.

Literatur: Es genüge der Hinweis auf zwei neue ausführliche und gründliche Darstellungen zum Thema Religion und Krieg bei den Griechen:

W. K. Pritchett, The Greek State at War III: Religion, Berkeley, Los Angeles 1979
R. Lonis, Guerre et religion à l'époque classique. Recherches sur les rites, les dieux, l'idéologie de la victoire, Paris 1979.

Eine allgemeine Darstellung des griechischen Polytheismus:

W. Burkert, Griechische Religion der archaischen und klassischen Epoche, Stuttgart 1977.

F. Institutionen

Erschienen in: A. B. Lloyd, ed., What is a God? Studies in the Nature of Greek Divinity, London 1997, 15–34.

9. From Epiphany to Cult Statue: Early Greek Theos

It is a surprise for beginners who start learning Latin and Greek, and even for some more advanced humanists well read in the classical tradition, to be told by linguists that the words for 'god', *deus* in Latin and *theos* in Greek, which sound so similar, are not related to each other by etymology. Possibly the Romans themselves would have been astonished, since *theos/deus* clearly had become interchangeable in the cultural amalgam of the Hellenistic epoch. But the laws of phonetics, established with great precision for the development from Indoeuropean to Greek and to Latin, leave no doubt. In fact *deus* 'god' is a word of common Indoeuropean stock, whereas *theos* is not; its etymology has remained unclear. *Deus* has its relatives in Vedic and Avesta, and, as we all know, is further related to Latin *dies* 'day' and above all to the famous name of the Skygod, Father Sky, *Diespiter/Juppiter* in Latin, *Zeus pater* in Greek – a name still dominating, in Germanic transformation, our 'Tuesday', or 'Zischtig', as the Swiss pronounce it. This root *dieu/deiw-* also survived in Greek in words such as εὐδία 'fine weather', ἔνδιος 'in the light of day', and in the adjective δῖος 'brilliant', besides the well-known Zeus.[1] The Greek vocabulary, parallel to Latin *deus-dies*, thus conveys a special message of the Indoeuropean concept of 'god': 'God' belongs to the sky and the flash of daylight. Note that another one of the well-attested divinities of Indoeuropean stock is the goddess of Dawn, **Ausos*, *Auos* or *Eos* in Greek, *Aurora* in Latin. But her role qua goddess has become minimal in Greek, however 'natural' we may find the association of god and sky, of height and light. There are different ways of experiencing the divine.

Since 1953 we can read documents written in Greek from the Bronze Age, some 500 years before Homer; and behold, they exhibit the typically Greek vocabulary as distinct from Indoeuropean: the Linear B tablets attest Zeus – dative *Di-we(i)* – as a major god, with his *[16]* sanctuary the *Di-wi-jo(n)*, with a priest *Di-wi-je-u(s)*, and they also have Dionysus (*Di-wo-nu-so*) next to him, and a god-

---

[1] See P. Chantraine, *Dictionnaire étymologique de la langue grecque*, Paris 1968–80, 285 f., 346, 383 f., 429 f.

dess *Di-wi-ja* in addition. But the general word for 'god' is *theos*; this is particularly clear in dedications 'to all gods', *pa-si te-o-i* (*pansi theoihi*, πᾶσι θεοῖσι).[2] There are also 'slaves' both male and female 'of the god', *te-o-jo do-e-ro* or *do-e-ra*, which shows the authority and economic power linked to religion at the place. *Theodora* and *Amphithea* appear as proper names.[3]

Within the tradition of language and culture which led from Indoeuropean to Mycenaean Greek – covering one millennium at least – the word *theos* must be a new intruder. Other branches of Indoeuropean too have adopted other words for 'god', such as the Germanic languages which introduced 'god', or Iranian and Slavic languages which introduced *baga/bog* in turn. But at the same time there is unquestionable continuity from Indoeuropean to Greek even in some terms of religious language, in other words, from Indoeuropean to Greek religion, one notable example being the group of ἅζομαι 'to venerate', with ἁγνός and ἅγιος 'venerable, sacred'. Yet side by side with this root, Greek once more has introduced a newcomer that rises to dominate the sphere of the sacred, namely ἱερός, well attested by the Mycenaean age, with both 'priest' and 'priestess', *i-e-re-u* (ἱερεύς) and *i-e-re-i-a* (ἱέρεια).[4] Both innovations of Mycenaean Greek, θεός and ἱερός mark a break as to the Indoeuropean language tradition and by this constitute an important link of continuity from Mycenaean to later Greek.

What may have been the motive for Mycenaeans to coin a new word for 'god'? It seems as if they did not, or did not any longer, experience the divine as a 'flash of light' at the 'break of day'.[5] What else then, which kind of experience did they mark out in their language by *theos*? Can we get any idea of a Mycenaean concept of 'god'?

This may seem a hopeless question. The documentation for the Mycenaean language still remains desperately scarce and jejune. We do not have literary texts, but only lists and accounts preserved by chance, if the respective magazines or houses were set on fire. We hardly get full sentences in these texts, let alone continuous speech. There remain indications of details, such as certain offerings to gods, to their sanctuaries and priests. This implies some gods' names, the

---

[2]   'All the gods' is a current term in Sumerian, Akkadian, Hittite and Persian too.

[3]   See M. Gérard-Rousseau, *Les mentions religieuses dans les tablettes mycéniennes*, Rome 1968; F. A. Jorro, *Diccionario Micénico* I/II, Madrid 1985–1993, *Diccionario griego-español*, Anejo I/II; S. Hiller, 'Mykenische Heiligtümer: Das Zeugnis der Linear B-Texte', in R. Hägg, N. Marinatos (eds.), *Sanctuaries and Cults in The Aegean Bronze Age*, Stockholm 1981, 95–125. Note especially the tablet from Khania which has Zeus and Dionysus in the same sanctuary, E. Hollager, M. Vlasakis, B. P. Hollager, 'New Linear B Tablets from Khania', *Kadmos* 30 (1992) 75–81.

[4]   Jorro op. cit.; Chantraine op. cit. 25 f., 457 f.; J. L. García-Ramón, 'Griechisch ἱερός und seine Varianten, vedisch *iṣirá-**', in R. Beekes et al. (eds.), *Rekonstruktion und relative Chronologie*, Innsbruck 1992, 183–205.

[5]   Hesiod in a way comes back to the old imagination as he makes Θείη the mother of Sun, Moon, and Dawn, *Theog.* 371–4.

names of a few festivals, some glances at sacred organization. But there is no great prospect of catching a 'concept of god' from such meagre debris.

Our full documentation of Greek, as we all know, starts with Homer. Hence, to a large extent, Greek religion means Homeric religion to us, in the wake of Herodotus' famous *aperçu* that it was Hesiod and *[17]* Homer who designed the gods for the Greeks.[6] Still, in searching for a concept of *theos* we need not confine ourselves to the Homeric texts. If we try to understand ancient Greek religion through the medium of language, we must be aware of the mainstream of language within the cultural tradition which, through some reason or other, did not necessarily enter the Homeric texts preserved in each case. There are elements and constructs of Greek language which are significant and may reach far back into the past, even if we find them only in later strata and modernized contexts. And if there are traces and allusions in Homeric language which only become understandable through such later contexts, we may be confident of hearing voices from a distant past.

If we analyze the word *theos*, it is clear that, with its hiatus, it must be understood as **thehos*, or originally, pre-Mycenaean, **thes-os*. The root is thus *thes-*, and this root in fact occurs, without the o-formative, in various other well-known Greek words; these should be pointers to the basic meaning of *theos*.

Let us still start with Homer: one current Homeric word is θέσφατος 'spoken by god', hence 'oracle'; obviously close in meaning but adopting the other root for 'to say', σπε-, are θεσπέσιος and θέσπις. This links θεσ- to acts of speaking, expressed by either φα- or σπε-. Θέσφατα, in Homer, are oracles, pronounced by a seer and kept in family tradition, παλαίφατα θέσφατα. Θέσπις on the other hand goes mainly together with 'song' and the epic 'singer' – θέσπιν ἀοιδήν and θέσπιν ἀοιδόν; this often occurs in the *Odyssey*.[7] The word θέσπις also recurs in the context of oracles and seers, even much later: a θεσπιωιδός is still functioning at the oracle of Klaros in imperial times. I am inclined to understand this θεσπιωιδός as the inspired medium, in contrast to προφήτης the interpreter; but this is controversial.[8] Θέσπις ἀοιδός clearly is related to the formula θεῖος ἀοιδός, used in the *Odyssey* and recurring in the Homeric *Margites*. This is a secondary formula, with two-syllabic θεῖος as against the original three-syllabic θέιος which dominates the genitive θείοιο – 'Οδυσσῆος θείοιο as against δῖος 'Οδυσσεύς. This word is applied to various heroes, but it may be no coincidence that it is most often attached, even in the *Iliad*, to the name of Odysseus, Odys-

---

[6]   Hdt. 2.53.2; cf. W. Burkert, 'Herodot über die Namen der Götter: Polytheismus als historisches Problem', *MH* 42 (1985) 121–32(= Kleine Schriften, Band VII, 161–172).

[7]   Documentation and discussion in *Lexikon des Frühgriechischen Epos* II, Göttingen 1982, s.v.

[8]   W. Dittenberger (ed.), *Orientis Graeci Inscriptiones Selectae*, Leipzig 1905, nr. 530; W. Burkert, *Greek Religion, Archaic and Classical*, Oxford and Cambridge Mass. 1985, 115; the inscriptions from Klaros are not yet fully edited. Kassandra as θεσπιωιδός: Aesch. *Ag.* 1161; Eur. *Hec.* 677.

seus the traveller, the shaman, magician, and founder of cults. Θεῖος ἀοιδός, by contrast, mirrors the self-consciousness of the poet of the *Odyssey* and his like.

The word θεσπέσιος too occurs with ἀοιδή once in the *Iliad* (*Il.* 2.599f.), and the Sirens of the *Odyssey* are θεσπέσιαι. But normally it has adopted a more general meaning, 'astounding', 'miraculous'; we find ἀχλύς or νέφος ἀχλύος, χαλκός, πλοῦτος, χάρις, ὀδμή (*Od.* 9.210f.), *[18]* λαῖλαψ, ἄντρον, ἄωτος (*Od.* 9.434). Θεσπέσιος 'astounding' seems to meet with ἄσπετος, 'what cannot be said'; ἀθέσφατος 'what cannot be said (even by a god)' comes as a hybrid. 'Astounding' seems also to be the meaning of θέσκελος, the second part of which is obscure. There is also the fixed junction θεσπιδαὲς πῦρ, 'burning in an astounding way'. Just once θεσπέσιος is directly related to the gods: Hephaistos is thrown by Zeus from 'the godly threshold' of Olympus, ἀπὸ βηλοῦ θεσπεσίοιο (*Il.* 1.591). There is a frequent connection of θεσπέσιος with flight, θεσπεσίη φύζα, θεσπέσιος φόβος: panicking is 'divine', since it is so irrational. No less often θεσπέσιος keeps to words for 'noise', ἠχή, ἰαχή, ὀρυμαγδός, ἀλαλητός, βοή. 'Noise' in these contexts belongs to battle; this is a situation of utmost and uncontrollable excitement, with unforeseeable episodes and outcome, hence θεῖον as well as θεσπέσιον. There is also the formula θεῖον (δύσασθαι) ἀγῶνα, 'to dive into the godly fray'. Remember that the word *ares* originally seems to have been not a god's name, but a noun referring to war and battle; being θεσπέσιον and θεῖον, it was deified: Ares the god.[9]

Within this group of *thes-*, the clearest and least metaphorical use is θέσφατα: 'sayings divine' are the oracles which are so important in all the decisions of real life. That this reference of *thes-* to divination was commonly understood is confirmed by other combinations: Kalchas, the best of birdwatchers, is a son of *Thestor*, we learn in the *Iliad*, Κάλχας Θεστορίδης, οἰωνοπόλων ὄχ' ἄριστος (*Il.* 1.69). The father's name evidently is meant to characterize the son, just as a 'constructive carpenter' is Τέκτων Ἁρμονίδης, and Phemios the 'delightful' singer is Terpiades. Kalchas is a θεῖος ἀνήρ, telling the θέσφατα, hence Θεστορίδης.[10] Greeks kept associating θέσ-φατος, θεῖα and θεός. Θέσφατα and θεοπροπίαι are nearly synonymous. Another seer, introduced in the *Odyssey*, is *Theoklymenos*, 'notable by his relation to *theos*'. Much later Thucydides (8.1; 7.50) uses the verb θειάζειν for the seers' activities, which may also be called θειασμός. Democritus speaks of the φύσις θειάζουσα of Homer, the archetype of poets,[11] and thus comes back to the link between poets and seers, θεῖος ἀοιδός and Θεστορίδης.

---

[9] Burkert, *Greek Rel.* 169f.
[10] *Thestor* can be derived from the root *guhedh-*: θέσσασθαι – πόθος, cf. *Lexikon des frühgr. Epos* s.v.; this root could be confused with *thes-* in later Greek, though not in Mycenaean.
[11] H. Diels, W. Kranz, *Die Fragmente der Vorsokratiker*, 6th edn, Berlin 1952, 68 B 21.

I would venture to add the name of a tribe in Epirus, the *Thesprotoi*. They play a prominent role in the *Odyssey* and a still greater in a lost epic, Θεσπρωτίς, which told of the adventures of Odysseus there. The *Thesprotoi* are close to oracles even in later testimonies, to the Oracle of the Dead in Epirus and to Dodona. The Oracle of the Dead at Ephyra has been excavated in its later, fourth-century state.[12] The enigmatic journey Odysseus has to undergo at the command of Teiresias, to people who do not know the sea, probably is the foundation legend of *[19]* such an oracle. The word πεπρωμένον 'ordained by fate' is well established by the *Iliad*; the idea that a god will select the priests to guard his oracle recurs in the Homeric hymn to Apollo, when the god himself forces Cretans to Delphi. Thus Θεσ-πρωτοί are perfectly understandable as those ordained to care for the Oracle, a tribe claiming a special status by the name at the fringe of early archaic Greece.

Another more daring suggestion: the word for sulphur in Greek is θέειον. Sulphur is mentioned in Homer in connection with cleansing, both profane – Achilles cleaning his cup (*Il.* 16.228) – and ritual – Odysseus purifying his megaron after the suitors' corpses have been carried off (*Od.* 22.482); θέειον is also noticed in the effect of a stroke of lightning (*Od.* 12.417; 14.307) – for chemists, this would be a mistake, smelling O_3 instead of SO_2. Formally, θέειον signifies, within the Greek suffix system, 'means for *thes*-effect', just as a healing drug can be called an ἀκεῖον. Salt, another means for purification in both ritual and practical use, is called θεῖος once in the *Iliad* (9.214).

So much is clear: for Greeks, ever since Homer, the root *thes-* remains in connection with *theos*; and it points to an experience of the extraordinary, especially to smells, noises, and voices encountered in the range of seers and singers. Herodotus (2.52) learnt at Dodona that people 'originally' used to invoke just θεοί in worship, without any individual name: this is a fitting tradition to come from an oracle site.

This must bring in ἔνθεος, a word which was to have a special career in the form of 'enthusiasm' and 'enthusiastic', words still used in all European languages. This use of ἔνθεος is largely influenced by Plato who made ἐνθουσιάζειν radiate through poetry and philosophy, but still refers to its origin in divination: Socrates, in Plato's *Apology*, holds that poets are not wise by themselves but experience enthusiasm just as 'divine seers' and oracle-singers, ἐνθουσιάζοντες ὥσπερ οἱ θεομάντεις καὶ οἱ χρησμωιδοί (22c).

In the literature preserved, ἔνθεος first occurs in Aeschylus; it denotes Bacchic ecstasy,[13] but also the aggressive frenzy of warriors (*Sept.* 497), and twice it is

---

[12] Burkert, *Greek Rel.* 114 f.

[13] Aesch. Fr. 58 Radt, cf. Soph. *Ant.* 963, Eur. *El.* 1032. The idea that a god is 'inside' a possessed person has repeatedly been contested, see J. Holzhausen, 'Von Gott besessen?', *RhM* 137 (1994)

used to characterize seers, Kassandra as well as the Pythia (*Ag.* 1209; *Eum.* 17); theirs is an ἔνθεος τέχνη. No wonder the 'craft' of enthusiasm is rooted in the sphere of the seers, while 'enthusiastic' battle recalls Homer's θεσπέσιος ἀλαλητός. The context of divination is stressed by Herodotus: a seer gives his oracle in a state of 'enthusiasm', ἐνθεάζων χρᾷ (1.63.1). The word ἔνθεος should be quite old. It belongs to an Indoeuropean type of word formation and clearly means 'there is a god in' this person, ἔν-θεος. The word ἔνθεος is probably prior to the parallel expression ἔμψυχος which seems to come *[20]* up with Pythagoras in the sixth century: ἔμψυχος is verbalizing the discovery that 'there is a soul in' a living being, in all the 'animals', and even in a battered dog.[14] What it means if 'a god is in a person' is graphically described, though without the term ἔνθεος, in the Hippocratic writing 'On the Sacred Disease'. Epilepsy is taken to be 'sacred', ἱερόν, and 'divine', θεῖον. This refers to a situation which would seem quite uncanny and 'unholy' in our view, disconcerting and frightening – a person getting convulsions and collapsing with foam on the lips, with incomprehensible sounds. Seers diagnose this to be 'sacred', and take clues to indicate the presence of a 'god', Poseidon if there are whinnying sounds, or Hecate, if there is defecation ... This is to be approached by ritual and to be eliminated by 'purification'. The ambivalence of reactions is put to ridicule by the Hippocratic author – why and how to eliminate a god by purification? – but it reflects the strangeness of the phenomenon. By the word 'epilepsy' the same phenomenon is described through another image, as if a god were 'catching' his victim from outside. The same wording is used for Bacchic frenzy, as in Herodotus: 'the god is catching us' (4.79.4), whereas Aeschylus spoke of 'the god within'. 'Possession' has remained a current expression in our language too. Yet another Greek designation is θεοφορεῖται, of a person 'carried by the god'; this occurs especially in the cult of the Great Mother, and was parodied in a scene of alleged possession in Menander's *Theophoroumene*, when a girl is abducted from a brothel through fake ecstasy.[15] The ecstatic phenomena variously described by such expressions in Greek do not have much to do with epilepsy in the clinical sense. Ethnographers will provide plenty

53–65; but see Eur. *Bacch.* 300: 'If the god comes plentiful into the body ...', and already Aesch. *Ag.* 1084: τὸ θεῖον ... ἐν φρενί; in addition, the word-formation is clear. See also Aeschylus' *Semele*, p. 335 Radt = Schol. Ap. Rh. 1.636a: Semele, pregnant with Dionysus, is 'enthusiastic'.

[14] Xenophanes in Diels-Kranz 21 B 7 on Pythagoras, without using the word; it occurs in Eur. *Alc.* 139 and is presupposed, in an 'Orphic' context, by ἄψυχος Eur. *Hipp.* 952. Simonides Fr. 106 Bergk = XLVII in D. L. Page, *Further Greek Epigrams*, Cambridge 1981, 272 = *Anth. Pal.* 7.443, is of more than doubtful authenticity.

[15] The scene is attested by the mosaic from Mytilene, which also gave the clue to the famous mosaic of Dioskurides at Naples: S. Charitonidis, L. Kahil, *Les mosaïques de la maison de Ménandre* (Antike Kunst, Beiheft 46), Bern 1970, pl. 6, 1–2; θεοφόρητος occurs already in Aesch. *Ag.* 1140, 1150.

of examples for similar behaviour and similar interpretations in religious contexts even within contemporary societies.

We have to consider finally what has been called the 'predicative use of θεός'. A certain situation, a sudden experience of surprise and reversal may be verbalized by the expression 'This is a god'. There are well-known examples in Aeschylus, Euripides, and Menander: 'good luck' is a god, 'power' is a god, but even 'to recognize friends' is a god.[16] Through indirect testimonies we guess at cultic contexts in which θεός was proclaimed in duplication to mark an extraordinary moment of epiphany.[17] Virgil, with his special sensorium for religious moods, comes back to this with the Sibyl's 'enthusiasm' in the cave at Cumae: *deus ecce deus*. We are back to 'enthusiasm', and close to θέσφατα.

The result of this survey is in a way contradicting some current interpretations of 'Greek religion', especially of 'Homeric religion', or at least some favourite *bons mots* about Homeric gods: a Homeric 'god' *[21]* appears to our imagination, nay to our eyes, as a tangible personality, as it were, an epiphany of human shape and humane intellect; conversely, every hero is pronounced to be 'godlike', θεοειδής. Yet *thes/theos* by themselves do not suggest this idea, they seem not primarily to refer to a person in human shape, 'bigger and more beautiful' than normal humans but quite similar in view and behaviour. *Theos* rather refers to certain extraordinary and disquieting experiences, such as a singer astounding by his art, a seer giving striking interpretations of strange phenomena, a Dionysiac ecstatic, or even an epileptic collapsing in convulsions: θεός θεός.

This is not establishing an absolute contrast to 'Homer'. Remember the strange scene in the *Odyssey* when Odysseus and Telemachus are removing the weapons from the megaron in view of the prospective fight: Athena herself, with her golden lamp – which she seems to have taken right from her temple at Athens – is pouring light on the scenery; Telemachus is amazed at the strange shine – 'Why, there is a god in the room', ἦ μάλα τις θεὸς ἔνδον, he says (19.40); and his father answers, 'Shut up, hold back your intelligence, do not ask; this is the behaviour of gods who hold Olympus', αὕτη τοι δίκη ἐστὶ θεῶν. Gods may be present in an unpredictable way, not to be looked at, not to be questioned, not to be commented upon. One knows that gods may even be dangerous and are difficult to behold, χαλεποὶ δὲ θεοὶ φαίνεσθαι ἐναργεῖς (*Il.* 20.131). *Theoi* often show their presence through audition rather than through vision. We may remember the strange Homeric formula of a δεινὴ θεὸς αὐδήεσσα, used preferentially for Kirke and for Kalypso in the *Odyssey*, a 'formidable deity, gifted with voice'.[18] Even Hippoly-

---

[16] U. v. Wilamowitz-Moellendorff, *Der Glaube der Hellenen* I, Berlin 1931, 17; Aesch. *Cho.* 60; Men. Fr. 223; Eur. *Hel.* 560.

[17] Bacchyl. 3.21: Eur. *Herc.* 772 f.; Verg. *Aen.* 6.46.

[18] Cf. also *Od.* 2.297 ἐπεὶ θεοῦ ἔκλυεν αὐδήν. One may compare Virgil's description of the yet un-

tus the hunter, in the Euripidean drama (86), says he is hearing the voice of Artemis in the woods, without ever seeing her. We may add that even for the Romans the sphere of the seers was a privileged region of the 'divine', as the very terms *divinare, divinatio*, divination, clearly indicates.

A negative statement obtrudes itself: this experience of 'god' has not much to do with the image of Greek gods we tend to entertain ever since Winckelmann and even before him. *Theos*, in this sense, does not suggest the Apollo from the Belvedere or his much earlier avatar the golden statue of Apollo in the temple at Delos, nor the chryselephantine images of Athena and Zeus in either the Parthenon or the great temple at Olympia. We have to imagine rather the god of Delphi who breathes inspiration from a chasm, who did not have an image in his temple but was present in the voicings of his priestess the Pythia – ἐνθεάζουσα χρᾶι. This is not to deny that there is the alternative *[22]* tradition of outspoken anthropomorphism which resounds through Greek poetry ever since Homer and which led to the masterpieces of Greek idealizing art.[19]

This prompts us to see what we consider standard Greek religion in a historical perspective: if the Greeks themselves were prone to judge that religious art had reached its peak with the Pheidian statues, at Athens and especially at Olympia, they also remained conscious of the fact that these statues were man-made, and there was a tradition repeatedly commented upon by philosophy that 'originally' there had been no statues or temples.[20] For all we know this was correct: if at the classical epoch, nay since the emergence of the polis in the archaic epoch, a Greek god seems to be defined by her or his temple and her or his cult statue, we do not know of any example of this complex of temple and statue anywhere in Greece before the eighth century B.C. 'Cult statue' is an ambiguous concept in itself; but we find the concept and designation of a ἕδος, equivalent to ἄγαλμα ἱδρυθέν, i.e. a conspicuous image, ritually set up at a sacred place to remain there as a centre for communal worship, taken to be essential for the sake of common well-being, a mark of stability and identity within the Greek cultural world. This is characteristic of polis religion with its elaborate system of city temples and extra-urban sanctuaries.[21] Citizens used to refer to their goddess or god with this very term: ἡ θεός, ὁ θεός. The recognized forms of 'speaking about the gods',

---

known god of the Capitolium before the foundation of Rome: *quis deus incertum est – habitat deus, Aen.* 8.352.

[19] Cf. W. Burkert, 'Homer's anthropomorphism: narrative and ritual', in D. Buitron-Oliver (ed.), *New Perspectives in Early Greek Art*, Washington 1991, 81–91; B. C. Dietrich, 'Theology and theophany in Homer and Minoan Crete', *Kernos* 7 (1994) 59–74 (= Kleine Schriften, Band I, 80–94).

[20] See Funke *RAC* XI, Stuttgart 1981, 659–828 s.v. 'Götterbild', esp. 668–70.

[21] See F. de Polignac, *La naissance de la cité grecque*, Paris 1984; A. A. Donohue, *Xoana and the Origins of Greek Sculpture*, Atlanta 1988.

theo-logia, is entrusted to the poets in the wake of the Homeric model. This is not to forget the seers swarming about religious practice everywhere: there is another dimension of religion beyond poetic craft, a more elusive concept of *theos*, as it emerges from Greek language, in proximity to what resounds from the root *thes-*. Religion is full of tensions and allows for different coexisting tendencies.

If polis religion is found to get its shape by the eighth century, the alternative tradition may well go together with older forms of religion which may have been in existence before the installation of temples and cult statues. This hypothesis leads right into the so-called dark centuries and farther back into the Mycenaean epoch.

Trying to get farther in this direction, we must be aware of the tremendous problems and pitfalls of such an investigation. The problem of continuity through the so-called dark centuries is still hotly debated, even if these centuries have become less dark in recent times.[22] No doubt there were both continuities and discontinuities from the Bronze Age to the Iron Age; but the demarcation line *[23]* between the one and the other is anything but clear. Continuity of religious cult and concepts is clearly advocated by the testimony of language, especially by those two basic words for 'sacred' and for 'god', ἱερός and θεός, together with gods' names such as Zeus, Dionysus, Hera, Poseidon, Artemis, Hermes. Discontinuity on the other hand is stressed by the fact that certain Mycenaean gods have 'got lost' in later times, such as 'Drimios the son of Zeus' attested at Pylos, but also by the archaeological findings at many sites that show a break between Mycenaean and later occupation. The cult centre of Mycenae was given up already in the twelfth century, whereas there are important new installations of cults without recognizable antecedents, including Olympia and Delphi. On the other hand, cases of cultic continuity at least from late Mycenaean to the historical period have begun to increase through more recent excavations: there are not only the special and marginal cases of Cyprus, with Paphos, and of Crete, with Kato Symi and Kommos, but right in central Greece the sanctuary of Artemis at Kalapodi-Hyampolis.[23]

But even if we are getting less sceptical as to continuities, if the dark ages seem to clear up to some extent, there remain at least three most serious difficulties:

1. Before Mycenaean there lies Minoan civilization, the glory that was Crete, which evidently came to dominate the Greek mainland culturally, be it Mycenae,

---

[22] Burkert, *Greek Rel.* 47–53; 'The formation of Greek religion at the close of the Dark Ages', *SIFC* III 10 (1992) 533–51; B.C. Dietrich, *Tradition in Greek Religion*, Berlin 1986.

[23] Kato Symi: A. Lebesi, Τὸ ἱερὸ τοῦ Ἑρμοῦ καὶ τῆς Ἀφροδίτης στὴ Σύμη Βιάννο I, Athens 1985; Kommos: J. W. and M. C. Shaw, *Kommos* I 1, Princeton 1995; Hyampolis: R. C. S. Felsch et al., 'Kalapodi', *AA* 1987, 1–99, 681–7.

Pylos, or Thebes. Specialists now clearly recognize important differences between Minoan and Mycenaean religions, so that these should not be treated indistinctly together, as had been done ever since Nilsson's epoch-making study *The Minoan-Mycenaean Religion*.[24] But the differences are partly masked by the persistent influence of Minoan style and Minoan iconography even on the continent, and also by the export and preservation of durable objects such as seals and rings; serious divergences may escape us, as does the language difference.

2. This is the second, and basic, problem – and perhaps a great yet utopian hope for scholarship: the language of Minoan civilization, written in Linear A, has remained elusive so far. Attempts at decipherment have failed to yield incontrovertible results. As a result, Minoan religion must still be reconstructed from architecture, votive objects, and iconography, a complex which is as rich as it is dazzling. But even for the Mycenaean stage it has proved quite difficult to relate the material relics to the testimony of the texts. For Minoan we cannot even try.

3. There is remarkable change within Mycenaean and even Cretan-Minoan *[24]* religion in its last period, the thirteenth/twelfth centuries. Certain striking phenomena do not appear until the last phase; the critical point seems to be close to about 1200 BC – IIIB to IIIC, for specialists. It is only then that we get 'sanctuaries' of a recognizable type, at Mycenae as in the ruins of Knossos, at Tiryns and Phylakopi;[25] on Cyprus, even large-scale religious architecture emerges at Enkomi, Kition, and Paphos. We also get divine images by that epoch, idols of growing dimensions in various types and techniques.

To start from the Mycenaean evidence: the linguistic evidence for Mycenaean temples is unclear,[26] while some kind of man-wrought images, *daidala*, may be indicated by the enigmatic *daidaleion* of Knossos.[27] There seems to be one further important link between language and iconography that has struck interpreters: the word *theophoria* is attested in the Knossos tablets, which presupposes a term *theophoros*, and the normal meaning of this word, as in plenty of other - *phoros*-composita, should be 'carrying a *theos*'. And behold, there are a few re-

---

[24] M. P. Nilsson, *The Minoan-Mycenaean Religion and its Survivals in Greek Religion*, 2nd edn, Lund 1950; for contrast, see R. Hägg, 'Minoan religion: the Helladic and the Minoan components', in A. Morpurgo-Davies, Y. Duhoux (eds.), *Linear B: A 1984 Survey*, Louvain-la-Neuve 1985, 203–25; N. Marinatos, *Minoan Religion*, Columbia 1993.

[25] G. E. Mylonas, Τὸ θρησκευτικόν κέντρον των Μυκηνῶν, Πραγματείαι της Ακαδημίας Αθηνών 33, Athens 1972; C. Renfrew, *The Archaeology of Cult: The Sanctuary at Phylakopi*, London 1985; B. Rutkowski, *Frühgriechische Kultdarstellungen, MDAI (Athen)* 8. Beiheft, Berlin 1981, pl. 12/13 (Mycenae), 14/15 (Phylakopi), 16 (Tiryns).

[26] One Linear B tablet from Thebes mentions *Potnias woikos* (cf. Jorro op. cit.) 'house – i.e. temple – of the Lady'? But *woikos* may well designate 'lodgings', 'quarters', 'district', of a 'Lady' who protects her craftsmen there.

[27] See Gérard-Rousseau and Jorro op. cit.; S. P. Morris, *Daidalos and the Origins of Greek Art*, Princeton 1992, 75–7. For the Boeotian festival *Daidala* see Burkert, *Greek Rel.*, 63.

presentations – a fresco from Mycenae, a sarcophagus from Thebes – in which evidently a small statue is carried by a person, actually in procession.[28]

There is additional evidence from Mycenae which is especially intriguing: in the 'cult centre' of Mycenae there are several rooms, 'houses' evidently reserved for religious purposes – should we speak of 'temples'? – but most surprising was the discovery of statuettes of impressive dimensions, stored up in a marginal 'sacristy'. They evidently represent some kind of gods or demons, both female and male, though of strange and ugly appearance, with painted faces, as it seems, threatening and repulsive rather than inviting pious veneration. They were to be set on poles and to be carried around, as it appears.[29] This gives us some idea what a ceremony of *theophoria* could have been like. This is to conclude that these strange images (*daidala?*) were to represent *theoi*.

It is interesting that, emerging from the dark centuries, we still find gods being 'carried around': the temple of Hera at Samos is one of the earliest 'normal' temples to be found within the Greek world, but this goddess was wont to move around, disappearing, being found, and brought back again, as a well-known and much-discussed Hellenistic text describes it. Hera's statue was a kind of 'plank' which was carried off and brought back to the temple in the sequence of a festival. The goddess threatens to get lost and thus has repeated 'advents' to be celebrated in the festival – a variant of 'epiphany'.[30]

There is a unique vase painting from Knossos, from the ninth century, *[25]* which evidently depicts a nature goddess twice in a different setting, arriving and departing in the rhythm of vegetation which is either sprouting or waning, characterized by trees and birds. The goddess has wings but is riding on a chariot. This must refer to a variant of *theophoria*, implying the use of a chariot in the ritual.[31] Whatever the Knossians 'carried' is left to imagination; some kind of plank as on Samos, some *daidalon*? At any rate, 'carrying the god' contrasts with the continuous presence of a ἕδος in the temple, in the custody of the polis. There is departure and advent. The Palladion at Athens too, a comparatively small statuette in all probability – not to be confused with Athena Polias – was driven to the sea once a year on a chariot and brought back again, while the legend told

---

[28] Gérard-Rousseau op. cit., Jorro op. cit. II 331 s.v. te-o-po-ri-ja; S. Hiller, 'TE-O-PO-RI-JA', in *Aux Origines de l'Hellénisme. Hommage a H. van Effenterre*, Paris 1984, 139–50; Mylonas op. cit. pl. 14; Rutkowski, *Frühgr. Kultdarst.* 115. Note that the meaning of *theos* on this hypothesis is quite different from the context of *theophoroumene* in later Greek.

[29] Mylonas op. cit.

[30] Burkert, *Greek Rel.* 134 f.

[31] W. Burkert, '*Katagógia-Anagógia* and the goddess of Knossos', in R. Hägg, N. Marinatos, G. Nordquist (eds.), *Early Greek Cult Practice*, Stockholm 1988, 81–8 (= Kleine Schriften, Band VI, 90–103).

how the image had been originally taken from Troy and transported to Athens or Argos.[32]

So far a first expectation has been thwarted: we started from the observation that *theos* does not primarily refer to visible statues, we assumed that cult statues were a new feature of eighth century polis religion – and meet with statues carried around, *theophoria*, right in the Mycenaean epoch. Probably we have not yet reached the 'origin' of the word or concept of *theos*. Those statuettes from Mycenae evidently were a new development just then, around the critical period towards 1200 B.C. These statues do not show expert technique, they have no predecessors of the kind. Some special situation must have prompted people at that time to try something new. The somewhat later statuettes from 'sanctuaries' in the 'Unterstadt' of Tiryns, from the twelfth century, seem to be somewhat more routine. Comparable idols also come from the sanctuary of Phylakopi at Melos, one of which has been termed the 'Lady of Phylakopi'. There must have been a general tendency at that time towards new forms of worship, linked to statuettes which had not been used or needed before. The fabrication of small idols goes back somewhat farther in Mycenaean civilization, but reaches its climax at the same 'late' period; it had not been the main characteristic of 'Mycenaean religion' before.[33] Other activities of cult, with processions, prayers, sacrifices, must have gone on practically without idols for centuries before. In consequence, if 'carrying a god', *theophoria*, meant carrying idols, this was an innovation of the Late Mycenaean epoch; it hardly was operative when the word *theos* was coined.

If we are thus invited to look still farther back, we meet with Minoan religion – another wide and complicated field. Only a few items and characteristics can be considered here. What has struck observers of Minoan religion for a long time is the absence of temples, in stark contrast to all the other civilizations of the Middle Bronze Age we *[26]* know, from Egypt through Palestine and Syria to Anatolia and Iraq; this should go together with the absence of 'cult images', even if the evidence for 'cult images' in those other civilizations is much more lacunose and complicated than sometimes assumed. It has been stated that there were the palaces to take the functions of temples, within the manifold ceremonies of Minoan 'threskeiocracy'.[34] But the question of divine images remains complicated. As to Knossos, the big statue of a goddess as reconstructed by Evans from the findings

---

[32] W. Burkert, 'Buzyge und Palladion', in *Wilder Ursprung*, Berlin 1990, 77–85 (= Kleine Schriften, Band V, 206–217).

[33] See E. French, 'Mycenaean figures and figurines, their typology and function', in R. Hägg, N. Marinatos (eds.), *Sanctuaries and Cults in the Aegean Bronze Age*, Stockholm 1981, 173–7; Rutkowski, *Kultdarst.* pl. 12/13 (Mycenae), 14/15 (Phylakopi), 16 (Tiryns); cf. n. 25.

[34] Marinatos op. cit. 38–75. N. Marinatos, R. Hägg, 'Anthropomorphic cult images in Minoan Crete?', in O. Krzyszkowska and L. Nixon (eds.), *Minoan Society. Proceedings of the Cambridge Colloquium 1981*, Bristol 1983, 185–201.

of bronze hair locks has to go; Robin Hägg has shown that the locks in all probability belong to much smaller figures, possibly male, probably of votive character.[35] Thus the statement holds true that there are neither Minoan temples nor cult statues of the later Greek type, Olympian Zeus or Athena in the Parthenon.

It is true there are statuettes in Minoan art, divine statuettes in all probability. Relics of a relatively big, apparently male, statuette were recently found at Palokastro.[36] Most impressive remain the famous 'snake goddesses' from Knossos. Yet what surprised the excavators was that the 'snake goddesses' were not found in any sanctuary, but deposited in a stone cist in the basement of the palace.[37] We may imagine them waiting for some festival when they would be fetched, to be displayed and probably worshipped for a while and then taken back to the storage room. Such a use of statuettes is reported, e.g., from festivals at Bali. This is just a possibility; but the negative statement is clear: these statuettes were not set up permanently as 'cult statues'; they would appear at intervals and disappear again.

The peculiarity of Minoan religion in contrast to Greek has been elaborated especially by Friedrich Matz in a well-known study, *Göttererscheinung und Kultbild im minoischen Kreta*, 1958.[38] Matz states that the absence of temples and statues was not due to the lack of success in excavations and findings, not to sheer coincidence, but rooted in the way that the Minoans experienced their own world. It is Minoan art which may give us an idea of this experience, that fascinating flux of organic shapes and lines suggesting some 'oceanic' feeling, in stark contrast to the fixed geometric stability of what was to be 'Greek' style so much later. In consequence, there can be no fixed statue, 'founded' to stay, in the sense of a ἕδος ἱδρυμένον. Gods manifest themselves in free imaginative 'appearances', 'Erscheinung', epiphany. Even if certain modifications of Matz's findings are due on account of the differentiation of Minoan and Mycenaean and of the diachronic evolution that took place in Late Minoan/Mycenaean III, his approach has remained a basic insight. *[27]*

In this sense, as specialists agree, Minoan religious experience was dominated by forms of 'epiphany', epiphany that does not need temples and is not dependent on images, even if it may produce and make use of them secondarily. Minoan iconography presents a unique type of scenes unanimously interpreted as divine epiphanies: there are small images apparently arriving through the air, from above, whirling from afar towards worshippers who react with reverential greetings, or with dance, as the ring from Isopata, often reproduced, impressively shows – a

---

[35] R. Hägg, 'The bronze hair-locks from Knossos. A new interpretation', *AA* 1983, 543–9.

[36] *Arch. Rep.* 1990/91, 75.

[37] Marinatos op. cit. 148, 157–9.

[38] F. Matz, 'Göttererscheinung und Kultbild im minoischen Kreta', *Abh.* Mainz 1958, 7.

chorus of dancing women, met by a divinity flying down.[39] Would Greeks exclaim θεός θεός in such a situation? Did Minoans perform a similar acclamation? Dancing and singing may reach the level of ecstasy. This is not marching towards a statue set up in a temple to establish contacts, but partaking in a communal change of consciousness. Epiphany occurs in imagination; it is not hinging on a great and beautiful work of art.

The tripartite building at Anemospila near Archanes excavated by Sakellarakis, famous for the alleged and controversial traces of 'human sacrifice', has been claimed to constitute a Middle Minoan temple. It clearly had cultic functions. In the central room a pair of clay feet, of nearly natural size, was found. The excavators interpret these as indicating a wooden cult statue.[40] But just technically these feet could never be used to fix and to hold in balance any heavy upright structure. In other words, they were nothing but isolated feet all the time. There is comparable evidence, such as a pair of feet from a cult room at Mallia, apart from other single and puzzling feet in the Aegean Bronze Age. These feet, especially those from the cult room of Archanes, must have been 'symbolical', indicating what is not directly present, the passing advent of a goddess or god who cannot be held back permanently. Much later, within Greek civilization of the imperial epoch, an inscription from the temple of Zeus at Stratonikeia, Karia, mentions 'four golden feet of the god, according to the effective power shown by the god', κατὰ τὴν τοῦ θεοῦ ἐνέργειαν.[41] The god had shown his presence, possibly he had worked some miracle, and in testimony of this the god's feet remain set up in the sanctuary. This is not to claim any direct connection from Crete to Karia, but it may still give some idea of what is possible. The feet testify to an imaginary presence of the divine, a precarious, punctual, but possibly repeated presence at the place of worship. In other words, they are the very counter-proof as against the 'Parthenon model'. There was no job for Pheidias at Archanes.

Experts have come to consider yet another form of 'epiphany' in [28] Minoan religion: the 'goddess impersonation', a priestess acting as a goddess. Even those statuettes from Knossos can be interpreted as priestesses playing the goddess. What is clearer, and more important: the central seat in the 'throne room' of the Knossian palace, guarded by a griffon on either side, had been called 'the throne of Minos' from the start, assuming without question that it had been occupied by the Minoan king. But it has been shown convincingly that it must have been a female who took her seat there: Minoan iconography has griffons connected with

---

[39] R. Hägg, 'Die göttliche Epiphanie im minoischen Ritual', *MDAI* (*Athen*) 101 (1986) 41–62; Marinatos op. cit. 175–81.

[40] I. and E. Sakellarakis, 'Ἀνασκαφή Ἀρχάνων', *Praktika* (1979) 331–92, pl. 180b; Marinatos and Hägg (above, n. 34), 190–2.

[41] Ç. Sahin, *Die Inschriften von Stratonikeia*, Inschriften griechischer Städte aus Kleinasien 21, Bonn 1981, nr. 248.

females only – be they goddesses, or priestesses representing goddesses. Hence we have to imagine a priestess, most probably impersonating a goddess, sitting there.[42] She may have been acclaimed as if divine, receiving worshippers and their gifts, granting her blessings. This would have been an act within some important religious ceremony, stabilizing the 'threskeiocracy' of Minoan Crete.

Close to the Knossian throne room there is one of the so-called 'lustral basins', rooms characterized by a sunken floor and by special control of access and visibility. They must have had some cultic function, probably in the context of a *rite de passage*. Nanno Marinatos prefers to call them adyta.[43] If one tries to find anything similar in later Greek sacred architecture, one is led to the adyton of the Delphic temple, where, watched by the delegates admitted, the Pythia would 'go down' to take her seat on the tripod and to speak out the god's message.[44] This finally would bring us back to the sphere expressed by the Greek roots *thes-* and *theos*: ἐνθεάζουσα χρᾶι. 'Divination' or 'possession' can hardly be expressed through iconography. It may still be noted that ecstatic prophecy is well attested at Bronze Age Mari,[45] which is about contemporary with the Cretan palaces. And as regards the throne, we may recall that in the mantic ritual of Trophonios at Lebadeia the initiand, after a strange 'trip' of paranormal experience, was seated on a throne and questioned by the priests about what he had seen and heard in his visions.[46] This could invite us to view the 'lustral basin' or adyton and the throne as stages in a ritual procedure at the peak of which the divine would manifest its presence, visually represented by the priestess's 'epiphany' but possibly also in some form of audition; remember the strange Homeric formula of a δεινὴ θεὸς αὐδήεσσα.

This goes beyond the realm of proof. It is still allowed, nay necessary, to think about Bronze Age religion not just in terms of ceremonial power-plays within representative architecture or of uncommitting imaginary vagaries between flowering nature and elegant art, but *[29]* as experiences of 'otherness', strange and disconcerting, sought for also in caves and at mountain peaks, in dances and in fires, in epiphanies between impersonation and experience, between make-belief and true belief. The newly introduced Mycenaean word *theos*, with its connotations of occult yet amazing power which stick to the word so much later, may still bear the far-away echo of such proceedings.

---

[42]   H. Reusch, 'Zum Wandschmuck des Thronsaales in Knossos', in E. Grumach (ed.), *Minoica. Festschrift J. Sundwall*, Berlin 1958, 334–58, esp. 356–8; S. Mirié, *Das Thronraumareal des Palastes von Knossos*, Bonn 1979; W.-D. Niemeier, 'Zur Deutung des Thronraumes im Palast von Knossos', *MDAI (Athen)* 101 (1986) 63–95; Hägg, 'Epiphanie' 47 f.

[43]   Marinatos op. cit. 77–87.

[44]   I follow G. Roux, *Delphi. Orakel und Kultstätten*, München 1971, 112–34.

[45]   F. Ellermeier, *Prophetie in Mari und Israel*, 2nd edn, Nörten-Hardenberg 1977.

[46]   Paus. 9.39.13; cf. the epiphany on a *tribunal* of the new initiate of Isis as Osiris-Helios, Apul. *Met.* 11.24.2–4.

Moving on – or coming back – to later Greek religion, we have already dwelt on the growing importance of images towards the end of the Bronze Age. At the Subminoan sanctuaries of Gazi and Karphi in Crete the goddesses have grown to impressive size.[47] What tells against the 'Parthenon model' even at that stage is that we still find multiple statues, especially at Gazi. The less attractive small, movable statuettes of late Mycenaean time, Phi- and Psi-type, which abound from other sites, usually come in numbers too. Looking back from the other side, from the level of Homeric epic, we find a remarkable echo of small, movable statuettes in the Aineias legend; the idea that the head of a family should 'carry' his own gods with himself into exile has a touch of Dark Age reality.[48] Small idols as heirlooms of single families must have been in existence throughout the 'dark ages', be it Mycenaean idols made of clay, be it little bronze figurines of the 'smiting god' of Eastern provenience which have been found repeatedly both in late Mycenaean and in dark age contexts.[49]

One of the earliest examples of a 'cult statue' found *in situ* is one of the strangest: at the temple at Aghia Irini at Keos, which seems to have been in use since the Middle Bronze Age, the head of a Middle Minoan clay statue was set up at the floor in the eighth century, evidently to represent a *theos*; by then, if not from its origins, this was most probably a temple of Dionysus, as a later inscription indicates. Apparently the head was meant to represent this god as if emerging from below, Dionysus arriving from the Netherworld.[50] Dionysus more than other *theoi* is a god of epiphany, not to be held back and kept in confinement, a god taking possession, a god who makes himself felt in the stage of *entheos*. Emerging Greek civilization has recourse to Minoan relics to give expression to the event of epiphany.

The oldest, perhaps unique, example of a temple with cult statues actually found seems to be the temple of Dreros, excavated by Spyridon Marinatos in the Thirties.[51] The famous *sphyrelata* no doubt represent Apollo between Leto and

---

[47] Marinatos op. cit. 226.

[48] Burkert, above n. 19.

[49] W. Burkert, 'Rešep-Figuren, Apollon von Amyklai und die 'Erfindung' des Opfers auf Cypern', *Graz. Beiträge* 4 (1975) 51–79 (= Kleine Schriften, Band VI, 21–42); H. Seeden, *The Standing Armed Figurines in the Levant*, München 1980; M. Byrne, *The Greek Geometric Warrior Figurine*, Louvain 1991.

[50] M. E. Caskey, 'Ayia Irini, Kea: The Terracotta Statues and the Cult in the Temple', in R. Hägg and N. Marinatos (eds.), *Sanctuaries and Cults in the Aegean Bronze Age*, Stockholm 1981, 127–35, esp. 129 f., cf. *Greek Cult Practice* (1988) 275: 'head of Dionysus as a cult image'.

[51] S. Marinatos, 'Le temple géométrique de Dréros', *BCH* 60 (1936) 214–85; J. Boardman, *The Cretan Collection in Oxford*, Oxford 1961, 137 f.; P. Blome, *Die figürliche Bildwelt Kretas in der geometrischen und früharchaischen Periode*, Mainz 1982, 13–15, 79 f.; Morris op. cit. 163 f.; S. Hiller, 'Mycenaean Tadition in Early Greek Cult Images', in R. Hägg, N. Marinatos (eds.), *The Greek Renaissance of the Eighth Century B.C.*, Stockholm 1983, 91–8.

Artemis; note that the *Iliad* too presents Apollo together with Leto and Artemis in a temple at Troy. The statues are dated to the eighth century. Yet this striking early example of what was to be normal Greek cult afterwards has a most *[30]* abnormal and complicated pedigree: the bronzework was made by oriental craftsmen or their immediate Greek pupils, the iconography is Egyptian – Horos between the two goddesses, Isis and Nephthys; but the plan of the building with its dais on which the statues were standing is still distinctly Minoan. And yet there is no doubt that Dreros had become a Dorian polis by that date.

We shall not investigate here the cultural influence from the East for the constitution of Greek temples and cult statues. Oriental archaeology is much less advanced than classical archaeology, while the orient has suffered even more violent destructions than the occident; so a detailed typology of Hittite, Hurrite, Urartian or Western Semitic temples and cult statues in the crucial period of, say, 1000 to 800 b.c. is still missing. Hardly any cult statues seem to survive, even from Egypt.[52] The question of any 'influences' at the time of Homer or even on Homer will be left open. Suffice it to recall the fundamental role of Homer and Hesiod, marked already by Xenophanes and Herodotus, in giving shape and distinction to the Greek gods and thus providing their fictive personalities, both through the system of theogony and through the vivid scenes of Homeric poetry. This seems to have met with the emerging Greek polis, deciding what was to be 'Greek gods' afterwards. But besides the newly developing arts of statue-making and the special skill of Homeric mythology, there remained those other forms of divine experience, dominating the associations of θεσ- and θεός. Thus what we can ascertain finally is not so much the straight evolution from one 'origin' to one 'classical form', but rather coexisting yet diverging forms of how to deal with θεῖον from one epoch to another.

A last glance at Homer: the main picture of the Poliad goddess within the city occurs in the famous sixth song of the *Iliad*, with the procession of the Trojan women to Athena. They are offering a peplos to the goddess and praying for help in the immediate danger of the battle. This scene evidently presupposes a cult statue, a seated statue, as most agree.[53] At any rate I hold that this Homeric scene depicts the developed polis cult as it had arisen during the eighth century. The poet makes us view the situation from the heart of the polis, as it were – and he does not hesitate to show the very failure of polis cult: ἀνένευε δὲ Παλλὰς Ἀθήνη, Athena said 'no' to the entreaties of queen, priestess, and retinue. Gods remain disconcerting.

---

[52] One possible example, 25th dynasty: *Stiftung Koradi/Berger*, Kilchberg 1989, 6 f.

[53] Erich Bethe made this his main argument for a comparatively late date of this part of the *Iliad*, well down in the seventh century. A somewhat earlier date is not excluded. See Burkert, above n. 19.

Erschienen in: W. Burkert, Illinois Classical Studies 29, 2004, 1–23.

10. Epiphanies and Signs of Power:
Minoan Suggestions and Comparative Evidence

I. Introduction

A specialist in Japanese culture who did anthropological research at Hateruma, an isolated and relatively primitive island of the Ryukyu Group, encountered a strange custom: one day of the year people would assemble and go to a certain place at the seashore and stay there for hours, looking out into the sea. They would remain there, staring into nothingness, until something would appear on the glimmering surface, a ship, a boat, or just a drifting log, an uncommon splash of water, a fish or a seal. When this had happened, they would quietly go home.[1]

This may be more than a curiosity. These island dwellers, surrounded by the infinite ocean, are not satisfied to live on a possibly blessed island within their own closed circle of life, even if the soil is granting the basis of livelihood and they have no pressing needs. There is this longing that something should arrive from without, to break into their eventless paradise. "Hope for the unhopeable," Heraclitus enjoined (DK 22 B 18). I am inclined to interpret also the famous sculptures of Easter Island in such a sense. For centuries the inhabitants of that lonely island have been working on giant figures of stone who all look out into the sea: Something should arrive. For hundreds of years they stared in vain.

Such expectation of the unexpected is answered by the phenomenon which historians of religion call 'epiphany,' in Greek *epiphaneia*.[2] It is not just the case that certain beliefs are held among certain people and are said to get sparse confirmation, nor that lively imagination has created a pantheon of anthropomorphic gods who may become directly visible to eidetic persons. The very existence of religion seems to point to the fact that humans are unwilling to function in a closed system, within their own circumscribed field. They tend to break borders at least in fantasy, looking for otherness, or they claim that others have crossed the boundaries from *[2]* their side, at least now and then; for example, there is the ineradicable passion for UFOs and extra-terrestrials that has been dominant for

---

[1]   Cornelius Ouwehand, oral communication. I cannot find this detail in his book, Ouwehand 1985.

[2]   A collection of materials in Pfister 1924; survey in Cancik 1990.

more than half a century. What is known and familiar to each individual will be just a small and unsatisfactory section within a vast surrounding sphere of the unknown. There is the tendency, the wish, the passion for getting beyond, for uncommon encounters, for epiphany.

Gods are "not obvious" (*adelotes*), as Protagoras stated.[3] All the more people are aroused and waiting: "Shouldn't the obscurity be broken by a sudden flash of light?" There are claims of "real" experience at such events, of "visions." These immediately develop into eagerly accepted tales. Tradition will be formed, poetic tradition most of all; quasi-literary conventions are established. But ritual organizations also arise to keep or even to reproduce the experience. Modern events such as the emergence of Lourdes fall into this category. Poetical convention is free: from the Veda to Sappho's most famous poem,[4] gods are described as setting out from their home, mounting their chariots, flying through the air from afar, and arriving. In epic tales such as Gilgamesh or Homer,[5] men may happen to meet gods, as if by coincidence. There is equal freedom to produce representations, pictures, statuettes, and statues of gods in normal or abnormal forms and thus to create more tangible tradition out of fantasies. Man-made imagery will reciprocally influence ideas, dreams, and visions.

We need not discuss here the possible psychological background of epiphany experience, altered consciousness, a medium's trance, ecstasy, or mere dreams.[6] Note that Greek seers in a medium's trance do not "see," but speak in a way difficult to understand.[7] Sometimes epiphanies are described as overwhelmingly powerful or even dangerous: "Harsh are the gods appearing clear and directly"; "Woe to me, I am lost: I have seen the King."[8] Hence the experience is often minimal and somehow lessened: Isaiah did not see much, the house was "full of smoke," he heard the voice that decreed his mission.[9] Ezekiel "beheld" the Lord in human shape, and he fell down; the rest was listening.[10] King Ramses describes his encounter with God Amun, his "father" in the midst of the battle of Qadesh: he heard him calling from behind.[11] Athena, too, in book one of the *Iliad*, stands [3] behind Achilles, grabbing his hair; but he is a man to look back, and "terrible her eyes were gleaming." "Do not look," Odysseus says to Telema-

---

[3] Protagoras, DK 80 B 4.
[4] Sappho, fr. 1 (Voigt).
[5] Gilgamesh meets with Ishtar (6. 1 ff.) and converses with the Sun God (Old Babylonian version X. iii. 1; Dalley 1989: 149). For Homer, see Kullmann 1956.
[6] For an example of epiphany in a dream, see the Ugaritic Keret text, Pritchard 1969: 143. "In his dream El descends, in his vision the Father of Man…"
[7] See the scene at the Ptoion in Hdt. 9, 135.
[8] Hom., *Il.* 20. 131; Isa 6: 5.
[9] Isa 6.
[10] Ezek 1.
[11] Lichtheim 1973–80: 2.66: "Amun gave me his hand; he called from behind."

chus, when a strange light fills the room; it is Athena holding her lamp, the poet tells us.[12]

Tales often elaborate what one could call epiphany in retrospect. These are encounters with strangers, or strangers paying a visit, who are recognized to have been gods afterwards by some sign or some consequence, be it blessing or punishment, or both.[13] Athena, playing the role of Mentes or Mentor, leaves "like a bird," and Telemachus gets an inkling: this has been a god.[14] The woman at Helen's sanctuary who changed an ugly baby into the most beautiful girl of Sparta: was this the goddess Helen herself?[15] No need to decide. There are horror stories too, e. g. about personified Pestilence taken across the river by a ferryman; a tale variously attested in Germany.[16]

Further reduction of epiphany just leaves signs. Take the beginning of Callimachus' *Hymn to Apollo*:[17]

How the laurel branch of Apollo has shaken, how the whole house: flee, flee, whoever is a sinner! And lo, Phoibos is rattling the door with his fine foot; don't you see: the palm tree suddenly has made a pleasant bowing, and the swan is singing beautifully in the air: Open by yourself, bolts of the doors, by yourself, keys; the god is no longer afar–and you, youngsters, make yourself ready for singing and dancing.

The signal to flee forbids gazing; what is really visible is the movements of laurel and the palm tree; unclear sounds are heard and remain unchecked, including the unlikely singing of a swan. Firm and clear is the performance of sacred ritual, the youths who start singing and dancing. There is no miracle, but signs suggesting religious experience enshrined in ritual.

Thus not infrequently ritual means waiting for a sign, rather like Hateruma. So also the Roman ritual of *inauguratio*, as described by Livy. This of course is legend, but based on actually practiced ritual. Numa the future king is led by the augur to the Capitol, he is made to sit down on a stone, looking south. The augur sits down to the left of him, with veiled head, holding the augur's staff, the *lituus* in his right hand. He determines the *regiones* of the sky; then, taking the *lituus* in his left hand, and putting his right on Numa's head, he prays:[18] *[4]*

Father Jupiter, if it is right (*fas*) that this Numa Pompilius whose head I am holding shall be king of Rome, make clear for us unambiguous signs (*uti tu signa certa declarassis*), in the limits established by me.

---

[12] Hom. *Il*, 1. 196–200; *Od*. 19. 40ff.
[13] On divine guests, see Burkert 1993.
[14] Hom. *Od*. 1. 320; cf. 3. 372.
[15] Hdt. 6. 61.
[16] Grimm 1876: 2. 991.
[17] Callim., *Hymn* 2. 1–8.
[18] Livy 1. 18.

This is waiting for something to appear, be it bird or lightning.[19] It is not prediction of any kind which is at stake, but reassurance in a moment of crisis. When the signs are observed, the ritual has been successful. The ritual power of the augur has limited the sphere of observation, and he names the signs which he wants to arrive. We may still wonder how long Roman augurs would have waited in such a situation. Cicero refers to the dreary routine which had taken over for augurs in his days: "Do you see?"–"Yes I see," without looking at anything.[20] Epiphany has been effaced by administration.

II. Minoan Epiphanies

That epiphany played a central role in Minoan religion has become a commonplace, especially since the seminal study of Friedrich Matz, *Göttererscheinung und Kultbild im minoischen Kreta*. The basic evidence was already in Nilsson's *Minoan-Mycenaean Religion*.[21] Matz, studying "the belief in bodily apparitions of the gods,"[22] takes iconography for his basis. It seemed established that divine images were unknown in Minoan Crete, and distinct temple buildings were not to be found either, whereas religious ceremonies were prominent in the iconography of seals, rings and frescoes; and hence "beliefs" could be deduced. Since Matz's work some new findings have modified the picture, especially the remarkable ivory statue of a male god from Palaikastro; note also the figures with bronze locks from Knossos as reconstructed by Robin Hägg.[23] But the impression remains that Minoan art and religion is different simply because those houses of gods known from Egypt and the Near East are absent, as are the cult statues belonging to them. The comparatively big clay images from Ghazi and Karphi are a new development within the sub-Minoan epoch.[24] We also find temples and bronze statues of gods at Cyprus from the twelfth century B.C.E., but not earlier.[25] Even the aniconic image of a goddess, that *[5]* impressive black stone of Aphrodite at Paphos,[26] belongs to a twelfth-century temple.

As far as I know, epiphany in Minoan religion, ever since Nilsson and Matz, is claimed to be found in three distinct forms:

---

[19] Cf. three day's waiting for lightning δι' ἅρματος at Athens, Boethius 1918: 1–12; waiting for a meteor to depose the king at Sparta, Plut., *Cleom.* 11.

[20] Cic., *Div.* 2. 70–73.

[21] Nilsson 1950: 330–88; Matz 1958; see also Hägg 1986; Marinatos 1993: 175–84

[22] Matz 1958: 28: "Glaube an das leibhafte Erscheinen der Götter"; "auf der Grundlage der Bilder."

[23] French 1990–91: 75; Hägg 1983.

[24] Marinatos 1993: 226; on the "snake goddess" from Knossos, see Marinatos 1993: 157–58.

[25] Buchholz-Karageorghis 1971: nn. 1740, 1741.

[26] Sophocleous 1985: Plate 1. 1.

1) Birds representing gods, or, the other way around, gods performing their epiphany in the form of birds.
2) The advent of little images high up, as if flying through the air, arriving from afar in a cultic context. This is peculiar to the imagery of gold rings.
3) Goddess impersonation, a priestess clad in special garments and seated on a throne to perform the role of a goddess.

We still have no idea of the Minoan language, in spite of thousands of Linear A documents; we do not know names of gods nor terms of cult. *Quâ* philologists, we are groping in the dark. What I am still trying to do is to collect possible scenarios from other adjacent or later civilizations that might somehow fit the evidence adduced for Minoan epiphanies and thus correspond to experiences or celebrations deduced from iconography. I am not claiming to reconstruct belief but to recover possible contexts of demonstrative religious behavior. I am not claiming direct connections or direct continuity in any case, but I am using parallels, indirect parallels in all probability, to bring pictures alive amidst the resources of a broad and multifarious yet generally compatible Near Eastern-Aegean world-view.

III. Birds

"Eine längst ausgemachte Sache ist es, daß die Minoer an die Erscheinung einer Göttin in Vogelgestalt glaubten," Matz wrote in 1958.[27] The evidence is from pictures and figurines, with the Haghia Triada sarcophagus leading the ranks: as the offering at the altar and the libation through a large vessel is performed, birds are perching at the double axes.[28] There are other representations of birds in similar contexts, e.g. three columns which may represent a sanctuary, with doves at the top.[29] Later there are birds on the head of one of the goddesses from Gazi.[30]

Martin Nilsson wrote: "The bird is a form of the epiphany of the gods," but also: "The birds are signs of the presence of the deity."[31] The two *[6]* statements are not at all equivalent, but point to a crucial difference of interpretation: Are the birds "the embodiment of the deity" – this too is an expression used by Nilsson on the same page – or an indirect sign of unseen presence, as the song of the swan in Callimachus? Should we assume the moving experience of a miracle, or just a

---

[27] Matz 1958: 17; cf. Nilsson 1950: 330–40; Pötscher 1990: 102–07; Marinatos 1993: 155–56. For other interpretations of Minoan birds as souls, thunder birds, or just "heaven", see Nilsson 1950: 338–39.
[28] Nilsson 1950: 426–42, esp. 427; Nilsson 1967: Plate 10.1/2; Buchholz-Karageorghis 1971: n. 1065b; see also Pötscher 1990: 171–91.
[29] Nilsson 1950: 331.
[30] Nilsson 1967: Plate 14.4.
[31] Nilsson 1950: 330.

sign noticed with a titillating "perhaps"? In the absence of Minoan texts, this is impossible to decide. All the more, the uncertainty should be kept in mind.

The idea that gods do appear in the shape of birds is derived from Homer and has always been reinforced by this evidence.[32] The main scene is in book seven of the *Iliad*. Athena and Apollo for once have agreed to stop battle and to arrange for single combat; Greeks and Trojans sit down, and Athena and Apollo sit down, too, "similar to birds, to vultures, on a tall beech tree of father Zeus," (ἐζέσθην, ὄρνισιν ἐοικότες αἰγυπιοῖσιν φηγῷ ἔφ' ὑψηλῆι; 7. 59–60). Readers of Homer since antiquity have tried to get rid of those birds at the tree, to make the gods sit under the tree, not on the branches; but the text is there. Furthermore Hypnos, "Sleep," hides on a tree, "similar to" a certain bird called *chalkis* or *kymindis* ("owl"; 14. 286–91). Then there are three scenes in the *Odyssey*: Athena going out of sight "like a bird," leaving Telemachus (1. 320); Nestor's sacrificial feast "similar to a vulture," (φήνηι εἰδομένη; 3. 372); finally during the "killing of the suitors," after encouraging Odysseus in the shape of Mentor, Athena flies up to the roof and sits there "like a swallow" (22. 240). Dirlmeier has contested the metamorphosis of the gods and tried to keep to metaphors, which remains unconvincing. But even if these birds are embodiments, they can hardly be called epiphanies. They are rather hiding, suggesting the "perhaps" of retrospect. Only in the *mnesterophonia* Athena is active. But is she still a bird when she is shaking her *aigis* (22. 297)? A swallow could hardly do that. Of course gods can move like birds, as Hermes flying to Calypso's island (*Od.* 5. 51–53), but this is poetry, not religious experience.

As additional evidence for bird epiphany in the Greek Bronze Age those little gold ornaments from Shaft Grave IV at Mycenae are regularly adduced, the nude goddess with her doves, and the temple. Seldom has it been acknowledged that this goddess with her doves just represents a very common type of Syrian iconography:[33] there is no question of embodiment; the doves belong to the goddess as her retinue, her helpers,[34] her messengers, and, in real life, as sacrificial animals too, raised in appropriate *[7]* buildings at the respective temples.[35] Doves were good to eat, after all, throughout the ages.

The Semitic context comes out in the testimony about the festivals *Anagogia* and *Katagogia* at Elymian Eryx, Sicily, festivals of the goddess called Aphrodite

---

[32] Critical discussion in Dirlmeier 1967.

[33] Nilsson 1950: 333; 1967: Plate 23.3/4; Pötscher 1990: 102, without the oriental counterparts, for which see Winter 1977: 53–78; Keel 1984: 58–62; Burkert 2000.

[34] See the myth about Derketo/Semiramis raised by doves in Ctesias, *FGrH* 688 F 1 = Diod. Sic. 2. 4. 4.

[35] Sacrifice of doves in the cult of Aphrodite Pandemos: IG II/III² 659; cf. Luke 2:24; Matt 21:12. On the whole see *RE* 4A (1932), s.v. Taube, esp. 2490–91; 2496–98.

by the Greeks and Venus Erucina by the Romans, a goddess who leaves and comes back. When she has left for Africa:[36]

After nine days one dove, outstanding by vigor and beauty, is seen flying in from the sea ... and clouds of other doves accompany her, and again the people of Erys celebrate a festival (*Katagogia*, *adventus*).

Could the one especially beautiful dove be the goddess herself? The tale intentionally leaves this open; there remains the "perhaps."

The goddess leaving and coming back in the company of birds seems to appear in a post Bronze Age Cretan document, the picture on a ninthcentury B.C.E. pot from Knossos, published by Nicolas Coldstream.[37] A winged goddess, on her chariot, is represented arriving on the one side, and leaving on the other. On the first side there are flourishing trees with a bird perched on one of them, and the goddess holding up two birds herself, whereas on the other, the tree's branches are hanging down, and the birds are flying off from the goddess' hands. Goddess and birds belong together, they act together, reconfirming their message. But there is no question of identity.

Nevertheless new evidence may overturn the balance: on the Minoan rings from Sellopoulo and Kalyvia (cf. N. Marinatos, The Character of Minoan Epiphanies, Illinois Classical Studies 29,2004,25–42; Figures 8 and 9), a huge bird appears as a vision of the worshipper. It seems that this bird *is* a god.

This is how Alcaeus around 600 B.C.E. celebrates Apollo's advent at Delphi; the text is only extant in a very free paraphrase of Himerius, a fourth-century C.E. orator, but it retains its effect:[38]

Nightingales are singing, swallows and crickets are singing ... the Kastalian fountain is flowing with silver rivulets, ... even water can notice the advent of gods.

Compare vase paintings that show Apollo flying on his swan.[39] Birds mark the *adventus*. The god may keep hiding.

Bird metamorphosis is not unknown in the Aegean-Near Eastern world. Prominent is the Egyptian myth how Isis took the form of a falcon to mate *[8]* with dead Osiris and thus to conceive Horos.[40] This is connected with the falcon-imagery for Horos and the Pharaoh. Somewhat closer to Homeric motifs is the Ugaritic myth of Aqhat who is killed by the goddess ᶜAnatu and devoured by vultures. In the decisive scene of danger, "eagles were hovering over him, ... between the

---

[36]   Ael., *NA* 4.2, cf. *VH* 1. 15; cf. also Ath., *Deipn.* 9. 394–95; Burkert 1988.

[37]   Coldstream 1984; Burkert 1988.

[38]   Alc. fr. 307c (Voigt) = Himer., *Or.* 48. 10–11.

[39]   *LIMC* 2 (1984): s. v. nn. 342–50.

[40]   Impressive relief from the Temple at Dendera, see Mettinger 2001: 173, Figure 6.2.

eagles ᶜAnatu was hovering."⁴¹ Was she just one within the flock of birds of prey, or distinguished somehow? The Ugaritic text does not express this.

Later Greek stories of gods changing into birds are well known, such as Zeus the swan mating with Leda, or Zeus the eagle carrying off Ganymede.⁴² This is on the same level with Zeus changing into a bull, or into a golden rain in his amorous exploits. Pausanias tells about the gold-ivory image of Hera in her temple in the Argive Heraion:⁴³

> A cuckoo is perched on the scepter which, they say, means Zeus, because
> when Hera was a virgin, he changed into that bird, and she hunted for the
> bird as a plaything ...

As a monument this scepter could recall Minoan imagery, but the tale has Zeus in disguise rather than performing his epiphany.

Bird epiphanies overlap with bird watching in general, although it should be noted that Minoan iconography never suggests bird watching, never shows humans staring at those birds (but see Marinatos in this volume, Figures 8 and 9, where the visionary actually sees large birds). Bird omens (omina), auspicia, are most common in the ancient world-view. What is remarkable is that these signs very often do not mean prediction, but only reassurance and confirmation. The Roman inauguratio for Numa has been mentioned already. Romulus, at the foundation of Rome, was installed by the Augurium Maximum:⁴⁴ Romulus and Remus were sitting as augurs on two different hills, watching for birds to appear. Lo! Romulus was the first to see twelve eagles. This was no forecast, but simply the decision needed at the moment: the birds' arrival gave authority to the ruler. This may still be called "epiphany," ending a conflict and deciding human affairs from above.

The role of bird appearances to invigorate, to confirm, to console, is found in Homer, too. For example, Priam in the twenty-fourth book of the Iliad. As Priam starts on his difficult and dangerous expedition to meet [9] Achilles, he prays to Zeus, and this prayer is answered by the appearance of a big eagle: "he appeared to them at right, surging through the city; and they rejoiced, seeing him ..."⁴⁵ Aeschylus, in the great choral ode of Agamemnon, has this impressive formulation concerning the two vultures' appearance: "the power of the expedition, al-

---

⁴¹ *KTU* 1, 18, iv 31–32, cf. 18–22; de Moor 1987: 246, cf. 245; Pritchard 1969: 153.

⁴² *LIMC* 4 (1988), first representation with eagle, forth century B.C.E., n.200 = Plin., *HN* 34. 79. There is no iconographic connection with the oriental image of Etana riding the eagle: Ward 1910: 144, nn. 391–94; Weber 1920: 105, Figures 402–04. Note that Etana uses a "real" eagle to get up to heaven; to make the bird a god seems to be purely Greek idea.

⁴³ Paus. 2. 17.4.

⁴⁴ Enn., *Ann.* frs. 47, 77–96 (Vahlen) = 46, 72–91 (Skutsch); Livy 1. 6. 4. Ennius speaks of auspicium et augurium.

⁴⁵ Hom., *Il.* 24. 315; cf. also 8. 247, 10.274.

lotted by destiny, for those in charge," ὅδιον κράτος αἴσιον ἀνδρῶν ἐκτελέων (*Ag.* 104–05). These birds are not gods, but they make visible the power of fate.

Less important is bird watching for the selection of a *daidalon*, the wooden image to be burnt finally on Mount Kithairon, at the special festival of Plataiai. Pausanias reports that people go to a wood at Alalkomenai and lay down pieces of meat:[46]

They watch the raven which has caught a piece of meat, (to see) on which tree it will sit down; and the tree on which it has sat down, this they fell and from this they make the *daidalon*.

There is no explicit speculation about the relation of that raven to any god, but the bird perching on a tree gives the sign for action. With the *daidala* ritual we may feel close at last to Mycenaean ritual, with the tree, the bird, and the fire festival. A *daidaleion*, which should mean "place of the *daidala*," is attested at Mycenaean Knossos.[47] Fire festivals at the peak sanctuaries are a well-attested feature of Minoan religion. Unfortunately Minoan is not Indo-European–this should warn us not to set out for a great synthesis.

IV. Sky-born Epiphanies

A special kind of iconography has received primary attention ever since Nilsson and Matz;[48] it seems to be "unique to Minoan Crete."[49] Quite often, on golden finger rings, there appears a small human-like figure hovering in the air as if arriving from afar. There are no parallels in other Bronze Age iconography–"a remarkable departure from the established traditions of the orient."[50] It is easy to assume that the Minoans devised this form to represent some special religious experience.

A central piece of evidence is the ring from Isopata.[51] It shows whirling females, dancing according to the common view, while a little figure with long locks and whirling skirts is flying down from above towards the raised *[10]* hands of these women. Matz spoke of the "combination of dance, ecstasy and adoration."[52] An equally well-known piece is the gold ring from Mycenae, which has a procession towards a goddess in a cosmic setting, with sky, moon and Sun, and

---

46 Paus. 9. 3. 4. On Daidala, see Chaniotis 2002.
47 Gérard-Rousseau 1968: 51.
48 Nilsson 1950: 341–53; Matz 1958: 11–15; Marinatos 1993: 163, 175–79.
49 Marinatos 1993: 175.
50 Marinatos 1993: 178.
51 Nilsson 1950: 279; Matz 1958: 8–10 and Figures 4; 6; 7; Marinatos 1993: 163, Figure 149. See Cain 2001.
52 Matz 1958: 9.

with a little figure above in a figure-eight shield.[53] A gold ring from Knossos has a little figure with a spear or staff descending in front of a pole and a sanctuary, with a female in a gesture of adoration.[54] There are more pieces, not to be enumerated here, gold rings mostly and seal impressions (see Marinatos loc.cit.).[55]

The interpretation in the sense of epiphany has been generally accepted, but the context or contexts have remained enigmatic. C.D. Cain in a recent article writes: "The layers of uncertainty ... ultimately baffle attempts to establish narrative connections."[56] In this volume, Marinatos offers a new interpretation, still in the direction of narrative, based especially on the newly found Poros ring (cf. Marinatos, Figure 4): these are gods meeting other gods, comparable to what have been called scenes of "sacred conversation." If so, the scenes may not qualify as epiphanies. Thus uncertainties have been multiplied. Without dispelling these, I shall call attention to some tales about what may come from above: gods, signs, or sizeable objects. This does not explain the Minoan imagery, but it might contribute to reduce its isolation.

Comparable to some extent with the Minoan pictures are Greek representations of the Dioscuri arriving for their *theoxenia*, small figures riding through the air above the huge couch prepared for them.[57] Other gods too are believed to arrive for their festival, but they are never represented in such a fashion. The unique vision of the Dioscuri goes with another unique form of their epiphany, the undisputable reality of flames–in fact, electric discharge–striking ships in a thunderstorm (St. Elmo's fire).[58] This miracle, inexplicable at the time, is firmly believed to be these gods' epiphany.

Fire apparitions, fire miracles, and fire falling from heaven make a wide field of ideas, expectations, or experience of the divine. They may go *[11]* together with the experience of lightning, but are not reducible to this. At Krastone in Thrace, during a sacrificial festival of Dionysus:[59]

If the god is about to make a good year, a great blaze of fire appears, and this is seen by all the people who stay in the sanctuary.

---

53 Nilsson 1950: 347; Marinatos 1993: 159, Figure 143. On the problem of calling this figure a palladion, see Marinatos 2001; Nilsson 1950: 354–55.
54 Pötscher 1990: 157; Marinatos 1993: 173, Figure 171.
55 Note a seal form Zakro, Nilsson 1950: 283; Pötscher 1990: 120, with a temple structure towards which a descending figure is flying. The "ring of Minos" has finally come to the Museum of Herakleion, Blackman 2001–02; its authenticity remains controversial.
56 Cain 2001.
57 *LIMC* 3 (1986), s.v. Dioskouroi, nn. 112; 113; 118; cf. Burkert 1985: 197 n. 84.
58 Burkert 1985: 213 n. 25; *Hymn. Hom.* 33 *(Diosc.)*; Alc. 34 (34. 3 προφάνητε); Plut. *Vit. Lys.* 12. 1 (battle of Aigos Potamoi; in consequence, golden stars were dedicated at Delphi, Cic., *Div.* 1. 75); Diod. Sic. 4. 43. 2; *Aët.* 2. 18.
59 Arist., *Mir. ausc.* 122, 842a21.

Possibly the myth of Hephaistos falling from heaven towards the Sinties at Lemnos recalls a Lemnian fire festival.[60] Quasi-magical production of fire by the use of a mirror seems possible.

More dramatic is the ritual on Mount Carmel depicted in the Elijah story of the Hebrew Bible.[61] From morning to night the priests of Baal perform their ritual invoking Baal: they dance, they wound themselves, they go into ecstasy, but nothing happens. Finally Elijah calls on Yahweh, and behold, fire falls from heaven to consume his offerings on the altar. This is Yahwist propaganda with a parody of "pagan," Canaanite ritual. It has the quest for epiphany, nay enforcement of epiphany by prayer, by uncanny performances, and by ecstasy. It is interesting that a somewhat parallel story was told at Lindus on Rhodes. At the birth of Athena the Rhodians went up to their acropolis to sacrifice at the altars, but they had forgotten fire, hence they prepared for sacrifices without fire, and later they still kept the custom of fireless offerings. But behold: "For them Zeus moved on a yellow cloud and made much gold rain down"; this was the origin of the riches and the crafts of Rhodes.[62] A sign of selection, of special benediction from "Zeus, mover of clouds." The miracle comes from above as an answer to the ritual endeavor of men; in this case fire or lightning turns into gold.

At the sanctuary of Aphaka in Syria:[63]

When the people come together in the place at a certain time, fire appears in the air, in the form of a torch or a globe.

Another text, referring to the abolition of the rite by the Christians, recalls:[64]

Upon invocation, on a certain day, from the heights of the Lebanon, fire, darting through the air like a star, plunged into the river nearby; they said this was Urania –thus they called Aphrodite.

The ritual invocation is answered by fire falling from above towards the sanctuary, and this is the goddess herself, performing her epiphany. Here *[12]* we are in a Semitic environment; the "queen of heaven" is Atargatis. It might be tempting to make a jump from these late testimonies to Bronze Age Ugarit and towards Minoan-Mycenaean connections from there. Let us rather be content with an imaginative scenario.

What falls from heaven may be much more tangible in certain cases. The Greeks have special words for such objects, διόβλητον or, possibly older,

---

[60] Cf. Burkert 1970.

[61] I Kgs 18:21ff.

[62] Pind., *Ol.* 6 48ff. The central mountain of Rhodes has the name Atabyrion, identical with the name of Mount Tabor/Atabyrion in Palestine–one of the possible links to Semitic civilization at Rhodes.

[63] Zos., *Hist.* 1. 58.

[64] Sozom., *Hist. eccl.* 2. 5. 5; Burkert 1983: 296 n. 11.

διειπετές. This word is interesting because, with the element *diwei-*, it seems to point to a very old, Mycenaean and pre-Mycenaean heritage.[65] A belief, widely diffused as it seems, is that stones fall down from heaven together with lightning: "thunder-stones," thunderbolts, *kerauniai* in Greek; these are collected and preserved, they are exhibited, they are believed to protect against lightning. Some of these may have been stone implements from the Stone Age, "celts" and axes,[66] some actual meteors. In Byzantine times the emperor Alexius sent, among other valuables, a "star-axe" or rather "lightning-axe," bound in gold, as a present to the German King Henry IV (ἀστροπέλεκιν).[67]

This brings us to the divine images called διόβλητα in antiquity. The stone representing the Mother Goddess at Pessinus, transported to Rome in 203 B.C.E. was claimed to have fallen from heaven.[68] Scholars acutely concluded that this must have been a meteor, which gives a comforting scientific background to these things falling from above. Meteors are rare and difficult to find. The piece of Aigos Potamoi, said to have fallen in 467 B.C.E. which had given the idea to Anaxagoras that the sun was a piece of glowing metal, was shown for centuries and even worshipped by the neighbouring people.[69] Pliny mentions a piece at Abydos which he says was venerated even in his time.[70] If the image of Ephesian Artemis is called διοπετές in the New Testament, this is probably an improvisation of the author of Acts who seems to be not too well informed about Ephesus.[71]

There remains the *palladion* fallen from heaven, τὸ διπετὲς Παλλάδιον, which seems to have been a fixed concept. Normally a *palladion* is taken to be an image of armed Pallas Athena, i. e. a comparatively small statue, possibly of bronze, somehow belonging to the *[13]* family of the "smiting god," which was quite common from the late Bronze Age to the Iron Age.[72] But there was the linguistic association that derived *palladion* from πάλλειν, "to hurl," and stories were told why Zeus should have "hurled" such an image down to earth. An isolated notice speaks about *palladia* that fell from heaven at the fight between gods

---

[65] The orthography διειπετής attested in Zenodoros, *Porphyry on Iliad* 16. 174 (in Erbse 1975: 204); *Di-we* (ΔιϜει), dative of Zeus, is attested in Mycenaean. The word διπετής is a standard epithet for rivers in Homer, but in Alcm. 3. 67, from the seventh-century B.C.E., it has become διαιπετής and is used for a "star falling across the resplendent sky," evidently a meteor. Lengthy discussion in Schmitt 1967: 221–36; see also Risch 1973: 82–83. ΔιϜει may be dative or locative, meaning "flying in the sky" (Schmitt) or "falling from the sky."

[66] Plin. *HN* 37. 135; Cook 1925: 505–13; Blinkenberg 1911; Nilsson 1967: 202.

[67] Anna Komnena, *Alex*. 3. 10. 7; possibly it should have been ἀστραποπελέκιον originally.

[68] App., *Hann*. 56. 233; Hdn. 1. 11. 1 διπετές; Amm. Marc., 22. 9. 7; not in Livy 39. 11. 1 ff., detailed description of the stone in Arnobius, *Adv. Nat*. 7.49.

[69] Plut., *Vit. Lys*. 12. 2.

[70] Plin., *HN* 2. 150, *colitur hodieque*.

[71] Acts 19: 35; Burkert 1999.

[72] See Burkert 2000.

and giants.[73] Another story concerns the family of *gephyraioi* at Athens and the Athenian sanctuary ἐπὶ Παλλαδίωι. A *palladion*, they said, arrived flying with the clouds and came to rest precisely at a bridge (*nubibus advectum et in ponte depositum*), to give their name to the *gephyraioi*.[74] But the most famous *palladion* was the one from Troy; and this too was "hurled down:" When Ilus, the mythical founder of Ilion/Troy, was founding his city, he "prayed to Zeus that some sign should appear to him; when day had come, he saw the *palladion*, fallen from heaven, lying in front of his tent." Others said that the *palladion* "came falling through the air to Tros, king of Phrygia."[75] It is difficult to judge how old such stories may be. We recognize the ritual pattern which is familiar by now: the quest for a sign of confirmation, while a founder is building a city; he prays to the sky god, and behold, the sign arrives. The *palladion* from above is nearly equivalent to the twelve eagles which appeared for Romulus, or the celestial sign that was to inaugurate Numa, king of Rome.

Another strange story appears in the context of Pindar's biography:[76]

When the flute-player Olympichos was being taught by Pindar, at the mountain, where he made his training, there occurred a great noise and fire falling downwards; and Pindar, noticing that, saw a stone image of the Mother of the Gods coming towards his feet.

Pindar hence established a sanctuary of the Mother Goddess at Thebes close to his house.[77] He did so, the tale goes on, even before the city could react to the apparition. The scenario is unique, but still has some familiar traits. Here it is the context of music which seems to trigger the epiphany, cosmic music, since the flutist bears "Olympus" in his name. It is strange that the Mother Goddess who usually is taken to be a personification of Earth should come from Heaven, but this conforms to the (legendary or real) meteorite of Pessinus. If religion needs otherness, needs epiphany, even the power of earth could be confirmed from its opposite.[78]

[14] These tales from Troy, Thebes or Pessinus will not help too much to understand Minoan scenarios, but they still seem to reduce its isolation. Note that Minoan epiphany-scenes are mainly bound to gold rings, i.e. to persons of high social standard, and they are never repeated; each item is a special composition. This makes them very personal documents. Should they belong to some "quest

---

[73] Phylarchos in *FGrH* 81 F 47.

[74] Servius, *Comm. in. Virg. Aen.* 2. 166; cf. Pherekydes in *FGrH* 3 F 179; alternatively the Athenian palladion was said to be the Trojan palladion, stolen by Diomedes and Odysseus.

[75] Apollod. *Bibl.* 3. 12. 3, §143 (Ilos). *Schol. B in Il.* 6.311 (Tros).

[76] *Schol. Pind. Pyth.* 3. 137b = Aristodemos in *FGrH* 383 F 13.

[77] This is from Pindar's text; see *Schol. Pind. Pyth.* 3. 77–79.

[78] One Minoan ring seems to show a stone figurine or pillar in an epiphany scene; see Marinatos 1993: 186, cf. 176.

for a vision" in a situation *en marge*, as Pindar retiring to the mountain? But to repeat: this is not an argument for continuities or direct interrelations, but an attempt to figure out possible scenarios for what is hinted at in the fascinating but
mute Minoan evidence.

V. Goddess Impersonation: The Priestess Enthroned

When Evans excavated the West Wing of the Palace of Knossos, he found a room
with a throne, adorned by frescoes, accessible from the central court through an
anteroom. There are griffons on either side of the throne, evidently guarding it.
There was no doubt: this was the king's throne, and it was named "the throne of
Minos" at once. Generations of visitors have been given this explanation when
touring the "palace of Minos." There is no Bronze Age attestation at all for the
name Minos. The "throne of Minos" comes directly from Homer's Netherworld,
as reported by Odysseus:[79]

> There I saw Minos, the brilliant son of Zeus, holding a golden scepter,
> meting out right to the dead, seated; and they around him asked his
> sentences, seated or standing in the house of Hades with its wide gate.

For the ancients this was the starting point for the idea of the judges of the dead,
with Aiakos and Rhadamanthys joining Minos. Moderns rather tend to say that
the Homeric text has Minos the lawgiver continuing his activities after death.

It was revolutionary when Helga Reusch, followed by Niemeyer, Hägg, and
Marinatos, pointed out that in Minoan iconography, paired griffons only appear
flanking a female, a goddess, not a male figure. Hence a female must have been
seated on that throne, if not a real goddess. This would make a ceremony of divine epiphany.[80] There is a compartment next to the throne room of the type
called a "lustral basin" by Martin Nilsson and others, and "adyton" by Marinatos.[81] Access to the throne room from inside passes a service section and a possible dressing room. Details of a possible ritual of god impersonation remain, of
course, in the realm of imagination. But the argument for a female dominating
the scenery is conclusive. There remains the question–and I think it is not just our
rationalism to ask it: *[15]* What does make her divine? Just the dress? And what
would she be doing there?

Different no doubt is Bronze Age evidence of how to select and to install a
god's bride, as described in a long cuneiform text from Emar. Well known also is

---

[79] Hom., *Od.* 11. 568–71.
[80] Reusch 1958; Niemeyer 1986; Hägg 1986; Marinatos 1993: 53–54; 106–09 ("a priestess, dressed as a goddess," 108).
[81] Nilsson 1950: 92–94; Marinatos 1993: 77–87.

the wife of Amun in Egyptian Thebes; Herodotus attests a hierogamy at the top of the Babylonian tower.[82] At Athens we have the wife of the *archon basileus* presented to Dionysus as a wife, in the ritual of Anthesteria; some vase paintings seem to allude to this ritual.[83] Such encounters do not make the partners of the god divine. The Emar text closes with regulations of inheritance when the god's consort will have died, childless, of course. But as to Knossos, nobody has suggested that the throne ceremony was for marriage.

In the later Greek evidence, there are a few cases when mortals play gods. In the mysteries of Andania certain people were made up to represent gods.[84] The Iobakchoi at Athens have Dionysus, Kore, Palaimon, Aphrodite among the participants at their drinking party.[85] In the cult of Isis, two virgins were playing Isis and Nephthys the mourning goddesses with appropriate songs at the Osiris festival;[86] priests don the mask of Anubis, the jackal's head, too.[87]

Best known, and controversial, is the story about Peisistratus, who, returning from exile, had a tall woman from Paiania supplied with armor and chariot and made heralds proclaim that: "Athena herself, honoring Peisistratus most of all men, is bringing him back to her acropolis." Herodotus, who tells the story, has his doubts whether the Athenians could have been that simple-minded to fall victims to such a trick. Moderns are split into those who believe that such a ritual of epiphany in procession was possible in archaic Greece, and those who would reconstruct several layers of propagandistic reinterpretations to turn Peisistratus' claim to owe his victory in the battle at Pallene to Athena into a silly masquerade.[88]

Comparable is a tale in a late author about Athena's sanctuary at Pellene in Achaia:[89]

The Aetolians were marching against Pellene. In front of Pellene there is a high hill, opposite the acropolis; there the troops of Pellene came together and were taking up their arms. The priestess of Athena, who according to some custom was wearing full armor and a helmet with three crests on this *[16]* day, the most beautiful and tallest of the virgins, came to look from the acropolis towards the crowd of citizens arming themselves. The Aetolians, beholding a virgin in full armor coming forth from the sanctuary of Athena, believed that Athena herself was coming as an ally for the Pellenians, and they beat a retreat. The Pellenians pursued them and killed a sizeable number of Aetolians.

To wear armor and helmet seems to have been a regular ritual for Athena's priestess; to make this an epiphany was a unique event.

---

[82] Arnaud 1987: 326–37, and n.369; Erman 1934: 201–02.; 319–20.; Hdt. 1. 182.

[83] Burkert 1983: 232–35.

[84] *IG* V.1.1390 = *LSCG* 65, § 4: ὅσας δὲ δεῖ διασκευάζεσθαι εἰς θεῶν διάθεσιν.

[85] *IG* II/III² 1368 = *LSCG* 51. 124.

[86] Dunand 1973: 178.

[87] Used for escape in persecution, App., *B Civ.* 4. 47.

[88] Hdt. 1. 50. See Connor 1987.

[89] Polyaenus. *Strat.* 8. 59.

Less serious is Xenophon of Ephesus in his romance about Habrokomes and Anthia at Ephesus: Anthia is by far the most beautiful of virgins at the festival of Artemis, she goes forth with golden hair, short purple garment, even with bow and arrows and followed by dogs. So "often when she was seen in the sanctuary, the Ephesians beholding her venerated her as if she were Artemis," and in the procession "some, stupefied, said she was the goddess."[90] This seems a distant reflection of religion in rhetoric.

Epiphany has been claimed by monarchs. Ptolemy V, king of Egypt, who changed from Macedonian to Egyptian-influenced style, was the first king to be called Epiphanes. He was thirteen years old in 197 B.C.E., when he was crowned with the title Ptolemaios Epiphanes Eucharistos, an adorable young Horos on the Egyptian throne.[91] It seems that Antiochus IV the Seleucid king took the title from his cousin. Antiochus, who started the unfortunate conflict with the Jews, should have been called ἐπιμανής rather than ἐπιφανής, as Polybius his contemporary dryly remarked.[92] Christians were even more critical of such epiphanies. Herod Agrippa, the petty king of Palestine in 44 C.E., "put on his royal garment and sat on his tribunal" – the Roman seat of power has replaced the Hellenistic throne–and he gave a speech to his people that made them acclaim him a god. This displeased the Lord, and the Lord's angel struck Herod, and before long he was devoured by worms. End of epiphany.[93]

Serious ritual of a more special kind is presented in the account of Pausanias about the cult of Demeter at Pheneos in Arcadia. There they preserve a mask of Demeter Kidaria, he says, in a strange construction made of rocks, and once, at night, in the so-called greater festival, the priest puts on this mask and, "following some myth, he beats those under the earth."[94] Here a human male, by power of a mask, turns into the goddess Demeter, the angry goddess; he performs violent action, driving back *[17]* uncanny powers, as it seems. Pausanias declines to explain this any further.[95]

Somewhat similar seems to be the oath ritual at Syracuse as described by Plutarch. This is the "great oath" which the women of the family of Dion made his future murderer undergo: "Going down to the Thesmophorion," after certain sacrifices he had to "don the purple garment of the Goddess and take the burning

---

[90] Xenophon of Ephesus, *Ephesiaca 1. 2. 7.*

[91] *OGI* 90.5 (Rosetta Stone).

[92] Polyb. 26. 1a. 1, with anecdotes about the strange behavior of Antiochus; cf. 30. 25–26; Ath., *Deipn.* 5. 195c-f.

[93] Acts 12:22.

[94] Paus. 8. 15. 3.

[95] Hermes is wielding a rod in an *Anodos*-scene; see Rhodes, Bérard 1974: Figure 63; cf. the use of a rod in the magic evocation of a soul in Clearchus, fr. 7 (Wehrli).

torch in his hands, and swear."[96] Somehow identifying with the goddess, the man should be immune to subterranean powers and thus be considered absolutely trustworthy.

These examples of goddess impersonation do not bring us closer to the Knossos throne. Another approach might be more promising, considering the function of a throne. The throne, together with crown and scepter, is a central sign of royal power in the Near East as in Egypt. Overthrowing a ruler means to take away his crown, his scepter, and his throne. The Hebrew Bible has imposing pictures of the throne of god, down to the vision of Isaiah: "I saw the Lord seated on a high and sublime throne." Psalms praise the throne of the Lord, too, with his enemies serving for a footstool.[97] It was a unique privilege to have such a seat, with the others standing or crouching on the earth. In Egypt the throne seems to become identical with the goddess Isis who thus physically guarantees the sovereignty of the Pharaoh.

But beyond the sphere of rulers, the throne also played a role in mystery initiations. Plato alludes to the *thronosis* in the *teleté* of the Corybants, when they dance around the initiand in a way that must confuse him; Dion of Prusa describes such a ceremony in more detail, possibly referring to Samothrace.[98] In the Orphic myth, Dionysus the child is set on the throne of Zeus prematurely, so the Titans, dancing around him, are able to allure him with playthings; leaving the throne, the child is put to death.[99]

As to Knossos, however, another ritual scenario seems more to the point: the Trophonius ritual at Lebadeia, described by Pausanias on the basis of his own experience, as he explicitly claims, means a journey to the Netherworld. How the priests would manage to perform this is left to conjecture; possibly by the use of drugs. It is the last phase of this strange experience which concerns us here:[100]

[18] And the one who has come up from Trophonius, the priests take him again and make him sit on a throne which is called the Throne of Remembrance; it is situated not far from the Adyton; and when he has been seated there, they ask him what he has seen or come to know. And when they have learnt this, they permit him to join his relatives; and they guide him there ...

This means that unclear fantasies or memories of altered consciousness were to find expression and verbalization afterwards, a kind of unforeseeable revelation even to the priests who had manipulated the ceremony. The initiate, on account of his experience, is in a unique position, elevated beyond the limits of normal

---

96   Plut., *Dion* 56. 5.
97   Isa 6: 1; Ps 110.
98   Pl., *Euthphr.* 277d; Dio Chrys., *Or. 12.* Burkert 1987: 89–90.
99   For a picture of this *thronosis*, see Kerényi 1976: Figure 66b.
100 Paus. 9. 39. 13; see 9.39.5–40. 2.

human knowledge. This is played out by making him sit on this unique "Throne of Remembrance," to tell what the gods may have revealed to him.

There is a strange parallel in one of the most famous Greek cults, in the functioning of the oracle at Delphi. It is a woman selected on account of some special ability who is made to sit down not on a throne, but on a special contrivance which brings her right above the gap in the floor of the temple's *adyton*, the *chasma*. She somehow absorbs what is coming up from below, she goes into a state of altered consciousness, and makes utterances which are observed and interpreted by the priests who watch the performance. One speaks of going down even in the case of Delphi, even if there were just a few steps to mark the *adyton* within the temple. The ordinances of the god received in this way were called *themistes*– Apollo's activity is *themisteuein*–the very word used by Homer also for Minos sitting on his throne. Thus we see the Pythia as she takes a preliminary ritual of purification: she "goes down," she is "enthroned" on the tripod, and *themisteuei*. However, this scenario of Delphi is controversial in all its details since not much survives from the temple structure of the fourth century B.C.E. to reconstruct the *adyton*, and nothing from earlier temples. The account given here largely depends on descriptions by Plutarch, who knew what he was describing.[101]

The third example is the cave sanctuary of the Sibyl at Cumae, as it appears in a late and strange text, pseudo-Iustin's *Cohortatio ad Graecos*, a text probably from the fourth century C.E., but which was handed down among the works of the Christian apologist Justin Martyr from the midsecond century. The author claims that he has personally been to Cumae. He is well informed: to his credit, he actually writes Kouma, not Kyme in the current Greek form, and he correctly describes the location close to Baiae. There is a large hall, he says, carved from one rock–possibly this the great structure in the rock at Cumae, excavated by Maiuri–and in the midst of the hall there are three water-basins, carved from the same rock:[102]

[19] When they had been filled, the Sibyl, they say, would take a bath in them, then take her clothing and go to the innermost room of the hall, still carved from the same rock, and in the midst of the room she would sit down on a high podium and a throne and thus speak out her oracles.

The sequence of purification, taking a seat on the throne, and giving oracles quasi *ex cathedra* is equivalent to the Delphic procedure, and to the final section of the Trophonius sequence.

Is something similar to be surmised for the situation at Knossos? Would this mean what was performed by the woman seated on the throne were not acts of ruling or meting out justice, but some form of "divination," not female ruling power, but moments of divine epiphany through a woman imbued with sacred

---

[101] See Roux 1971; Burkert 1985: 115–17.
[102] Ps.-Justin. *Coh. ad graec.* 37. 1; Riedweg 1994: 511–15.

authority? The inner access to the Knossian throne room passes a "lustral basin."[103] The forms of the great man-made cave in the rock of Cumae somehow remind one of "Mycenaean" architecture. But let us not forget the hazardous steps from Minoan to Mycenaean, from Mycenaean to Iron Age Greece, from Greece to Southern Italy–we do not escape a quagmire of uncertainties.

Zurich

Abbreviation

KTU Dietrich, M., O. Loretz, and J. Sanmartín (eds.). 1976. *Die keilalphabetischen Texte aus Ugarit.* AOAT 24/1. Neukirchen-Vluyn. Second Enlarged Edition of *KTU: The Cuneiform Alphabetic Texts from Ugarit, Ras Ibn Hani, and Other Places.* 1995. M. Dietrich, O. Loretz, and J. Sanmartín (eds.). Münster.

Bibliography

Arnaud, D. 1987. *Recherches au pays d' Ashtata.* Emar III 1–4. Paris.

Bérard, C. 1974. *Anodoi, Essai sur l'imagérie des passages chthoniens.* Geneva.

Blackman, D. 2001–02. "Archaeology in Greece 2001–2002." *Archaeological Reports* 48, 1–115.

Blinkenberg, C. 1911. *The Thunderweapon in Religion and Folklore.* Cambridge.

Boethius, A. 1918. *Die Pythais.* Uppsala.

Buchholz, H. G. and V. Karageorghis. 1971. *Altägäis und Altkypros.* Tübingen.

Burkert, W. 1970. "Iason, Hypsipyle and New Fire at Lemnos." *Classical Quarterly* 10, 1–16 (repr. in R. Buxton (ed.), 2000. *Oxford Readings in Greek Religion.* 227–49. Oxford) (= Kleine Schriften, Band V, 186–205).

Burkert, W. 1983. *Homo Necans: The Anthropology of Ancient Greek Sacrificial Ritual and Myth.* Berkeley.

Burkert, W. 1985. *Greek Religion Archaic and Classical.* Cambridge, Mass.

Burkert, W. 1987. *Ancient Mystery Cults.* Cambridge, Mass.

Burkert, W. 1988. "*Katagógia-Anagógia* and the Goddess of Knossos." In R. Hägg, N. Marinatos, and G. Nordquist (eds.), *Early Greek Cult Practice*, 81–88. Stockholm (= Kleine Schriften, Band VI, 90–103).

Burkert, W. 1993. "Lescha-Liskah. Sakrale Gastlichkeit zwischen Palästina und Griechenland." In B. Janowski, K. Koch, and G. Wilhelm (eds.), *Religionsgeschichtliche Beziehungen zwischen Kleinasien, Nordsyrien und dem Alten Testament*, 19–38. Freiburg (= Kleine Schriften, Band II, 135–153).

Burkert, W. 1997. "From Epiphany to Cult Statue." In A. B. Lloyd (ed.), *What is a God? Studies in the Nature of Greek Divinity*, 15–34. London (= Kleine Schriften, Band VI, 139–155).

---

[103] See n. 81 above.

Burkert, W. 1999. "Die Artemis der Epheser: Wirkungsmacht und Gestalt einer Grossen Göttin." In H. Friesinger and F. Krinzinger (eds.), *100 Jahre Österreichische Forschungen in Ephesos*, 59–70. Wien (= Kleine Schriften, Band VI, 56–73).

Burkert, W. 2000. "Migrating Gods and Syncretisms: Forms of Cult Transfer in the Ancient Mediterranean." In A. Ovadiah (ed.), *Mediterranean Cultural Interaction*, 1–21. Tel Aviv (= Kleine Schriften, Band II, 17–36).

Cain, S. D. 2001. "Dancing in the Dark: Deconstructing a Narrative of Epiphany on the Isopata Ring." *American Journal of Archaeology* 105, 27–49.

Cancik, H. 1990. "Epiphanie / Advent." In H. Cancik, B. Gladigow, and M. Laubscher (eds.), *Handbuch religionswissenschaftlicher Grundbegriffe*, 2.290–96. Stuttgart.

Chaniotis, A. 2002. "Ritual Dynamics: The Boiotian Festival of the Daidala" In H. F. J. Horstmanshoff, H. W. Singor, F. T. van Straten, and J. H. M. Strubbe (eds.), *Kykeon: Studies in Honour of H.S. Versnel*, 23–48. Leiden.

Coldstream, N. 1984. "A Protogeometric Nature Goddess from Knossos." *Bulletin of the Institute of Classical Studies* 31, 93–104.

Cook, A. B. 1925. *Zeus: A Study in Ancient Religion* II. Cambridge.

Connor, W. R. 1987. "Tribes, Festivals and Processions: Civic Ceremonial and Political Manipulation in Archaic Greece." *Journal of Hellenic Studies* 107, 40–50

Dalley, S. 1989. *Myths of Mesopotamia.* Oxford.

de Moor, C. 1987. *An Anthology of Religious Texts from Ugarit.* Leiden.

Dietrich, B. C. 1974. *The Origins of Greek Religion.* Berlin.

Dietrich, B. C. 1990. "Oracles and Divine Inspiration." *Kernos* 3, 157–74.

Dietrich, M., O. Loretz, and J. Sanmartín (eds.). 1976. *Die keilalphabetischen Texte aus Ugarit.* AOAT 24/1. Neukirchen-Vluyn. Second Enlarged Edition of *KTU: The Cuneiform Alphabetic Texts from Ugarit, Ras Ibn Hani, and Other Places.* 1995. M. Dietrich, O. Loretz, and J. Sanmartín (eds.). Münster.

Dirlmeier, F. 1967. *Die Vogelgestalt homerischer Götter.* Heidelberg.

Dittenberger, W. (ed.), 1903–05. *Orientis Graeci Inscriptiones Selectae* I-II. Leipzig.

Dunand, F. 1973. *Le culte d'Isis dans le bassin oriental de la méditerranée* I. Leiden.

Erbse, H. 1975. *Scholia Graeca in Homeri Iliadem*, Volume 4. Berlin.

Erman, A. 1934. *Die Religion der Ägypter.* Berlin.

French, E. B. 1990–91. "Archaeology in Greece 1990–91." *Archaeological Reports* 37, 3–78.

Gérard-Rousseau, M. 1968. *Les mentions religieuses dans les tablettes mycéniennes.* Rome.

Grimm, J. 1876. *Deutsche Mythologie* I-III. Fourth edition. Göttingen.

Hägg, R. 1983. "The Bronze Hair-locks from Knossos: A New Interpretation." *Archäologischer Anzeiger*, 543–49.

Hägg, R. 1986. "Die göttliche Epiphanie im minoischen Ritual." *Mitteilungen des deutschen archäologischen Instituts*, 101, 41–62.

Jacoby, F. 1923-. *Fragmente der griechischen Historiker.* Berlin.

Inscriptiones Graecae. 1873-. Berlin.

Keel, O. 1977. *Vögel als Boten.* Freiburg.

Keel, O. 1984. *Deine Blicke sind Tauben. Zur Metaphorik des Hohen Liedes.* Stuttgart.

Kerényi K. 1976. *Dionysos: Urbild des unzerstörbaren Lebens.* Munich.

Kiechle F. 1970. "Götterdarstellung durch Menschen in der altmediterranen Religion." *Historia* 19, 259–71.

Kullmann, W. 1956. *Das Wirken der Götter in der Ilias.* Berlin.

La Rosa, V. 2001. "Minoan Baetyls. Between Funerary Rituals and Epiphaneia." In R. Laffineur and R. Hägg (eds.), *Potnia*, 221–28. Liège.

Lichtheim, M. 1973–80. *Ancient Egyptian Literature*. I-III. Berkeley.

Lexicon Iconographicum Mythologiae Classicae. 1981–98. Zürich.

Marinatos, N. 1993. *Minoan Religion: Ritual, Image, and Symbol*. Columbia, S.C.

Marinatos, N. 2001. "The Palladion Across a Culture Barrier? Mycenaean and Greek." In S. Böhm and K. V. von Eickstedt (eds.), IΘAKH. *Festschrift für Jörg Schäfer zum 75. Geburtstag am 25. April 2001*, 107–13. Würzburg.

Matz, F. 1958. *Göttererscheinung und Kultbild im minoischen Kreta*, Abh. Mainz.

Mettinger, T. N. D. 2001. *The Riddle of Resurrection: 'Dying and Rising Gods' in the Ancient Near East*. Stockholm.

Niemeier, W.-D. 1986. "Zur Deutung des Thronraumes im Palast von Knossos." *Mitteilungen des deutschen archäologischen Instituts (Athen)* 101, 63–66.

Nilsson, M.P. 1950. *The Minoan-Mycenaean Religion and its Survival in Greek Religion*. Second edition. Lund.

Nilsson, M.P. 1967. *Geschichte der griechischen Religion* I. Third edition. Munich.

Ouwehand, C. 1985. *Hateruma: Socio-Religious Aspects of a South-Ryukyuan Island Culture*. Leiden.

Pax, E. 1962. "Epiphanie." In T. Klauser (ed.), *Reallexikon für Antike und Christentum*, 5.832–909.

Pfister, F. 1924. "Epiphanie." In G. Wissowa and W. Kroll (eds.), *Paulys Realencyclopädie der classischen Altertumswissenschaft*. Supplementband 4.277–323.

Pötscher, W. 1990. *Aspekte und Probleme der minoischen Religion*. Hildesheim.

Pritchard, J. B. (ed.). 1969. *Ancient Near Eastern Texts relating to the Old Testament*, Third Edition with Supplement. Princeton.

Reusch, H. 1958. "Zum Wandschmuck des Thronsaales in Knossos." In H. Reusch (ed.), *Minoica. Festschrift J. Sundwall*, 334–58. Berlin.

Risch, E. 1973. *Wortbildung der homerischen Sprache*. Second edition Berlin.

Riedweg, C. 1994. *Ps.-Justin (Markell von Ankyra), Ad Graecos de Vera Religione (bisher "Cohortatio ad Graecos"). Einleitung und Kommentar*. Basel.

Roux, G. 1971. *Delphi: Orakel und Kultstätten*. Munich.

Schmitt, R. 1967. *Dichtung und Dichtersprache in indogermanischer Zeit*. Wiesbaden.

Sokolowski, F. 1969. *Lois sacrées des cités grecques*. Paris.

Sophocleous, S. 1985. *Atlas des représentations Chypro-Archaïques des Divinités*. Göteborg.

Ward, W. 1910. *The Seal Cylinders of Western Asia*. Washington.

Warren, P. 1988. *Minoan Religion as Ritual Action*. Göteborg.

Weber, O. 1920. *Altorientalische Siegelbilder*. Leipzig.

Winter, U. 1987. *Frau und Göttin: Exegetische und ikonographische Studien zum weiblichen Gottesbild im alten Isarel und in dessen Umwelt*. Orbis Biblicus et Orientalis 53. Göttingen.

Erschienen in: M. V. Fox, ed., Temple in Society, Winona Lake 1988, 27–47.

11. The Meaning and Function of the Temple in Classical Greece

Greek Civilization has been called a "temple culture,"[1] and this characterization will sound convincing to everyone who has come to Greece, Paestum, or Sicily. It is the temples that occupy the place of pride in ancient Greek cities, as in the modern tourist's routes. It is in the temples that Greek art and architecture reached their peak, and classicistic style found its permanent model. By contrast, one could speak of a "palace culture" in Minoan Crete or in Europe of the 17th and 18th centuries; late antiquity became an amphitheater- and thermae-culture; ours would probably be characterized as a highway culture. Yet there are evident practical reasons for highways, as there are for public baths.

It is less clear why man needs religion. But the very paradox of the Greek temple is that it seems to be most contingent where it most properly belongs, in Greek religion. Why did the Greeks, in the poor conditions of what would be a third-world economy today, concentrate on elaborating the superfluous, that which at first and second glance and on their own reflection they did not really need?

There are difficulties, though, not only with the answer but with the question itself. It is the problem of generalization both in a synchronic and a diachronic perspective. The genesis of the Greek temple is quite well documented by now; it is a complicated history with many strands.[2] To give just a few indications: no tradition of temple building was to survive the catastrophe that befell the Greek world about 1200 B.C. Greek language persisted, including a set of gods' names and cult terms, a few sanctuaries remained in permanent use, but there is no continuity in architecture and hardly any in figurative art from the Bronze Age to the Geometric period. A single sacred *[28]* structure of late Mycenaean times (12th century B.C.) was preserved at Cyprus, the "temple" of Wanassa-Aphrodite of Paphos, but it was totally different from a normal Greek temple.[3]

---

[1] I owe this designation to Karl Schefold. He, however, disclaims having coined the term.

[2] See esp. Drerup 1969; Kalpaxis 1976; Coldstream 1985; and Mazarakis-Ainian 1985.

[3] Preliminary reports by F. G. Maier in *Archäologischer Anzeiger* (1975) 436–46; (1977) 257–85; (1978) 309–16; (1980) 498–511; idem, "Das Heiligtum der Aphrodite in Paphos," *Neue Forschun-*

From about 800 B.C. onward "temples," single independent buildings devoted to the cult of a definite god or goddess, can be identified in quite diverse forms of architecture: there are horseshoe forms and rectangular forms, comparatively short or very long ones. It seems that practically all forms of houses were tried until the old megaron type prevailed, the oblong rectangular form with entrance from the small side – normally from the east – and often provided with a front hall. The sacred measure of 100 feet, *hekatompedon*, is found at the first Heraion of Samos. The *peristasis* of wooden columns surprisingly appears at Lefkandi, Euboea (in the 10th century B.C.), with a spectacular yet short-lived building where a prince and his wife were buried; whether it should be called a *heroon* is controversial; at any rate, it was not a temple of the normal kind.[4] Later a wooden *peristasis* was added to the Samian temple. It was a practical as well as aesthetic device, protecting mudbrick walls by the extension of the roof.

The familiar form of the Greek temple developed during the 7th century B.C., with the use of carefully worked stone blocks and the invention of roof tiles that determined the form of the pediment. Egyptian impressions provided an incentive for stone colonnades.[5] The "Dorian" and the "Ionian" order, with strict rules for the entablature, are established by the 6th century B.C., with little development or change for the centuries to come. It is this standard form which we have in mind, as did Vitruvius, when speaking of "the Greek temple." It was to dominate Mediterranean architecture for nearly 1'000 years. Yet meanings and functions are easier to see in the earlier tentative and variable forms, whereas the persistence of style in later periods is apt to hide basic changes that must have occurred in such a long and eventful history. *[29]*

But even if we concentrate on the three centuries from about 600 to 300 B.C., the period within which most of the important Greek temples were built, there is enormous diversity. Leaving aside eccentricities such as the temple of Didyma, which is really an open-air spring sanctuary within a colonnade, or the problem of the Segesta temple, which lacks a cella altogether,[6] we have the Parthenon of Athens, a unique masterpiece of architecture and plastic art; or the Apollo temple of Delphi, light-flooded columns in a magnificent landscape; or the temple of

---

gen in griechischen Heiligtümern (ed. Ulf Jantzen; Tübingen: Wasmuth, 1977) 219–38; "Alt-Paphos auf Cypern," *6. Trierer Winckelmannsprogramm* (Mainz, 1984) 12–15.

[4] On the building of Lefkandi, see *Archaeological Reports* (1981/82) 15–17; (1982/83) 12–15; M. R. Popham et al., "The Hero of Lefkandi," *Antiquity* 51 (1982) 169–71; P. Blome, "Lefkandi und Homer," *Würzburger Jahrbücher* 10 (1984) 9–22; Mazarakis-Ainian 1985: 6–9.

[5] See C. Hölbl, "Aegyptischer Einfluss in der griechischen Architektur," *Österreichische Jahreshefte* 55 (1984) 1–18. On the development of *peristasis*, see Mallwitz 1981 and Martini 1986; on its practical function, Coldstream 1985: 71. Mallwitz (624–33) has lowered the date of the first Samian temple by about one century to the beginning of the 7th century B.C.

[6] For Didyma, see Gruben 1984: 359–75; for Segesta, Gruben 1984: 315–17; D. Mertens, Der *Tempel von Segesta* (Mainz: Zabern, 1984).

Zeus in Olympia, with its prostrate yet superhuman column drums; or the temple of Hera at Samos, one of the oldest among the major temple sites. Yet each of these four exemplars is an exception in one aspect or another. The Parthenon was a temple with very little cult, if any, and was not connected with any of the old great festivals of the city or the traditional priesthoods of Athens. Olympia, by contrast, had had the cult without a temple for centuries (the temple and statue of Zeus were a comparatively late addition to the games and to the altar). The Samos shrine had a movable statue to be brought out during a festival and back in again afterward; originally it had been just a plank.[7] The Delphic temple never had a cult statue but had peculiar installations for the oracle that was the god's epiphany. In a similar way, most generalizations will need qualification in every particular case, and the peculiarities may even appear to be more interesting than the common and comparatively banal features.

In spite of this, some basic phenomena about *the* Greek temple – an ideal type perhaps that does not exist as such but is still recognizable with slight variations in multiple exemplars – will be described. The focus will be first on the idea of a temple as expressed in language, literature, and architecture, then on the use made of temples in the actual cult, and finally on its relationships to the political and social system to which it belongs.

The Idea of a Temple

A temple is no doubt considered the "house" of a god. This is evidently equivalent to the Near Eastern usage, Sumerian *é-*, Akkadian *bit-*, etc., meaning both 'house' and 'temple'. The Greek term is *nāos*, Ionian *nēos*, Attic *neōs*, related to *naiein*, 'to dwell'. The only anomaly, contrasting with the eastern parallel, is that the substantive *nāos* exclusively refers to temples and never to a private building, whereas *[30]* the verb is commonly used with all kinds of subjects. This is established already in the Homeric language. The case of Linear B is unclear: '*woikos* of the Lady (*Potnia*)' occurs at Thebes, but whether *woikos*, which means 'house' in later Greek, designates a temple, a precinct, or a district is a problem of its own.[8] Later it remains possible to use all the common words for 'house' to refer

---

[7] See H. Walter, *Das Heraion von Samos* (Munich: Piper, 1976); Burkert 1985: 134 f.; on the date of the first temple, see n. 5; Mazarakis-Ainian 1985: 21.

[8] Tablet TH Of 36: T. G. Spyropoulos and J. Chadwick, *The Thebes Tablets* (Salamanca: University of Salamanca, 1975), 2: 102; cf. pp. 88 f. on the interpretation of the text, and a possible opposition between *wôikos*, 'house of a god', and *do*, 'house of a man'. The only possible trace of the word *naos* in Mycenaean Greek is the mentioning of *khalkos nawijos* in the tablet from Pylos PY Jn 829, but the meaning is quite uncertain: 'bronze from the temple'? 'bronze from houses'? 'bronze from/for the ships'? See A. Leukart "Autour de *ka-ko na-wi-jo*: quelques critères," in *Colloquium*

to a temple – (*w*)*oikos, domos, doma* – besides the term *nāos*, which seems to mark the separation of immortals from mortals. Another way to designate a sanctuary, in Mycenaean as in later Greek, is to use an adjective derived from the god's name: *Posidaïon, Apollonion, Heraion*; this usage deprives us of a special term for 'temple'.

The divinity is presumed to reside in his or her temple. The *Hymn to Demeter* has Zeus sitting in his temple to receive splendid offerings (lines 28 f.) and Demeter retreating to her temple to avoid the company of other gods (lines 300 ff.). Vase paintings show the god enthroned between columns, i. e., within a temple.[9] Of course the gods are free to move, but they like to come back to their own houses: thus Aphrodite goes to Paphos (*Od.* 8,363); Athena to Athens to the 'house of Erechtheus' which she is sharing (*Od.* 7,81); Apollo carries Aineias off to his temple at Troy where his mother and his sister, Leto and Artemis, are equally present to take care of him (*Il.* 5,446 f.). But Homer and the other poets also imagine the gods living together in pleasant company in the 'housings of Olympus', be this a mountain or simply Heaven. The latter designations would exclude their permanent presence in any of their 'houses' on earth; anyhow it is known that the 'much-venerated' gods have many dwellings in various places. In poetic imagination the gods do a good deal of rapid traveling, and their momentary absence adds a convenient narrative motif to many tales. In ritual hymns, the tradition of which seems to go back to Indo-European heritage, the gods are invoked to leave their heavenly abode, to mount their chariot, and to come to the *[31]* place of sacrifice: it is there that they receive their worshipers, who bring offerings and all kinds of honors. In some cases there are seasonal festivals to celebrate the advent of a god, e. g., the festival of Apollo at Delphi.[10] Normally it is presumed that the ritual will attract the god even apart from a predetermined schedule.

The temple is the house of the god: in concrete terms, this means that the temple is a permanent building to house the statue of the respective divinity.[11] Tem-

---

Mycenaeum, Actes du VIe Colloque international sur les textes mycéniens et égéens (Neuchâtel: University of Neuchâtel, 1979) 183–87.

[9] See, e. g., Apollo at Delphi on the volute crater at the Kleophon-painter from Spina: N. Alfieri and P. E. Arias, *Spina* (Munich: Hirmer, 1958) pls. 85, 87; an unknown god ('Sabazios') in his temple, ibid., pls. 74 f.; Nossis, *Anthologia Palatina* 6,265,2, addressing Hera Lakinia: "you come from heaven and survey your fragrant sanctuary."

[10] Burkert 1985: 146 f.; idem, *Homo Necans: The Anthropology of Ancient Greek Sacrificial Ritual and Myth* (Berkeley: University of California, 1983) 123–30.

[11] See the comprehensive account of Funke 1981; Burkert 1985: 88–92; I. B. Romano, "Early Cult Images" (Diss. Univ. of Pennsylvania, 1980); H. Jung, *Thronende und sitzende Götter: Zum griechischen Götterbild und Menschenideal in geometrischer und frü harchaischer Zeit* (Bonn: Habelt, 1982); B. Gladigow, "Zur Konkurrenz von Bild und Namen im Aufbau theistischer Systeme," *Wort und Bild* (ed. H. Brunner, R. Kannicht, and K. Schwager; Munich: Fink, 1977) 103–22.

ple building thus goes together with the development of plastic art. The Paphos temple did not contain an anthropomorphic image but a sacred stone, and the temple at Samos originally held a plank, but during the 8th and 7th centuries B.C. plastic art made spectacular progress. It seems that most of the 'sacred' cult images from this period were in fact wooden carvings. The older ones were smaller than life size, but Apollon at Delos got a colossal gilded statue already in archaic times. Classical art developed the big chryselephantine images to match the proportions of the temple or even to surpass them: if Zeus at Olympia were to rise from his seat, he would unroof the temple, Strabo wrote (8, p. 353).

The normal temple had one cult image set up in the inner room, generally called the *cella* – in Greek this is the *nãos* proper – frontally facing the entrance. The single cult image is a marked contrast to Minoan and Mycenaean practice, where we find multiple statuettes, mostly small figurines, set up on a bench together with other paraphernalia.[12] An intermediate case is presented by the temple of Dreros, Crete, from the 8th century B.C.: it had a hearth, a deposit of goat horns, and a bench at the side on which there were bronze statues of Apollo, Leto, and Artemis, manufactured in *sphyrelaton* technique. They may possibly be called the earliest and only surviving cult statues.[13]

Normally the cult images, made of wood, had no chance of being preserved through the ages. The usual term for the statue was just *[32] xoanon*, 'wood carving'; poets use the term *bretas*, a word without etymology; more telling is the official designation as *hedos*, 'what is made to sit': the cult statue is made to 'settle' in a way that does not permit it to be moved again. The respective ritual is expressed by the verb *hidryein*, derived from the same root 'to sit'. We do not know all the details of *hidrysis*; food set up in pots and eaten ceremoniously played a role.[14] If in another place a temple of the same god was to be erected or rededicated, certain objects, called *aphidrymata*, would be taken from the original sanctuary to be placed in the new abode. Foundation offerings such as are common in the East occur in archaic Greek temple building too, e. g., at Delos and at Ephesus.[15]

---

[12] See R. Hägg and N. Marinatos, ed., *Sanctuaries and Cults in the Aegean Bronze Age* (Stockholm: Svenska Institutet; Athen, 1981); B. Rutkowski, *The Cult Places of the Aegean* (New Haven: Yale University, 1986).

[13] S. Marinatos, "Le temple géométrique de Dréros," *Bulletin de Correspondance Hellénique* 60 (1936) 214–56; J. Boardman, *The Cretan Collection in Oxford* (Oxford: Clarendon, 1961) 137; I. Beyer, *Die Tempel von Dreros und Prinias A und die Chronologie der kretischen Kunst des 8. und 7. Jh. v. Chr.* (Freiburg: Oberkirch, 1976).

[14] See G. Hock, *Griechische Weihegebräuche* (Würzburg: Sturz, 1905).

[15] See W. Burkert, "Die orientalisierende Epoche in der griechischen Religion und Literatur," *Sitzungsberichte der Heidelberger Akademie der Wissenschaften* 1 (1984) 55–57; U. Sinn, "Der sog. Tempel D im Heraion von Samos II: Ein archäologischer Befund aus der nachpolykratischen Zeit."

The advent of temple building and cult statues of the type indicated was a comparatively late phenomenon in Greek civilization. It was never forgotten that the major gods of Indo-European and Mycenaean tradition, Zeus and Poseidon, did not need a temple, and that the images were man-made. Soon philosophy stepped in to criticize anthropomorphism and to idealize a past when men experienced the divine in groves and celestial phenomena without man-made appurtenances.[16] Certain images were said to have 'fallen from heaven' and were credited with a sort of magical power, but such a treasure was hidden from the public and was not a normal cult statue; foremost of all was the Trojan *Palladion*, a portable statuette of armed Athena that was claimed to be in the possession of Athens, of Argos, and of Rome.[17] By the time of St. Paul the image of Ephesian Artemis too was described as 'fallen from heaven' (Acts 19:35).

It is natural that popular superstition would cling to the images, that signs such as change of color or 'sweating' and 'weeping' should be attentively observed and interpreted as important omens. But usually one also remembered the artist who had done the carving, or even invented mythical craftsmen for the purpose. Heraclitus said that praying to statues was like talking to houses (B 5). Even less sophisticated worshipers did not simply identify statue and god. Vase *[33]* paintings make a clear distinction and sometimes represent both statue and god side by side.[18] The same occurs on stage in Aeschylus' *Eumenides*: "I am coming to your image, O Goddess," Orestes says to Athena in Athens (242). There are offering tables (*trapezai*) in the temples to display food offered to the gods, to be consumed by the priests in due course. But we know nothing about elaborate ceremonies to bring the statues to life, to feed them, to awaken them in the morning, and put them to bed at night, as is done in adjacent civilizations. Gods are provided with garments, it is true; these are sometimes brought in public procession at the festivals and 'laid on the knees' of the divinity (*Il.* 6,92), along with all kinds of private textile dedications. In a way this may look back to aboriginal customs of hanging animal hides, fillets, and garments from a sacred tree.[19]

Mit einem Exkurs zum griechischen Bauopfer, " *Mitteilungen des deutschen archäologischen Instituts, Athenische Abteilung* 100 (1985) 129–58, esp. 134–40, 142 f.

[16] See Funke 1981: 745–56; Gladigow, "Zur Konkurrenz" (above, n. 11), with older literature.

[17] See Burkert 1977: 140, and n. 11 above.

[18] Common in representations of Ajax, Cassandra, and the Trojan Palladion: *Lexicon Iconographicum Mythologiae Classicae* (Zürich: Artemis, 1981), vol. 1, s.v. Aias II nos. 54–58; Apollo-statue and Apollo as god: Lucanian bell-crater of the Pisticci painter, *Antike Kunstwerke aus der Sammlung Ludwig* (ed. E. Berger and R. Lullies; Basel: Archäologischer Verlag Basel, 1979) 183 no. 70.

[19] The evidence is collected in the old study of C. Boetticher, *Der Baumkultus der Hellenen* (Berlin: Weidmann, 1856) 39–45; see, e.g., *Anthologia Palatina*, 6,35; 57; cf. also K. Meuli, *Gesammelte Schriften* (Basel: Schwabe, 1975), 2:1083–1118.

Since a favorite offering to a god was an image of this very god, statuettes and statues would multiply within a sanctuary or even within a single temple. Nor would a god reject offerings of images of other gods from his family. These additional images usually were votive offerings, *anathemata*. In fact, most of the famous archaic, classical, or Hellenistic statues preserved either in the original or in later copies belong to this category. But there is not even sharp separation between cult image and *anathema*. The ritual of *hidrysis* apparently did not leave distinctive marks, and it even could be undone by 'pleasing' rituals, *aresteria*, to win the god's consent for a change. Thus the image of Hera from Tiryns, counted among the most ancient and venerable divine statues of Greece, was moved to the Argive Heraion where Pausanias still saw it (2,17,5), a curiosity rather than a cult-object.

If we try to understand the design of a Greek temple as a 'house of the god', it is advisable to refrain from delving into elaborate worlds of symbolism. The Greek temple could hardly be called the tomb of the god or the goddess's bridal chamber. It is not normally considered the center of the universe or the axis of heaven and earth, *pace* Mircea Eliade's phenomenology of the sacred.[20] Delphi, called *[34]* 'navel of the earth', is a singular case. For the rest there is no Greek designation comparable to that of the temple tower of Babylon, *E-temen-an-ki* 'House of the foundation of Heaven and Earth'.

Greek temples tend to come in groups – splendid examples survive in Paestum, Selinus, or Agrigento. The rectangular structure is designed to "square" with other departments of reality, in contrast to the symbolism of center and widening circles. Nor is it of much avail to look for special symbolic significance in the details of fluted columns, capitals, metopes, triglyphs, and pediments. The architectural design used for temples was also used for other buildings such as halls, propylaia, and treasuries. It is difficult to say anything in general about the meaning of iconography in temple ornamentation, be it friezes, pediments, or acroteria. General Greek mythology and local traditions, forceful imagery and purely formal conventions are seen to interact in various ways. Sometimes the idea of liminality can be detected, expressed by the foreign or composite monsters, the

---

[20] M. Eliade, *The Myth of the Eternal Return* (New York: Pantheon, 1954; French original, *Le mythe de l'éternel retour* [Paris: Gallimard, 1949]); see also R. Bloch et al., *Le symbolisme cosmique des monuments religieux* (Rome: Istituto italiano per il Medio ed Estremo Oriente, 1957). For an infelicitous attempt at analyzing the symbolism of the Greek temple, see H. G. Evers, "Der griechische Tempel," *Das Werk des Künstlers* (*Hubert Schrade FS*; ed. Hans Fegers; Stuttgart: Kohlhammer, 1960) 1–35. The most detailed studies of the 'navel' (*omphalos*) complex are those of W. H. Roscher, "Omphalos," *Abhandlungen der sächsischen Gesellschaft der Wissenschaften* 29.9 (Leipzig, 1913); "Neue Omphalosstudien," ibid., 31.1 (1915); "Der Omphalosgedanke bei verschiedenen Völkern, besonders den semitischen," *Berichte der sächsischen Gesellschaft der Wissenschaften* 70.2 (Leipzig, 1918). See also H. V. Herrmann, *Omphalos* (Münster: Aschendorff, 1953).

centaurs, the gorgon, and the animals of prey. At the same time, this is a representation of power. There is a strange predilection for scenes of violence and death in archaic and classical art. This can be seen as reflecting the practice of animal sacrifice and the contrasting exemption from death possessed by the gods. But this is not to be pursued further in this context.

Let us rather start from a characteristic detail that sets the temple apart from a normal 'house': the huge door in the *nāos*, turned towards the rising sun, normally the only source of light for the interior.[21] There is *prosodos* 'access' from the outside to the divinity dwelling inside, who is represented by the statue – "holiest *prósodoi* of the gods," in the words of Aristophanes, are constitutive of Athenian piety *[35]* (*Clouds* 306 f.). Worship means to 'come', to 'turn to' the gods (*hiketeia, prostropé*). Access to the divine is not free and simple, but regulated through steps and boundaries; it can be barred and reopened again. This is represented by the figure of the priestess with the big key, the *kleidouchos*, a constant attribute of temple iconography. A temple, though "a unique kind of sculptural image in the landscape" (Scully 1979: 46), does not stand as an isolated block but is surrounded by its premises, the *temenos*. The limits of the *temenos* are marked by stones, *horoi*, or by a wall surrounding the whole place. There is a gate for access, and it is here that water basins, *perirrhanteria*, are placed for the purification of those who wish to enter, for only the pure should pass the boundary. Inside, certain prohibitions are to be observed, especially not to make love, not to give birth, not to let one die within the precinct.

The temple itself is raised above the ground by a basis which forms three huge steps – steps for gods, as they have been called. Then there are the columns flanking the entrance hail, or in the more elaborate examples, the peristyle surrounding the whole of the building. The columns are the most characteristic feature of Greek architecture. For the Greeks they would primarily mean dignity, *semnotes*, and harmony, *rhythmos*; but what columns in fact do is to provide permeable boundaries: you are invited, even attracted to pass through the interstice, but there is an unmistakable distinction between outside and inside, especially as the columns come alive in Greek sunlight. Then there is the huge open door to the cella which is raised by one more step, and from the dusk there emerges the image, facing the visitor as he comes near. The door remains open; the world of sunshine and colors outside will not be forgotten; the boundaries remain permeable from either side. It is in this way that the temple provides access and communication with the divine, through grades to be heeded with care: you may go in, but be

---

[21] Of course this is not exclusively Greek; see, e. g., the model of a Moabite temple in *Vom Euphrat zum Nil: Kunst aus dem alten Ägypten und Vorderasien* (Gesellschaft der Freunde eines Schweizerischen Orient-Museums, Egg/Zürich, 1985) no. 50, and the advice to placate a god by 'seeking his door', W. G. Lambert and A. R. Millard, *Atrahasis: The Babylonian Story of the Flood* (Oxford: Oxford University, 1969) 68 f. (1:380).

conscious of what you are doing. "People who enter a temple and see the images of the gods from near get a different mind" was a saying attributed to Pythagoras (Sen. *ep.* 94,42).

The degrees of sanctity – *temenos*, *nāos*, *hedos* – also play their role in the practice of asylum: to touch the image is the safest place.[22] Some temples had an additional inner room behind the cult image which was not generally accessible, hence called *adyton*, 'not to slip *[36]* in'. Access was limited to certain priests, temple servants, or visitors of special status.[23] In Delphi the recess within the temple where the Pythia gave oracles was also called *adyton*. For Plotinus, in the perspective of Neoplatonism, the *adyton* 'beyond the image' gains a new dimension of the absolute Beyond (6,9,11,17), of the spiritual surpassing visible reality. There is no evidence for such ideas in earlier cult practice and there is no 'Holiest of Holies' as in Jerusalem. This additional dimension of the secret and mysterious is effective just because it is not justified by explicit theology. An *adyton* may also simply have served as a storeroom.

The Use of Temples in Cult

Absolutely necessary to a temple, by contrast, is an altar within a sanctuary. Altar, temple, and image – these are the three characteristics of a sacred precinct and hence of religious practice.[24] There is a special dialectic between altar and temple that calls the status of the latter into question.

The main acts of cult within a sanctuary may also be divided into three categories: prayer (*euchai*), sacrifice (*thysiai*), and the setting up of votives (*anathemata*). Yet – and this brings us back to the paradox mentioned in the beginning – the temple is not really needed for any of them.

Aboriginal signs of a sanctuary are the tree, the spring, and the rock. Sacred action *per se* for the Greeks is animal sacrifice together with the ensuing feast. Its center is the open-air altar on which fire is burning: bones, inedibles, and some chosen pieces are burnt for the gods, the smoke and scent go to heaven, and the rest is for the banquet. Through encounter with death, the community of men is

---

[22] Pictures show Cassandra clinging to the image of Athena, *Lexicon Iconographicum* (above, n. 18) s.v. Aias II nos. 44, 54–90. The 'Kylonians' at Athens bound a cord to the image, Plut. *Solon* 12,1 f., cf. Hdt. 5,71 (Thuc. 1,126,10 has "the altar"). Pausanias flees not to the temple but to some accessory building within the *temenos*, Thuc. 1,134,1.

[23] Mentioned already in the *Iliad* 5,448; 512; P. Stengel, *Die griechischen Kultusaltertümer* (3d ed.; Munich: Beck, 1920) 25 f.; S. K. Thalmann, "The 'Adyton' in the Greek Temples of South Italy and Sicily" (Diss.; University of California, Berkeley, 1978); M. B. Hollinghead, "Against Iphigeneia's Adyton in Three Mainland Temples," *American Journal of Archaeology* 89 (1985) 419–40; Delphi: Paus. 10,24,4.

[24] Cf. Hdt. 1,131; 2,4,2; 4,59; 4,108,2; Plat. *leg.* 738c.

enacted in a strange interplay of togetherness with and separation from the gods. The worshipers stand "around the altar," as the texts say, in reality, as topography indicates, often in a semicircle between the temple and the altar.[25] The altar is commonly placed opposite the temple entrance, as is true also in West-Semitic sanctuaries. Facing the altar, the worshipers thus had the temple at their back. This is the arrangement for the main prayer, pronounced by the priest or the *[37]* lord of sacrifice immediately before the slaughter. Many festivals take place in the morning; this makes people turn their faces, while praying and sacrificing, towards the rising sun, the rays of which would reach the image through the temple door at the same time. Thus the temple, built as a façade, provides a magnificent background for the ritual, but no more.

It is true that older structures, from the 8th and 7th centuries B.C., have a hearth within the rectangular building. Burning of offerings as well as the preparation of meals and common feasting could go on there. This has given rise to controversy as to whether or not a building of this kind should be considered a special form of temple, the "archaic *Herdhaus* temple," or rather a banqueting hall, *hestiatorion*, and what should make the decisive difference.[26] This problem need not be solved here. In the case of Dreros (n. 13 above) the term "temple" seems to be justified by the horn deposit and by the images on the side bench. The temple of Delphi always had a sacred *hestia*, an ever-burning hearth inside, but no cult statue. But in normal Greek custom the *nāos* would have been cleared of these installations and reserved for the abode of the god.

Special banqueting halls called *leschai* were added in the major sanctuaries; this word possibly is connected with Hebrew *liškā*, which designates a similar building.[27] In this way the god's dwelling place and the feast of the mortals remain connected but neatly separated. No man would dwell within the *nāos* unless he was a stupid *barbaros*; even to reside in the back hall was hybris characteristic of a Hellenistic king.[28] Piety means to respect demarcations: "Know thyself," you are not a god.

Setting up permanent tokens of worship in a sanctuary is a very old practice too. With the rise of craftsmanship and wealth at the close of the Dark Ages this practice underwent an unprecedented expansion. All sorts of prestige objects

---

[25] See Bergquist 1967: 112–14; on sacrifice in general, see Burkert 1985: 55–59, and *Homo Necans* (above, n. 10) *pass.*

[26] See Drerup 1969: 123–28, for the type of "Herdhaus-Tempel" and *contra* Bergquist, *Herakles on Thasos* (Uppsala: University of Uppsala, 1973) 61 f.; Martini 1986.

[27] This was already pointed out by W. R. Smith, *Lectures on the Religion of the Semites* (2d ed.; London: Black, 1894) 254 n. 6.

[28] Artayktes the Persian had sexual intercourse in the Adyton of Protesilaos (Hdt. 9,116); Demetrios Poliorketes dwelt in the Parthenon's *opisthodomos* (Plut. *Demetr.* 23 f.). Even Agesilaos dwelt in sanctuaries, though conducting himself properly (Xenoph. *Ages.* 5,7).

were created to be accumulated in the sacred areas: vessels, weapons, garments, statuettes, costly bronze tripods, or even bricks of gold.[29] It was the riches of these *[38] anathemata* that chiefly constituted the splendor of a sanctuary. Some of these would be placed within the temple itself, even within the cella. Dedicants naturally wished their gifts to be close to the attention of the god. Shields from the booty of wars were hung on the temple walls. But it was neither possible nor necessary that all these objects should be inside the temple. Bigger votives remained in the open air and special halls were constructed to protect the ordinary samples. At Olympia and Delphi the major communities built their own 'treasuries' (*thesauroi*) in the form of minor temples to hold their offerings permanently. 'Precinct governors' (*tamiai*) or sacristans with common sense had to ensure that some order would prevail amidst the multitude of votives that kept accruing. From time to time heaps of them would simply be buried in the ground (within the sacred enclosure, to be sure) to keep the god's property unimpaired.

Sacrifice and other offerings always are accompanied by prayer. In the course of animal sacrifice there is a loud and stately prayer immediately before the slaughter at the altar: hands are raised to heaven, as the Homeric formulas have it. Temple and cult statue remain in the back. One writer suggests that the sacrificial animal was "led to the image" before the ritual slaughter (Dion *or.* 31,10), but this cannot have been the rule for the normal flocks of victims. There is no doubt, nevertheless, that the temple was entered regularly for prayer in view of the cult statue. The pious would greet the statue with a gesture of kissing, either falling down on their knees or trying to touch the statue, kiss it directly.[30] These forms of worship could be done by officials, by priests and political leaders, even by commoners in processions in the course of a festival, but above all by private individuals who wished to get close to the god. Oaths, important acts for all business transactions, could be taken in view of the image (Paus. 5,24,9). The Trojan women wished to deposit the garment for Athena directly on the knees of the image (*Il.* 6,92; 303), and Cassandra is represented as clinging to the image of Athena when she is raped by Ajax the Locrian.[31] The gesture of extending one's hands towards the statue as a sign of urgent entreaty is quite common. There was no *[39]* dogma to decide between the heavenly abode of a god and his or her pre-

---

[29]   See Burkert 1985: 92–95; an unsurpassed older study is W. H. D. Rouse, *Greek Votive Offerings* (Cambridge: Cambridge University, 1902). *Anathemata* "within" the temple are mentioned by Homer *Od.* 12,346f. Tripod cauldrons have their counterpart in Solomon's temple (1 Kgs 7:27–39).

[30]   For the kinds of worship performed in temples, see Corbett 1970; for appropriate gestures: G. Neumann, *Gesten und Gebärden in der griechischen Kunst* (Berlin: de Gruyter, 1965) 77–85; A. Delatte, "Le baiser, l'agenouillement et le prosternement de l'adoration chez les grecs," *Bulletin de la classe des lettres de l'Académie Royale de Belgique* 37 (1951) 423–50; F. T. van Straten, "Did the Greeks Kneel Before Their Gods," *Bulletin Antieke Beschaving* 49 (1974) 159–89.

[31]   See n. 22.

sence in a temple, and worshipers could well try both turning to the sky and to the image in ritual.

Seen from afar, the temple as a whole would be the most visible part of a sanctuary or even of a city, indicating the place to turn to for those who needed help. In the midst of the battle of Plataea, Pausanias the commander "raised his eyes towards the Hera sanctuary" and called the goddess to intervene, and success immediately ensued (Hdt. 9,61,3). It was good to have a stately temple building to provide orientation when in chaos and distress.

This is not to overlook the fact that it was the blending of the aesthetic-artistic element with the religious that made the deepest impression on receptive minds. The anxious concern to make use of the gods on various occasions of need seems to give way time and again to admiring views from a distance. There is not just fear and awe in Greek religion but 'wonder', *thauma*, related to *thea*, the full, admiring look. It was especially with the Pheidias statue of Zeus at Olympia that admiration of art was said to turn into religious experience. "I think that a man, full of weariness in his soul, who has suffered from many misfortunes and pains and cannot even find pleasant sleep, if he stood suddenly in front of this image, would forget all the awful and grievous things to be experienced in human life," an orator wrote (Dion *or.* 12,51). And the Roman general Aemilius Paulus, coming to Olympia in 167 B.C. and entering the temple, was struck by awe beyond all expectation; he ordered sacrifice to be performed as if he were on the Capitolium of Rome (Polyb. 20,10,6; Liv. 45,28). The monument of art had touched the fringe of revelation.

Temples and Polis System

If timeless fascination is felt to emanate from Greek temples, it is still necessary to integrate the phenomenon into the social and symbolic system of its proper time and place. It is evident that the Greek temple is intimately connected with the Greek *polis* structure. Both evolve together and remain mutually interdependent.[32] Temples are normally built by the decree and under the supervision of the city-state. The building program of the acropolis which resulted in the *[40]* Parthenon, the propylaia, and the Erechtheion at Athens is only the best-known example. If tyrants were active in temple building, this was to identify themselves with the city-state. The case seems to be more complicated with Panhellenic sanctuaries such as Delos, Delphi, or Olympia, but there too it was "political" or-

---

[32] See Snodgrass 1977; Polignac 1984; W. Burkert, "Anfänge der Polisreligion," *Comité International des sciences historiques, XVIe Congrès International des sciences historiques, Rapports I* (Stuttgart: Comité International des sciences historiques, 1985), 1:295–97.

ganizations that were in charge of the administration, the funds, and the buildings; there was no theocracy under the guidance of a high priest.

For if, in theory, the god is the owner of his *temenos* and his "house," it is the state that controls the real estate, the buildings, and the treasures. There are various boards of supervisors, 'precinct governors' *(tamiai, epimeletai)*[33] who are responsible to the *demos* especially for the finances of which they have to render account every year; they are elected like other officials. Even the priests are appointed by the organs of the city-state; "the Trojans" had made Theano priestess of Athena, the *Iliad* says (6,300). Priesthoods can also be sold for the benefit of the fiscus. As the temples are the most solid structures of the city, they are used to house the state treasure, behind thick stone walls and heavy and well-locked doors, since religious awe would not suffice to protect money. Thus the opisthodome of the Parthenon served to hold Athena's property and the assets of Athens. The distinction between them could easily be lost. Of course one should not deprive the god of his or her property, but it was possible to make loans, and in times of distress some *anathemata* could be melted down; and yet the denunciation of *hierosylia*, temple-robbery, was close at hand. In happier times temple and city would thrive together.

Temples, archaeologically identifiable as free-standing buildings not devoted to profane use, become prominent with the rise of the *polis* after the 8th century B.C. In some cases it has been found that the temples came as an afterthought: in Smyrna the city walls are older than the first temple; in Megara Hyblaia, Sicily, the temples appear about one century after the foundation of the city. In Eretria, on the other hand, another city newly established in the 8th century B.C., the sanctuary of Apollo is present from the beginning, even if the first structures were quite unlike the later temple of normal type.[34] Homer *[41]* is explicit about an ideal city: when Nausithoos founded the town of the Phaeacians in the form of a "modern" colonial settlement, he "erected a wall for the town, he built the houses, he made the temples of the gods, and he divided up the arable land" (*Od.* 6,9f.). These then are the constitutive acts for the formation of a *polis* and they include the temples from the start. The poet of the *Iliad* presumes that Troy, too, had its temples: at least one for Athena, the city goddess, at the acropolis (6,88) – as in

---

[33] See Stengel (above, n.23) 48–53; B. Jordan, *Servants of the Gods* (Göttingen: Vandenhoeck & Ruprecht, 1979); K. Clinton, *The Sacred Officials of the Eleusinian Mysteries* (Philadelphia: American Philosophical Society, 1974); Burkert 1985: 95–98. For building costs, see Burford 1965.

[34] E. Akurgal, *Alt-Smyrna I: Wohnschichten und Athena-Tempel* (Ankara: Türk Tarıh, 1983); G. Vallet, F. Villard, and P. Auberson, *Mégara Hyblaea I: Le Quartier de l'agora archaïque* (Rome: École Française de Rome, 1976) 418–21; P. Auberson, *Temple d'Apollon Daphnéphoros* (Bern: Francke, 1968); cf. *Antike Kunst* 17 (1974) 60–68.

reality Athena was the city goddess of Aeolian Ilion – and one for Apollo (5,446).

The example of the Phaeacians is a reminder of the fact that the formation of the Greek *polis* nearly coincides with the colonization period: Two factors that were operative in the colonization process had their impact on the installation of temples: the "division of the land," and the prominence of military organization. "To divide up the land," as Nausithoos did, was decisive for establishing colonies; but to make citizens land-owners was constitutive for every *polis* even in mainland Greece. This process seems to have reached its end by the 8th century B.C., in contrast with the customs of wandering herdsmen prevalent during migration periods and possibly the Indo-European past.[35] As in sacrifice where the gods get their share first of all, the god is also "princeps" in land division. The *temene* of the gods, with borders clearly marked, are "taken out" and assigned as inalienable property to their spiritual owners. The same is done with the *temene* of heroes, those powerful dead who are now worshiped on behalf of the whole city.[36] "Gods and heroes" are henceforth the two sets of superior powers that are invoked in traditional cult and are presumed to safeguard the city together; heroes, though, are secondary to the gods and do not claim high-roofed "houses." As a city is bound to its territory and people are bound to their city, the defense of the land becomes the highest obligation of the citizen. *Polis* organization goes hand in hand with a new military organization, especially hoplite warfare. "Gods and heroes," themselves bound to their territory, assume the function of highest legitimation in this context. Ever since Tyrtaios the citizens are urged to fight "for the earth," for "gods and heroes," while the gods are invoked to "break the spear" of the aggressor (*Il.* 6,306) and expected to help in battle, even with direct *[42]* epiphany. Thus the temples of the gods, visible from afar, nearly assume the role of a flag in battle, a background that gives confidence and feeling of security even in extreme danger.

This does not mean that temples must occupy the acropolis. We can distinguish at least three favorite sites for temples: at the height (*akra*), at the center (*agora*), and in marginal locations ("before the city," "in the marshes," etc.).[37] One may say that the acropolis is favored by Athena, the marketplace by Apollo – at Corinth, the heavy columns of the Apollo temple are still standing – and marginal areas by Artemis – a famous example is the Artemis temple of Kerkyra with

---

[35] See Snodgrass 1977.
[36] On the beginnings of hero cults, see J. N. Coldstream, "Hero-cults in the Age of Homer," *Journal of Hellenic Studies* 96 (1976) 8–17; C. Bérard, "Récupérer la morte du prince: héroisation et formation de la cité," and A. Snodgrass, "Les origines du culte des héros dans la Grèce antique," *La mort, les morts dans les sociétés anciennes* (eds. G. Gnoli and J.-P. Vernant; Cambridge: Cambridge University, 1982) 89–105, 107–19; Burkert 1985: 203–8.
[37] See Polignac 1984.

the gorgon pediment. But the exceptions are too numerous to insist on rules. We may rather discern the traditional moves of worshipers to places of sacrifice, the "sacred routes" constituting later establishments which led to "high places" as well as to ponds or marshes for immersion sacrifice. The *prosodos* is prior to the *nāos*. A new direction is prescribed with the evolution of the agora as the true center of a *polis*: The "meeting place" becomes the economic center, the market. As contracts are made by oaths, accessible temples at the marketplace are necessary and become the most frequented. But it is all the temples taken together, in the pliable system of polytheism, that creates the identity of each individual *polis*.

The intimate connection of temple and *polis* is best seen in contrast with alternatives that are excluded by the *polis* system: if the temple is the distinctive and most prestigious building of a city, this reduces the significance of the palace, the castle, the town hall, and the monumental tomb, which in other civilizations played similar roles of distinction – Egyptian pyramids and Mycenaean tholoi, Minoan or Baroque palaces, Renaissance town halls. The *polis* is founded on the rejection of monarchy, on the common responsibility of autonomous equals who meet in the open air. If conservative Sparta retained the kings, entitled *archagetai*, their power was balanced by *ephors*, council, and *damos*. Elsewhere "God had become the monarch," as Viktor Ehrenberg put it.[38] In the case of Athens, it was Athena that was *archegetis*.[39] With regard to funerals, the intentional reduction of their elaborateness and significance is still documented at the beginning of the historical era. Common hero worship was installed instead.

One may still wonder at the precedence of the temple over the town hall, which might appear to be the more appropriate emblem of *[43]* a "city-state." Prestigious *bouleuteria* only arose in Hellenistic architecture. There were, of course, technical difficulties with larger rooms, but the Greeks did not even use existing temples for meetings of executive boards or delegates, as the Roman senate routinely did.[40] This avoidance of the temples for such meetings must have been based on a deep-rooted conviction that male activities are outdoor activities, be it sports, sacrifice, or decision-making in assemblies. The idea of "public," "political" space contrasts with "houses"; meetings in "houses" are for elite clubs only and are often viewed with suspicion. Group solidarity crystallizes in the open space in view of the divine, yet set apart from it. This leads back to the peculiar form of "Olympic" sacrifice: burning the bones "for the gods" on the altar with the temple at the back of the worshipers.

---

[38] V. Ehrenberg, *Der Staat der Griechen* (2d ed.; Zürich: Artemis, 1965) 19.

[39] This title of the goddess of the Panathenaic festival appears in a new inscription, *Supplementum Epigraphicum Graecum* 28 (1978) 60, 65; cf. J. H. Kroll, "The Ancient Image of Athena Polias," *Hesperia Supplement* 20 (1982) 65–76.

[40] T. Mommsen, *Römisches Staatsrecht* (Leipzig: Hirzel, 1888), 3:926–31.

But this last statement brings us back to the basic question: why were the temples built at all? Why, on their way to a proto-democratic, proto-rational, humane society did the Greeks develop prestigious monuments of the superhuman? A possible answer that takes account of the social and economic dynamics may start from reflections on the ancient and widespread custom of "setting up" gifts for the gods. The efflorescence of votive gifts in the 8th century B.C., indicative of refined technology and economic growth in general, has been mentioned.[41] But there is more to it. To give something to a god means renunciation of the thing given; but as the gift is "set up" in a sanctuary, especially in durable forms like ceramics or metalwork, renunciation becomes demonstration of what is to stay. Through the invention of writing, even an individual's name can be preserved. In a way, sanctuaries are primarily public places designed for the display and preservation of *anathemata*.

Even as the distinction between cult image and votive image seemed to be unclear and not even very essential, so the whole temple, nay the whole acropolis of Athens, can be said to be one huge *anathema* to the divinity (Demosth. 22,76; Plut. *Per.* 12; 14). *Anathemata* are a form of display, of public show-off which, in contrast to other such forms, does not raise rivalry or envy because the objects are no longer private property, while remaining documents of pride and abiding fame. A temple is the most prestigious and lasting monument into which the available surplus of society is transformed – a monument of common identity. The factual permanence of the *anathema* in the sacred precinct corresponds to the idea of permanence and local stability on which the *polis* is based, with established *[44]* boundaries and the appeal to "ancestral custom." That which is beyond the reach of the individual – lasting success and stability – is evoked in the abode of the divine. A Greek temple is the sumptuous and beautiful *anathema* by which a *polis*, yielding to the divine, demonstrates to herself and to others her existence and her claims. In this way the tensions of a basically egalitarian, non-hierarchical, and yet highly competitive society could find a creative outlet; the success remains astounding.

This interpretation of a Greek temple as an emblem of collective identity in the political and military system of the archaic epoch should still leave room for the unpredictable realities of religious experience. We have the statement of Plato that sanctuaries arose where divine powers chose or happened to manifest themselves (*Leg.* 738c). The dimensions of anxiety, superstition, and faith that characterize religion in its unforeseeable developments cannot and should not be fully integrated in systems analysis.

---

[41]   Cf. n. 29.

Conclusion

There remains the connotation of art with the Greek temple, and of the artificial. The temple is an *agalma*, a piece of pride and delight, an incarnation of beauty, but also an emblem of wealth and power, not to be separated from politics and prestige.

There are indications that the importance of temples decreased with the decline of the Greek *polis*. Private dedications at the acropolis of Athens are abundant down to the 5th century B.C. and become scarce in later epochs. Few temples were built to the gods of Greece after the 4th century B.C. It is also significant that temple building readily accommodated itself to new and problematic trends: abstract divinities, such as *Tyche*, 'Chance', and above all Hellenistic rulers followed by the Roman emperors received their temples.[42] Here again we may discern the function of a façade that may cover even the void: they were monuments of prestige and honor rather than the expression of spontaneous and sincere piety. It is still the cities that decree the honors and build the monuments, even to the Roman emperors. The cities of Asia Minor in particular competed for the permission of the emperors to excel in ruler cult and to bear the title of *neokoros*, 'temple-servant'; Smyrna led the ranks. Many other temples decayed – witness the descriptions of Pausanias in the 2nd *[45]* century A.D. – but others continued to function nevertheless, tended by conscientious citizens in the course of the traditional festivals, as long as some kind of Greek bourgeoisie could socially and economically survive. When Christianity took over, the emperors were undecided for awhile whether to give the temples to the mobs for destruction or to preserve them[43] without their images as the prestigious façades to which the civilization had become accustomed for such a long time. But the museum functions of temples did not last.

What temple and image still meant to a pagan in the 5th century A.D. can be seen from the biography of Proklos, head of the Platonic Academy in Athens: he was happy that his house was in view of the "Acropolis of Athena," of the Parthenon; and when the chryselephantine statue of Pheidias that had been standing there for more than 800 years was finally transported to Constantinople – where it was soon to disappear – he dreamt that a beautiful woman came to announce to him that he should prepare his house, because "The Lady from Athens wishes to

---

[42] See F. W. Hamdorf, *Griechische Kultpersonifikationen der vorhellenistischen Zeit* (Mainz: Zabern, 1964); C. Habicht, *Gottmenschentum und griechische Städte* (2d ed.; Munich: Beck 1970); S. R. F. Price, *Rituals and Power: The Roman Imperial Cult in Asia Minor* (Cambridge: Cambridge University, 1984).
[43] See D. Metzler, "Ökonomische Aspekte des Religionswandels in der Spätantike: Die Enteignung der heidnischen Tempel seit Konstantin," *Hephaistos* 3 (1981) 27–40.

stay with you."[44] The loss of the image is balanced by an internal, spiritual presence of the divine; the sadness of dying paganism is assuaged by the conviction that temple and image are less needed than ever. In fact, Neoplatonism with its systems of metaphysical hierarchies was worlds away from naive anthropomorphism and from the plastic art of the classical epoch, and was thus closer to the Hagia Sophia than to the Parthenon. Temples were left in ruins, to be rediscovered by neopagan philhellenists.

Reference List

Bergquist, B.: 1967: *The Archaic Greek Temenos: A Study of Structure and Function.* Lund: Gleerup.

Burford, A.: 1965 The Economics of Greek Temple Building. *Proceedings of the Cambridge Philological Society* 191: 21–34.

Burkert, W.: 1985: *Greek Religion: Archaic and Classical.* Oxford: Blackwell.

Coldstream, J. N.: 1985: Greek Temples: Why and Where? Pp. 67–97 in *Greek Religion and Society*, ed. P. E. Easterling and J. V. Muir. Cambridge: Cambridge University.

Corbett, P. E.: 1970: Greek Temples and Greek Worshippers. *Bulletin of the Institute of Classical Studies* 17: 149–58.

Drerup, E.: 1969 *Griechische Baukunst in geometrischer Zeit.* Göttingen: Vandenhoeck & Ruprecht.

Funke, E.: 1981: Götterbild. *Reallexikon für Antike und Christentum* 11: 659–828.

Gruben, G.: 1984: *Die Tempel der Griechen.* 3d ed. Munich: Hirmer.

Kalpaxis, A. E.: 1976: *Früharchaische Baukunst in Griechenland und Kleinasien.* Athens, Athanassios.

Mallwitz, A.: 1981: Zur Architektur Griechenlands im 8. und 7. Jh. *Archäologischer Anzeiger*, 599–642.

Martini, W.: 1986: Vom Herdhaus zum Peripteros. *Athenische Mitteilungen* 101: 23–36.

Mazarakis-Ainian, A.: 1985: Contribution à l'étude de l'architecture religieuse grecque des âges obscurs. *L'Antiquité Classique* 54: 5–48.

Polignac, F. de.: 1984: *La naissance de la cité grecque: Cultes, espaces et société VIIIe– VIIe siècles avant J.C.* Paris: La Découverte.

Scully, V.: 1979: *The Earth, the Temple, and the Gods: Greek Sacred Architecture.* 2d ed. New Haven and London: Yale University.

Snodgrass, A. M.: 1977: *Archaeology and the Rise of the Greek State.* Cambridge: Cambridge University.

---

[44]   Marinos, *Vita Procli* 29 f. (this testimony is missing in J. Overbeck, *Die antiken Schriftquellen zur Geschichte der bildenden Künste bei den Griechen* [Leipzig: Engelmann, 1868]).

Additional Bibliography

Bammer, A. *Architektur und Gesellschaft in der Antike*: Zur Deutung baulicher Symbole. 2d ed. Vienna: Böhlau, 1985.

Berve, H., and G. Gruben. *Greek Temples, Theatres and Shrines.* London: Thames and Hudson, 1963.

Bevan, E. *Holy Images: An Inquiry into Idolatry and Image-Worship in Ancient Paganism and in Christianity.* London: Allen and Unwin, 1940.

Coldstream, J. N. *Geometric Greece.* London: Benn, 1977.

Coldstream, J. N. *Deities in Aegean Art before and after the Dark Age.* London: Bedford College, 1977.

Dinsmoor, W. B. *The Architecture of Ancient Greece: An Account of Its Historic Development.* London: Batsford, 1950.

Kähler, H. *Der griechische Tempel: Wesen und Gestalt.* Berlin: Mann, 1964.

Knell, H. *Grundzüge der griechischen Architektur*, Darmstadt: Wissenschaftliche Buchgesellschaft, 1980.

Krause, C. "Griechische Baukunst." Pp. 230–77 in *Die Griechen und ihre Nachbarn* (Propyläen Kunstgeschichte I), ed. K. Schefold. Berlin: Propyläen, 1967.

Martin, R. "Architektur." Pp. 3–17 and 169–231 in *Das archaische Griechenland 620–480 v. Chr.*, ed. J. Charbonneaux, R. Martin, and F. Villard. Munich: Beck, 1969.

Martin, R. "Architektur." Pp. 3–96 in *Das klassische Griechenland 480–330 v. Chr.*, ed. J. Charbonneaux, R. Martin, and F. Villard. Munich: Beck, 1971.

Martin, R. "Architektur." Pp. 3–94 in *Das hellenistische Griechenland 330–50 v. Chr.*, ed. J. Charbonneaux, R. Martin, and F. Villard. Munich: Beck, 1971.

Mussche, H. F., ed. *Griechische Baukunst II 1: Die Sakralbauten.* Leiden: Brill, 1968.

Nilsson, M. P. *Geschichte der griechischen Religion*, 2 vols. Munich: Beck, 1967.

Richard, H. *Vom Ursprung des dorischen Tempels.* Bonn: Habelt, 1970.

Schefold, K. "Neues vom klassischen Tempel." *Museum Helveticum* 14 (1957) 20–32.

Tomlinson, R. A. *Greek Sanctuaries.* London: Elek, 1976.

Erschienen in: R. Hägg, ed., The Role of Religion in the Early Greek Polis. Proceedings of the Third International Seminar on Ancient Greek Cult, Organized by the Swedish Institute at Athens, 16–18 October 1992, Stockholm 1996, 21–29.

12. Greek Temple-builders: Who, Where and Why?

The beginning of Greek temple-building has emerged as a major issue in the problems surrounding the formation of the early Greek *polis*. Among the dramatic changes which were going on in the 8th century at all levels, social, economic and intellectual, there was also the rapid spread of architectural technology, which brings out the decisive cultural decision to build temples and not palaces, equivalent to the rejection of monarchy. There ensues the advantage that archaeologically identifiable traces are left, even though difficulties remain in explaining how to identify the 'house' of a god in an unequivocal way: The distinction of temple and dining-hall seems to be blurred; no doubt one could eat in a temple.[1]

The organization of sanctuaries and temples in the emerging *polis* has been studied intensively from a functional and structural point of view in relation to socio-political and geographical factors, notably in the stimulating book by François de Polignac.[2] The following reflections are not intended to criticize but rather to complement the historical and functional approach by asking the simple question: What is religious in the process, religious in the special sense which includes the 'supernatural'? "A sanctuary is a place where a person or people expects to come into contact with a supernatural force or being".[3] What about such encounters in the midst of political and technological evolution? What prompted people to leave real estate to invisible powers and to undertake costly constructions in the place? The quest for the supernatural does not, of course, exclude the historical-functional perspective; the irrational may well go together with all sorts of veiled interests and sheer manipulations. Religious phenomena are complex.

---

[1] The concept of 'Herdhaus-Tempel' derived especially from the 8th-century temple of Dreros (S. Marinatos, *BCH* 60, 1936, 239 f.; cf. Drerup 1969; W. Martini, 'Vom Herdhaus zum Peripteros', *JdI* 101, 1986, 23–36) has been criticized by B. Bergquist 1967; *eadem, Herakles on Thasos. The archaeological, literary and epigraphic evidence for his sanctuary, status and cult reconsidered* (Boreas. Uppsala Studies in Ancient Mediterranean and Near Eastern Civilizations, 5), Uppsala 1973.

[2] de Polignac 1984; cf. Coldstream 1985; Burkert 1988; Schachter 1992; Greco 1992; for the archaeological evidence, see Mazarakis-Ainian 1985; 1988.

[3] Schachter 1992, 56.

The state of the evidence is anything but encouraging for approaching such questions. We do not have any documents from the early period as regards the decision-making about and the financing of temple-building, such as we have later, say, for the Parthenon, the 4th-century temple at Delphi, or the temple at Epidaurus.[4] We have only vague knowledge as to the system of land tenure at the time, and the question of the 'possession' of sanctuaries is complicated enough in later periods.[5] We hardly have even legends that could be based on a creditable oral tradition. Still, it may be worthwhile to accumulate the indications to be found in early texts and to look at them in the light both of later and of earlier evidence; as lines can be drawn from the one to the other, some coordinates will emerge in which to view even 'the Greek Renaissance'.[6] As regards earlier testimonies, I think it legitimate to go beyond the Greek world to the so-called oriental sources. By the 8th century Phoenician and Greek commerce had constituted a cultural continuum in the Mediterranean world.[7]

Some fundamental facts can be drawn from the relevant Greek terms in which the cultural tradition is preserved. To define the sphere of the gods, there is *hieron*, attested already in Mycenaean, i. e. that which belongs to the deity and is subject to its influence. In contrast, what is free of such obligation is called *hosion* in the classical language.[8] Sanctuaries and temples are unequivocally *hiera*. They need a portion of real estate which too is *hieron*. The term for [23] 'leaving' a piece of land to the divinity is *anienai*.[9] The estate has its limits, *horoi*, which separate *hieron* and *hosion*. The old word *temenos* – attested already in Linear B – is originally not confined to 'sanctuary' but was still characteristic of this in later usage.[10] The word seems to indicate the portion of real estate 'cut' from its surroundings. It is difficult to establish how old and general those specific rules may have been which were to maintain the 'purity' of the sanctuary, e. g. the taboos against bloodshed and childbirth.[11] Lustration basins (*perirrhanteria*) are found from the 7th century onwards.[12]

---

[4] See A. Burford, 'The economics of Greek temple building', *PCPS* 191, 1965, 21–34.
[5] See A. Chaniotis, 'Habgierige Götter – habgierige Städte', *Ktema* 13, 1988, 21–39.
[6] For this concept, see Hägg 1983.
[7] See Burkert 1992; S. P. Morris, *Daidalos and the origins of Greek art*, Princeton 1992.
[8] See Burkert 1985, 269 f. To give birth, for example, a woman has to get from the acropolis εἰς ὅσιον ... χωρίον, Aristoph. *Lys.* 743.
[9] Thuc. 4.116; cf. Isocrates 14.31: to leave land unused and unoccupied.
[10] For example Hdt. 3.142.2 Διὸς Ἐλευθερίου βωμὸν ἱδρύσατο καὶ τέμενος περὶ αὐτὸ οὔρισε. See K. Latte, *RE* V A (1934), 435–437; Bergquist 1967; W. Donlan, 'Homeric τέμενος and the land economy of the Dark Age', *MusHelv* 46, 1989, 129–145; for etymology and word formation, see J. Manessy-Guitton, *IF* 71, 1966, 14–38.
[11] Cf. Burkert 1985, 77–80; Parker 1983.
[12] For a magnificent example from L'Incoronata, southern Italy, see *AR* 1981/82, 78 f.; cf. F. W. Hamdorf, 'Lakonische Perirrhanteria', *AM* 89, 1974, 47–64.

Together with *hieron* goes the concept of *asylon*. What belongs to the god must not be robbed. We do not know how old this word is; it has no Greek etymology. *Sylan* must have been an important fact of life in warlike periods, marking the most rapid change of wealth. In Greece we find sanctuaries, with stability of location and an accumulation of votive objects, at least from the 10th century, Olympia being the most notable example. There are also sanctuaries where continuity from the Mycenaean epoch has finally been proven, especially that of Artemis at Hyampolis-Kalapodi.[13] We may presume that, if the word was not available, still some factual claim of *asylia* must have been present.

Both the concepts of *hieron* and of *asylon* which characterize the sanctuary are independent of the construction of temples and probably antedate their advent, as the altar (*bomos*) clearly does. A sanctuary will normally comprise a tree, a stone, and a source of water. Tree and water are the minimal conditions for survival,[14] and the stone serves as a mark to make it special.

Temples come later; they presuppose these concepts and practices. The definition of 'temple' generally goes with the concept of the 'house' that belongs to a god, who dwells there, as other houses are owned by the head of the respective family. The Eastern term for a temple is generally 'house', be it Sumerian, Akkadian or Hebrew; the temple on the Athenian Akropolis is called the 'house of Erechtheus' in the *Odyssey* (7.81). The Greek language, however, has developed a special term, *naos/neos*, which should mean 'dwelling-place' in general but, strangely enough, is used only for divine and never for human residences in the evidence. It may be significant that at Delphi the sanctuary of Athena *Pronaia*, 'before the *naos*', attested since the 8th century, was evidently named in opposition to the real *naos*, i.e. Apollo's must have been a *naos* there in quite a pronounced sense.

It seems natural that the god in his temple should be represented by his cult statue. The emergence of divine statues is a major chapter in the history of Greek sculpture, overlapping with the evolution of temple-building although not strictly correlated. There were images without temples and temples without images, such as Apollo's *naos* at Delphi. Divine statues have their own complicated prehistories and variations; the Greek terminology is inconsistent; even the concept of 'cult statue', as distinct from votive *agalmata*, is not at all clear-cut.[15]

Turning from this background to early Greek literature, we find that temples (*neoi*) make their appearance a few times in the text of *[24]* Homer. Normally

---

[13] R. C. S. Felsch, 'Tempel und Altäre im Heiligtum der Artemis Elaphebolos von Hyampolis bei Kalapodi', in Etienne & Le Dinahet 1991, 85–91.

[14] See G. J. Baudy, *Exkommunikation und Reintegration*, Frankfurt 1980, 77 f.

[15] See Burkert 1985, 89–92; H. Jung, *Thronende und sitzende Götter*, Bonn 1982; I. B. Romano, *Early Greek cult images*, Diss. University of Pennsylvania 1980; A. A. Donohue, *Xoana and the origins of Greek sculpture*, Atlanta 1988.

they are just there, 'for the god': Athena and Apollo have their temple at Troy, Aphrodite hers at Paphos, and there is the 'threshold of Apollo' at Pytho-Delphi, where tremendous riches are stored (*Il.* 9.405–408). In Hesiod's *Theogony*, Aphrodite carries off Phaethon and makes him her 'temple-guard' in her own 'godly temples', *neopolos, zatheois eni neois* (*Theog.* 990 f.); is there any reference to a real temple – Paphos? – in this fantastic myth?

As far as I can see, references to temple-building occur only twice:[16] When founding the city of the Phaeacians, Nausithoos the father of Alkinoos 'made the temples of the gods', whereas on the island of Helios the comrades of Odysseus promise 'to build a rich temple' for Helios in recompense for the cattle they are about to slaughter. These two passages are as characteristic as they are diverse: On the one hand, building temples is part of routine city-planning; on the other, it is an occasional act to assuage the wrath of a god incurred by some fault or guilt. It is this double aspect which I wish to explore.

It has often been observed that what Nausithoos did was the very model for the foundation of a new Greek colony:[17] 'He constructed the walls around the city, he built the houses, he made the temples of the gods, and he divided up the arable land'

> ἀμφὶ δὲ τεῖχος ἔλασσε πόλει καὶ ἐδείματο οἴκους
> καὶ νηοὺς ποίησε θεῶν καὶ ἐδάσσατ' ἀρούρας
> (*Od.* 6.9f.).

One needs the houses and the lands for agricultural production and one needs the wall for protection, but it seems no less necessary to establish 'the temples for the gods', a plurality of them. We know that reality was less than perfect in some places: temple-building could well be retarded. At Old Smyrna, the wall is dated to 850, the temple about 100 years later; at Megara Hyblaia the temples were added, parts of the inhabited area being cleared for them, about a century after the foundation of the settlement; the same happened at Syracuse. At Eretria, on the other hand, the central *temenos* of Apollo Daphnephoros seems to have been present from the beginning, even though the first temple was a small and strange, wooden structure; and at Poseidonia, a vast area for the Heraion must have been reserved at the foundation of the city.[18]

Nausithoos is *oikistes* and king at the same time. If we look at his activities from the viewpoint of oriental parallels, we see that it is normally the king who builds the temples. There is a lengthy discussion about building a temple in Jerusalem in the Old Testament (II Sam. 7; I Kings 5–8): King Solomon decided to

---

[16] In addition, there is Chryses' assertion that he has (repeatedly?) 'roofed' a pleasing *neos* for Apollo; see Burkert 1991, 87.

[17] Cf. Malkin 1987; E. Kearns, *JHS* 111, 1991, 237.

[18] Cf. Burkert 1988, 40; Bergquist 1992, 130–135.

build the 'house' to Jahweh and organised craftsmen to come from Tyre. As to Mesopotamia, we have building inscriptions from all the major kings. In Egypt, too, we know which pharaoh built which of the monumental temples, as kings left their inscriptions to preserve their memory. Evidently, a similar practice spread to Greece too: It was Croesus who decisively helped to complete the great temple of Artemis at Ephesus and left his inscriptions. No wonder tyrants tended to behave in the royal fashion. It is generally assumed that Polycrates was responsible for rebuilding the temple of Hera at Samos; Gelon at Syracuse built the temple of Demeter[19] and possibly the temple of Athena which is still extant within the cathedral; Peisistratus and his sons were active in constructing the temple of Apollo Pythios and began the huge Olympieion at Athens, which was left incomplete after their demise.

It is easy to see that in this context temple-building is primarily a demonstration of prestige, of wealth and power in the form of thanksgiving to the gods. The temple is the most prestigious and costly *anathema*. As the rulers expect *[25]* the others to bow to them, they bow to the gods themselves and are thus exonerated from the resentments which may come from below.

In this respect, temple-building within a *polis* must have been different; monarchs and oikists seem to provide just a counter-example. The city must have had the means to arrive at a common decision. 'The Trojans' had made Theano priestess of Athena, the *Iliad* states (*Il.* 6.300). The Greek language mainly expresses the will for stability in this context, which should be the community's chief interest. The act of foundation of altar, statue and 'house' is *hidryein*, linguistically an intensification of 'making to sit'; the statue is a *hedos*, made to 'sit down'. Altar, temple and statue are signs of a centre that is to stay; in the midst of occupied territory, there is some 'middle ground', *to meson*, untouched by individual rivalries, 'left free' for the god (*anienai*). This may be seen as another mechanism to forestall possible aggression and thus to assuage anxiety.

This would be true of any sanctuary; the question is, where would the surplus come from to finance temple-building? Here a connecting element between Eastern kings, tyrants, and the Greek *polis* seems to come to the fore – the context of war, victory and booty. As regards the East, my favorite text is by Hammurapi's successor Samsuiluna, who tells in a long inscription how the gods themselves appeared to him in a dream, commanded him to wage war, promised victory and told him to build their temple.[20] Gods legitimate war, with its rapid changes of wealth, and the outcome is temple-building. Successful wars would most easily bring the necessary amount of riches at a stroke, the surplus to be transformed

---

[19]   Diod. 11.26.7.
[20]   F. Sollberger & J. R. Kupper, *Inscriptions royales sumériennes et accadiennes*, Paris 1971, 223–226.

into a lasting monument. This was true of the developing *polis* as well, or even more. Fighting had become a communal enterprise, especially when the so-called hoplite system depended on absolute solidarity of the fighters with each other; victory was the overwhelming common experience, to be celebrated by common monuments.[21] Even the great temple of Zeus at Olympia was financed from booty after the Eleans had definitely defeated Pisa, the old rival, Pausanias attests (Paus. 5.10.2). Themistocles, in his high days, had the temple of Artemis Aristoboule built on his premises, no doubt using his share of the booty.[22] Most Roman temples were monuments to Roman victories, vowed in wartime. We cannot know about the early archaic period, but there is no reason to believe that wars were absent. It is not a happy idea to imagine that the apogee of Greek art was dependent upon wars, but it can hardly be suppressed.

But let us look at the other paradigm. Eurylochos, at Thrinakia, suggests to his companions while urging them to slaughter the cattle of Helios: 'If we should reach Ithaka, our country, we shall at once construct a rich temple for Helios Hyperion and put into it many valuable show-pieces',

> εἰ δέ κεν εἰς Ἰθάκην ἀφικοίμεθα, πατρίδα γαῖαν,
> αἶψά κεν Ἡελίωι Ὑπερίονι πίονα νηὸν
> τεύξομεν, ἐν δέ κε θεῖμεν ἀγάλματα πολλὰ καὶ ἐσθλά
>
> (*Od.* 12.345–347).

The temple is to be an atonement for guilt, to pacify an angry god. Even a small group of people could decide to do that; perhaps the temple would not have been very big, but Helios did not even want it. In spite of the sinister outcome, Eurylochos' suggestion has to be judged as quite sensible and normal. From the ancient Near East, we may recall the epic of Atrahasis. When the gods wish to destroy mankind by pestilence, cunning Atrahasis indicates *[26]* the counter-measure. 'The elders harkened to his words, they built a temple for Namtara (the god of pestilence) in the city'; Namtara was pleased, and the pestilence came to an end. The procedure is promptly repeated when the gods try their second genocide and stop the rain to bring famine: 'They built a temple for Adad (the weather god) in the city'.[23] Here we find the common decision of the city; 'the elders' decree upon the instigation of a 'wise man', Atrahasis, to whom the gods speak. An individual may approach the ruling group, testify to his revelation and thus bring

---

[21] Cf. de Polignac 1984, 56, 64; W. Burkert, 'Krieg, Sieg und die Olympischen Götter der Griechen', in F. Stolz (ed.), *Religion zu Krieg und Frieden*, Zürich 1986, 67–87 (=Kleine Schriften, Band VI, 122–136). Note that not Pausanias but the cities were presented as victors of Plataeae to Apollo at Delphi (Thuc. 1.132.2 f.).

[22] Plut. *Them.* 22.2 f.: *hieron*, including a *naos*. Cf. Kimon's account of how to get riches from warfare, Ion, FGrHist 392 F 13 = Plut. *Kimon* 9. On Xenophon, see n. 27.

[23] W. G. Lambert & A. R. Millard, *Atra-hasīs, The Babylonian Story of the Flood*, Oxford 1969, I, 400 f., p. 69, and II,ii, 20, p. 75.

about a religious decision. This is Near Eastern poetry, but it closely resembles what could happen even in a Greek *polis*.[24] Following this indication, we may assume that in Eastern cities there were quite a few temples that were known to have been erected on account of a special disaster, *limos* or *loimos*. Pausanias tells us that the temple at Bassai was offered to Apollo Epikurios on the occasion of the great plague of 429 (8.41.8). This interpretation of *epikurios* is not accepted by modern scholars,[25] but what Pausanias suggests is still a context in which a splendid Greek temple could be seen. Much older is the story in Herodotus (1.20f.) of how Alyattes, king of Lydia, having fallen seriously ill, was told by an oracle that this was because he had accidentally burnt a temple of Athena Assesia near Miletus. So he built two temples instead of one for the goddess at the place – and there they were, with the story attached to them. Disasters of the kind, *loimos* or *limos*, were not absent from the early archaic age; between Atrahasis and Bassai, the same motivation for temple-building would have been present, to atone for the wrath of a god; hence the motivation comes so readily to Odysseus' unfortunate *hetairoi*.

Royal demonstration or submissive attempt at appeasement seem to be opposites, but both motivations easily go together in the model of bowing to the higher to retain authority over the lower ones; *dis te minorem quod geris imperas*; avoid *phthonos* to retain *time*.[26]

The one temple-builder who speaks to us in person is Xenophon. He secured some sizable booty from his *anabasis*, using the Artemision of Ephesus as his bank, and as soon as he could dispose of his capital he built a sanctuary with temple (*naos*) for Artemis at Skillous, evidently on his own private premises which he 'left' for the goddess (*Anab.* 5.3.9).[27] Xenophon tells us that when establishing the *hieron*, he still asked for an oracle and was very pleased with the answer, which he found providentially fitting. There was a river Selinous both at Ephesos and at Skillous, there were even the same kind of fish in it (5.3.8). This place had been destined for Artemis' sanctuary through superhuman intelligence. Decisions in things divine are not autonomous; the god gives his signs, his indications. It is still left to the endeavours of subsequent interpretation to bring out their full meaning. Xenophon's behaviour is not idiosyncratic, but rather typical. We know that *manteis* of all sorts were present at sanctuaries; they would insist on their mediation in questions of temple-building, as in founding new cities, and *omina* would play no negligible part in the selection of place and date. In the 5th cen-

---

[24] Cf. Plat. *Resp.* 364E on charismatics persuading even 'cities'.

[25] F. A. Cooper, *The temple of Apollo at Bassae*, 1978, 20–28; M. Jost, *Sanctuaires et cultes d'Arcadie* (*Études péloponnésiennes*, 9), Paris 1985, 485–489.

[26] Cf. also the action of Aegisthus, as described in the *Odyssey*, wavering between pride and anxiety: he 'hung up many *agalmata*' in the sanctuaries of the gods (*Od.* 3.274).

[27] Much later a *centurio* could build the local synagogue at Capernaum (Luke 7.5).

tury, Lampon the seer was called *Thuriomantis* on account of his activities at the foundation of Thurioi.[28] We know that the great rise of the Delphic oracle began in the 8th century, as did large-scale temple-building; we know that later cities used to consult the god of Delphi when instituting sanctuaries. Probably this was customary from the start. By the 'Great Rhetra', the god commands *[27]* Sparta to found (*hidrysasthai*) a sanctuary of Zeus Syllanios and Athena Syllania, first of all.[29]

Oracles and divine signs are instrumental in decisions about temple-building. This leads to a third motif for temple-builders not to be found in Homer, but still in the Homeric hymns: the downright miracle by which the god himself selects the site of his temple and issues his command to build it.

To start from a much more recent parallel, one of the most ingenious baroque churches of Germany, Balthasar Neumann's basilica at Vierzehnheiligen, was built in the place where in 1445/6 a shepherd had had visions. He beheld a strange light in the middle of a meadow, and finally fourteen children appeared who declared they were 'the fourteen helpers and wished to have a chapel.'[30] Miracles ensued on the spot, pilgrimages started and modest church-building was done, to be replaced by Balthasar Neumann's construction in 1744–1772. Integrated into the midst of the ingenious ellipses of exuberant baroque design, there is still the square metre or so of natural soil from the meadow, preserved and unmoved for hundreds of years. The 'primitive' centre persists amidst the most refined, Western religious art.

Greek religion has been judged to be averse to miracles.[31] Yet Plato, for one, writes in his *Laws*, with regard to 'gods and sanctuaries', that nobody should move what has been established either by the authority of oracles,

> ... or what certain ancient tales told in a convincing way, however they managed to convince, after apparitions had been seen, or divine inspiration was said to have happened, anyhow, they convinced and instituted sacrifices combined with initiatory celebrations ... and made sacred ... altars and temples, and set the limits of *temene* for each of them (738C).

Plato's text is not devoid of typical Platonic irony as to such miracles ('however they managed to convince'), but he seems to allude to cases just like Vierzehnheiligen. Possibly it is the story of the discovery of the Delphic oracle which he has in mind, mantic exhalations evaporating from a chasm to which goats were the

---

[28] Aristoph. *Nub.* 332 with schol.

[29] Plut. *Lyk.* 6.2 (= Arist. Fr. 536 Rose); J. Fontenrose, *The Delphic Oracle*, Berkeley 1978, 271 f.; this is not the place to discuss this famous document.

[30] H. Reuther, *Vierzehnheiligen*[2], Zürich 1964, 4: 'Wir seynd die vierzehn nothhelfer und wollen eine kapellen haben'; this version of the legend was in fact printed in 1653.

[31] See B. Snell, 'Der Glaube an die olympischen Götter', in: *Die Entdeckung des Geistes*[4], Göttingen 1975, 30–44, esp. 34, where Snell contrasts the 'miracle' in the Old Testament with divine 'signs' in Homer.

first to react.[32] This legend is linked to the outbreak of the 'Sacred War', which happened in 356 B.C., in the account of Diodorus; this was a few years after the Delphic temple had been destroyed by an earthquake, and rebuilding at the very spot had begun. Just in these years, Plato was writing his *Laws*. But we have other Greek tales, too, about apparitions that led to cultic installations. Herodotus tells (4.15.3) that at Metapontum, in his own day, or so it seems, Aristeas appeared and told the citizens to erect an altar to Apollo and a statue to himself, and disappeared again; the Metapontines did as they were told, not without asking Delphi for endorsement. Plato's alternatives, oracles or apparitions, are combined in practice. At about the same time, around 450, Archedemos 'seized by the nymphs' (*nympholeptos*) established the cave at Vari, Attica, as a sanctuary, ornamenting it with reliefs and probably other *anathemata*, and adding a 'garden' around it.[33] Some strange light led Thrasyboulos and his men to occupy Munichia in 403 B.C., which resulted in an altar to *Phosphoros*.[34] Compare also the events at Sparta after the lamentable death of Pausanias at the sanctuary of Athena Chalkioikos: Plutarch speaks of spectres that appeared and Thucydides mentions the consultation of the Delphic oracle; in *[28]* the end, two statues were dedicated to the goddess.[35] Once more 'apparitions' and the official oracle seem to cooperate in organizing the apparatus of a sanctuary.

In the Homeric hymn to Demeter, the omniscient narrator has told his public in advance that it was the goddess who came to Eleusis; for the king and the queen, there must have been an alien, old and queer servant, who, after more than strange behaviour, suddenly grew tall and large and burst into flames and disappeared, not without saying that she was Demeter and wanted to have a temple (*Hy. Dem.* 250–281). This is an apparition more dramatic but not totally different from Vierzehnheiligen. Or take Apollo at Delphi: Cretan sailors are irresistibly drawn to Krisa, where they never intended to go. An apparition like a shooting star jumps from their ship, lighting up the sky and the whole of Krisa, and moves up to the site of the Delphic temple (*Hy. Ap.* 440–445). This proves that this definitely is the seat of a god. Cult is constituted by epiphany. In the poet's version, the temple had been already there (523; cf. 287–299). The very place had been selected and building had been organized by the god himself. It is the god who establishes his temple. Later, there was the story about the mantic vapours emerging from the depths at this very spot, which clearly meant that this temple could never be moved to any other place. Apollo's temple of Didyma was at the spot where Zeus and Leto had mated.[36] This was pure mythology, but was still worth

---

[32] See Diod. 16.26.2f.; Schol. Eur. *Or.* 165, cf. Plut. *Def. or.* 433C, 435A and Paus. 10.5.7.
[33] *SEG* 29, 1979, 48–50.
[34] Clem. *Strom.* 1.163.2; this is not mentioned by Xen. *Hell.* 2.4.5.
[35] Plut. *De sera* 560EF; fr. 126 Sandbach; Thuc. 1.134.4.
[36] *SIG*³ 590.10; J. Fontenrose, *Didyma*, Berkeley 1988, 186.

mention in an official document. The site was selected by the gods and thus consecrated in an irrevocable way.

Of course legends of this kind do not exclude reflections about the 'real' reasons why the sanctuary is there, be it Pytho or Didyma; at Delphi it would have been the rich Castalian spring that had drawn the shepherds to assemble there since time immemorial. Moreover, decisions to finance a costly building must have had their economic basis. But we should not overlook the perspective of worshippers: the *hieron* is sacred because a god has chosen it. Many sanctuaries have their marks, *Kultmale*, not to be displaced, such as the trident mark or *thalassa* in the rock of the Acropolis beneath the Erechtheion. At the Kadmeia in Thebes there was a relic, possibly from the Mycenaean palace, said to bear testimony to the lightning of Zeus that generated Dionysus and burnt Semele.[37] Anyhow, the marks of lightning would generally constitute a sanctuary, however small, an *enelysion* sacred to Zeus Kataibates.[38] There are many parallels to the Demeter story of the Homeric hymn, stories about itinerant gods coming to visit mortals, which resulted in the establishment of a sanctuary. From the Old Testament we have the tale about divine messengers visiting Abraham at the terebinth of Mamre, where the sanctuary claiming this foundation has even passed into Islam.[39] From classical literature, Ovid's story of Philemon and Baucis has become very popular. Note that the inhospitable city where Jupiter and Mercury had been rebuked disappears into a lake, whereas the house of Philemon and Baucis is transformed into a temple. I would guess that the story actually referred to the Hittite sanctuary of Eflatun Pinar still impressively preserved at its lake.[40] This means that we are confronted with absolutely secondary etiology in Ovid; it still reflects the idea that it is the gods who make temples, not city-planners.

Gods may even be claimed to have been present before men, so that sacred territory, belonging to the stronger ones, has been left untouched by invading, conquering humans. This motif occurs in the context of migration tales. In Virgil, as Aeneas is visiting the site of future Rome, he is shown the hill that will be the *Capitolium*. The *religio loci* is already there, *[29]* people venerate the place, *iam tum silvam saxumque tremebant, hoc nemus ... quis deus incertum est, habitat deus.*[41] Wilamowitz suggested that in Greece, too, sacred groves were relics of

---

[37] Eur. *Bacch.* 6–12; Paus. 9.12.3.
[38] W. Burkert, 'Elysion', *Glotta* 39, 1961, 208–213 (= Kleine Schriften, Band IV, 129–134).
[39] *Genesis* 18; cf. *RE* VII (1912), 2584–2588.
[40] Cf. D. Flückiger-Guggenheim, *Göttliche Gäste*, Bern 1984; Eflatun Pinar: E. Akurgal, *Die Kunst der Hethiter*[2], München 1976, pl. XXI.
[41] Verg. *Aen.* 8.347–354. Cf. Sen. *ep.* 41.3, who mentions uncommon groves, caves, springs, esp. hot springs, and deep lakes as attracting religious veneration and cult, *fidem tibi numinis faciet.* An exquisite description of a formidable sacred grove in Spain is in Lucan. 3.399–425.

original vegetation spared by the cultivators;[42] he imagined the mystery sanctuary of Andania to have originated in this way: "Es war einmal ein dichter Zypressenhain, in dem eine starke Quelle floß. Da fühlten die Menschen 'gewißlich ist ein Gott an diesem Ort, wie heilig ist diese Stätte'". In fact he was combining Virgil with the Old Testament.[43] We may still find compelling the idea as to extra-urban sanctuaries with their sacred groves, groups of trees effectively protected from men – and from goats – in the Mediterranean landscape, interstices left unoccupied (*anienai*) to become sacred. Still the *Pelargikon* at the Athenian acropolis, which was to be left untouched, was not called *hieron*; it was not a 'sanctuary',[44] whereas the designation of the grove at Olympia, *Altis*, clearly refers to practical use, to 'feeding' domestic animals.[45] This warns us not to become too romantic even about early religion.

Organization of space remains a complex undertaking. The prerogative of the gods, reflected in miracle stories, is just one aspect which should not be neglected; human decisions still loom large, especially within the city. Zeus came to Thebes in the form of lightning, but it was Kadmos the king who 'made the spot *abaton*' (Eur. *Bacch.* 10f.). In reverse, occupation could also be undone to found sanctuaries within the cities.[46] Chance and choice resulted in the formation of religious landscapes in a comprehensive sense, fitting the needs of living people, which are both imaginative and realistic.

Bibliographical abbreviations

Bergquist 1967: B. Bergquist, *The Archaic Greek temenos. A study of structure and function* (ActaAth-4°, 13), Lund 1967.

Bergquist 1992: B. Bergquist, 'The Archaic Temenos in Western Greece. A Survey and two Inquiries', in Reverdin & Grange 1992, 109–152.

Burkert 1985: W. Burkert, *Greek Religion*, Cambridge, Mass. 1985 (*Griechische Religion der archaischen und klassischen Epoche*, Stuttgart 1977).

Burkert 1988: W. Burkert, 'The Meaning and Function of the Temple in Classical Greece', in M. V. Fox (ed.), *Temple in Society*, Winona Lake 1988, 27–47 (= Kleine Schriften, Band VI, 177–195).

---

[42] U. v. Wilamowitz-Moellendorff, *Griechische Tragödien* 2: *Die Orestie*[11], Berlin 1929, 229: gods dwelling 'in Hainen ... die man zuerst nicht sowohl gepflanzt als bei der Rodung des Waldes in der Feldflur stehen ließ'.

[43] U. v. Wilamowitz-Moellendorff, *Der Glaube der Hellenen* II, Berlin 1931, 544; his wording echoes Vergil *Aen.* 8.352 and *Genesis* 28.17, Jacob setting up Beth El. This in fact is another sanctuary selected by god, indicated to Jacob in a dream.

[44] Thuc. 2.17.

[45] Root *al-*, Latin *alere*; it is less clear how to etymologize *alsos* (P. Chantraine, *Dictionnaire étymologique de la langue grecque*, Paris 1968/80, 65).

[46] See above at n. 18 for Megara Hyblaia and Syracuse.

Burkert 1991: W. Burkert, 'Homer's Anthropomorphism: Narrative and Ritual', in D. Bui-tron-Oliver (ed.), *New Perspectives in Early Greek Art*, Washington 1991, 81–91 [= Kleine Schriften Band I, 80–94].

Burkert 1992: W. Burkert, *The Orientalizing Revolution. Near Eastern Influence on Greek Culture in the Early Archaic Age*, Cambridge, Mass. 1992.

Coldstream 1985: J. N. Coldstream, 'Greek Temples: Why and Where?', in P. E. Easterling & J. V. Muir (eds.), *Greek Religion and Society*, Cambridge 1985, 67–97.

Drerup 1969: E. Drerup, *Griechische Baukunst in geometrischer Zeit* (= *Arch Hom*, Kap. O), Göttingen 1969.

Etienne & Le Dinahet 1991: R. Etienne & M.-Th. Le Dinahet (eds.), *L'espace sacrificiel dans les civilisations méditerranéennes de l'antiquité*, Lyon 1991.

Greco 1992: E. Greco, 'Lo spazio sacro', in M. Vegetti (ed.), *L'esperienza religiosa antica*, Torino 1992, 55–66.

Hägg 1983: R. Hägg (ed.), *The Greek Renaissance of the Eighth Century B.C.: Tradition and Innovation* (ActaAth-4°, 30), Stockholm 1983.

Malkin 1987: I. Malkin, *Religion and Colonization in Ancient Greece*, Leiden 1987.

Mazarakis-Ainian 1985: A. J. Mazarakis-Ainian, 'Contribution à l'étude de l'architecture religieuse grecque des âges obscurs', *AntCl* 54, 1985, 5–48.

Mazarakis-Ainian 1988: A. J. Mazarakis Ainian, 'Early Greek Temples: Their Origin and Function', in R. Hägg, N. Marinatos & G. C. Nordquist (eds.), *Early Greek Cult Practice* (ActaAth-4°, 38), Stockholm 1988, 105–119.

Parker 1983: R. Parker, *Miasma. Pollution and Purification in Early Greek Religion*, Oxford 1983.

de Polignac 1984: F. de Polignac, *La naissance de la cité grecque. Cultes, espace et société VIIIe–VIIe siècles avant J.-C.*, Paris 1984.

Reverdin & Grange 1992: O. Reverdin, & B. Grange (eds.), *Le sanctuaire grec* (Entretiens sur l'antiquité classique, 37), Vandoeuvres & Genève 1992.

Schachter 1992: A. Schachter, 'Policy, Cult, and the Placing of Greek Sanctuaires', in Reverdin & Grange 1992, 1–57.

Schmitt 1992: R. Schmitt, *Handbuch zu den Tempeln der Griechen*, Bern 1992.

Erschienen in: D. M. Lewis, J. Boardman, J. K. Davies, M. Ostwald, eds., The Cambridge Ancient History V²: The Fifth Century B.C., Cambridge 1992, 245–267.

13. Athenian Cults and Festivals

I. Continuity and Change

Although what follows concentrates on the fifth century, it has to be seen in a larger perspective. Religious ritual is conservative and may survive for uncounted generations; its authority, for Greeks, is simply traditional custom, *nomos*. It shapes society, but it is also affected by all changes on the political, economic or intellectual level. From the earliest times on, ritual activity concentrates on special occasions that stand out from everyday life and serve as markers in the flux of time – the festivals. The basic elements of these are simple: processions, dances, vows and prayers, animal sacrifices with feasting, and contests (*agones*) of various kinds; yet special variants and combinations make up a system of impressive complexity, characterizing the group or city concerned as well as the gods and heroes addressed in the cult.

The rituals of Greek polis festivals contain elements of great antiquity. Particular traits of animal sacrifice as found especially in the Athenian ceremony of 'ox-murder', Buphonia, have been traced to the palaeolithic period,[1] and the women's festival of Thesmophoria has been credited with a 'stone age' character, too. We are on firmer ground in stating that the linguistic form to designate festivals in Greek, especially the suffix *-teria*, had been established by the Mycenaean epoch. The form of months' names derived from festivals, with the suffix *-(ter)ion*, is secondary, but still common to Athens and the Ionians from the islands and Asia Minor and must thus go back to the beginning of at least the first millennium. In fact there is a common stock of festivals characteristic of Ionians and Athenians which points to a common heritage: Apaturia (Hdt. ι.147), Lenaea, Anthesteria. No less characteristic is the division of the population into four *phylai* (tribes), each headed by a *phylobasileus* (tribal king); after the reform of Athenian *phylai*, the *phylobasileis* still continued to exist with their religious obligations and privileges. There must have been in addition a single *basileus* (king) for the polis as a whole; when yearly election of the magistrates had been *[246]* introduced, the *ba-*

---

[1]   Meuli 1946; Burkert 1972: 20–31, 153–61.

sileus was one of them, second in rank after the archon, with his chief duty to take care of the traditional festivals (Arist. *Ath. Pol.* 57).[2] The priesthoods of individual gods in their several sanctuaries were the prerogative of certain noble families, including those of the cult of Athena Polias and Erechtheus-Poseidon on the Acropolis, of which the Butadai were in charge.

When the Athenian laws were codified by Solon, the calendar of festivals and sacrifices formed part of them. This was no obstacle to further expansions and additions. By the middle of the sixth century the two festivals called 'great' surpassed all the others in splendour: the Panathenaea at the beginning of the civil year in summer and the 'Great Dionysia' in the spring; the archon was responsible for both. The Eleusinian Mysteries, supervised by the *basileus*, equally rose in prominence.

The revolution of 510 which paved the way towards a more equal distribution of civil rights (*isonomia*) did not intentionally change the established system of cults. There were additions, especially the ten heroes of the *phylai*; there was increased public control of the finances of cults, with various bodies of elected officials in charge of the treasuries, expenditures and emoluments of sanctuaries. Sometimes special taxes were raised to finance a specific cult.[3] For the dithyrambic choruses, tragedy and comedy at the great festivals, especially the Dionysia, *choregoi* were selected from among the rich citizens who derived prestige from conspicuous expenditure.

New impulses for change came through the historical events, the crisis of the Persian Wars with devastation of city and citadel and the ensuing victory which brought an enormous increase of power, wealth and influence and made Athens the centre dominating the Greek world. The programme of rebuilding launched by Pericles was almost exclusively concerned with the public sanctuaries. Only then did the Acropolis lose its function as a fortress and become the centre of state religion exclusively. The Hephaestus temple above the Agora and the Poseidon temple at Sunium still remain as well-known survivals of this epoch.

During these years, about the middle of the century, political and social change was faced with a most profound challenge on the intellectual level in what is commonly called the sophistic movement. Independent thinking had developed in small coteries of men who read and wrote books, the 'pre-Socratics'; now the consciousness of possible progress in knowledge and organization of life spread to a larger public, with men such as the 'natural philosopher' Anaxagoras and the 'sophist' *[247]* Protagoras leading the ranks. Their teachings shook the very foundation of established religion, the *nomos*, the authority of the forefathers. The tra-

---

[2]   The old hypothesis that the *basileus* by title and function was a continuation of the Mycenaean king has been disproved by Linear B: a Mycenaean king was called *wanax.*

[3]   Schlaifer 1940: 233–41.

ditional way of speaking about gods in the form of anthropomorphic myth was soon found to be unacceptable past remedy. But also the cults were felt to be old-fashioned; the 'Buphonia' became proverbial for the ridiculous attitudes of a hoary past (Ar. *Clouds* 985).

The crisis led to polarization, which becomes manifest in a surge of trials on the charge of 'impiety' (*asebeia*); this now was found not only in sacrilegious acts, but in teachings and beliefs.[4] Both Anaxagoras and Protagoras were affected. In 399 a later victim was to be Socrates.

The surprising fact is that the crisis of modernism did not destroy the system of cults either at Athens or anywhere else. This was not due to any spirited defence of traditional religion but rather to unreflective experience which found the religious forms of common life simply irreplaceable. Many will have concurred with the matter-of-fact position of Pericles, who stated that we believe in the existence of immortal gods on account of the honours which they receive, and of the good things they bestow on us (Plut. *Per.* 8,9) – who would risk putting this to the test? Or witness Thucydides' description of the fleet setting sail for Sicily (VI.32): a trumpet calls for silence, and the traditional prayers and vows are pronounced in unison, led by the sonorous voices of heralds; mixing bowls are set up all along the piers; all the soldiers and the officials of Athens pour libations to the gods; even the onlookers join in the vows, and only when they have finished the libations with the sacred song, the *paian*, do the ships begin to move. Who could exclude himself from such an event? Even if the gods were found to deny their help, as in this case, there was nothing left but to try again.

After the constitutional crisis of 411, restorative trends become noticeable. Among other ancestral laws, the revision and publication of which was organized, there was a comprehensive calendar of sacrifices to be set up in the 'Porch of the King' in the Agora; the huge task of compilation was entrusted to a certain Nicomachus who worked on it for about ten years; he was accused of accumulating more sacrifices than the city could possibly afford, but his work on the code was brought to a successful conclusion.[5] About the same time a new form of antiquarian literature was inaugurated which persisted for some generations: local chronicles dealing especially with mythical traditions in relation to Athenian institutions, cults and festivals, called *Atthides*.[6] We must not assume too much undisturbed continuity and scrupulousness in the performance of old rituals, but much of the religious system of the polis *[248]* is seen to continue down to the Roman conquest and even beyond to the end of the pagan world, with the temples of the fifth century still presenting their gorgeous façades for the same festivals.

---

[4]   Derenne 1930; Rudhardt 1960; Fahr 1969.
[5]   *IG* I³ 239–40; *LSS* 10; *LSCG* 17; Lys. xxx; Dow 1960.
[6]   Beginning with Hellanicus *FGrH* 323a; *FGrH* 323–9; Jacoby 1949.

Many Athenians would go on to experience their home as the place 'where the mystery hall is opened in sacred ceremonies, where ... the high temples and images of gods are standing, where there are the most sacred processions of the blessed gods, sacrifices adorned with beautiful wreaths for the gods and feasting at various times of the year, and especially the joy of Dionysus in spring' (Ar. *Clouds* 302–11).

II. Note on the Sources

The character of our sources changes with the general development. Much of the documentation still consists in the material remains of cults in the sanctuaries as recovered and analysed by archaeology. But the growth of literacy led to the greater regulation of religion, for laws, including *leges sacrae*, were published in the form of inscriptions under the pressure of the democratic system. There are fragments of sacrificial calendars prior to 480 (*IG* I^3 230–2) and the regulations for the 'precinct governors' of the Acropolis, the 'Hekatompedon inscription';[7] there are similar regulations from the following epoch, e. g. from the Agora (*IG* I^3 234 = *LSCG* 1) and from the Eleusinium (*IG* I^3 6 = *LSS* 3); then comes the big codification of Nicomachus (above, n. 5). Individual demes published their *leges sacrae* too, such as Scambonidae (*IG* I^3 244 = *LSCG* 10) and Paeania (*IG* I^3 250 = *LSS* 18).[8] Similar codifications from the fourth century are relevant for the earlier period, too, such as the calendar of Erchia (*LSCG* 14) or the convention of the 'Salaminioi' (*LSS* 19).

The fifth century saw the outburst of Athenian literature which has remained classic, especially tragedy and comedy. Tragedy, freely moving in the sphere of myth, tends to refer to local cults by telling their 'causes' (*aitia*). We find vivid representations of the Areopagus and the cult of the Semnai in Aeschylus' *Eumenides*, of Colonus Hippius in Sophocles' second *Oedipus* play, of Acropolis cults in Euripides' *Erechtheus*;[9] there are many shorter references to other local traditions. Comedy takes religious practice for granted in passing remarks and sometimes brings it live on stage, though in a parodistic vein, for example, the drinking contest of the Anthesteria (Ar. *Ach.* 1085–234), the women's gathering at the Thesmophoria (Ar. *Thesm. passim*), and even the chorus of Eleusinian initiates (Ar. *Frogs* 316–459).

Historiography as inaugurated by Herodotus has invaluable accounts *[249]* of *nomoi* and of various incidents connected with cults and festivals. Attic prose

---

[7]   *IG* I^3 4; Jordan 1979.
[8]   Mikalson 1977.
[9]   C. Austin, *Nova Fragmenta Euripidea in Papyris Reperta* (Berlin, 1968) 39.

writing, which came into being in the last third of the fifth century, rhetoric as well as historiography, has allusions to and brief accounts of religious institutions; again, fourth-century authors supply much information that is valid for the fifth century as well. But for detailed knowledge of Athenian cults and festivals we depend primarily on the 'Atthidographers' (above, n.6), fourth-century authors of Attic chronicles, although these survive only in fragments, mainly in commentaries to Attic poets and orators.

A word needs to be said about iconography as a source for the understanding of Athenian cults.[10] Attic painted pottery was produced in large quantities, and among the thousands of often conventional pictures there are some clearly depicting religious ceremonies, processions, sacrifices and dancing. They are not numerous, except for Dionysiac scenes, and interpretation is often difficult. One class of jugs belongs to the Choes festival at the Anthesteria,[11] another group of characteristic representations has women worshipping a very primitive image of Dionysus; these have come to be called 'Lenaean vases',[12] but on insufficient evidence. A few interesting pictures of the Dionysiac ship waggon still belong to the sixth century, as does a unique representation of the *phallophoria*.[13] On the whole, fifth-century art is less concerned with group action. A celebrated exception is the Panatheniac frieze encircling the *cella* of the Parthenon,[14] a unique self-representation of the Polis at her 'great' festival in the presence of her heroes and her gods.

III. The Cycle of the Year

Greek calendars are composed of lunar months that shifted from year to year, unlike the dates computed by the Julian calendar in modern chronology. The Athenian year begins in summer after harvest, with the first month, Hekatombaion, roughly corresponding to July. This and the following months are each named after a festival: Metageitnion, Boedromion, Pyanepsion, Maimakterion, Posideon, Gamelion, Anthesterion, Elaphebolion, Munichion, Thargelion, Skirophorion. It is not only the similarity to other Ionian calendars that testifies to the antiquity of the system; another indication is the fact that by the sixth and fifth centuries some of the festivals implied in month names (Hekatombaia, Boedromia, Elaphebolia) had become quite insignificant in comparison with other festivals, celebrated in

---

[10] A critical assessment in Rumpf 1961; Metzger 1965.
[11] Van Hoorn 1951.
[12] Frickenhaus 1912; Pickard-Cambridge 1968: 30–4; Burkert 1972: 260–2.
[13] Pickard-Cambridge 1968 figs. 11–14; Simon 1980: 284. Deubner 1932 pl. 22; Pickard-Cambridge 1962 pl. IV.
[14] Brommer 1977.

the same month, that had risen to *[250]* special splendour – Panathenaea in Hekatombaion, Mysteria in Boedromion, and Dionysia in Elaphebolion. It is interesting to note that most names of months refer to festivals of Apollo and Artemis,
except for the four winter months from Maimakterion to Anthesterion, three of
which include the ancient festivals of Dionysus, the rural Dionysia, Lenaea, and
Anthesteria in turn.

Yet there is no single system determining the calendar of festivals in the well-
documented period, but a conglomerate of various circles, correspondences and
oppositions that make a complex rhythm of life. There are the seasonal changes
between winter storms (Maimakteria), spring blossoms (Anthesteria) and summer
heat; there are the main agricultural events: sowing, reaping and vintage; there is
the political symbolization of dissolution and a new beginning surrounding the
New Year festival; there are the celebrations of the phratries and of cult associations of women. Moreover, responsibility for different cults rested with the *basileus*, the archon, certain priestly families, and in some cases with members of private cult organizations; furthermore, the demes, 139 altogether, had traditional
cults of their own, each marked by its own peculiar stamp and paralleling the
cults of the city.

The New Year festival already had a special standing in the ancient Near East.
At Athens it culminated in the Panathenaea on the 28 Hekatombaion, but the pre-
liminaries began almost two months in advance. The rituals concentrated on the
main cults of the Acropolis, of Erechtheus, the aboriginal king who was most closely associated with Poseidon in cult, and his protecting deity, the 'Athenian'
goddess, Athenaia, Athena,[15] who for the citizens is just 'the goddess', ἡ θεός.
The approaching end of the year brought with it the need to clean the temple and
to wash the garments of the goddess: Kallynteria, 'Making tidy', and Plynteria,
'Washing', are performed by women, and since the image of the goddess was
veiled and the temple closed to visitors, this was a day of ill omen.[16] There follows a strange nocturnal ceremony, Arrhephoria, when two girls who have been
living for almost a year in the service of the goddess on the Acropolis, and have
taken part in the weaving of Athena's *peplos*, are dispatched from the citadel by
the priestess through a special passage close to the precinct of Aphrodite, carrying
on their heads in baskets objects purportedly unknown to them as well as to the
priestess. This ritual of the *arrhephoroi* or *errhephoroi*[17] seems to reflect the

---

[15] Whether the goddess got her name from the city or vice versa is an old controversy. Word forma-
      tion is in favour of *Athenai* ⟩ *Athenaia.* Burkert 1985: 139.
[16] For the date of Plynteria there are conflicting testimonies, Mikalson 1975: 160 f., 163 f.; the calen-
      dar of Thorikos (*SEC* xxxiii.147, lines 52–3) has Skirophorion, not Thargelion. The Plynteria pro-
      cession is to be kept distinct from the Palladion procession, Burkert 1970.
[17] *errhephorein* is the form used in Attic inscriptions since the third century B.C.; the literary texts
      have *arrhephoros*; the word should mean 'dew-bearer'; Burkert 1966.

[251] structure of puberty initiations, the seclusion of 'virgins' ending in an encounter with Aphrodite, generation and birth. There is a corresponding myth about the daughters of Cecrops, the first king on the Acropolis: they opened a secret basket at night against the goddess' instructions, discovered the earth-born divine child Erichthonius (= Erechtheus) encircled by a snake, and jumped panic-stricken to their deaths from the Acropolis rocks. Later, by the middle of Skirophorion, at the ceremony called *Skira*, the priest of Erechtheus and the priestess of Athena leave the citadel in procession and proceed towards the frontier on the way to Eleusis; two days later the 'Heralds' (*Kerykes*) perform that proverbially old-fashioned sacrifice, the 'ox-murder', Buphonia, right on the Acropolis, in honour of 'Zeus of the City', whence the festival was called Dipolieia. By an elaborate trick the sacrificial bull was made responsible for his own death: several animals were driven around a table filled with vegetable offerings, and the one which first touched the food was slain immediately; but the ox-slayer had to flee in his turn, and there followed a mock trial in the *prytaneion* at which the participants had to shift the 'guilt' of killing the ox from one to another, until the knife itself was found to be the murderer and thrown into the sea. This curious 'comedy of innocence' may be of special antiquity, as analogies in Siberian hunters' costumes suggest (above, n. 1). It acts out and playfully overcomes the antinomy inherent in all sanguinary sacrifice: killing for food becomes a ritual to honour a god. This uncanny act falls into the gap separating the old year from the new and in a way links Athens with Eleusis. myth has Erechtheus perishing in the first Athenian war against Eumolpus of Eleusis, while his widow became the first priestess of Athena (above, n. 9).

Hekatombaion, the New Year's month, once more recalls disorder with the festival of Kronia – analogous to the Roman Saturnalia – when slaves are treated to a feast and may revel freely through the town. This has an air of the past golden age, when Kronos was king, before Zeus took over by force. Normal order is finally restored with the Panathenaea, the festival of Zeus's formidable daughter. There are no longer perplexing or scurrilous rites, but the normal elements of festivals in stately parade. After an all-night festival (*pannychis*), the day begins with a torch-race from the grove of Academus through the city gate and the market-place up to the Acropolis to light a fire on the altar of Athena; there follows the great sacrificial procession towards the goddess displaying the new garment (*peplos*) – later it was hoisted like a sail on a ship waggon –, the enormous feast, and contests (*agones*), with both musical and sports events. An archaic feature is the *apobates* ceremony, when men in light armour jumped from chariots at full speed and continued with a foot-race; this was said to have been invented by *[252]* Erichthonius and seems to symbolize the king taking possession of the land. Panathenaic victors received amphorae filled with olive oil as a prize, the special product of Attic soil granted by Athena and her father. The Panathenaea, especially its sports events, was celebrated on a large scale every fourth year; the intention had been, in 562, to create a panhellenic festival equivalent to the Olympic Games. This plan had failed; but with the new glory acquired through the Persian Wars the festival was to represent Athens itself, bound to the goddess by a divinely sanctioned, civilized order.

While the second month seems to have no major festival, Boedromion and Pyanepsion (roughly September/October) contain celebrations concerned with agriculture and the fertility of the soil as autumn sowing approaches. The mysteries on 19/20 Boedromion are taken to reflect the gift of grain brought to Eleusis by Demeter, even if the emphasis comes to be more and more on death and afterlife. It is the hierophant of Eleusis who proclaims at the beginning of the next month, Pyanepsion, the 'Festival before sowing', *Proerosia* (*LSCG* 7), with special sacrifices which are to guarantee good crops; similar sacrifices will accompany 'Sprouting' (*Chloaia*), 'Shooting of stalks' (*Kalamaia*) and 'Blossoming' (*Antheia*) of the corn. But it is also in this connexion that the festival of women, Thesmophoria, takes place in Athens on 10–13 Pyanepsion: sacrificial pigs are thrown into crevices or subterranean receptacles,[18] and the putrefied remnants of the last year, hauled up again, are put on the altars and later mixed with the seed, the clearest case of agrarian magic in Attic ritual.

Pyanepsion also had a festival associated with vintage, which could not be fixed in the calendar. At the Oschophoria, vine twigs with grapes (*oschoi*) were carried in procession towards a sanctuary of Athena Skiras at Phalerum; there was a race of the ten *phylai* as well, but the texts seem to be confused, and the details are controversial.[19]

Maimakterion, the month of winter storms, had a purification festival, Pompaia, about which not much is known. With Posideon, the series of Dionysus festivals begins. The 'rural Dionysia' were held in the villages at different days during the month; most conspicuous were those in the Piraeus. A he-goat was led to sacrifice, and a wooden phallus was carried in procession. From an Athenian perspective these festivals had a flavour of peasant simplicity and ribaldry, Dionysiac vitality erupting from the frozen structures of winter and orderliness. There was also a strange ceremony called Haloa, of the 'threshing-floors'(?), when women met in secret and were said to indulge in licentious behaviour.

The festival of Lenaea in the next month, Gamelion, must have been *[253]* one of the old and characteristic Dionysus celebrations; many Ionian cities call the corresponding month Lenaion. *Lenai* is a name for Bacchants. But hardly any details are known. The so-called Lenaean vases have women mixing wine and dancing in front of a primitive image of Dionysus, made for the occasion and consist-

---

[18]   Wrongly connected with *skira* by Deubner 1932: 40 f., cf. Burkert 1985: 242–3.
[19]   See Jacoby's commentary on *FGrH* 328 F 14–16; Kadletz 1980.

ing of a simple mask suspended from a column with a cloth wrapped around to indicate a garment, adorned with wreaths and branches but without hands or feet; but the attribution to either Lenaea or Anthesteria remains unclear (above, n. 12). State management of the Lenaea was introduced in 440 when it was made a second occasion, besides Dionysia, for the staging of comedies.

Much more is known about the Anthesteria, the festival which gave its name to the following month. This, too, is shared with Ionia, and it is thus correctly called the 'older Dionysia' (Thuc. II.15.4). The name suggested 'flowers' to the Greeks, but the main subject was the new wine that had been stored during the winter and was tasted for the first time in spring. Thus the first day of the festival, 11 Anthesterion, is 'Opening the jars', Pithoigia. Offerings were brought to the little sanctuary of 'Dionysus in the Marshes', ἐν λίμναις, which was opened only in the evening of this day and during the next. This, the 12th of the month is called Choes, 'Jugs', from the vessels employed in a drinking contest: in private meetings and in official banquets each participant had to empty one *chous* – more than two litres – of wine, beginning at a trumpet signal, *[254]* and the winner received a prize. Children who had entered their fourth year were made to take part and offered a little jug of wine, together with other presents, as shown in representations on surviving *choes* vases. Children who died before they had reached the age of four were given a *chous* in their tomb, usually a miniature copy The drinking contest was a merry occasion that appealed to Aristophanes (*Ach.* 1085– 234), but it was surrounded by strange taboos. The entire day of Choes was considered unclean, apotropaic twigs were hung at the doors, the doorposts were painted with fresh pitch; each guest at the gatherings had not only a *chous* of his own, but also a separate table, and silence had to be observed during the drinking. Uncanny presences filled the streets, masked people mocking at others from carts; tradition wavers between calling them *keres*, harmful ghosts, or *kares*, strangers, or even forgotten original inhabitants of the countryside.[20] Legend explained that the first Choes had been held when Orestes, the polluted murderer, had stayed with the king of Athens; hence the 'day of defilement' with its taboos, and avoidance of the common table. Another mythical account of the strange mixture of merry-making and uneasiness is the tale about the violent death of the first cultivator of the vine, Icarius, or even of the wine-god Dionysus himself, represented by the wine sacramentally consumed in the ceremony. The following night saw one of the most startling rituals – at least from a modern point of view – a 'sacred marriage', the wedding of Dionysus to the 'queen' of Athens, the wife of *[255]* the *basileus*, in a building called an 'ox-shed' (*boukolion*) in the market place. Some vase paintings seem to allude to the wedding procession,[21] while the

---

[20]   Burkert 1972: 250–5.
[21]   Deubner 1932 pl. 18, 2; Simon 1980: 279.

revellers brought their *choes* to the sanctuary 'in the Marshes' for a last offering to Dionysus. What 'really' happened in the *boukolion* is left to the imagination. The last day, of 'Pots', Chytroi, took its name from a special meal cooked in earthenware pots, a stew of 'all kinds of cereals and honey'. None of the priests tasted it,[22] as none of the Olympian gods was invoked on this day but Hermes Chthonios, 'of the Underworld'. The uncanny aspect of the festival is prevalent in these details, yet myth explained that the meal of 'Pots' and the sacrifice to Hermes had first been held by the survivors of the great flood, when they had reached firm ground again. The eerie visitors are chased away: 'Out with you, *keres* [or *kares*]!' There were games and musical contests organized at the Chytroi, and there was a ceremonious and joyful festival of 'swinging' for children, traced by myth, though, to the sad event of Icarius' daughter Erigone hanging herself. On the whole, the Anthesteria seem to have retained a popular character for a long time without too much interference and organization on the part of the polis. Later in the month there were the 'Little Mysteries', held at Agrae near the river Ilissus, and the 'greatest festival of Zeus' (Thuc. I.125.6), the Diasia, in the same region. This was for a chthonian Zeus, Meilichios, honoured with holocausts, but according to local custom the animals to be burnt were made of pastry.

Elaphebolion must once have been the month of Artemis the 'huntress of deer', *elaphebolos*, but from the sixth century onwards it was dominated by the 'great' festival newly introduced and second only to the Panathenaea in lavish equipment, the 'City Dionysia'. The god who had his sanctuary installed at the south slope of the Acropolis had been brought from Eleutherae. The central procession which mirrored the advent of the god seems to have been basically a larger replica of the rural Dionysia, with he-goat and phallus, but the magnificence of the festival was manifested in choruses honouring the god, dithyrambs in which all ten tribes competed, with a bull for a prize, and the three days of tragic performances including satyr play, to which, since 485, a day of comic performances was added. Music and poetry finally got the better of ancient ritual.

The festival of Munichia, which gave its name to the following month, was to honour Artemis installed at Munichia, the hill close to Piraeus. It was overshadowed, as it seems, by the parallel cult of Artemis of Brauron, transferred to the Acropolis by Pisistratus. The festival of Thargelia in the next month received more attention, when the first *[256]* bread produced from the new crops, called *thargela*, was offered to Apollo. This was connected with a much-discussed scapegoat ceremony: two men, noted for their ugliness or other physical defects, were chosen. They were adorned with strings of figs, one with white ones, the other with black, representing women and men respectively; thus attired they

---

[22]   Accepting the text of Theopompus *FGrH* 115 F 347b, Burkert 1972: 264 f.

were chased out of town, carrying with them bad luck and uncleanness. Even if the more drastic procedures attested for other places – stoning, throwing from a cliff, even burning – seem to be absent from Athens, the inhumane selfishness inherent in such forms of 'purification' seems not to be to the credit of ancient ritual, even if it may mirror biological strategies.[23]

'The good luck that has come from these sacrifices' was the general justification of worship on which Nicomachus and his accuser would agree (Lys. xxx.19). Piety was found to pay. As Euripides puts it, Athena is bound to help her polis of which she is 'Mother, Mistress and Guardian' because of the 'honour of the many sacrifices'; yet for the participants this meant at the same time 'the songs of the young, the hymns of the choruses, the cries resounding all night with the dance of the virgins from the airy hill' (Eur. *Heracl.* 770–83). The *pannychis* on the Acropolis at the Panathenaea was an unforgettable experience of a cult filled with joy and life which defined the identity of Athens.

IV. Polis Religion: Cults Defining Identity

The social function of ritual, which has received much interest in this century, is so evident in Greek religion that we rather lose sight of its 'truly religious' dimension. To begin with the nucleus of society: the concept of 'family' is commonly expressed in Greek by 'hearth' (*hestia*), which is at the same time a goddess who claims first offerings from all the meals. The newborn baby is carried around the hearth at the Amphidromia and thus integrated into the cult community of the family. The question asked in order to establish citizenship in the examination of candidates for the archonship takes the form: 'Where is your Apollo Patroos and your Zeus Herkeios?' (Arist. *Ath. Pol.* 55.3); to know the god of the phratry and to have a household protected by Zeus is to know one's place in the city. Individual families had special cults which defined their status; some had claims to public priesthoods. Legitimate citizenship is conferred by the 'brotherhoods', *phratriai*, who meet at the Apaturia festival in Pyanepsion; the father has to present his child at the age of three, and later his grown-up son, to the meeting and pays for a sacrificial meal; marriage is validated in a similar way. Illegitimate sons have a mythical model in Heracles; the gymnasium of Heracles at *[257]* Kynosarges is open to them. The status of women finds various expressions in ritual. Women have special goddesses by whom they swear, they have their own festivals at which they may leave their apartments and gather 'according to the ancient customs' (*LSCG* 36.11). The most important of these is Thesmophoria when women live together for three days in temporary barracks, forming, as it were,

---

[23] Burkert 1979: 59–77.

their own state with elected presidents; men are strictly excluded. The strange ritual of throwing pigs into subterranean caves has been mentioned as a kind of agrarian charm. The second day was a day of 'fast', Nesteia, made shorter by mutual jesting. The last day included a sacrifice for 'beautiful offspring', Kalligeneia, with an opulent meal. The crucial changes in a woman's life, from girl through marriage to matron, were dominated by Artemis; virgins had to be 'consecrated' to Artemis of Brauron or Munichia before marriage (Craterus *FGrH* 342 F 9); serving as 'bears' (*arktoi*), of Artemis at Brauron, they probably had to spend some time in seclusion, with games and dances,[24] until they were restored to their normal state at the festival of Brauronia.

The polis, as the more comprehensive community, had its own 'common hearth', *koine Hestia*, established as a centre for the magistrates and the members of the Council dining together; there was also a temple of Apollo Patroos and of the Mother of the Gods in the market-place. But the supreme authority rested with the goddess of the Acropolis, Athena. There were on the Acropolis two signs of divine action, created *[258]* at the foundation of Athens according to myth, Poseidon's little 'sea' of salt water and Athena's olive tree; there was the wooden image of the goddess (*xoanon*) which received the new garment at the Panathenaea. Athena was also Ergane, 'wool-worker', as well as patroness of olive trees, but over against these more female and peaceful aspects the sixth century had already stressed the warlike features of the goddess: Athena striking down a giant was the recurrent subject woven into the *peplos*, and it was shown in the pediment of the Pisistratean temple. The fifth century added the huge statue of Athena Promachos, 'fighting in front', and temple and priesthood of Athena Nike, 'victory' (*IG* I^3 35–6). That the most sumptuous and beautiful temple was dedicated to Athena the Virgin, Parthenos, seems a contrast; it was probably to stress the untouchable, impregnable character of the goddess and her city. It is unclear, however, which form of the cult was installed at the Parthenon; all the old and venerable rituals pertain to Athena Polias finally housed in the Erechtheum.

Erechtheus, who in cult appears to be identified with Poseidon, but distinguished from him in myth, is a peculiar case in so far as there seems to be a 'loser' on both levels: Erechtheus was crushed by Poseidon, Poseidon lost Athens to Athena. In more general terms the paradox is that the female, the goddess, is triumphant while the male partner represents the vanquished, the 'chthonian' principle. This structure is widely attested and probably quite old; it arose from ancestor cults and sacrifices and was to reinforce the dominating order in a patriarchal society; the vanquished powers below have to be reconciled lest they should thwart aggressive domination in the upper world. Thus Erechtheus is 'appeased' at the Panathenaea (Hom. *Il.* 2.550f.).

---

[24] Kahil 1965, 1977; Brelich 1969: 240–79.

Zeus, as everybody knew, was the supreme god; his altar held the highest spot on the Acropolis where the rites of the Dipolieia were performed. He had, in addition, his precinct outside the city walls as Olympius, where the huge temple, begun by Pisistratus, was left uncompleted until Hadrian (see *CAH* IV² 295–6). According to Draco's code, oaths were to be sworn by Zeus, Poseidon and Athena, in that order. Yet since Athena was the favourite daughter of Zeus, a sequence Zeus–Athena–Poseidon–Demeter was equally established for Athenian oaths.

The need to take oaths was the strongest means of linking the gods to justice as required in everyday behaviour. For penal laws as codified in Draco's *thesmoi*, special religious forms were established by tradition: different courts were tied to certain cults and provided with corresponding myths. Most prominent was the Areopagus with the worship of the 'Venerable' avenging goddesses, the Semnai called 'Eumenides' in the play of Aeschylus; according to him the court was set up for Orestes, *[259]* while others said Ares himself was put on trial there for having slain Halirrhothius, son of Poseidon, who had tried to rape his daughter (Hellanicus *FGrH* 323a F 22); in both cases myth stresses the possibility that there may be 'justified' homicide. Involuntary homicide is the speciality of the courts 'at the Palladium', where a sacred image of armed Athena, allegedly brought from Troy, was worshipped by the clan of the Buzygai and ceremoniously escorted to Phalerum for a bath once a year (above, n. 16). A third court with a mythical background was at the Delphinium, a sanctuary of Apollo. However, the court that handled most legal proceedings in the fifth century, the Heliaia, established on the basis of the Cleisthenean system of *phylai*, was far less dominated by ritual and tradition, although of course purifications and oaths were included in the proceedings. In a similar way the general assembly of citizens, the *ekklesia*, was a rational organization; but it had still to gather in a 'clean' place, purified by the *peristiarchoi* through the slaughter of piglets and the burning of incense, and it could be stopped by a 'sign of Zeus', *diosemia*; the Athenians, though, were less prone to heed such signs than the Romans were. Most important, however, was ritual connected with warfare, consisting in various sacrifices when leaving the city, crossing the borders and engaging in battle;[25] it was the gods who granted victory.

Three factors contributed to shaping and to some extent transforming this system in the course of the fifth century: the evolution of democratic government, patriotism born of the victory over the Persians, and the emergence of empire. All these had their effects on the organization and reorganization of cults.

A most revolutionary measure initiated by Cleisthenes was the creation of ten new, totally artificial *phylai*. This had to find religious sanction at once: ten local heroes, out of a list of one hundred names (Arist. *Ath. Pol.* 21.6), were selected

---

[25] Burkert 1972: 77 f.; Pritchett 1971–85 vol. III.

by the Delphic oracle and assigned to give the names to the tribes (the 'eponymous heroes').[26] Some already had individual cults, such as Cecrops on the Acropolis, Hippothoon at Eleusis, and Ajax at Salamis; others, such as Antiochus, seem to have become prominent only then; yet as it was the god of Delphi who proclaimed that it was 'better and more profitable' to worship them, innovation soon became tradition.

An anti-tyrannical stance was strengthened with a cult of Harmodius and Aristogeiton, the so-called tyrannicides, established in the Agora in 477/6.[27] The more conservative though anti-Pisistratid families found their ideal hero in Theseus, the democratic king. The Theseus myth had become popular by the end of the sixth century, presenting, as it were, an *[260]* Athenian contrast figure to Dorian Heracles. But Theseus was not included among the tribal eponymous heroes, which left the door open to assign him a special position. In 475, when Cimon conquered the island of Skyros, he discovered the relics of Theseus, as predicted by the Delphic oracle, and solemnly brought them to Athens; a splendid heroon was built in the Agora, admired for centuries; funeral banquets and games were instituted on 8 Pyanepsion; the Theseia remained one of the major festivals in Athenian tradition.

A contrary move to accord worship not to a hero of the past but to the living 'people' themselves, Demos, was made by the middle of the century.[28] An image of Demos by Parrhasius (Pliny, *HN* xxxv.69), admired by later antiquity, may have been votive in character. If Demos is divine, he is not to be checked by human laws, and even gods will tactfully avoid censuring him.

The rising influence of craftsmen among the citizens over against the old aristocrats is to be seen in the superior rank granted to Hephaestus, the god of smiths and potters. The Hephaestus cult plays a peculiar role in Athens. A crude and probably very ancient myth made Hephaestus, pursuing Athena, the father of Erechtheus-Erichthonius, the earthborn king. But only by 420 was a splendid festival, Hephaestia, organized (*IG* I³ 82 = *LSCG* 13) with a torch-race in honour of the god of fire, after his temple, dominating the west side of the Agora, had been completed; it is still well preserved. It housed statues of both Athena and Hephaestus. Both Athena and Hephaestus were addressed in the festival of the smiths, Chalkeia, which marked the beginning of weaving the Panathenaic *peplos*. Craftsmanship seemed to balance warlike prowess.

The anguish and triumph of the Persian Wars was nothing less than a religious experience. Many will have concurred with the word of Themistocles: 'Not we have accomplished this, but the gods and the heroes' (Hdt. viii.109.3). The defeat

---

26 Kron 1976.
27 Thompson and Wycherley 1972: 1–61.
28 Kron 1979.

of the barbarians was readily ascribed to their destruction of Greek temples everywhere. The tomb of the men who fell at Thermopylae was invoked as an 'altar' by Simonides (fr. 531 *PMG*), and later Pericles would put all the men who fell for the city on a level with the immortal gods (Plut. *Per.* 8.9). There were special festivals instituted in memory of Marathon (6 Boedromion), Salamis (16 Munichion) and Plataeae (3 Boedromion); as for Marathon, the Athenians had taken a vow to sacrifice one goat for each Persian killed, and we have the word of Xenophon (*An.* III.2.12) that by his time they had not yet come to close the account. Themistocles demonstrated his singular position by founding a cult of Artemis Aristoboule, goddess of 'best counsels' (Plut. *Them.* 22). There were unforeseen incidents to be *[261]* memorialized as well: the cult of Pan the goat-god, on account of a vision which appeared to the long-distance runner Philippides on his way to summon Spartan help at the time of Marathon (Hdt. VI.105); the cult of Boreas, the north wind which badly damaged the Persian fleet (Hdt. VII.189) (he, incidentally, was a son-in-law of Erechtheus): and even the cult of Pheme, 'rumour', that miraculously spread to announce the victory of the Eurymedon (Aeschin. I.128; II.145).

The myth of Theseus fighting the Amazons, the perversely dangerous females from the fringe of 'Asia', was applied to Athens fighting the Eastern threat. This is reflected in the imagery of Attic poetry, but it attained official sanction with the dedication of Amazon statues, wrought by the foremost artists of the day, in the most splendid temple of Asia, the Artemisium of Ephesus.[29] Needless to say, the propagation of the cult of Athena Nike, with the beautiful temple to the right of the entrance to the Acropolis, was to express similar feelings of triumph. Nike was also seen alighting on the right hand of the chryselephantine statue of Athena Parthenos.

This celebrated image by Phidias set up in the Parthenon established a new level of lavish magnificence; the similar and still more famous image of Zeus at Olympia followed suit. It was to outdo the huge golden Apollo of Delos.[30] The sanctuary of Delos, which had developed into a centre of the 'Ionians' at the time of Pisistratus and Polycrates, had been the obvious headquarters for the anti-Persian alliance. When these and the treasury had been moved to Athens, the construction of the Parthenon began. The *hellenotamiai* now officiated 'from Panathenaea to Panathenaea'. As the alliance developed into imperial rule, the allies were made to participate in the Athenian cults, in both the 'great' festivals, supplying a phallus for the Dionysia and a cow and a panoply for the Panathenaea; they were also required to contribute first-fruit offerings to Eleusis, where huge silos were built to hold the incoming grain (*IG* I³ 78). The tribute paid by the al-

---

[29]   P. Devambez in *LIMC* I (1981) 640–4.
[30]   Fehr 1979.

lies, talent by talent, was carried through the orchestra of the theatre when large crowds would be present for the Dionysia (Isocr. VIII.82); Athena received her share, to be assessed and controlled 'from Panathenaea to Panathenaea' (*IG* I[3] 52A.27). The goddess would allow the funds to be used, among other things, for the building programme. Imperialism is approaching cynicism, without giving up the ritual frame of administration.

The last cults to be introduced in the fifth century, though, were not the result of pride and imperial control. As a belated consequence of the disastrous plague, Asclepius, the god of healing, was brought from Epidaurus to Athens in 420. The snake representing the god was carried on a waggon, and Sophocles received it in his house until the sanctuary *[262]* was completed. The festivals of Asclepius were thoughtfully integrated with the celebrations of the Mysteries in autumn and Dionysia in spring. The sanctuary occupied a prominent place on the south slope of the Acropolis; however, the other Asclepius sanctuary in the Piraeus seems to have enjoyed greater popularity for a while. The last addition was the cult of the Thracian goddess Bendis, interest in whom had been aroused by the campaigns in the north and by the employment of Thracian mercenaries in the Athenian armed forces.[31] This festival brought the uncommon spectacle of a torch-race on horseback. The image of the goddess was thoroughly hellenized, but the quest for new gods was beginning to reflect uncertainties of identity.

V. Divination

While the functional and practical aspects of religious activity in ancient cults are easily observed – the use and abuse of prestige and influence, the display of social roles, the greedy hopes for 'all good things' – there is another, more irrational side that tends to be obscured because it may appear as sheer superstition. Although there was an absence of revelation, of a sacred scripture and a theologically trained clergy, it was still believed that there were ordinances and counsels of the gods to be observed directly, through various 'signs' such as 'sacrifices, the flight of birds, chance utterances, dreams' (Xen. *Hipparch.* 9.9). In the countless uncertainties and anxieties of everyday life, in the private suffering of disease and in the common danger of war, divination of all kinds was a momentous factor in making decisions.

The interplay of experience and tradition had long led to specialization: on the one hand there were the established oracles, above all the Pythian sanctuary at Delphi; to consult it was complicated, costly and time-consuming, but its prestige remained paramount for generations. On the other hand there were charismatic

---

[31] *IG* I[3] 136 with arguments for a date 413/12; *LSS* 6.

individuals, 'seers' (*manteis*), who claimed special skills in interpreting the signs sent by the gods. They usually relied on family tradition, but they had begun to use books by the sixth century. Some were found to be especially successful and acquired riches and influence. Their greatest responsibility was to determine the correct time to engage in battle. Victory was thought to belong no less to the seer than to the military commander: the Delphic monument celebrating Aegospotami represents Lysander accompanied by his *mantis* (Paus. x.9.7).

The enactment and development of cults in Athens constantly involved dealings with oracles and seers. Each major change in ritual had to be approved by Delphi; the impulse to establish new cults, but also *[263]* injunctions against their establishment, often came from seers. In order to have counsel permanently available, the *demos* appointed different kinds of 'expounders', *exegetai*, who either belonged to the Eleusinian Eumolpids, were selected by Delphi, or were chosen by the *demos*.[32]

Divination had played its part in overthrowing the tyrants. While Hippias was collecting oracles of Musaeus, the Alcmaeonid opposition had Delphi pronounce in favour of the liberation of Athens (no. 79).[33] The eponymous heroes of the tribes were selected by Apollo (no. 80). Probably about the same time Athenians began to build their own, still well preserved, treasury at Delphi[34] and to send, at irregular intervals to be determined by special 'signs', a sacred embassy to Delphi to offer sacrifice and to bring back sacred fire from Apollo's hearth. While we today suspect that the Delphic priests judiciously foresaw a Persian victory, contemporaries credited the defeat of the barbarians to Apollo; the tithe of the booty taken from the Persians was dedicated at Delphi in the form of splendid monuments. The Athenians especially erected monuments for Marathon and placed votive offerings from Salamis both in their treasury and in a special hall constructed beneath the temple terrace at Delphi. At that time Athens was granted *promanteia*, privileged access to the oracle. Thus Delphi was consulted with regard to the transfer of Theseus' bones (no. 113), the colonies at Thurii (no. 132) and Amphipolis (no. 133); there were regulations issued for families such as the Praxiergidae (no. 124 = *IG* I³ 7) and surely on many more occasions. One oracle that acclaimed the *demos* of Athens as an 'eagle in the clouds' (no. 121) naturally enjoyed popularity with the Athenians. By the beginning of the Peloponnesian War, though, Apollo's attitude had changed, and the god clearly took a stand against Athens (no. 137). The oracle authorizing the cult of Bendis (no. 30) was

---

[32]   Oliver 1950; Clinton 1974: 89–93.

[33]   The numbers following refer to the collection of Delphic oracles in Parke and Wormell 1956 II; these numbers are also given in the more recent catalogue of Fontenrose 1978 (Concordance 430–5).

[34]   On its controversial date, Robertson 1975: I 167 f.

brought from Dodona, the oracle of Zeus second in importance to Delphi. Yet in 404 a new Delphic oracle forbade the annihilation of Athens (no. 171).

The crowd of private seers in a city such as Athens must have been considerable. They were present at every sacrifice, and the officials had to heed them (Arist. *Ath. Pol.* 54.6). We know of two men, Lampon and Diopeithes, who rose to such prominence that they were repeatedly attacked in comedy. Lampon was active in the foundation of Thurii, and was even considered one of the 'founders' (*oikistes*) of the colony. He predicted that Pericles would prevail over his adversary Thucydides from the portent of a one-horned ram that had been found (Plut. *Per.* 6.2), while Anaxagoras explained the prodigy rationally through his *[264]* knowledge of anatomy. Lampon was elected to sign important state treaties in 421 (Thuc. v.19.2, 24.1); he cooperated with Eleusis and the Delphic oracle in bringing about the decree about first-fruit offerings (*IG* I³ 78). Diopeithes had a decree passed which threatened with prosecution for *asebeia* those who 'did not believe in the divine things or taught about things in the sky' (Plut. *Per.* 32.2); tried on this charge Anaxagoras had to leave Athens. The 'divine things' were, primarily, the 'signs' by which the gods would give their directives; in the view of a man like Diopeithes, this was the very foundation not only of piety, but even of religion. The central role such signs played in Athenian religious practice must not be underestimated.

VI. The Mysteries

The festival of Eleusis, which was known simply as 'the Mysteries', is as fascinating as it is elusive. Mysteries are initiation ceremonies with the obligation to silence, and the secrecy was strictly and deliberately kept throughout pagan literature. Yet the Mysteries were open to the public: 'whoever among the Greeks wishes is initiated' (Hdt. VIII. 65.4), and the huge Telesterion built by Ictinus, the architect of the Parthenon, held more than 3,000 *mystai*. The administration of the Mysteries was in the hands of the Athenian authorities, but the priestly functions inalienably belonged to the two families of the Eumolpids and the Kerykes. In investigations and lawsuits involving the Mysteries the non-initiated were bidden to leave the court; the majority would be those who 'knew'. The ephebes regularly took part in organizing and protecting the procession from Athens to Eleusis; it started at a special sanctuary above the Agora, the Eleusinium. When Diagoras, called 'the atheist', provocatively violated the secret of Eleusis, he was pursued through the whole Athenian empire, yet he escaped.

Philosophically inclined writers spoke about the 'two gifts' Demeter brought to Eleusis, grain and the Mysteries. Both were intimately linked, as the same myth about the rape of Persephone and Demeter's visit to Eleusis had to account for both. According to a late gnostic writer, an ear of corn was shown by the hierophant at the climax of the secret festival (Hippol. *Haer.* v.8.39). Yet the point of the nocturnal celebration, whatever its symbols, gestures and words might have been, was to arrive at 'better hope' for a life after death. This is already present in the earliest text, the 'Homeric' hymn to Demeter, and it persisted to the end of antiquity. The promise seems to have been general, with different possibilities of interpretation.

We are well informed about the general programme (*IG* II/III² 1078 = *LSCG* 8) and some details of organization. At some time participation in the 'Lesser Mysteries' in spring was made a prerequisite *[265]* (Pl. Gorg. 497c). On 15 Boedromion the candidates assembled at Athens. There were purifications, including bathing in the sea, and the sacrifice of piglets, one for each person. Some kind of verbal explanation and instruction that prepared for what was to be 'seen' on the concluding night must have been part of the proceedings. The main event was the procession on the 'sacred way' to Eleusis, some 30 km from the city, on 19 Boedromion. Priestesses carried 'holy things' in closed baskets (*kistai*), while the crowd chanted the rhythmical cry '*Iakch' o Iakche*'; this was soon understood as the invocation of a special *daimon*, Iakchos. With the arrival at the Eleusinian sanctuary the fast was broken, and after sunset the really secret rites began. We have some allusions: 'wandering to and fro', terror in the dark, and sudden 'amazement' (Plut. fr. 178 Sandbach); the Telesterion opened to admit the crowd, there were things 'done' by the hierophant and the priestesses, presumably in the dark, dimly lit by the torches of the torchbearer (*daduchos*); at some point a huge fire blazed up in the middle, 'under' which the hierophant was seen officiating. Persephone was called from the dead and somehow 'appeared', the hierophant exhibited the ear of corn, and proclaimed the birth of a divine child. The construction of the Telesterion gives some guidance to imagination, with steps rising on all four sides for the onlookers, and the *anaktoron*, a small rectangular building slightly off-centre with a door at its side, where the hierophant had his throne. 'Thrice fortunate he who has seen these *orgia*', the shouts proclaimed. Yet we remain outside the circle of those who 'knew'. Dances outside the building must have followed throughout the night, and there were bull sacrifices which guaranteed a copious feast even here.

The Mysteries became part of the prestige of Athens and retained their authority, and their identity, for about one thousand years. They make strange company in the age of Euripides and Socrates. It remains for us to speculate how the Greeks succeeded in this very special festival in finding sense and 'better hopes' against the apparent senselessness of death.

VII. Private Piety

A pious man is one who is seen performing sacrifice and is known to make use of divination: these are the criteria by which Xenophon (*Mem.* I.1.2) tries to disprove the charge of *asebeia* against Socrates. Sacrifice, primarily animal sacrifice accompanied by libations and incense, goes together with prayers or rather vows which, if fulfilled, lead to votive dedications. All these activities involve spending property; the problem of whether the rich have better access to the gods begins to be discussed in this period.

State cult and private worship are not to be seen as contrasts; they are *[266]* parallel and often intertwined. Like each private household, the city observes rites in honour of Hestia, Apollo and Zeus. A very wealthy and pious man such as Nicias made lavish dedications at Delos and Delphi, but every Athenian could go to the Acropolis to offer a humble gift to the goddess. The inscriptions and material remains from the Acropolis attest numerous, varied, and simple votives at this time.[35] The state cult would guarantee a rich meal to the citizens, at the Panathenaea, for instance; at the Apaturia and the Anthesteria, family celebration and public cult practically coincided. Each major business contract was sealed by oaths in a sanctuary. No merchant dared to engage in sea-faring without vows to the appropriate gods. The work of the peasant was obviously dependent upon Demeter and Dionysus. In sickness everybody would turn to the gods. Pericles installed a cult of Athena Hygieia on the Acropolis when a good craftsman, incidentally wounded in the construction of the Propylaea, had recovered (Plut. *Per.* 13.13). This cult was meant to bring together the goddess and private needs more closely; it was soon overshadowed, however, by Asclepius.

There were countless minor sanctuaries installed by associations, families, or even individuals on special occasions. About 400 B.C., Archedemus, 'seized by the nymphs', adorned the cave of Vari south of Athens with inscriptions and reliefs (*IG* I² 778–80), solving, as we would put it, a private identity crisis through ritual activity. Beautiful offerings connected mainly with marriage, it seems, survive from the small precinct of 'the nymph' on the south slope of the Acropolis.[36] The cult of nymphs, goddesses of living water, was popular everywhere, as was Hermes: pillars of Hermes (Herms) were set up in both town and countryside to mark crossroads and neighbourhoods – vase paintings often show private sacrifices in front of them. Local associations, observing the cult of Heracles with substantial feasts, spread over the whole of Attica. There were still more groups cele-

---

[35] *IG* I² 401–760; Raubitschek 1949; Graef and Langlotz 1933 nos. 1330–417.
[36] Travlos 1971: 361–3.

brating Dionysus, Bacchic *thiasoi*, not always easy to distinguish from simple drinking parties.

It is perhaps more interesting that even women could be called together for private Baccheia (Ar. *Lys.* 11). Conspicuous was the cult of Adonis, the dying god beloved by Aphrodite. From Phoenicia the cult had spread to Greece by the time of Sappho, but it never received official status in the cities. The women raised a shrill lament over the death of the god from the roofs of their houses in early summer, disconcerting for men and men's business (Ar. *Lys.* 389–96).

Another foreign god who became notorious was Sabazios, a Phrygian variant of Dionysus. In certain Dionysiac *thiasoi*, the mythical singer *[267]* Orpheus was claimed as an authority, books of Orpheus were presented, and through a special and partially secret mythology startling doctrines about metempsychosis and the divinity of the human soul were circulated in radical opposition to the prevailing system of values; a special form of 'life' was demanded; a totally new kind of spirituality could be seen to be on its way. It is not clear, though, to what degree any permanent groups or 'sects' or 'Orphics' were established; the cult was promoted rather by itinerant 'purifiers' (*orpheotelestai*), who offered initiations as a cure for various practical needs. But some suspicion about private mysteries and new gods began to grow among the public. Some of this is seen in the picture drawn of the Socratic circle in the *Clouds* of Aristophanes in 423, and fun turned to hysteria with the mystery scandal of Alcibiades in 415, which resulted in numerous executions.

The trends towards the end of the century are not moving in any one direction. There is rational detachment, there is a quest for a new philosophical religion, there is scrupulous conservatism, there is growth even of sheer superstition. While scientific medicine launched theoretical attacks on healing by magic, amulets were provided even for Pericles when struck by the plague (Plut. *Per.* 38.2), and from the end of the century comes the oldest *defixio* found at Athens, a puppet pierced and buried in the Ceramicus to harm an enemy;[37] this was meant to be serious. Intellectuals were developing new concepts of pure divinity, all-powerful, all-knowing and without human shape, passions or needs, yet practical manipulation remained a strong element in the piety of the man in the street. There was growing complexity, but a radical break did not come for centuries.

---

[37]   Trumpf 1958; Jeffery 1955: 67–76.

Bibliographical abbreviations

Brelich 1969: Brelich, A. *Paides e Parthenoi*. Rome, 1969

Brommer 1977: Brommer, F. *Der Parthenonfries, Katalog und Untersuchung.* Mainz, 1977

Burkert 1966: Burkert, W. 'Kekropidensage und Arrhephoria', *Hermes* 94 (1966) 1–25 (= Kleine Schriften, Band V, 160–185)

Burkert 1970: Burkert, W. 'Buzyge und Palladion', *Zeitschrift für Religions- und Geistesgeschichte* 22 (1970) 356–68 (= Kleine Schriften, Band V, 206–217)

Burkert 1972: Burkert, W. *Homo Necans, Interpretationen altgriechischer Opferriten und Mythen.* Berlin, 1972 (= *Homo Necans, The Anthropology of Ancient Greek Sacrificial Ritual and Myth.* Berkeley-Los Angeles, 1983)

Burkert 1979: Burkert, W. *Structure and History in Greek Mythology and Ritual.* Berkeley-Los Angeles, 1979

Burkert 1985: Burkert, W. *Greek Religion: Archaic and Classical.* Oxford, 1985 (transl. of *id.*, *Griechische Religion der archaischen und klassischen Epoche.* Stuttgart-Berlin-Cologne-Mainz, 1977)

Clinton 1974: Clinton, K. *The Sacred Officials of the Eleusinian Mysteries* (TAPS 64,3). Philadelphia, 1974

Derenne 1930: Derenne, E. *Les procès d'impiété intentés aux philosophes à Athènes au Ve et IVe siècles avant J.-C.* (Bibliothèque de la Faculté de Philosophie et Lettres de l'Université de Liège, fas. 45). Liège-Paris, 1930

Deubner 1932: Deubner, L. *Attische Feste.* Berlin, 1932

Dow 1960: Dow, S. 'The Athenian Calendar of Sacrifices: The Chronology of Nikomakhos' Second Term', *Historia* 9 (1960) 270–93

Fahr 1969: Fahr, W. Θεοὺς νομίζειν. *Zum Problem der Anfänge des Atheismus bei den Griechen* (Spudasmata 26). Hildesheim-New York, 1969

Fehr 1979–81: Fehr, B. 'Zur religionspolitischen Funktion der Athena Parthenos im Rahmen des delisch-attischen Seebundes', *Hephaistos* 1 (1979) 71–91; 2 (1980) 113–25; 3 (1981) 55–93

Fontenrose 1978: Fontenrose, J. *The Delphic Oracle, its Responses and Operations.* Berkeley-Los Angeles, 1978

Frickenhaus 1912: Frickenhaus, A. 'Lenäenvasen', *72. Programm zum Winkelmannsfeste.* Berlin, 1912

Graef/Langlotz 1933: Graef, B. and Langlotz, E. *Die antiken Vasen der Akropolis zu Athen* II. Berlin, 1933

Jacoby 1949: Jacoby, F. *Atthis: The Local Chronicles of Ancient Athens.* Oxford, 1949

Jeffery 1955: Jeffery, L. H. 'Further Comments on Archaic Greek inscriptions', *BSA* 50 (1955) 67–84

Jordan 1979: Jordan, B. *Servants of the Gods* (Hypomnemata 55). Göttingen, 1979

Kadletz 1980: Kadletz, E. 'The Race and Procession of the Athenian Oschophoroi', *GRBS* 21 (1980) 363–371

Kahil 1965: Kahil, L. 'Autour de l'Artémis Attique', *Antike Kunst* 8 (1965) 20–33

Kron 1976: Kron, U. *Die zehn attischen Phylenheroen* (*Ath. Mitt.* Beiheft 5). Berlin, 1976

Kron 1979: Kron, U. 'Demos, Pnyx und Nymphenhügel', *Ath. Mitt.* 94 (1979) 49–75

Metzger 1965: Metzger, H. *Recherches sur l'Imagérie Athénienne.* Paris, 1965

Meuli 1946: Meuli, K. 'Griechische Opferbräuche', in *Phyllobolia, Festschrift Peter Von der Mühll*, 185–288. Basel, 1946 (= *id.*, *Gesammelte Schriften* II, 907–1021. Basel, 1975)

Mikalson 1975: Mikalson, J. D. *The Sacred and Civil Calendar of the Athenian Year*. Princeton, 1975

Mikalson 1977: Mikalson, J. D. 'Religion in the Attic Demes', *AJP* 98 (1977) 424–35

Oliver 1950: Oliver, J. H. *The Athenian Expounders of the Sacred and Ancestral Law*. Baltimore, 1950

Parke/Wormell 1956: Parke, H. W. and Wormell, D. E. W. *The Delphic Oracle*. Oxford, 1956

Pickard 1962: Pickard-Cambridge, A. W. *Dithyramb, Tragedy, and Comedy*. 2nd edn rev. by T. B. L. Webster. Oxford, 1962

Pickard 1968: Pickard-Cambridge, A. W. *The Dramatic Festivals of Athens*. 2nd edn rev. by J. Could and D. M. Lewis. Oxford, 1968 (Reprinted with addenda, 1988)

Pritchett 1971–85: Pritchett, W. K. *The Greek State at War* I–IV. (The first volume was originally published as *Ancient Greek Military Practices*) Berkeley-Los Angeles, 1971–85

Raubitschek 1949: Raubitschek, A. E. *Dedications from the Athenian Akropolis*. Cambridge, MA, 1949

Robertson 1975: Robertson, C. M. *A History of Greek Art* I–II. Cambridge, 1975

Rudhardt 1960: Rudhardt, J. 'La définition du délit d'impiété d'après la législation attique', *Mus. Helv.* 17 (1960) 87–105

Rumpf 1961: Rumpf, A. 'Attische Feste – attische Vasen', *Bonner Jahrbücher* 161 (1961) 208–14

Schlaifer 1940: Schlaifer, R. 'Notes on Athenian Public Cults', *HSCP* 51 (1940) 233–60

Simon 1980: Simon, E. *Die Götter der Griechen*. 2nd edn. Munich, 1980

Thompson and Wycherley 1972: Thompson, H. A. and Wycherley, R. E. *The Athenian Agora*, XIV, *The Agora of Athens, the History, Shape und Uses of an Ancient City Center*. Princeton, 1972

Travlos 1971: Travlos, J. *Pictorial Dictionary of Ancient Athens*. London-New York, 1971

Trumpf 1958: Trumpf, J. 'Fluchtafel und Rachegruppe', *Ath. Mitt.* 73 (1958) 94–102

Van Hoorn 1951: Van Hoorn, G. *Choes and Anthesteria*. Leiden, 1951

Erschienen in: M. H. Hansen, K. Raaflaub, eds., Studies in the Ancient Greek Polis (Historia Einzelschriften 95), Stuttgart 1995, 201–210.

14. Greek Poleis and Civic Cults: Some Further Thoughts

Editor's preface [Mogens Herman Hansen]: This paper grew out of a response to a presentation by Susan Cole ("Civic Cult and Civic Identity") at the *Polis Centre's* second symposion, held in Copenhagen in August 1994. The issue was *polis* religion and particularly the identification of the patron deity of a given *polis*. In her paper Susan Cole demonstrated that site-classification by patron divinity is a much more complicated problem than usually believed. In some cases the patron divinity escapes identification, which is not surprising. More importantly, there is no simple formula for identifying a so-called "state cult" or "civic cult"; in some communities it is impossible to identify among the civic cults a particular protective divinity. Conversely, some *poleis* seem to have had several, some to have changed their patron deity over time, and some to have had no patron god or goddess at all. The paper has been published in *Sources for the Ancient Greek City-State. Acts of the Copenhagen Polis Centre* 2 (1995) pp. 292–325.

These are some additional remarks with some additional evidence to Susan Cole's presentation of *polis* cult, concentrating especially on alternatives and conflicts. They concern the definition of *polis* religion, the underlying process of transformation, the temples, and the problem of the 'patron divinity' of a city.

It may be reassuring to state that there is an ancient concept and term of *polis* religion, *theologia civilis*; this is discussed in Varro who attributes it to the *pontifex* Mucius Scaevola, about 100 B.C.;[1] *theologia civilis* contrasts with *theologia mythica [202]* of poets and *theologia physica* of philosophers. What *theologia civilis* means is brought home by Cicero, especially in the third book of *De deorum natura*: *Polis* religion is established by the *mos maiorum* – in Greek this would be *nomos* – and hence valid beyond any discussion. This might appear to be 'typically Roman'; but many Greeks, including Polybios, would have agreed. In fact Scaevola was dependent upon Greek philosophy, most probably Poseidonios; the

---

[1] Aug. *De civ. D.* 6.5 f.; 6.12; Varro, Fr. 6–11 in: B. Cardauns, *M. Terentius Varro Antiquitates Rerum Divinarum*, Wiesbaden 1976 (*Abh. Mainz*); Mucius Scaevola: Aug. *De civ. D.* 4.27 = Fr. 7 Cardauns.

Greek parallels, though, do not speak θεολογία πολιτική, but of νομοθετῶν θεολογία or νομικόν.[2]

Citizenship meant κοινωνία ἱερῶν; ἀτιμία meant exclusion from ἱερά.[3] It is lo-
gical from this point of view that Jews and Christians, who excluded themselves
from this κοινωνία, would call their own form of religion their πολιτεία; this
usage is attested since Philon and Iosephus, and enters Christian vocabulary with
the first epistle of Clement.[4]

As to the meaning of the concept and definition of *polis* religion, I find there
are three levels or aspects of the phenomenon:

(a) A Greek *polis* makes use of existing religion in various forms of self-repre-
    sentation, for ideological as well as for practical purposes. This is a very
    common phenomenon, it is not even absent from the contemporary world, in-
    cluding the United States, let alone from Europe.

(b) A Greek *polis* makes decisions about religion; this presupposes what is inher-
    ent in the concept of any Greek *polis*, that there is some body for autonomous
    collective decision making. Through such decisions a Greek *polis* regulates
    and administrates religion. Similar decisions can be made by the *polis'* subdi-
    visions, *demoi* or their like. This has been scandalous for the Western view
    ever since the high Middle Ages, when religion started to claim autonomy
    from the state. It may appear less scandalous to different cultural traditions.
    At any rate, it is a fact.

(c) There is the even stronger thesis that the *polis* actually makes religion. We
    may again turn to Varro, who wrote: "As a painter precedes his painting, and
    a carpenter precedes the house to be built by him, thus cities precede the in-
    stitutions made by the cities." This sentence is to introduce his work on *Anti-
    quitates divinae*, and to justify why he had published his books *de rebus hu-
    manis* first.[5] In this context Varro bluntly states that the city is prior to
    religion, that ancient religion is a product of the *polis*. This goes beyond the
    evident statement that the *polis* was prone to institute political cults, be it of
    Demos and *Demokratia* or of foreign rulers. I find that Christiane Sourvinou-
    Inwood comes close to Varro, as she writes: "The *polis* provided the funda-
    mental, basic framework in which Greek religion operated."[6] *[203]*

---

[2] Dio Chrys. *Or.* 12.40–43 (cf. Poseidonios Fr. 368/369 Theiler); Aët. 1.6; Plut. *Mor.* 783B-F; cf. G.
     Lieberg in: *ANRW* I 4 (Berlin 1973) 63–115 and *RhM* 125 (1982) 25–53.

[3] Cf. Andoc. 1.71 f.; 32 f.

[4] Clem. Ep. 1,54.4 πολιτείαν τοῦ θεοῦ; cf. Eph. 2.19 οὐκέτι ἐστὲ ξένοι καὶ πάροικοι ἀλλὰ ἐστὲ
     συμπολῖται τῶν ἁγίων καὶ οἰκεῖοι τοῦ θεοῦ.

[5] Aug. *De civ. D.* 6.4 = Fr. 5 Cardauns.

[6] Sourvinou-Inwood 1988, 259; cf. 1990, 322: "in the classical period *polis* religion encompassed,
     symbolically legitimated, and regulated all religious activity within the *polis.*"

Here some caution is due. We may safely state that Greek religion antedates the *polis*, and that there always was Greek religion beside and beyond the *polis*. *Polis* religion is a characteristic and representative part of Greek religion, but only part of it. There is religion without the *polis*, even if there is no *polis* without religion.

For religion before the *polis*, it suffices to recall the Mycenaean tradition which is evident both in language and in archaeology:[7] Gods' names such as Zeus, Hera, Poseidon, Dionysus, and Artemis have persisted, together with *theos* and *hieros*, and by now there are at least a few undisputable cases of cult continuity (Kato Symi in Crete, Artemis of Hyampolis-Kalapodi in Phokis).[8] Even the calendar system is older than the *polis*, especially the system of Ionian calendars – with all those names in -ών derived from festivals, such as *Elaphebolion* – which must date from before the Ionian migration.

For religion beside and beyond the *polis*, we only need to recall the common sanctuaries, some of which were to become Panhellenic sanctuaries. Sourvinou-Inwood stresses that the *polis* mediated access; but Xenophon, for one, had no problem to inquire at Delphi about his participation in Kyros' revolt which was against the political line of his own *polis*.[9] Further, there always were forms of religion of families and clans – the family of Isagoras sacrificed to Zeus Karios, as Herodotus notes.[10] Only in such organizations the Mycenaean gods could survive. And there were 'movements' of private religion, difficult to control by the *polis* (see the Adonis cult in 5th century Athens, *metragyrtai*, Dionysiac *teletai* and their like).[11] They probably proliferated as the family and the *polis* became less important for the individual.

Nevertheless, the *polis*, through its decision-making organs, assumes power and control of religion. We have an early instance in the *Iliad*. Neither family nor personal charisma, but "the Trojans made" Theano priestess of Athena in Troy.[12] In reality there seems to have been a protracted process, parallel to the evolution of the *polis* system. It meant to reduce the authority of families and clans, and to reduce the role of charismatics, of priests, seers and their like: Seers were marginalized in the *polis*, and there were no organizations of monks. The *polis* localizes religion by establishing temples and hero shrines. This characteristic combination, gods and heroes, is attested first in Drakon's laws.[13]

A few details of this process are visible to us. First, the prolonged coexistence of family cults and *polis* cults is illustrated by the recently published great in-

---

[7] Cf. Burkert 1992.
[8] See now P. Ellinger, *La légende nationale phocidienne*, Paris 1993, 25–37.
[9] Xen. *Anab.* 3.1.5: … τι πρὸς τῆς πόλεως ὑπαίτιον.
[10] Hdt. 5.66.1.
[11] Cf. Burkert 1994.
[12] *Il.* 6.300.
[13] Porph. *Abst.* 4.22.

scription from fifth-century Selinus,[14] which deals with the relation of evident clan cults (for example, 'the Milichios of Mysqos' or 'the Milichios of Euthydamos') to δαμόσια *[204]* ἱιαρά. Lykurgos, in his speech against Leokrates, goes so far as to argue that Leokrates committed a crime by transferring his own ἱερὰ πατρῷα to Megara, thus diminishing the divine protection of Athens. This is claiming that all family cults belong to the *polis*.[15] At fourth-century Chios we find the transfer of ἱερά from private houses to a common sanctuary of the phratry.[16]

Second, in some cases, we find the prerogative of the *polis* established in ritual, as in the famous inscription from Miletus about Dionysiac *teletai*, or in the Asklepios cult at Erythrai.[17] Third, in theory, we find the appeal to suppress private religion totally within a *polis*; this is the postulate of Plato's laws.[18] Fourth, in reality, we know about processes against private persons who tried to introduce new gods without public consent.[19] It appears that this was the legal center of the Socrates process, even if Plato does his best to disguise that.

As to the decisions of the *polis* in religious matters, Cole quotes Garland for the main points. These concern property, personnel, and ritual.[20] If a priest, even an Eleusinian hierophant, acted against the tradition of his sanctuary, it was for the court of the *polis* to punish him.[21] There is no appeal beyond the *polis*, even if the *polis* may decide to turn to an oracle, esp. in questions concerning rituals, festivals, and new gods – as Plato recommends this in his *Laws*. Delphi in turn used to confirm that rituals should be kept νόμωι πόλεως.[22] A *homo religiosus* such as the seer Lampon, in fifth-century Athens, has to turn to the *ekklesia* to make religion.[23]

Conflicts seem to have been surprisingly rare. There could be political controversies about money and real estate, as is attested by the quarrel and suit about the codification of the sacred laws of Athens initiated by Nicomachus. The problem was how much ancient *nomos* should be preserved, and at what cost to the *polis*.[24] The fourth speech of Hypereides is about the territory of the Amphiar-

---

[14] Jameson *et alii*, inscription A 18, cf. 114–116, "The Cults of Groups".

[15] Lycurg. *In Leocr.* 25 f.

[16] Decree of the Klytidai, *LSCG* 118, see F. Graf, *Nordionische Kulte*, Rom 1985, 32–37.

[17] Miletus: *LSAM* 48; Erythrai: *LSAM* 24 = *Inschriften von Erythrai* 205, 27 f.

[18] Plat. *Lg.* 910b-e.

[19] Reverdin 228–31; R. Garland, *Introducing New Gods*, London 1992.

[20] Even for Plutarch, a priest at Delphi, it is the *polis* of Delphi which decides about *anathemata* in the sanctuary, *Mor.* 400F. Garland: n. 19.

[21] Hierophant Archias, [Dem.] 59.116 f. Cf. in general Aischin. 3.18.

[22] Xen. Mem. 1.3.1; 4.3.16.

[23] Cf. W. Burkert, "Le laminette auree: Da Orfeo a Lampone," in: *Orfismo in Magna Grecia. Atti Taranto* XIV (1974 [1975]) 81–104 (= Kleine Schriften, Band III, 21–36).

[24] Lys. 37; *IG* I³ 237–241; N. D. Robertson, *JHS* 110 (1990) 43–75; M. H. Hansen, *ClMed* 41 (1990) 63–71; P. J. Rhodes, *JHS* 111 (1991) 87–100; cf. *SEG* 40 146.

eion; the god had revealed his claim through an incubation dream in his sanctu-ary, but then the dreamer's veracity was questioned.[25] In 346, a conflict about land left to the god of Delphi started a war. The 'Sarapis Aretalogy' of Delos re-counts a law suit about a private chapel of Sarapis that had been built in a ne-glected part of the agora without authorization. This was not a trial about religion but about building rights.[26] *[205]* In general, we hardly find conflicts between state and religion. The Pentheus story, made famous by Euripides' *Bakchai*, is myth. We have to wait for the Roman Bacchanalia in 186 B.C. to find anything comparable in history – which proved Pentheus, alias the Roman senate, victor-ious.

For a stance of *homines religiosi* against the *polis*, we might think of the *tamiai* of the Akropolis who stayed in the sanctuary against Themistokles' and further decrees, to be killed by the Persians; it is difficult to figure out their motivation.[27] The only recorded case of resistance of priests against the *polis* concerns Alki-biades and Eleusis. In 415, the *polis* passed the decree that all the Eleusinian priests should curse Alkibiades, and in 408 that they should undo the curses; at the first occasion Theano, daughter of Menon, refused because, she said, she was a priestess of vows (εὐχαί) and not of curses; at the second, the hierophant Theo-doros refused, claiming that, if Alkibiades was innocent, there had been no curse at all; this is logic encroaching on ritual. We know about these incidents only through Plutarch, and their historicity has been questioned by Sourvinou-Inwood; Theano seems to recall Antigone.[28] But this is not enough to discredit the infor-mation. I still find these are less cases of 'conscientious objectors' than of a clash between the traditional rules of ritual (πάτρια Εὐμολπιδῶν καὶ Κηρύκων)[29] and decrees by which the *polis* enforced its will. Let us finally note that there were no attempts of a *polis* to influence 'belief', a concept which hardly exists in practical Greek religion. It was Wilamowitz who wrote 'Der Glaube der Hellenen'.

A few remarks should be added about temples. The rise of temple building and of *polis* formation are remarkably parallel; they cover the eighth to sixth centuries.[30] It was a decisive cultural decision to build temples and not palaces, equivalent to

---

[25] Hyp. 4.14–18.

[26] H. Engelmann, *The Delian Aretalogy of Sarapis*, Leiden 1975; Burkert 1994, 42 f.; of course the opposition as well as the successful outcome will have been influenced by the religious attitude of Delian people.

[27] Hdt. 8.51; B. Jordan, *Servants of the Gods*, Göttingen 1979.

[28] Theano: Plut. *Alc.* 22.5, see C. Sourvinou-Inwood, "Priestess in the Text: Theano Menonos Agry-lethen," *G&R* 35 (1988) 29–39; for the curse cf. Lys. 6.51; Theodoros, τὰς ἀρὰς ἀφοσιώσασθαι: Plut. *Alc.* 33.3.

[29] Uncanny rituals are left to those hoῖς θέμις, as the sacrifice to 'unclean' Tritopatreis at Selinus, Ja-meson *et alii*, inscription A 12.

[30] See also Burkert 1992.

the rejection of monarchy. Temples became the most representative buildings of a *polis* – and not palaces, town halls, mausolea, or hippodroms. Still parallelism is not coincidence. It is clearly not the case that each *polis* must have at least one temple, nor that every temple must be built by a *polis*.

Temple building needs the means to erect a prestigious, nay luxurious building, and real estate. Thus temple building goes together with the concept of possession of territory;[31] the temple was seen as a means to make the gods 'settle down' in their *polis* (ἱδρύειν, ἕσσαι). Leading Greek concepts for temples are *hieron* and *asylon*: *hieron* – exempt from normal dealings; *asylon* – nothing should be robbed or taken away. The sanctuary is a *meson* with special laws. This is also true of the other [206] *meson* of the *polis*, the agora. Agora and temple together are the center of communal life. They still do not make a *polis* by themselves – the sanctuaries at Naukratis mentioned by Herodotus do not belong to the settlement there but to Greek *poleis* far away.[32] One may also ask in how far it was the very concept of *asylon* linked to the sanctuaries and their temples that made the practice of common property possible – given the fact that common property always was an endangered species. At any rate, the use of temples as banks derives from there.

It still remained a problem, even for later epochs, who really 'owned' a sanctuary.[33] In theory, the estate of a temple, together with the building, is 'left' to the god (ἀνιέναι)[34] or 'taken out' (ἐξελεῖν).[35] The god is proprietor. In reality, the *polis* claims to own the sanctuary, together with the territory. Thucydides makes the Athenians state that this was common practice (*nomos*) of the Greeks: "To those who wield power over the territory ... belong the respective sanctuaries, to be worshipped in the usual way as far as possible".[36] In the same vein queen Olympias claimed that "the Molossian territory was hers, where the sanctuary (of Dodona) lies; therefore it was incorrect" for the Athenians to interfere there, even through costly dedications and restorations.[37]

We do not know much about temple building by *poleis* in the early period. We rather have examples to the contrary. Alkaios says "the Lesbians" together founded the sanctuary of 'Aeolian Hera', Zeus, and Dionysus.[38] There were five or six *poleis* on Lesbos by then, and 'Aeolian' gives a still more general refer-

---

31 See de Polignac.
32 Hdt. 2.178.
33 See also A. Chaniotis, "Habgierige Götter – Habgierige Städte", *Ktema* 13 (1988) 21–39. Libanios, in his speech 'On the temples' (386 A.D.) granted that the temples belonged "to the emperor", βασιλέων κτήματα, *Or.* 30.43.
34 Thuc. 4.116; cf. Isoc. 14.31.
35 Hypereides 4.16.
36 Thuc. 4.98.2, in the context of the Delion affair.
37 Hyp. 4.25.
38 Alc. 129.

ence. The *Odyssey*, on the other hand, attributes temple-building at Scheria to Nausithoos the oikist; the *Odyssey* also has the comrades of Odysseus promise 'to build a rich temple' for Helios in recompense for the cattle they are about to slaughter; this is to imagine private temple building.[39] The 'great Rhetra' orders the unnamed envoy of Sparta – Lycurgus in later interpretation – "to install a sanctuary of Zeus Syllanios and Athana Syllania" first, and only then to establish the organs for decision making, *gerontia* and *apella*.[40] The temple-builder would be one person with dictatorial authority, not the *polis* through its organs. Later we have examples of monarchs building Greek temples, as had been the prerogative of monarchs all over the Eastern world, including Salomo: King Alyattes built a temple of Athena at Miletus,[41] Kroisos built the Artemision at Ephesos; did Polycrates build one of the great *[207]* Samian temples, or the *polis*? Gelon and Hieron built the temple of Demeter at Syracuse,[42] and possibly the temple of Athena still extant in the center of the city. Themistocles built the shrine of Artemis Aristobule from private means,[43] and possibly the *klision* of the *Lykomidai* at Phlya. Xenophon, a successful general, banned from his own *polis*, built a sanctuary with temple (*naos*) for Artemis at Skillous, on his private premises which he 'left' for the goddess.[44] From Athens, we get an interesting story about the opposition of the citizens against the temple-building tyrant: Peisistratos was building the Pythion, squeezing contributions from the citizens; the citizens did what passed into a proverb, they went to shit at the Pythion, with the risk of cruellest punishment.[45] The Olympieion was left incomplete after the demise of the Peisistratids.

Still it is the case that since the eighth-century cities cared for temples; central urban space was preserved for a major temple, e. g. at Eretria for Apollon Daphnephoros. At Poseidonia a vast area for the Heraion must have been left apart right at the foundation of the city. Compare an early text, *Odyssey* 6: Nausithoos father of Alkinoos, in Phaeacia, "made the wall encircle the city, he built the houses, he made the temples of the gods, and divided the land".[46] Wall, settlement, temples, and land division, this is what an oikist did to found a *polis* around 700 B.C. Nevertheless, there are examples that temples came only later. At Old Smyrna the wall is dated to 850, the temple about 100 years later; at Megara Hyblaia the temples were added, with parts of the inhabited area cleared for them,

---

[39]   *Od.* 6.10; 12.346.
[40]   Plut. *Lyc.* 6 = Arist. Fr. 536. The epithets of Zeus and Athena are enigmatic, but there is not enough evidence to change them by conjecture.
[41]   Hdt. 1.19.
[42]   Diod. 11.2.7.
[43]   Plut. *Themist.* 22.2 f.
[44]   Xen. *Anab.* 5.3.9.
[45]   Zenobius Athous (ed. Miller 1868) 2, 94: ἐπὶ Πυθίωι κρεῖττον ἦν ἀποπατῆσαι.
[46]   *Od.* 6.9.

about a century after the foundation of the settlement;[47] the same is true for Syracuse. To repeat, there is a strong correlation, but no unquestionable identity or interdependence between the evolution of *polis* and temple building.

It is with exemplary caution that Susan Cole addresses the question of whether there is one 'Patron Divinity' of each *polis*. For a positive answer she refers to evidence and criteria collected by Ursula Brackertz in her dissertation.[48] I am still inclined to question the criteria 1–4, esp. 2, 3, 4. It is all the gods together who guarantee security; in case of conflicts you cannot rely on any of them.[49] It is not the case that a *polis* is seen as the sacred property of one god. See the beginning of the Themistokles decree – whatever its degree of authenticity: Τὴν μὲν πόλιν παρακαταθέσθαι τῆι 'Αθηνᾶι τῆι 'Αθηνάων μεδεούσηι.[50] One makes a deposit of *[208]* property (παρακαταθέσθαι) to somebody else who is expected to give it back; and in fact Athena behaved in this way. Epiphanies (criterium 4) are unforeseeable and may result in unforeseen cults; the victory of Marathon brought the cult of Pan to Attica; at the Milvian bridge it was to be Christ. Among the 15 practices listed by Brackertz, for at least 7 of them, 1, 4, 6, 7, 12, 13, 14, "various gods" would fit as well. It is true that the city had to decide about the symbol for coinage (practice 2/3) – but this was not unchangeable – and about the sequence of gods in documents and oaths (practice 5) – but oaths were a very special case with strange local traditions.[51] For public *euchai*, vows especially in war, again various gods could be chosen. There remain criteria 8, 11, and 12, bank, archive, museum; but archives could be decentralized; Athenians chose the Metroon.

I agree with Susan Cole that not even the epithets are univocal. Zeus Polieus can be understood as 'Zeus of the Akropolis' in a local sense, in contrast, say, to Artemis ἀγροτέρα; the local meaning of the suffix is well established;[52] the -ιάς suffix is secondary. Athena Polias is not even a current name in the old documents of Athens. A case has been made that Athena's Athenian title was rather ἀρχηγέτις – an old traditional designation which would refer to her leading rule

---

[47]   E. Akurgal, *Alt-Smyrna* I, Ankara 1983, 26; 119; G. Vallet *et alii*, *Megara Hyblaea* I, Rome 1976, 418–421.

[48]   For the concept of 'god of the *polis*', add to Brackertz' examples (Cole p. 305) Oinoanda, *SEG* 38, 1462 C 53: τοῦ προκαθηγέτου ἡμῶν πατρώιου θεοῦ 'Απόλλωνος.

[49]   Cf. at note 60.

[50]   Meiggs-Lewis nr. 23; 'Αθηναίων in Plutarch's quotation, *Them.* 10.4 ('Αθηνάων Reiske) is the reading to be preferred; it makes 'Αθηνάων μεδεούσηι hexametric, probably a quotation from a Delphic oracle. – Lycurg. Leocr. 26 τῆι 'Αθηνᾶι ... τὴν χώραν εἰληχυίαι combines myth and rhetoric.

[51]   Acknowledged by Cole 308.

[52]   The -εύς suffix originally designates a craft (χαλκεύς), then in general the attachment to a function or locality, e. g. Αἰολεῖς. For -ιάς- see M. Meier-Brügger, -ιδ-. *Zur Geschichte eines griechischen Nominalsuffixes*, Göttingen 1975,61–64.

in territorial wars.[53] At Kos Zeus Polieus and Athana Polias, known from remarkable inscriptions,[54] may be local too: there is also Δαμάτηρ ᾿Ολυμπία ἐμ Πόλι, no doubt a local reference.[55] Yet at Argos, where Zeus of the Akropolis is *Larisaios*,[56] Athana *Polias* – not Larisaia – should definitely mean 'goddess of the city'. Athana *Poliatis* at Tegea is remarkable,[57] because πολιάτας, instead of πολίτης, seems to be a more archaic form. But hers is a minor temple, served only once a year, distinguished by some magical object that grants 'impregnability'; the famous Athena temple of Tegea was the other one, the temple of Alea.

At any rate, it is the principle or the experience of polytheism that one needs many gods, since the world is complicated, full of contrasting chances and dangers. The inscription from Kolophon quoted by Susan Cole is telling in this respect. She also quotes Aeschylus, *Septem* as an example for a city in crisis and an occasion when all the gods are summoned. Add Aeschylus *Agamemnon*, in which the θεοὶ ἀστυνόμοι comprise the gods of heaven and netherworld, the gods from outside and those of the agora.[58] Athens of course is a special case, because the name of the city *[209]* and the name of one dominant goddess were inseparable – as Rhodos cannot do without roses. The same situation would obtain in cities named Apollonia or Herakleia or Aphrodisias. But the case rests absolutely unclear with Argos or Sparta. Note that we have myths of the contest of gods for Athens, Argos, Troizen (Athena versus Poseidon, Hera versus Poseidon); but the losing god, Poseidon, gets his sanctuary just because of his defeat (Poseidon Erechtheus in Athens, Poseidon Prosklystios in Argos, Poseidon Basileus at Troizen).[59] This is the obverse of henotheism.

It is Homer who offers real complications, since Athena apparently was the major goddess of Greek Ilion, but the deadly enemy of Troy in epic tradition. Could she hate her own city? But Homer also makes Hera say that she loves Argos, Sparta and Mycenae most of all cities, but she would be willing to give them up if only Troy is destroyed.[60] Against this the text of Euripides, *Heraclidae* 347 ff., which appeals to Athena of Athens as being superior to Hera of Argos, is rather exceptional. Mostly Greek gods are unpredictable and bound to surprise.[61] Heroes are more reliable; they stick to or stay in their tomb.

---

[53] J. H. Kroll, *Hesperia Suppl.* 20 (1982) 65–76. The title of the Spartan kings, according to the Rhetra, was ἀρχαγέται, not βασιλεῖς.
[54] *LSCG* 151; 156.
[55] *LSCG* 154 A 21 (restored).
[56] *SEG* 11 314.
[57] Paus. 8.47.5.
[58] Aesch. *Ag.* 89f.: ὕπατοι – χθόνιοι, θυραῖοι – ἀγοραῖοι.
[59] Argos: Paus. 2.22.4; Troizen: Paus. 2.30.6.
[60] *Il.* 4.51–54.
[61] Cf. Eur. *Troad.* 67 f.

Susan Cole rightly warns us not to become too Athenocentric. She presents the interesting example of Teos. One might still remark that we are confronted here with the very special situation of *poleis* in the Hellenistic epoch, *poleis* thrown helplessly to and fro between the conflicting monarchies. One attempt to stay out of the turmoil was to declare neutrality through *asylia*, declaring the whole territory 'sacred' to a particular divinity. Kos did this with Asklepios, notwithstanding the prominent traditional cults of Zeus Polieus and Athena Polias. Teos took the chance to house the *technitai* of Dionysus, the international union of theatre actors. Dionysus *archagetas* had been at Teos before,[62] but the special claim is characteristic of an epoch when the *poleis* could no longer thrive on their own.

At about the same time Magnesia at the Maeander claimed *asylia* on account of Artemis Leukophryene's recent epiphany. In this case we still have a much older testimony in Anakreon. I wish to conlude with this text (348,4–9 Page) because it gives a nice expression to the concept of a 'city goddess' in the sixth-century, presenting her as the divine 'shepherd' of 'her' citizens:

ἤ κου νῦν ἐπὶ Ληθαίου
δίνηισι θρασυκαρδίων
ἀνδρῶν ἐσκατορᾶις πόλιν
χαίρουσ᾽, οὐ γὰρ ἀνημέρους
ποιμαίνεις πολιήτας.

"perhaps just now, at the whirlpools of the river Lethaios, you look down at the city of men bold of heart, rejoicing, as you are tending not uncivilized citizens".

Books and articles quoted in abbreviation:

W. Burkert, "The Formation of Greek Religion at the Close of the Dark Ages," *StIt* III 10 (1992) 533–551 (= Kleine Schriften, Band I, 13–29).

W. Burkert, *Antike Mysterien. Funktionen und Gehalt*, München 1994³.

M. Jameson, D. R. Jordan & R. D. Kotansky, *A Lex Sacra from Selinus*, Durham 1993.

F. de Polignac, *La naissance de la cité grecque. Cultes, espace et société, VIIIᵉ–VIIᵉ siècles avant J.-C.*, Paris 1984.

O. Reverdin, *La religion de la Cité Platonicienne*, Paris 1945.

C. Sourvinou-Inwood, "What is *Polis* Religion," in: O. Murray & S. Price (eds.), *The Greek City from Homer to Alexander*, Oxford 1990, 295–322.

C. Sourvinou-Inwood, "Further Aspects of *Polis* Religion," *AnnArchStorAnt* 10 (1988) 259–274.

---

[62] The foundation of Teos was connected in myth with Athamas, see *RE* V A 543 f.; Anakreon's poem on Dionysus, 357 Page, does not give any indication of locality.

Erschienen in: P. Hugger, Hg., Stadt und Fest. Zu Geschichte und Gegenwart europäischer Festkultur, Unterägeri 1987, 25–44.

15. Die antike Stadt als Festgemeinschaft

Ob überhaupt Anlass besteht, 1986 ein Jubiläum der Stadt Zürich zu feiern, ist bekanntlich nicht ganz klar. Die Stadt Augsburg hat ihre 2000-Jahr-Feier ein Jahr zuvor mit grossem Aufwand begangen, auf Grund des gleichen Faktums, dass seinerzeit Tiberius und Drusus im Auftrag des Kaisers Augustus mit einem rapiden, wohlorganisierten Vorstoss Alpen und Alpenvorland dem Römischen Reich eingegliedert haben. Drusus zog über den Brenner, Tiberius über die Bündner Pässe; nichts spricht dafür, dass die Legionäre früher an den Lech als an die Limmat kamen. Sind wir einer helvetischen Verspätung erlegen, oder rechnen wir nur genauer als die Schwaben, weil ja bekanntlich das Jahr 0 ausgefallen ist und darum eben 1986 und nicht im Vorjahr das Jahr 15 v. Chr. genau 2000 Jahre zurückliegt? Doch wann immer die römischen Soldaten erstmals auf dem Lindenhof ihr Lager aufschlugen und einige datierbare Scherben hinterließen,[1] es handelte sich um eine Eroberung, einen Akt des Imperialismus und Kolonialismus, um die Dinge mit aktuellem Namen zu benennen; die keltischen Einwohner in der Gegend von Turicum wie im benachbarten Vitudurum-Winterthur dürften dem, wenn schon mit Neugier, so doch mit mässiger Begeisterung zugesehen haben.

Ein hinlängliches Bild der damaligen keltischen Welt zu entwerfen ist freilich nicht so einfach, wie die Asterix-Bilderbogen suggerieren; wir wollen die Situation der Leute von Turicum und Vitudurum nicht weiter ausmalen. Wenn wir aber mit dem Wissen des «rückwärts gewandten Propheten», des Historikers, fragen, was dieses Ausgreifen des Römerreichs nach Mitteleuropa vor 2000 Jahren am kulturellen System verändert und an neuen Elementen eingebracht habe, so ist eine wesentliche Antwort ohne *[26]* Zweifel die: mit den Römern gelangte in diesen Raum die mediterrane Stadtkultur. Genaugenommen hat es dann allerdings im Schweizer Raum nur drei Städte im vollen Sinn gegeben: Augusta Rauracorum/Augst, Aventicum/Avenches und Noviodunum/Nyon. Turicum blieb ein

---

[1] Vgl. Ernst Howald und Ernst Meyer: Die römische Schweiz. Zürich 1940; Ernst Meyer: Die Schweiz im Altertum. Bern 1946; Felix Staehelin: Die Schweiz in römischer Zeit. Basel 1948³; Emil Vogt: Der Lindenhof in Zürich. Zürich 1948; Ernst Meyer: Zürich in römischer Zeit, in: Zürich von der Urzeit zum Mittelalter. Zürich 1971, 107–162; Ders. in: Handbuch der Schweizer Geschichte I. Zürich 1972, 55–92, bes. 59–61.

Dorf. Massgebend für eine Kultur aber sind die Hochleistungen, nicht der untere Durchschnitt. Und wenn wir weiterfragen, was die mediterrane Stadt als Lebensform und als Trägerin einer Kultur besonders auszeichnet, dann sind wir unversehens beim Thema dieser Reihe angelangt. Denn die soziale und geistige Prägung der antiken Stadtkultur erfolgte ganz wesentlich durch die Feste, in denen die Gemeinschaft sich darstellt und ihrer selbst bewusst wird.

Die Entstehung von Städten überhaupt, im Sinn der Siedlungsverdichtung mit Arbeitsteilung und Konzentration politischer, militärischer und wirtschaftlicher Macht, liegt allerdings der antiken Kultur im engeren Sinn weit voraus. Die Anfänge finden sich im «fruchtbaren Halbmond» des Nahen Ostens; eine Stadt wie Aleppo ist weit über 5000 Jahre alt. Die Stadtform jedoch, die dann auch für das Römerreich bezeichnend war, ist im wesentlichen in Griechenland ausgeprägt worden.[2] Für sie ist bestimmend, dass die Stadt weder monarchisch noch theokratisch regiert wird, sondern «frei» ist nach innen und aussen, dass sie selbständig und in eigener Verantwortung sich verwaltet unter einer korporativen, potentiell «demokratischen» Leitung. Die Stadt verfügt über Organe der gemeinsamen Willensbildung, in der Regel einen «Rat» und eine Bürgerversammlung. Der Versammlungsplatz, griechisch *agorá*, ist darum das eigentliche Kennzeichen einer griechischen *Pólis*, auch wenn der monumentale Tempel für den Gott oder die Göttin der Stadt dann ebenso wenig fehlen kann. Die Agora ist dann alsbald auch zum Zentrum des Handels geworden, zum «Markt» – dies die Lexikon-Standardübersetzung von *agorá* -; sie war dann aber auch der zunächst gegebene Ort für jene Zutat zum Ernst des Alltags, ohne die das Leben nach dem Spruch eines Philosophen wie eine lange Reise ohne Wirtshaus wäre,[3] für die städtischen Feste.
[27]
Demosthenes, der Redner und Politiker, wirft seinen Athenern vor, sie nähmen die Organisation ihrer Feste wichtiger als die Kriegführung gegen König Philipp in Nordgriechenland, und gewiss waren jene ihnen näher. Auch Aristoteles nennt,

---

[2]   Aus der reichen Literatur zur antiken *Polis* seien genannt: Ernst Kirsten: Die griechische *Polis* als historisch-geographisches Problem des Mittelmeerraumes. Bonn 1956; Viktor Ehrenberg: Der Staat der Griechen. Zürich 1965; Mario Coppa: Storia dell'urbanistica dalle origini all'Ellenismo. Torino 1968; Mason Hammond: The City in the Ancient World. Cambridge, Mass. 1972; Elisabeth Charlotte Welskopf: Hellenische Poleis. Berlin 1973; Raffael Sealey: A History of The Greek City States ca. 700–338 B.C. Berkeley 1976; Anthony M. Snodgrass: Archaeology and the Rise of the Greek State. Cambridge 1977; François de Polignac: La naissance de la cité grecque. Cultes, espaces et société, VIIIe-VIIe siècle av. J. C. Paris 1984; Frank Kolb: Die Stadt im Altertum. München 1984; Henri van Effenterre: La cité grecque, des origines à la défaite de Marathon. Paris 1985; zur späteren Epoche A. H. M. Jones: The Greek City from Alexander to Justinian. Oxford 1940.

[3]   Demokrit B 230. Zur Agora W. A. McDonald: The Political Meeting Places of the Greeks. Baltimore 1943; Roland Martin: Recherches sur l'agora grecque. Paris 1951; Frank Kolb: Agora und Theater, Volks- und Festversammlung. Berlin 1981.

wenn er die Aufgaben der athenischen Beamten umschreibt, die Sorge für die
Feste mit an erster Stelle.[4] Aristophanes lässt in seiner Komödie «Die Wolken»
eben diese, die himmlischen Wolken, Athen besuchen, und sie sehen diese Stadt
aus der Luftperspektive als den besonderen Ort der glänzenden Feste: «Wo das
mystenempfangende Haus – von Eleusis – an heiligen Festen sich öffnet, wo es
für die himmlischen Götter Geschenke, hochüberdachte Tempel und Prunkbilder
gibt und heiligste Festzüge zu den seligen Göttern, Opfer und Schmausereien der
Götter im Schmuck der Kränze zu mannigfachen Jahreszeiten, und besonders,
wenn der Frühling kommt, das reizende Fest des Dionysos, den Wettstreit der tö-
nenden Chöre und die tief summende Musik der Flöten» – womit Aristophanes
beim hic et nunc des festlichen Theaters an den Grossen Dionysien des Jahres
423 v. Chr. angekommen ist.[5] Dies also ist es, was der Athener an seiner Stadt so
herrlich findet, die Feste der Götter im Zeitlauf des Jahres.

Grundsätzlicher hat darüber Platon in seinen «Gesetzen» gesprochen. Platons
Philosophie ist strenger Art, er möchte Leben und Gesellschaft rigoros einem
höchsten Prinzip des «Guten» unterwerfen; doch mit das Wichtigste in jener
«zweitbesten» Stadt, die er mit viel Wirklichkeitssinn in den «Gesetzen» konstruiert, sind die Götterfeste. Jeden Tag, meint Platon, sollte ein Fest stattfinden,
wechselnd verteilt auf die einzelnen Gruppen der Bürgerschaft, in jedem Monat
aber auch je ein gemeinsames Fest für einen der zwölf Hauptgötter, mit Opfern,
Chören, Agonen. Vor allem ist es die Musik, die kraft der Ordnung von Harmonie
und Rhythmus sich als Manifestation des «Guten» erweist: darum feiern, ja tanzen die Götter, Apollon und Dionysos, selbst zusammen mit den Menschen zu
festlicher Musik. Zugleich aber haben die Feste, laut Platon, auch den ganz pragmatischen Sinn, dass «Zusammenkünfte der einzelnen Gruppen zu bestimmten
festgesetzten Zeiten stattfinden und für die Erledigung praktischer Angelegenheiten günstige Gelegenheit bieten und dass die Menschen einander freundlich begegnen im Opfer und einander vertraut werden und sich kennenlernen; gibt es
doch kein grösseres Gut für die Stadt, als wenn man sich gegenseitig bekannt
ist».[6] In der entspannten, zweckfreien Atmosphäre und doch im Ernst der sakralen Begehung treten die Bürger einander *[28]* gegenüber, «spielen» ihre Identitä-
ten und Rollen ein; nur so wird aus der Stadt, meint Platon, eine Gemeinschaft.

An sich sind Feste natürlich weit älter als das Aufkommen der Städte und insbesondere der griechischen *Polis*. Man kann bis auf anthropologische Univer-
salien zurückgreifen und dabei zwei Elemente herausstellen, das rituelle und das
spielerische, dazu zwei seit Urzeiten gegebene Anlässe, die rituell geformt und

---

4 Demosthenes, Erste Rede gegen Philipp (4, 26; 35). Aristoteles, Ath. Pol. 56–58.

5 Aristophanes, «Wolken» 302–313.

6 Platon, «Gesetze» 738de. Vgl. Olivier Reverdin: La religion de la cité platonicienne. Paris 1945;
   Walter Burkert: Griechische Religion der archaischen und klassischen Epoche. Stuttgart 1977,
   489–494.

umspielt werden: das Jagd-Opfer-Fest und das Toten-Fest. Bei beiden hat seit je jener Bestandteil des Festes seinen Platz, der auch heute nie fehlen kann, selbst wenn er in einer satten Gesellschaft seinen Sonderstatus verloren hat: das gute und reichliche Essen, der Festschmaus.[7] Was sich von dieser Basis aus entwickelt hat, sind freilich sehr differenzierte, kulturspezifische Prägungen.

Griechische Feste[8] kennen wir schon aus der Bronzezeit; ein besonders charakteristisches Phänomen muss sich spätestens in den «dunklen Jahrhunderten», in der protogeometrischen Epoche um 1000 v. Chr. ausgebildet haben: ein Kalender, der alle Monate nach Festen benennt. Auch unsere Monatsnamen Januar und Februar hängen mit römischen Festen zusammen, doch ist das Prinzip im römischen Kalender weniger konsequent durchgeführt. Der ionisch-attische Festkalender gilt von Athen bis Kleinasien, muss also der Besiedlung Kleinasiens um 1000 v. Chr. vorausliegen und damit auch der eigentlichen Ausformung der griechischen *Polis*, welche die Historiker im 8. Jh. v. Chr. ansetzen. Festformen sind konservativ. Die alten Feste haben auch in der ausgebildeten Stadtkultur ihre Funktionen teils beibehalten, teils an neu organisierte Feste weitergegeben.

Wenn wir dabei von «Funktion» der Feste sprechen, gehen wir über das, was Platon und andere antike Autoren über Feste geschrieben haben, hinaus im Sinn moderner Theorien, insbesondere des von Emile Durkheim begründeten «Funktionalismus». Durkheim hat die These aufgestellt, dass eben die Riten und Feste den Sinn haben, dass die Gesellschaft in regelmässigen Intervallen «gemeinsame Gefühle» zum Ausdruck bringt und damit aufrechterhält. Die Gemeinschaft konstituiert sich immer neu, indem sie sich selbst im Ritual darstellt. Die Griechen und Römer haben eher gesagt, dass die Feste die Götter versöhnen und heiter stimmen;[9] so waren in der Tat *[29]* Katastrophen, Seuchen, Missernten Anlass, neue Feste zu geloben und auszugestalten. Doch wäre vielleicht die eine Sicht in die andere durchaus transformierbar, insofern es hier wie dort um das empfindliche Gleichgewicht der Lebenswelt im Rahmen eines Umgreifenden geht und die Kontinuität eben an den Festen hängt.

---

[7] Hierzu Walter Burkert: Homo Necans. The Anthropology of Ancient Greek Sacrifical Ritual and Myth. Berkeley 1983.

[8] Die älteren Standardwerke sind Martin P. Nilsson: Griechische Feste von religiöser Bedeutung mit Ausschluss der attischen. Berlin 1906 und Ludwig Deubner: Attische Feste. Berlin 1932; dazu H. W. Parke: Festivals of the Athenians. London 1977; Erika Simon: Festivals of Attica. An Archaeological Commentary. Madison 1983; vgl. auch W. Burkert (wie Anm. 6), 343–370.

[9] Emile Durkheim: Les formes élémentaires de la vie religieuse. Paris 1912; vgl. W. Burkert (wie Anm. 7), 24–29. Feststiftung als *hiláskesthai*: Hom. Demeterhymnus 273 f., vgl. Ilias 1, 472–474; Rechtfertigung der *ludi* durch Heiden bei Arnob. 7,33: Honorantur ... dii offensionum memorias ... abiciunt redduntque se nobis redintegrata familiaritate fautores; eine allgemeine anthropologisch-theologische Festtheorie bei Strabon 10, 3, 9 p.467, auf Poseidonios zurückgeführt von Willy Theiler: Poseidonios. Die Fragmente. Berlin 1982, F 370, II 287–289.

Drei Stufen der städtischen Feste sind zu umreissen, Feste der archaischen Stadt, der klassischen Stadt, der kaiserzeitlichen Stadt. Dabei wäre das Archaische vielleicht das Interessanteste, doch bedarf es dazu des Eingehens auf Details und mancher umständlicher Rekonstruktionen, was hier nicht am Platze ist. Vieles an den hergebrachten Ritualen ist bald von den Leuten selbst als kurios und «veraltet» empfunden worden; inwiefern es durchaus sinnvoll war und weithin blieb, lässt sich in einlässlichen Interpretationen zeigen.[10] Einige allgemeine Hinweise mögen hier genügen. Als Zentrum der Festrituale erscheint in der Regel ein Tieropfer; es schafft eine ambivalente Spannung von blutigem Töten und Schmauserei. Je nach Rang daran «teilzuhaben» markiert die gegliederte Kerngruppe der Gesellschaft. Dabei sind die verschiedenen Gruppen an den vielen Opfern jedoch in wechselnden, sich überschneidenden Zusammensetzungen beteiligt: bald alters- und geschlechtsspezifische Gruppierungen, bald Grossfamilien, bald Nachbarn, bald Berufsstände, auch freie Vereine; entsprechend scheint im Göttersystem des Polytheismus vieles neben- und durcheinander zu verlaufen, durchaus mit Spannungen, doch ohne sich gegenseitig zu vernichten, im ganzen relativ stabil und anpassungsfähig. Gewisse Familien haben die Privilegien und Pflichten, Priester zu stellen, Tempel zu betreuen, Feste zu gestalten; andererseits sind die Wahlbeamten der Stadt selbstverständlich mit der Organisation und Kontrolle der Feste beauftragt. In Athen liegen die alten Feste immer noch in der Hand eines – freilich gewählten – «Königs»; wo es noch erbliche Könige gab, wie in Sparta, steht unter ihren Obliegenheiten der Opferdienst für die Götter obenan. Der Militärdienst der attischen Epheben bestand, wie die Inschriften zeigen, vor allem in der Begleitung und Durchführung der Feste, in die das Jahr sich gliedert. Was immer ein Demosthenes davon hielt: die Stadt versteht sich als Festgemeinschaft.

Was in archaischen Kleingruppen sich ausgeformt hatte, wird von der entwickelten *Polis* weitergeführt, wobei einzelne Elemente expandieren können. Mit den wachsenden Einwohnerzahlen gewinnt vor allem an Bedeutung, was man auch auf griechisch schlicht die «Schau» nennt, *théa*; befreundete Städte und Heiligtümer schicken einander gegenseitig Gesandte, die «Schau» mitzumachen; sie heissen griechisch «Wahrer der Schau», *[30] theoroí*, ihre Tätigkeit ist *theoría*. Paradoxerweise kommen also Wort und Begriff der «Theorie» von der Festkultur der Antike her, und wenn die Philosophie dies ins eigentlich «Theoretische» erhob, so darum, weil ihr die abstrahierende «Schau» des Denkens als etwas Festlich-Beglückendes erschien.[11] Für den Durchschnittsbürger sind die Arten der

---

[10] Hierzu die Anm. 8 genannte Spezialliteratur.

[11] Die entscheidende Prägung geht auf Anaxagoras zurück, Fragmente der Vorsokratiker 59 A 30; vgl. Hermann Koller, Theoros und Theoria, in: Glotta 36 (1958), 273–286; W. Burkert Hermes 88 (1960), 168.

«Schau», die man nicht missen möchte, im wesentlichen drei: erstens die Prozession, griechisch *pompé*, lateinisch als *pompa* übernommen und uns im Sinn vom «grossen Pomp» geläufig; zweitens der sportliche Wettkampf, der *agón*; und schliesslich drittens die Tänze mit Lied und Musikbegleitung, die «Chöre», *choroí*. In allen Fällen bedeutet dies, dass eine kleinere, aktive Gruppe sich einer grösseren Zahl von Zuschauern präsentiert, die sich daran begeistern. In der archaischen Stadt ist all dies in den Götterkult eingebunden, und dies bleibt im wesentlichen auch in der klassischen Stadt der Fall.

Die Stadt Athen, über die wir am besten unterrichtet sind, hat seit dem 6. Jh. v. Chr. zwei «grosse» Feste organisiert, an denen alle diese Elemente zu besonderer Entfaltung kommen, Prozession, Opfer, Agon und Musenkunst: die «Grossen Panathenäen» zu Jahresanfang im Herbst, und die «Grossen Dionysien» im Frühling. Die Prozession der Panathenäen[12] steht dank dem berühmten Fries vom Parthenon vor unser aller Augen. Früh am Morgen formierte sich am Westeingang der Stadt, am Dipylon-Tor, der grosse Zug, der sich dann über die Agora hinauf zur Akropolis wandte. Die Gruppierungen, aus denen die Stadt besteht, sind auch im Zug ausgeprägt. Die jugendlichen Reiter fallen am meisten ins Auge, doch da sind auch die gesetzten, vornehmen Alten, da sind Mädchen mit Opfergerät, mit Körben und Kannen. Nicht fehlen dürfen die Opfertiere, die den Festschmaus garantieren; schon an den «Kleinen Panathenäen» waren es über 100 Schafe und Kühe, die geschlachtet wurden; das Fleisch wurde auf dem Marktplatz an die Bürgerschaft verteilt, kostenlos, jedoch nach Rang. Mitte und Ziel des Festzuges ist das neue Gewand, der Peplos für die Göttin Athena; Athenerinnen aus den vornehmsten Familien haben monatelang daran gearbeitet. Man hat ein Schiff auf Rädern gebaut, an dessen Mast der Peplos gleich einem Segel allen sichtbar aufgehängt ist. Auf der Burghöhe vor dem Tempel wird der Peplos dann den Priestern übergeben, die ihn der Göttin ins Erechtheion bringen. Sportliche Wettkämpfe schliessen sich an, für die als Siegespreis ein Krug mit Öl gestiftet ist: der Olivenbaum ist die Gabe der Göttin Athena für ihre Stadt Athen. Die Sportkämpfe spielten sich beim Stadion ab, ausserhalb der damaligen Stadt. Eine lokale Besonderheit war *[31]* eine Kombination von Wagenrennen und Wettlauf, *Apobates* genannt: der Sportler hatte vom fahrenden Rennwagen abzuspringen und zu Fuss sein Ziel zu erreichen. Im übrigen ist es den Athenern nicht ganz gelungen, den Panathenäenagon zum Rang der internationalen Spiele, unter denen die Olympischen Spiele obenan standen, zu erheben.

Dafür hat man in der zweiten Hälfte des 6. Jh. auch der Musenkunst ihren Platz an den Panathenäen eingeräumt – wir wissen nicht, an welcher Stelle des Festprogramms –: es gab Rezitationen aus Homer, d. h. im wesentlichen aus dem Ilias-

---

[12] Hierzu L. Deubner (wie Anm. 8), 22–35; W. Burkert (wie Anm. 6), 352–354; E. Simon (wie Anm. 8), 55–72; zum Sportlichen Donald G. Kyle: Athletics in Ancient Athens. Leiden 1986.

text, auch dies als Wettkampf von Vortragskünstlern, den Rhapsoden. So hat die Stadt an ihrem stolzesten Fest sich der gesamtgriechischen Bildungswelt angeschlossen. Homer war offenbar kein Athener, Athen spielt in der Ilias so gut wie keine Rolle. Aber die heroische und doch so menschliche Welt der Ilias bot den Massstab des bewussten Selbstverständnisses auch in Athen. Umgekehrt ist nicht zuletzt dadurch die besondere Geltung Homers in der griechischen Welt zum Durchbruch gekommen.

Wie wichtig die Teilnahme an diesem Fest für die Athener war, wird durch eine anekdotische Begebenheit grell beleuchtet: Hipparchos, der Bruder des Tyrannen Hippias, Sohn des Peisistratos, organisierte im Jahr *[32]* 514 v. Chr. das Panathenäenfest. Aus sehr privaten Gründen verweigerte er einem Mädchen aus guter Familie die Ehre, «Korbträgerin» im Opferzug zu sein, mit der Begründung, sie sei es nicht wert. Dies war eine solche Beleidigung, dass daraufhin der Bruder des Mädchens – man kennt diese Bruderrolle in mediterranen Bereichen bis heute –, Harmodios, zusammen mit seinem Freund Aristogeiton im Rahmen einer dilettantischen Verschwörung Hipparchos ermordete, am Tag der Panathenäen, als Hipparchos dabei war, den Festzug zu ordnen, «im Myrtenzweig das Schwert tragend», wie man später von den angeblichen Tyrannenmördern sang. Das bekannte Monument wurde erst nach 480 in Athen aufgestellt.[13]

Auch die «Grossen Dionysien»[14] haben ihre Prozession, die durch die ganze Stadt führt: Die Statue des Gottes Dionysos Eleuthereus ist einzuholen, von der Akademie im Nordwesten der Stadt bis hin zum Dionysosbezirk am Südhang der Akropolis. Nicht Waffen und Reiter freilich entsprechen dem paradoxen Charakter dieses Gottes des Weins und der Ekstase, sondern groteske Masken, halbtierische Silene und Satyrn, «rasende» Mänaden, und als besonderes Zeichen dieses Gottes grosse Phallen, aus Holz hergestellt und aufgerichtet im Aufzug mitgetragen, anstössig, lachhaft und «heilig» zugleich. Als Athen im 5. Jh. über ein «Reich» gebot, waren die untertänigen Städte verpflichtet, je für die Panathenäen eine volle Waffenrüstung, für die Dionysien aber einen Phallos zu liefern: das «Reich» repräsentiert sich im Festzug. Weniger passt zum Bereich des Dionysos der hart trainierende Sportler; um so wesentlicher sind Gesang und Tanz, die ihrerseits zum Wettkampf werden. Das eigentliche Lied des Dionysos heisst «Dithyrambos», der Dithyrambenvortrag ist das Zentrum des Dionysos-Festes. Seit der demokratischen Neuordnung Athens durch Kleisthenes hat man dies sorgfältig in der Weise organisiert, dass alle die zehn neugeschaffenen Abteilungen der Bürgerschaft, die «Phylen», vertreten waren: je fünf stellen einen Männerchor,

---

[13] Thukydides 6, 54–59, kürzer 1, 20, 2; die Lieder auf die Tyrannenmörder bei D. L. Page: Poetae Melici Graeci. Oxford 1962, Nr. 893–896.

[14] Vgl. ausser L. Deubner (wie Anm. 8), 138–142, bes. Arthur Pickard-Cambridge: The Dramatic Festivals of Athens. Oxford 1968², 57–125.

fünf einen Knabenchor, es gibt zwei Preise, und auf einen solchen Sieg war die ganze Phyle stolz. Der Preis war ein veritabler Opferstier, so dass auch für den Festschmaus gesorgt war. Man hat keine Mühe gescheut, anspruchsvolle Texte, mit komplizierten Rhythmen und Tanzfiguren einzuüben; erstrangige Dichter wie Simonides und Pindar haben Dithyramben verfasst, auch mit Kostümen wurde grosser Aufwand getrieben.

Und doch wurde die «Schau» dann von einer neuen Erfindung gleichsam gestohlen, den «Bocksängern», *tragodoí*, die seit etwa 530 v. Chr. auftraten. Mit der Schaffung der nach ihnen benannten Tragödie hat die Stadt Athen in die antike Festkultur das wichtigste, wirkungsvollste und dauerhafteste *[33]* Element eingebracht, ein Gesamtkunstwerk fürwahr, das Text, Musik, Tanz, Schauspielkunst und Ausstattung zusammenbrachte. Der «Schau» hatte alsbald auch eine neue architektonische Form zu dienen, der *théa* das *[34]* Theater.[15] Die Römer haben *théatron* später mit *spectaculum* übersetzt – eine merkwürdige Bedeutungskette, die «Theorie» und «Spektakel» verbindet. Es war ein einmaliger Zusammenfall glücklicher Umstände, dass im 5. Jh. v. Chr., in der hochgemuten Zeit nach dem Sieg über die Perser, inmitten des intellektuellen Aufbruchs der nachmals so benannten Philosophie auch Dichterpersönlichkeiten von einzigartigem Format auftraten, Aischylos, Sophokles und Euripides, die alsbald als Klassiker anerkannt waren. Die Tragödie des 5. Jh. darf als die vollkommenste Blüte der antiken Stadtkultur gelten. Die «Poeten», Dichter und Regisseure in einer Person, sind ebenso Stadtbürger wie die Schauspieler und die jungen Männer, die als «Chor» auftreten; die Kosten der Aufführung werden von einem wohlhabenden Bürger übernommen, der darum «Chorführer», *choregós*, genannt wird, und der ranghöchste Wahlbeamte, der Archon, organisiert die Festspiele, wählt Dichter und Stücke aus. Die Stoffe der Tragödie sind fast immer der gemeingriechischen Mythologie entnommen, doch können sie auslaufen in die Bestätigung eben der athenischen Stadtgemeinschaft. Am deutlichsten ist dies in der «Orestie» des Aischylos, die in der Einsetzung des Areopaggerichts und des Eumenidenkultes eben am Areopag ihr Ziel erreicht. Erst recht steht die Komödie, die erst in der zweiten Hälfte des 5. Jh. literarisch geworden ist, ganz im Kreis der *Polis* Athen und ihrer aktuellsten Probleme; freilich, welches poetische Niveau in der närrischen Selbstbespiegelung und welches Urvertrauen in eine fundamental gesunde Welt der Götter und Menschen, allen Kriegstreibern, Wursthändlern und sonstigen Paranoikern zum Trotz!

Nicht vom Einmaligen jedoch ist hier weiter zu sprechen, sondern vom Nachahmbaren, das dauerhafte Breitenwirkung entfaltet hat. Unter diesem Gesichts-

---

[15] Verwiesen sei auf Albin Lesky: Die tragische Dichtung der Hellenen. Göttingen 1972[3]; Margarethe Bieber: Die Denkmäler zum Theaterwesen im Altertum. Berlin 1920; Dies.: History of the Greek and Roman Theater. Princeton 1961[2].

punkt erweist sich denn die Erfindung des Theaters, erfolgt im Rahmen der Grossen Dionysien der Stadt Athen, als ein durchschlagender Erfolg, der sich geradezu rapide über die ganze mediterrane Stadtkultur ausgebreitet hat und die einmaligen Bedingungen seiner Entstehung dabei freilich hinter sich liess. Waren es früher Agora und Stadion, welche die «Kultureinrichtungen» einer Stadt ausmachten, nächst den Tempeln, wohlverstanden, so wird seit der zweiten Hälfte des 5. Jh. das Theater zum unabdingbaren Kennzeichen einer Stadt. Wo immer der heutige Tourist die Reste einer antiken Stadt antrifft, ist das Theater, jenes charakteristische, meist in die Landschaft eingepasste Halbrund, eines der deutlichsten, am klarsten identifizierbaren Merkmale. Selbst die Grenzen des griechischen Sprachraums werden alsbald durchbrochen. Wohlbekannt ist das Theater von Segesta in Sizilien, das aus dem 4., oder das von Pompei, das aus dem *[35]* 3. Jh. v. Chr. stammt; Segesta war eine Stadt der Elymer, Pompei eine der Osker. Allenthalben wurde das Theaterspiel zum Hauptereignis inmitten aller Festlichkeiten des Jahres, zur «Schau», die am meisten Teilnehmer versammelte. Die Zahl der Zuschauerplätze ist, gemessen an der bescheidenen Grösse normaler Städte mit einigen zehntausend Bürgern, in der Tat imponierend: etwa 17 000 in Athen, 20 000 in Megalopolis, 25 000 in Ephesos. Es gab keine andere Gelegenheit, bei der eine solche Menge von Bürgern übersichtlich geordnet versammelt war: das Theater gewinnt gleichsam das Monopol der Öffentlichkeit. Schon die Athener haben, als ihr «Reich» auf dem Höhepunkt der Macht stand, die von den Bundesstädten gezahlten Tribute einzeln über die Theaterbühne tragen lassen, vor der Tragödienaufführung, um sie dann dem Schatz der Athena im Opisthodom des Parthenon zuzufügen. In hellenistischer Zeit heisst es bei Ehrenbeschlüssen dementsprechend, sie seien «wenn das Theater voll ist, vor der Tragödienaufführung», zu verkünden.[16] Der Ort der Selbstdarstellung der Stadt ist die Festgemeinschaft im Theater. Die Kehrseite der blühenden Theaterkultur freilich ist, dass die Produktion aufhört, eine Sache der Einzelstadt zu sein. Die Klassiker des 5. Jh. waren nicht zu überbieten, nur zu variieren, die schöpferische Produktivität kam ins Stocken; dafür gewannen einzelne Schauspieler «internationalen», gesamtgriechischen Ruhm, und so bildeten sich denn reisende Schauspielertruppen, die von Ort zu Ort ihre Künste sehen liessen. Sie sind seit hellenistischer Zeit wohl organisiert, gleichsam als internationale Gewerkschaft, die freilich in der antiken Welt nur als Kultverein Bestand haben konnte: sie nannten sich «dionysische Techniten», *technîtai perì tòn Diónyson*, und sie wussten ihre Interessen zu wahren.[17] Die Bindung an den Gott des Theaters bleibt; die an die Stadt aber wird damit aufgehoben.

---

[16] Isokrates 8,82. Ehrenbeschlüsse z. B. in Wilhelm Dittenberger: Sylloge Inscriptionum Graecarum. Leipzig 1915–1924³, Nr. 356, 15; 370, 39; 371, 42; 409, 75; 485, 30; 521, 30; 562, 43; 587, 30; 667, 33; 717, 48; 912, 30; 946, 16; 956, 10; 1094, 20.

[17] Dazu W. Ruge in: Realencyclopädie der classischen Altertumswissenschaft V A (Stuttgart 1934), 561–564; A. W. Pickard-Cambridge (wie Anm. 14), 279–321; Reinhold Merkelbach: Eine In-

Gleichsam in Parenthese ist noch einer weiteren Erfindung zu gedenken, eines weiteren Elements der Feste, das die fortschreitende literarische Bildung der Griechen in die Welt gebracht hat: die Festrede, welche die älteren Lieder und «Chöre» vor allem im politischen Bereich weithin verdrängt hat. In der Rede präsentiert sich der einzelne in einer Weise, die geistige Gemeinschaft schaffen soll. Die Festversammlung heisst griechisch *panégyris*; seit dem 5. Jh. v. Chr. ist die panegyrische Rede zu einem Bestandteil der offiziellen Feste geworden, unverzichtbar bei der Leichenfeier, doch auch bei anderen Anlässen am Platze. Noch die spätesten römischen Kaiser *[36]* hatten Anspruch auf ihren Panegyricus. Die Kunst der vollkommenen Rede wurde von der Rhetorenschule vermittelt, und in der Sicht dieser Schulen war die panegyrische Rede wohl der eigentliche Höhepunkt von Kunst und Leben. In der Gunst des weiteren Publikums hatte sie der eigentlichen «Schau» gegenüber weniger Chancen. Oft wird sie eher als notwendiges Übel empfunden worden sein, das offizielle Gäste mit steifer Oberlippe durchzustehen hatten. Die Praxis der Festrede hat sich jedenfalls bis in die Gegenwart gehalten. Doch zurück in die Römerzeit.

Rom ist verhältnismässig spät zur Stadt geworden, um 600 v. Chr.;[18] es stand als Stadt von Anfang an unter etruskischem und griechischem Einfluss. Rom hat, wie andere Städte, seinen archaischen Festkalender mit eigenartigen, komplizierten, bald als veraltet empfundenen Festen – genannt seien nur das Pferdeopfer im Oktober auf dem Marsfeld, wobei der blutende Schwanz im Lauf bis zum Vestatempel auf dem Forum getragen wurde, so dass Blut aufs Feuer träufelte, und der Umlauf der «nackten», nur mit einem Fellschurz bekleideten Männer, der *luperci*, im Februar um die alte Stadt.[19] Es gab ausserdem in Rom zwei besonders grossartige, aber nicht eigentlich städtische Festanlässe, die *pompa triumphalis*, wenn der siegreiche Feldherr gottgleich mit Beute und Gefangenen durch die Stadt zum Jupitertempel zog, und die *pompa funebris*, das von reichen Familien mit ungeheurem Aufwand betriebene Leichenbegängnis, bei dem die Masken der Ahnen dem Zug vorangetragen wurden. Man hat dann die hellenistische Festkultur

---

schrift des Weltverbandes der dionysischen Techniten, in: Zeitschrift für Papyrologie und Epigraphik 58 (1985), 136–138. [*Die Zeugnisse jetzt bei S. Aneziri, Die Vereine der dionysischen Techniten im Kontext der hellenistischen Gesellschaft. Stuttgart 2003].

18 Die Anfänge Roms sind ungewöhnlich umstritten. Vgl. Hermann Müller-Karpe: Zur Stadtwerdung Roms. Heidelberg 1962; Arnaldo Momigliano: An Interim Report on the Origins of Rome, in: Journal of Roman Studies 53 (1963), 95–121 = Terzo contributo alla storia degli studi classici e del mondo antico. Roma 1966, 545–598; Les origines de la république Romaine (Entretiens sur l'antiquité classique 13). Vandœuvres-Genève 1967; Massimo Pallottino: Le origini di Roma, in: Aufstieg und Niedergang der römischen Welt I 1. Berlin 1972, 22–47; Civiltà del Lazio primitivo. Roma 1976.

19 Hierzu Georg Wissowa: Religion und Kultus der Römer. München 1912²; W. Warde Fowler: The Roman Festivals. London 1933; H. H. Scullard: Festivals and Ceremonies of the Roman Republic. London 1981; H. S. Versnel: Triumphus, Leiden 1970.

übernommen, und dies heisst, dass Spiele, *ludi*, den Aufstieg Roms zur Weltstadt begleiten und dabei immer prächtiger ausgestaltet werden. Der Anlass, ob kalendarisches Fest, Amtsantritt, Sieg oder Leichenbegängnis, trat dabei mehr und mehr in den Hintergrund, die Spiele werden autonom, entfalten ihre eigene Dynamik. Auch in Rom gab es Beamte, die für die Feste zuständig waren, die Ädilen – zweite Stufe im cursus honorum; für ehrgeizige Politiker war dies erwünschte Gelegenheit, auf sich aufmerksam zu machen und die Gunst der Massen zu gewinnen. Cäsars Ädilität 65 v. Chr. hat hier einen Markstein gesetzt.[20]

Bei der Übernahme der hellenistischen Festkultur durch Rom kam es allerdings zu charakteristischen Verschiebungen. Was zunächst den Sport *[37]* betrifft, so hat die griechische Art der Agone in Rom sich nie durchgesetzt, aus dem speziellen Grund, weil die Griechen seit früharchaischer Zeit den Sport nackt betrieben; ein *vir vere Romanus* aber zeigt sich nicht unbekleidet, nicht einmal im privaten Kreis.[21] Es blieb das Pferderennen, das seine alte Tradition hatte, auch mit dem Götterkult eng verbunden war; noch in der späteren Zeit brachte man dazu jeweils die Bilder der zwölf Götter in feierlicher *pompa* in den Circus.[22] Die natürliche Senke zwischen Palatin und Aventin bot eine hervorragende Rennbahn; sie ist bis heute als Circus maximus bekannt. Man hat berechnet, dass bis zu 180 000 Menschen auf den Wällen Platz hatten. Jedenfalls waren und blieben die Pferderennen im Circus mit dem bekannten, aus dem bronzezeitlichen Kampfwagen entwickelten Rennwagen das grösste Ereignis unter den städtischen Festanlässen. Etwa seit der Zeit des Augustus entwickelten sich spezielle Fan-Clubs, die sogenannten Circusparteien. Zwei davon behaupteten das Feld und sind über Jahrhunderte hinweg nachweisbar, die «Blauen» und die «Grünen»; die Zugehörigkeit vererbte sich in den Familien. Als 336 Konstantinopel gegründet wurde, liess der Kaiser als grösstes, aufwendigstes Bauwerk, so recht in der Mitte der Stadt, einen entsprechenden grossen Circus – auf griechisch «Hippodrom» – erstellen; das Gelände erforderte gewaltige Substruktionen, doch war dies kein Problem. Zur Ausschmückung wurden nach und nach die erlesensten Monumente herbeigeschafft, die Schlangensäule von Delphi, Monument der Schlacht von Plataiai, und ein veritabler ägyptischer Obelisk. Natürlich waren auch die «Blauen» und die «Grünen» zur Stelle; der Hippodrom blieb so recht das Zentrum leiden-

[20] Vgl. Matthias Gelzer: Caesar der Politiker und Staatsmann. Wiesbaden 1960[6], 33 f.; Helga Gesche: Caesar. Darmstadt 1976, 23 f.; Christian Meier: Caesar. Berlin 1982, 190 f.

[21] Ennius Fr. 345 Jocelyn (bei Cicero, Tusculanen 4,70): flagiti principium est nudare inter cives corpora; vgl. Cicero, De officiis 1, 129; Dionys von Halikarnass, Antiquitates 7, 72; Plutarch, Cato maior 20, 8; Romulus 20, 4.

[22] Materialien zum Folgenden bei Ludwig Friedlaender: Darstellungen aus der Sittengeschichte Roms II, 10. Aufl. von Georg Wissowa. Leipzig 1922, 1–162, zum Circus 21–50; zum ideologischen Hintergrund der Spiele als «Gabe» Paul Veyne: Le pain et le cirque. Paris 1976; ferner Alan Cameron: Circus Factions. Blues and Greens at Rome and Byzantium. London 1976; John M. Humphrey: Roman Circuses. Arenas for Chariot Racing. Berkeley 1985.

schaftlich-lebendigen Stadtlebens auch in der christlichen Stadt, als die Konstantinopel von Anfang an angelegt war.

Rom hatte daneben schon im 3. Jh. v. Chr. auch die hellenistische Theaterkultur aufgenommen.[23] Die grossen Steintheater Roms sind dann im 1. Jh. v. Chr. gebaut worden. Man hat für die Aufführungen griechische Klassiker bearbeitet und versucht, ihnen eigenes an die Seite zu stellen. Die Komödien von Plautus und Terenz sind uns erhalten; die Tragödien von *[38]* Ennius und Accius galten einem Cicero als römische Klassiker. Kaiser Augustus hat das Theater gefördert; er feierte den Sieg von Actium mit einer Tragödienaufführung;[24] Ovid schrieb eine Medea, die Aufsehen erregte, trotzdem jedoch verlorenging. Tatsächlich hatte das Theater in Rom stets einen schweren Stand, bedrängt von konkurrierenden Arten der «Schau». Es gab eine italische Art der Posse, eine Art commedia dell'arte, die «fabula Atellana», die volkstümlicher war und blieb als das Theater der Gebildeten: Trimalchio, der unsägliche Herr Neureich in Petrons Roman, hat sich eine griechische Schauspielertruppe gekauft und liess sie Atellanen spielen.[25] Doch hatte sich längst auch im griechischen Bereich eine simplere Form des Bühnenspiels entwickelt, der Mimus.[26] Er verzichtet auf die Maske, auf die hochliterarische Kunstsprache, auf die Bindung an den Mythos; das Ergebnis war etwas zwischen Revue, Operette und Kabarett. Der Mimus hat in Rom besonderen Erfolg gehabt. Im Mimus traten auch Schauspielerinnen auf, und es heisst, dass sie durchaus bereit waren zu zeigen, was sie zu zeigen hatten. Eine *mima* ist schliesslich bis zur Kaiserin aufgestiegen, die berühmte Theodora; Prokop beschreibt in seiner «Geheimgeschichte» ihren Auftritt im Mini-Kostüm. In der Zeit des Augustus ist als neue Spezialität der Pantomimus entwickelt worden; der hier auftretende Star verzichtete ganz auf das Wort und stellte, in einem durch Ansage, Musik, Ballett gesetzten Rahmen, nur durch Körperausdruck den Inhalt dar.[27] Die Szenen waren meist mythologischer Art, griechischen Dramen entnommen; alles lag an dem Wie des Körperspiels. Man hatte in der Antike eine besondere Empfänglichkeit für Körpersprache; offenbar konnte so vor allem eine enorm erotische Ausstrahlung vermittelt werden. Jedenfalls gab es um Star-Pantomimen Begeisterungsstürme, während Puristen über «Verweichlichung» seufzten. Man

---

[23]   Vgl. A. S. Gatwick: The origins of Roman drama, in: E. J. Kenney, W. V. Clausen (ed.): The Cambridge History of Classical Literature II. Latin Literature. Cambridge 1982, 77–80; W. Beare: The Roman Stage. London 1964³; Eckart Lefèvre (ed.): Das römische Drama. Darmstadt 1978; Florence Dupont: L'Acteur-Roi ou le théâtre dans la Rome antique. Paris 1986.

[24]   Vgl. E. Lefèvre: Der Thyestes des Lucius Varius Rufus. Abhandlungen der Akademie der Wissenschaften zu Mainz 1976, 9.

[25]   Petronius, Satyricon 53.

[26]   Hermann Reich: Der Mimus. Berlin 1903; Marius Bonaria: I Mimi Romani. Rom 1965; Helmut Wiemken: Der griechische Mimus. Bremen 1972. Über Theodora Prokopios, Anekdota 9, 20–23.

[27]   L. Friedlaender (wie Anm. 22), 125–134; Vincenzo Retolo: Il Pantomimo. Studi e testi. Palermo 1957.

hat im übrigen auch sonst die alten klassischen Tragödien auseinandergenommen, Glanzszenen mit neuer Musik in konzertanter Ausführung geboten; es gab überhaupt ein reges Musikleben, das sich in den Theatern, besonders den «Odeon» genannten Kleintheatern, abspielte, es gab internationale Virtuosen; bekanntlich wollte Kaiser Nero gern ein solcher sein und begriff nicht, dass es für einen Kaiser keinen unbefangenen Applaus geben konnte.[28] Kurzum, Theater wurden allenthalben benutzt, wenn auch nicht immer ganz rege: Iuvenal entwirft das Bild eines Provinztheaters, wo das Gras zwischen den Sitzreihen spriesst; *[39]* wenn aber dann einmal Komödie gespielt wird, dann kommt, was Beine hat, auch die Frauen, das Baby an der Brust.[29] Die schönsten und besterhaltenen Theater stammen aus der Kaiserzeit, allen voran Orange in der Provence und Aspendos in der Südosttürkei – welche Spannweite städtischer Festkultur! Aufführung griechischer Klassiker dürfte allerdings eher die Ausnahme gewesen sein; in der römischen Reichshälfte hat man kaum hohe Tragödie gegeben, auch nicht in den Theatern von Augst und Avenches. In der griechischen Welt blieben Euripides und Menander indessen lebendig,[30] wie auch die Gewerkschaft der Theaterschauspieler, der «dionysischen Techniten», bis ans Ende des 3. Jh. nachweisbar ist. Trotzdem war in bezug aufs Theater eingetreten, was zu Beginn der Theaterkultur, im 5. Jh. v. Chr., eben nicht gegolten hatte: die Diastase von Gebildeten und «gemeinem» Volk. Die Gebildeten zogen es schliesslich vor, statt sich um Theaterplätze mit der Masse zu balgen, die Dramen in gepflegter, privater Atmosphäre zu lesen; ob Senecas Tragödien je aufgeführt wurden, ist sehr umstritten.[31] In den Massenmedien dagegen siegte die Unterhaltung auf schlichterem Niveau, der «Kulturauftrag», trotz Augustus, welkte dahin.

Dabei war zu Circus und Theater längst ein drittes getreten, die berühmt-berüchtigte Neuerung der Römerzeit, das Amphitheater für Gladiatorenspiele und Tierhetzen. Um ganz packend zu sein, muss das Spiel Ernstcharakter gewinnen. So hat man explizit aus dem Töten ein Fest gemacht, und dies inmitten einer verfeinerten Stadtkultur.[32] Die Anfänge der Gladiatorenspiele liegen im Totenkult;

---

[28] L. Friedlaender (wie Anm. 22), 187 f.

[29] Iuvenal 3, 171–179 (diesen Hinweis verdanke ich Hermann Tränkle).

[30] Dies zeigen etwa die Fresken von Euripides- und Menanderstücken in einem der Hanghäuser von Ephesos (Volker M. Strocka: Die Wandmalereien der Hanghäuser von Ephesos. Wien 1976) oder die Mosaiken vom «Haus des Menander» in Mytilene (Séraphim Charitonidis, Lilly Kahil, René Ginouvès: Les mosaïques de la Maison du Ménandre à Mytilène. Bern 1970 [Antike Kunst Beiheft 6]).

[31] Vgl. Otto Zwierlein; Die Rezitationsdramen Senecas. Meisenheim 1966; Otto Hiltbrunner: Seneca als Tragödiendichter, in: Aufstieg und Niedergang (wie Anm. 18), II 32, 2 (1985), 969–1051, bes. 984–989.

[32] L. Friedlaender (wie Anm. 22), 50–112; K. Schneider, in: Realencyclopädie (wie Anm. 17), Suppl. III (1918), 760–784 s. v. Gladiatores; Louis Robert: Les gladiateurs dans l'orient grec. Paris 1940; Georges Ville: La gladiature en occident des origines à la mort de Domitien. Paris 1981.

dass Trauer sich in Wut entlädt und darum Blut fliessen muss, ist auch sonst nicht ohne Beispiel. Erst recht haben Jagdspiele ihre alte Tradition, Stierkämpfe gibt es bis heute. Die *ludi* wurden seit dem 1. Jh. v. Chr. durch den sich überbietenden Ehrgeiz der Politiker immer gewaltiger ausgebaut; der Gewöhnungseffekt verlangte nach immer neuen Reizen. Mit dem Ausgreifen des Römerreichs nach Asien und Afrika bot sich die Gelegenheit, die exotischsten Tiere in der Arena darzubieten – die Grosstiere Nordafrikas wurden damals praktisch ausgerottet. Ein entsetzlich praktischer Einfall war es, zum Tode verurteilte Verbrecher als Gladiatoren kämpfen zu lassen oder den Löwen und Tigern *[40]* entgegenzustellen. Auch dies kam schon im 1. Jh. v. Chr. auf. Später war die Verurteilung *ad gladium* oder *ad bestias* Teil eines ordentlichen Gerichtsverfahrens. Es entstand damit allerdings geradezu ein Bedürfnis nach Todesurteilen, um Spiele auf billige Art bestücken zu können, besonders in Provinzstädten, und sei es durch eine Christenverfolgung.[33]

Es scheint uns immer wieder unglaublich, dass eine solche Praxis städtischer Feste sich fast 500 Jahre lang behaupten konnte; jede Stadt, die auf sich hielt, bekam zum Theater ihr Amphitheater, auch Augst, auch Avenches; und wie romantisch sind die Arenen von Verona, Arles und Nimes! Das Kolosseum mit seinen 70 000 Plätzen ist der monumentalste Bau, der von der Antike geblieben ist. Proteste waren zumindest im Westen rar. In Rom hat allerdings der Philosoph Seneca beredt und deutlich gegen solch unmenschliche «Schau» geschrieben, ohne Wirkung auf die breite Masse. In Griechenland und im griechischen Kleinasien war die Kritik viel weiter verbreitet,[34] dort wurden auch kaum Amphitheater gebaut. Man hatte die harmloseren gymnischen Wettkämpfe, man hatte mehr Theater. Und doch konnte man sich dem Trend nicht auf die Dauer entziehen, Gladiatoren und Tierhetzen kamen, manches alte Theater wurde entsprechend umgebaut. Übrigens hat auch das Christentum einige Generationen gebraucht, bis – um 400 – die Gladiatorenspiele endgültig abgeschafft wurden; Tierhetzen sind geblieben, innerhalb und ausserhalb städtischer Kultur.

Es ist leicht und bringt doch nichts, hier noch einmal gesittet pfui zu sagen; es hat auch nicht viel Sinn, einige psychologische Erklärungen mit leichter Hand in die Runde zu streuen. Es geht um Probleme, die ungelöst bleiben und auch uns unversehens packen, wenn Kontrollmechanismen ausfallen, etwa auf dem Videomarkt. Ich glaube, dass man weder die menschliche «Natur» noch eine bestimmte

---

[33] Dieser Verdacht besteht bes. bei den Märtyrern von Lyon, 178 n. Chr. (Bericht bei Eusebios, Kirchengeschichte 5,1,1–2,8).

[34] Seneca, epist. 7; 90, 45; 95, 33; tranqu. an. 2, 13. – Musonios bei Dion, or. 31, 121 f., danach Apollonios bei Philostrat Vit. Apoll. 4, 22; Demonax bei Lukian, Dem 57. Plutarch, De esu carn. 997b; De soll. an. 959c die nachdenkliche Feststellung, es sei «etwas in uns, das von Natur so beschaffen sei oder aber es gelernt habe, Freude zu haben» an blutigem Kampf; vgl. Augustin confess. 6, 8 über seinen Freund Alypius, der gegen seinen Willen der Faszination der Gladiatorenkämpfe erlag.

Gesellschaft einseitig beschuldigen sollte. Hierzu nur einige Beobachtungen: Es ist kaum ein Zufall, dass diese Art der Unterhaltung ihren Höhepunkt in der Epoche der *pax Romana* erreichte, in einer Gesellschaft, die generationenlang den Krieg nicht aus eigenem Erleben kannte. Die traditionelle, auch vom Griechischen geprägte Moral aber war einem Männlichkeitsideal verschrieben, das kriegerische Tüchtigkeit als Höchstwert fasste. Dies führte zu merkwürdigen Urteilen selbst bei Intellektuellen etwa der Art, die Todesverachtung, die der Gladiator in der Arena zeige, sei doch ein ethischer Wert.[35] Dazu aber kommt, *[41]* dass das politische System der Kaiserzeit de facto eine Militärdiktatur war. Mochten die sogenannten «guten Kaiser» diese Tatsache in den Hintergrund treten lassen, Gewalt braucht ihre Opfer, in denen sie sich bestätigt. Unfassbar leicht konnte nicht nur der Kaiser, sondern jeder hochgestellte Beamte ein Todesurteil fällen.[36] Man akzeptierte die Hinrichtungen als Zeichen löblicher Rechtspflege. Die andere Sicht erscheint in den Akten der Märtyrer. *[42]*

Mit dem politischen System der Kaiserzeit hatten sich Wesen und Funktion der Städte allerdings gewandelt. Weggefallen war jene «Freiheit» und eigenverantwortliche, kollektive Führung, die zum Aufschwung der griechischen *Polis* gehört hatte. Die Macht lag beim Militär und der wachsenden zentralen Bürokratie, in der Hand des Kaisers lief alles zusammen. Die Städte blieben die überschaubaren Lebenseinheiten, die griechischen Städte suchten ihre Identität in ihren alten Traditionen, ihren Münzprägungen,[37] Beamten und nicht zuletzt in ihren Festen aufrechtzuerhalten; die Zentralverwaltung nahm die Städte als Steuereinheiten. Doch vor allem in den Grossstädten, in der Residenzstadt Rom zumal, stand de facto eine amorphe Masse den Trägern der Macht gegenüber, die nicht ihresgleichen waren. Dem entspricht, dass in der «Schau» der Feste nun definitiv die professionellen Schausteller, die Virtuosen und Spitzensportler der Masse als den Konsumenten gegenüberstehen. Und doch bleibt es dabei, dass die Stadt sich als Festgemeinschaft formiert und ihrer selbst bewusst wird. Denn auch der absolute Herrscher und auch die anderen Träger der Macht haben das Bedürfnis, mit dem «Volk» in Kontakt zu sein; dass Tiberius auf den Einfall kam, von der einsamen Insel Capri aus das Weltreich zu regieren, was technisch durchaus funktionierte, machte ihn zum Monstrum. Als Stätte des Kontakts von Herrscher und «Volk» aber etablieren sich mehr denn zuvor die Spiele: Theater, Amphitheater und Circus.[38] Erster Festakt ist stets der Einzug der Honoratioren, unter stehenden Ovationen des Publikums; und man achtet sorgsam auf die Nuancen

---

[35] Cicero, Tusculanen 2, 41; Plinius, Panegyricus 33, 1.

[36] Plinius der Jüngere, im berühmten Brief über die Christen, über die von ihm erteilten Hinrichtungsbefehle: *duci iussi* (epist. 10, 96, 3).

[37] Vgl. Peter R. Franke: Kleinasien zur Römerzeit. Griechisches Leben im Spiegel der Münzen. München 1968.

[38] Belege bei L. Friedlaender (wie Anm. 22), 2–9. Friedensdemonstration: Dio Cass. 75, 4, 5 f.

im obligaten Beifall. Bei den Spielen ist der Kaiser in Person zu sehen, er kann bei dieser Gelegenheit auch Geschäfte erledigen, Bittsteller empfangen, Verfügungen erlassen, er wird aber auch durch die Art seiner Teilnahme sein Wesen dem Volk zur Schau stellen. Das Volk seinerseits kann auch in der Anonymität der Masse Kritik äussern, etwa auch durch Beifall zu einem bestimmten, auf der Bühne gesprochenen Vers. Selbst Demonstrationen sind möglich, Sprechchöre «Frieden, Frieden» zum Beispiel mitten im Bürgerkrieg – was freilich den Lauf der Ereignisse kaum beeinflusst hat. Jedenfalls: Die Spiele in der Stadt bleiben der Ort der Öffentlichkeit. Sie haben das Medien-Monopol; hier gibt es das «Publicum». Der Slogan *panem et circenses* liegt uns im Ohr;[39] wieso die *circenses* ein fast gleich dringendes Bedürfnis wie «Brot» für Hoch und Niedrig waren, ist vielleicht im Umriss deutlich geworden.

Drei Szenen seien noch vor Augen gestellt, in denen diese Konzentration der Öffentlichkeit in Theater und Circus augenfällig wird, zugleich aber auch der Zusammenstoss von Stadtgemeinschaft und Militärdiktatur. Zunächst Ephesos, um 50 n. Chr.: Ein neuer Guru, in dessen Zirkeln Menschen *[43]* von einem «heiligen Geist» ergriffen werden, hat in der Stadt grosses Aufsehen erregt, Paulus von Tarsos. Das Establishment der Stadt, dessen Interessen mit dem Betrieb des weltbekannten Heiligtums der Ephesischen Artemis eng verbunden sind, fühlt sich gestört und auch geschäftlich geschädigt. Es kommt zu einer Demonstration, mit dem Slogan «Gross ist die Artemis der Epheser» zieht man durch die Strassen. Drahtzieher war, wie es heisst, ein Silberschmied Demetrios. Wie verhält sich in solcher Situation die «schweigende Mehrheit» der Bevölkerung? Da gibt es nur eines: «Sie aber eilten einmütig ins Theater» – das Riesentheater von Ephesos ist wunderbar erhalten –; die Stadt wird zum Zuschauer der eigenen Wirren. In der Tat, auf der Bühne werden einige angebliche Delinquenten vorgeführt, doch lässt man sie gar nicht zu Wort kommen, zwei Stunden lang widerhallt das Theater von Sprechchören. Dann – man hat sich erschöpft – gelingt es einem städtischen Beamten, sich vernehmbar zu machen, er findet den rechten Ton: Über Artemis sei man sich einig, für Geschäftsschädigung gebe es ordentliche Gerichte, und im übrigen – da lässt er diskret den grossen Knüppel sehen: «Wir könnten ja angeklagt werden wegen des heutigen Aufruhrs», angeklagt beim Kaiser; und was geschieht, wenn römische Legionäre in die Marmorstrassen von Ephesos einmarschieren? Da bekommt man kalte Füsse. Man hat seine «Schau» gehabt und geht nach Hause.[40]

---

[39] Iuvenal 10,81.
[40] Apostelgeschichte 19, 23–40. Die Chronologie des Paulus bleibt umstritten, vgl. Robert Jewett: Paulus-Chronologie. München 1982 (Aufenthalt in Ephesos 52–55 n.); Gerd Lüdemann: Paulus der Heidenapostel I. Göttingen 1980 (48–50 n.).

Was Ephesos vermied, erfuhr Thessaloniki im Jahre 390. Die inzwischen christlichen Behörden wollten gegen Homosexualität einschreiten und liessen im Zusammenhang damit einen beliebten Jockey verhaften, der, als die Pferderennen fällig waren, schmerzlich vermisst wurde. Da kam es zum Sturm, die Ordnungshüter erwiesen sich als unterlegen, ein hochgestellter Beamter und etliche andere wurden von den Massen gelyncht. Die Strafe des Kaisers Theodosius war ebenso grässlich wie heimtückisch: Er liess zum Pferderennen einladen, dann umstellten Soldaten den Hippodrom und begannen mit dem Massenmord. Man braucht sich die Panik im Sportpalast nicht auszumalen. Die niedrigere Angabe spricht von 7000 Toten.[41] Bekanntlich *[44]* hat Bischof Ambrosius in Mailand daraufhin dem Kaiser Theodosius den Zutritt zur Kirche verweigert, bis dieser öffentlich Busse tat.

Schließlich Konstantinopel im Jahre 532: Es war wieder einmal zu Schlägereien zwischen den «Blauen» und den «Grünen» gekommen, die Polizei nahm Verhaftungen vor, was die Streitenden erst recht erbitterte. So kommt es zum Aufruhr, man stürmt die Gefängnisse, lässt alle Gefangenen frei; nun Plünderungen allenthalben, der Vorgängerbau der Hagia Sophia geht in Flammen auf; der Kaiser kann sich eben noch in seinem Palast verschanzen. Und wieder, wie in Ephesos, strömt das Volk zum Festplatz, zum Hippodrom, im Hochgefühl: Jetzt ist das Unerhörte Ereignis geworden. Der Slogan heisst *níka*, «siege!» Man hat einen Verwandten des Kaisers aufgetrieben, man bringt ihn dazu, in der Kaiserloge Platz zu nehmen, man applaudiert ihm als dem neuen Herrscher. Inzwischen aber hat der Kaiser Iustinian, ermutigt durch Theodora, seine in Ostfeldzügen erfahrenen und abgestumpften Truppen unter General Belisar mobilisiert. Belisar lässt den Hippodrom mit blankem Schwert stürmen. Widerstand gibt es kaum, nur die unausweichliche Panik. Bilanz, nach dem Zeitgenossen Prokop: 30 000 Tote.[42] Nicht zuletzt um darüber hinwegzukommen, ließ Iustinian dann unter Anspannung aller finanziellen und spirituellen Kräfte nebenan die Hagia Sophia erbauen. Der hierarchische Kuppelbau des christlichen Kosmos überragt bis heute den einstigen Ort des städtischen Festes daselbst. Und doch trägt gerade diese Stadt noch immer in ihrem Namen die Erinnerung an die antike «Stadt» schlechthin, Istanbul von «*Polis*».

---

[41] Vgl. Adolf Lippold in: Realencyclopädie (wie Anm. 17) Suppl. XIII (1973) 886 f. s. v. Theodosius I. Die Quellen differieren über die Details des Massakers. Nach dem Zeitgenossen Rufin (Hist. eccl. 11, 18 p. 1023 ed. Mommsen) ad ludos circenses invitari populum eique ex improviso circumfundi milites atque obtruncari passim, [ut] quisque occurrisset, gladio iubet. Dagegen spricht Sozomenos, Kirchengeschichte 7, 25, 3–7 von einer fixen Zahl von Hinrichtungen; die Zahl 7000 bei Theodoret, Kirchengeschichte 5, 17, 3. Der byzantinische Historiker Zonaras, nach unbekannter Quelle (vgl. Realencyclopädie – wie Anm. 17 – X A 729, 39), spricht von Pfeilen und Wurfspeeren und 15 000 Toten, wobei er untechnisch *théatron* statt Hippodrom sagt, 13, 18, 9–11.

[42] Prokopios, Bella 1, 24.

Es ist ein weiter Weg vom archaischen Festkalender über die klassische Tragödie bis zu Arena und Hippodrom. Das Ganze ist uns längst entrückt; die Römer
sind vom Lindenhof wieder abgezogen, die Kontinuität unserer Stadt hängt an
den Alemannen, die Turicum zu Zürich gemacht haben. Es bleibt von der Antike
her wohl doch ein lebendiges Exemplum. Es zeigt sich, wie auch Feste ihren
ernsthaften Hintergrund im Prozess des Lebens haben, und wie Kultur etwas immer Gefährdetes ist, das sich nicht einfach «übernehmen» lässt, um Besitz zu
werden. Festkultur besteht weniger im Konsum des Unterhaltenden als im Be-
wusstwerden des Lebensrhythmus der Gemeinschaft. Vielleicht kann hierzu auch
die «Theorie» von der Warte der Universität aus ihren Beitrag leisten, wobei sie
sich ihrer Herkunft aus der festlichen *Theoría* der antiken Stadtkultur durchaus
bewusst bleiben möchte.

Erschienen in: J. Stagl, W. Reinhard, Hg., Grenzen des Menschseins: Probleme einer Definition des Menschlichen, Wien – Köln – Weimar 2005, 401–419.

16. Vergöttlichung von Menschen in der griechisch-römischen Antike

Zwei recht verschiedene Phänomene bringt das vom Konzept dieser Tagung gestellte Thema in den Blick: *Mystik und Zivilreligion*. Zum einen geht es um den Aufstieg von einzelnen, ich-bewussten Individuen in eine göttliche Existenz, sei es durch eine kultische Transformation, sei es durch Wiederentdeckung eines göttlichen Ursprungs; dies bedeutet ein Zusammenspiel von Mysterienkult und Philosophie, wurzelt in der Todesproblematik und bringt eine Verwandlung von Totenglauben in Unsterblichkeitsglauben. Zum anderen aber geht es um den antiken Herrscherkult: Könige und Kaiser wurden 'Gott' genannt, mit Opferkult, mit öffentlichen Festen und mit Tempeln gefeiert. Beides, dies sei vorweg behauptet, hat wenig miteinander zu tun, auch wenn in beiden Bereichen Herakles eine wichtige Symbolfigur ist und von Herrscher-Mysterien gelegentlich gesprochen worden ist.

I.

Prinzipielle Voraussetzung, kontrastierender Hintergrund ist die gerade bei den Griechen durchgeführte grundsätzliche Antithese von Mensch und Gott nach dem Kriterium der 'Sterblichkeit': Menschen sind die Sterblichen, βροτοί, θνητοί, die Götter sind die 'Unsterblichen' ἀθάνατοι. Bestimmt ist dies durch die homerische Sprachregelung, die homerische Formelsprache: ἀθάνατοί τε θεοί – καταθνητοί τ' ἄνθρωποι. 'Unsterblich' ist als Wort und Begriff indogermanisch griechisch ἄμβροτος –, es ist aber nicht klar, ob dies von Anfang an im Sinn einer solchen Antithese verwendet wurde oder möglicherweise im Rahmen eines magischen Drogen-Festes, das Menschen unsterblich machen sollte. Griechen haben ἄμβροτος nicht mehr recht verstanden, hatten auch zu βροτός kein Beziehungswort, daher die Neubildungen ἀθάνατος gegenüber θνητός, wie später im Lateinischen, nach griechischem Muster, aus denselben indogermanischen Bestandteilen wie ἄμβροτος *immortalis* neu gebildet wurde.

[402] Die prinzipielle Einsicht vom Gegensatz der 'sterblichen' Menschen gegenüber den unsterblichen Göttern ist nicht original griechisch, sie findet sich vor

Homer im Gilgamesch-Epos, in dem das Scheitern der Suche nach der Unsterblichkeit zum Leitthema gemacht ist.

Die Polarität von Göttern und Sterblichen schließt 'Ähnlichkeit' nicht aus, im Gegenteil. Die homerischen Helden sind nicht nur 'gottgleich', sondern 'göttlich' δῖος, θεῖος, wobei das eigentlich ältere Wort δῖος verblasst ist und eher nur 'strahlend' heißt; beide Wörter wechseln in der homerischen Sprache nach metrischer Konvenienz. Der Mensch also ist definiert durch diese Doppelbeziehung zum Gott, Ähnlichkeit und Schranke. Dies bestimmt die 'Menschheit' in so grundsätzlicher Weise, dass alle anderen Differenzierungen unter den Menschen zurücktreten müssen.

Die Antithese Gott – Mensch geht allerdings nicht so reinlich auf. Der Tote ist ja nicht nichts, es gibt seit alters 'Kult' für Tote oder eben für Götter und für Tote. Bei den Hethitern wird der Tod von König und Königin als 'Gott Werden' bezeichnet, was mit der zeremoniellen Brandbestattung zusammengeht.[1] Nicht alle Toten sind gleich. Aufwändige Brandbestattung mit einem ganzen Toten-Fest-Palast findet man im 10. Jahrhundert in Lefkandi auf Euboia. Wirkungsmächtige Tote heißen nachhomerisch 'Heroen'. Archäologisch ist der Heroenkult mindestens seit dem 8. Jh. belegt, systematisch sind die 'Heroen' bei Hesiod in den Weltalter-Mythos eingebaut. Der Heroenkult hebt indessen die Antithese von 'Unsterblichen Göttern' und sterblichen Menschen nicht auf, im Gegenteil. Die Heroen sind ja alle einmal gestorben. Im Gegenzug dazu wird immer energischer betont, dass es keinen Gott gibt, der gestorben wäre. Das ist der letzte Trumpf des Prometheus gegen Zeus: "Jedenfalls wird er mich nicht zu Tode bringen."[2] Nur die Kreter, die notorischen Lügner, reden von einem Grab des Zeus.[3] Sie erweisen damit allerdings die griechisch-homerische Sicht als einen kulturell begrenzten Sonderfall; in Nachbarkulturen ist vom 'Tod des Gottes' durchaus die Rede.[4]

Es gibt nur zwei Ausnahmen, die das System stören, gerade weil sie in Kulten fest verankert sind, Herakles und die Dioskuren; später kommt Asklepios dazu.[5] Dabei kann man die Dioskuren, die irgendwie aus *[403]* indogermanischer Tradition stammen, eher bei den Heroen unterbringen; Herakles aber hat seine Kulte und Heiligtümer, und man stellt sich bald einmal vor, dass er im Olymp bei den Göttern lebt. Der Odysseevers, der das sagt (11,602), wurde im Altertum der Interpolation verdächtigt, aber man hat inzwischen ein Bildzeugnis für den vergöttlichten Herakles, mit *Hebe* der 'Jugend' als Gemahlin, immerhin aus dem 7. Jh.

---

[1]   Christmann-Franck 1971.
[2]   Aisch. Prom. 1053.
[3]   Kallim. Hy. 1,8 f.; Certamen Hom. et Hes. Z. 97–101 Allen.
[4]   Phönikische Inschrift von Pyrgi in Etrurien (5. Jh.), "Tag des Begräbnisses des Gottes", H. Donner und W. Röllig: Kanaanäische und aramäische Inschriften I-III, Wiesbaden 1966–69², Nr. 277.
[5]   Vgl. Burkert 1977, S. 324.

v. Chr.[6] Herakles ist das Hauptbeispiel dafür, dass ein Mensch Gott werden kann. Wilamowitz hat das als Zentrum der Herakles-Idee überhaupt aufgefasst; "Mensch gewesen – Gott geworden; Mühen erduldet – Himmel erworben"[7] – das klingt verdächtig nach dem christlichen Credo und deutsch-preußischem Ethos obendrein. Griechen selbst sahen im Herakles-Kult in beiderlei Gestalt, als Heros und als Gott, eher ein Problem, das schon Herodot diskutiert.[8]

Das 'klassische' Standard-Modell, mit der Mahnung: Sterblicher Mensch, du bist kein Gott, wurde mit dem berühmten Spruch des 'Erkenne dich selbst' verbunden, in eben dem Sinn: Erkenne, dass du sterblich bist. Das stand am Tempel von Delphi.[9] Eindrücklich finden wir das Prinzip bei Pindar und bei Herodot gestaltet. Pindar: "Liebe Seele, dränge nicht nach unsterblichem Leben, schöpfe die Möglichkeit praktischen Handelns aus." (Pyth. 3,61 f.). Bei Herodot gilt auch für den König: Du bist nicht unsterblich, du bist ein Mensch.[10] Wenn Herodot von den Geten berichtet, die 'unsterblich machen', und das zugehörige Menschenopfer beschreibt, wie sie da einen der ihren in die Speerspitzen werfen – "unsterblich aber machen sie auf folgende Weise" (4.94.1) –, so enthüllt er im Gestus der Objektivität den barbarischen Irrsinn eines solchen Glaubens. Allerdings kennt er auch die These, "dass die Seele des Menschen unsterblich ist", und schreibt sie den Ägyptern zu (2,123,2). *[404]*

2.

Damit sind wir bei Verkündigungen, die mit der Negation des Todes und damit der 'Göttlichkeit' von Menschen hervortreten. Wenn wir dabei Mysterien nennen, so sind die eigentlich beispielhaften, namengebenden *Mysteria*, das Fest von Eleusis auszunehmen. Eleusis verheißt den Mysten zwar ein bevorzugtes, ja 'seliges' Leben im Jenseits, gibt damit Anlass, "mit besserer Hoffnung zu sterben", wie es Cicero formuliert, aber von Gott-Werden ist so wenig die Rede wie von Unsterblichkeit.[11]

---

6   Lexicon Iconographicum Mythologiae Classicae s. v. Herakles nr. 3331; A. F. Laurens, in: Héraclès, les femmes et le féminin, hrsg. v. C. Jourdain-Annequin und C. Bonnet, Bruxelles 1996, S. 240.

7   U. v. Wilamowitz-Moellendorff: Euripides Herakles, Berlin 1895², I 38. Danach spricht auch Bengtson 1950, S. 333, von einem "echt hellenischen Glauben", der dem Herrscherkult zugrunde liege.

8   Hdt. 2,44; Kallisthenes in einer Rede bei Arrian (Anab. 4,11,7; FGrHist 124 A 8) behauptet, das Delphische Orakel habe diesen Kult geboten – Kallisthenes war Spezialist für Delphis Archive, FGrHist 124 F 23 = SIG 275, aber die Rede ist doch wohl von Arrian gestaltet.

9   Dazu H. Tränkle: ΓΝΩΘΙ ΣΑΥΤΟΝ. Zu Ursprung und Deutungsgeschichte des Delphischen Spruchs, in: Würzburger Jahrbücher 11 (1985), S. 19–31.

10 Hdt. 1,207,2; vgl. Xerxes am Hellespont, Hdt. 7,45 f.

11 Verwiesen sei auf Burkert 1977, S. 426–431, und Burkert 1994.

Anders steht es mit gewissen Dionysosmysterien, die man vielleicht orphisch nennen darf. Platon und Demosthenes geben ein sehr abschätziges Bild von der Praxis der privaten Mysterienpriester oder Priesterinnen; doch das ist ihre sozial und politisch verzerrte Sicht. Die in Gräbern gefundenen Goldblättchen dokumentieren uns jetzt immerhin eine gewisse Kontinuität solcher Mysterien über rund 600 Jahre. Die entscheidenden Texte stammen aus zwei Gräbern in Thurioi, Timpone grande und Timpone piccolo, seit 1879 bekannt, ins 4. Jh. v. Chr. zu datieren; wichtige Neufunde aus den letzten Jahrzehnten sind dazugekommen. Sie beweisen, dass es sich um 'bakchische Mysterien', um Dionysosmysterien handelt.[12]

In diesen Texten wendet sich nicht nur der tote Myste an Persephone und 'andere unsterbliche Götter' der Unterwelt und versichert: "Auch ich rühme mich, von Eurem seligen Geschlecht zu sein". Es heißt in dem einen Text aus Thurioi, Timpone piccolo (II B 1; Bernabé OF 488; Graf 5 Thurii 3,9):

> "Glücklicher und selig zu Preisender,
> Gott wirst du sein statt eines Sterblichen",

in einem anderen, aus dem Timpone grande (II B 2; Bernabé OF 487; Graf 3 Thurii 1,4), steht die Verwandlung bereits in der Vergangenheit:

> "Gott bist du geworden aus einem Menschen".

Auf Grund welcher Rituale oder Lebensführung der Tote dies in Anspruch nehmen kann, verraten die Texte nicht. Die Neufunde sprechen /405/ dafür, dass die Verwandlung eben im Tode stattfindet: "Jetzt bist du gestorben, und jetzt bist du geboren worden, dreimal Seliger, an diesem Tag", heißt es da (II B 3 und 4; Bernabé OF 485/486; Graf 26a,b Pelinna a1, b1). Dann wäre das "Gott bist du geworden", wie schon bei den alten Hethitern, vom Tod zu verstehen. Von der verstorbenen Alkestis heißt es bei Euripides (1003): νῦν δ᾽ ἐστὶ μάκαιρα δαίμων. Den weiteren Andeutungen mythischer und ritueller Art in diesen Texten der bakchischen Mysterien sei hier nicht weiter nachgegangen. Betont sei nur, dass das "Gott geworden" auf die Blättchen von Thurioi beschränkt ist; andere Goldblättchen lassen die Toten zu den Heroen gelangen, ins Elysion, oder sie lassen sie in

---

[12] Die Texte jetzt bei G. Pugliese Carratelli: Le lamine d'oro orfiche, Milano 2001; W. Burkert: Die neuen orphischen Texte: Fragmente, Varianten, 'Sitz im Leben', in: Fragmentsammlungen philosophischer Texte der Antike, hrsg. v. W. Burkert et al., Göttingen 1998, S. 387–400 (= Kleine Schriften, Band III, 47–61); Burkert 1999, S. 59–86; gründlichste Behandlung bei G. Zuntz: Persephone, Oxford 1971. Ein spätes kaiserzeitliches Goldblättchen spricht zu einer Caecilia Secundina· νόμωι ἴθι δῖα γεγῶσα, was ja wohl auch 'du bist göttlich geworden' heißen soll. [*Neue Texteditionen: F. Graf, S. Johnston, Ritual Texts for the Afterlife, London/New York 2007; A. Bernabé, Poetae Epici Graeci, II: Orphicorum et Orphicis similium testimonia et fragmenta fasc.2, München 2004].

der Unterwelt das Mysterienfest weiter feiern, wie es auch der eleusinische Mystenchor in Aristophanes' Fröschen tut.

Daneben stehen vor allem berühmte Verse des Empedokles, doch wohl aus seinem Katharmoi-Gedicht – das Straßburger Empedokles-Blatt hat dieses alte Problem nur noch unsicherer gemacht.[13] Empedokles stellt sich im Eingang des Gedichts selbst vor als "unsterblicher Gott, nicht mehr sterblich, wie man sieht",[14] ich meine, das zielt vordergründig auf sein Auftreten, seine besondere Tracht, und auch die Verehrung, die ihm entgegenschlägt; aber es soll verwirren. Empedokles spricht im Ich-Stil von *Daimones*, die wegen einer Schuld zum Kreislauf der Existenzen durch alle Elemente hindurch verurteilt sind (B 115), bis sie endlich wieder "emporwachsen als Götter, an Ehren reichste", "Herdgenossen, Tischgefährten der anderen Unsterblichen" (B 146/147). Im Grund scheinen diese Texte des Empedokles den gnostischen Mythos vom Fall und Wiederaufstieg des Menschen vorwegzunehmen. Sie bleiben für uns schwer einzuordnen. Von 'Orphik' zu sprechen, bringt nicht viel. Der Papyrus von Derveni, der wesentliche Stücke der alten Theogonie des Orpheus kennen lehrte,[15] hat dazu nichts gebracht. Ungelöst bleibt die Frage, wie alt und wie bedeutend der Mythos nun doch vom Tod eines Gottes war, dem Tod des 'chthonischen Dionysos', der zur Anthropogonie, zur Existenz also der Menschen und zur neuen Existenz des Gottes führte.[16]

Klar ist nur, bei Herodot wie bei Empedokles, dass diese Verkündung mit der Lehre von der Seelenwanderung zusammengeht. Diese wird am plausibelsten doch von Indien hergeleitet; Griechen schreiben sie dem Pythagoras zu. Dazu kann man an Iranisches denken, wo der *[406]* Aufstieg der Seele zu Gott eine alte Lehre ist, auch an Ägyptisches, auf das schon Herodot verweist. Eine Szene in einer anderen Gruppe von Goldblättchen (I A 1–3) kopiert eine Szene aus dem ägyptischen Totenbuch. Im Ägyptischen wird der Tote zu Osiris. Allerdings ist Osiris eben ein Gott, der seinerseits gestorben ist oder vielmehr ermordet wurde. Immerhin: "Du bist Gott geworden", würde sich da einfügen.[17] Es hätte dann bei dieser 'Vergottung' des Toten das ägyptische Paradigma gegenüber dem mesopotamisch-homerischen sich durchgesetzt.

Sucht man entsprechende Rituale, so kann man, mit dem Sprung über die Jahrhunderte, auf die Zeremonie der Isis-Mysterien bei Apuleius verweisen; da sind wir wieder beim Ägyptischen. Nach der Nacht der Einweihung wird der Myste

---

[13] A. Martin und O. Primavesi: L'Empédocle de Strasbourg, Berlin 1998.

[14] 31 B 112,5 D.-K.; der Ausdruck ὥσπερ ἔοικα ist umstritten.

[15] Vorläufige Teiledition ZPE 47 (1982) Appendix, vgl. A. Laks und G. W. Most (Hrsg.): Studies on the Derveni Papyrus, Oxford 1997.

[16] Der entscheidende Text hierfür ist spät, Olympiodor in Phaed. 1,3, p. 41 f. Westerink = Orphicorum Fragmenta 220.

[17] Burkert 1999, S. 96–101.

als Sonnengott vorgestellt, angetan mit der 'Olympischen Stola', die Fackel in der Hand, den Strahlenkranz auf dem Haupt, "gleich einem Götterbild", *ad instar Solis exornato me et in vicem simulacri constituto* (Apul. Met. 11,24,2–4). Das "Du bist Gott geworden" wäre damit in der Weihe vollzogen, bleibt freilich auf die Weihe beschränkt; in Rom wird die Weihe des Apuleius nicht anerkannt, weil "seine Gewänder in Korinth geblieben sind".

'Geheimnis' und 'Schweigen' charakterisieren die Mysterien; kühne Aussagen stehen dem Philosophen an. Durch Sokrates-Platon ist die 'Seele', *psyche*, zu einem Zentralbegriff der Reflexion geworden; Platon hat den erkennenden Geist besonders kraft des Beispiels der Mathematik in seinem überempirischen, überindividuellen Wesen herausgestellt. Dazu hat Platon das Exempel der Mysterien vor allem im 'Symposion' und im 'Phaidros' aufgegriffen und auch die Seelenwanderungslehre einbezogen. Wenn Platon in einer berühmten Formulierung von "Angleichung an Gott nach der Möglichkeit" spricht (Tht. 176b), bleibt er 'homerisch': Ähnlichkeit, ja, aber völliges Erreichen, gar Eins-Werden ist hier nicht in Sicht. Die These von der 'Unsterblichkeit der Seele' steht immerhin daneben; und weitergehende Spekulationen bleiben: Ist Gott selber Geist (*Nous*)? Ist der Geist göttlich? Und in welcher Beziehung steht dann unser Geist zum göttlichen Geist? Dass 'unser *Nous* der Gott ist', stand mit Zitat aus Euripides offenbar im Protreptikos des Aristoteles;[18] die Formulierung des Aristoteles, dass der Geist 'von außen' in den Menschen eingehe (gen. an. 736b28) und allein unvergänglich und göttlich sei, hat zudem Furore gemacht. Die Stoa entwirft als Fundament des Seienden ein göttliches *pneuma*, das zugleich *logos* ist, das die ganze Welt durchdringt und auch in jedem Menschen qua *zoon logikon* wirksam ist.

[407] Die daraus gezogene Konsequenz finden wir in direktester Formulierung bei Cicero ausgesprochen, im *Somnium Scipionis*: "Wisse, dass du ein Gott bist",[19] *Deum te scito esse* (Cic. S.Sc. 26); das ist so kühn, dass es Philologen gab, die zur Textänderung schritten: *eum te scito esse*. Das ist sicher falsch. Cicero selbst stimmt die Aussage seinerseits herab durch die folgende Erklärung: "Insofern Gott ist, wer Lebenskraft hat, wer empfindet, wer sich erinnert, wer voraussieht, wer in solcher Weise diesen Körper, dem er vorsteht, lenkt, bestimmt und bewegt, wie jener erste Gott diese ganze Welt (lenkt, bestimmt, bewegt)." Also Bewusstes und Bewegendes ist 'Gott', nicht nur 'Geist'. Vergleichbar sind Formulierungen von Epiktet, wonach wir das Göttliche, ja 'einen Gott' in uns tragen und diesem verantwortlich sind: θεὸν περιφέρεις (2,8,11 ff.); dem steht die neutestamentliche Aussage ganz nahe, dass unser Körper ein 'Tempel des Heiligen Geistes' ist (I Kor. 3,16; II Kor. 6,16f). Für Plotin ist die Vorstellung von 'dem Gott in jedem Einzelnen', τὸν ἐν ἑκάστωι θεόν, dann sogar eine 'allgemeine Vor-

---

18   Eur. Fr. 1018 Kannicht; Iambl. Protr. p. 48,16 ff.
19   Vgl. K. Büchner: Somnium Scipionis, Wiesbaden 1976, S. 88–92.

stellung' (6,5,1). Damit ist eine sublime Anthropologie aufgebaut, die man, christlich gestimmt, bis ans Ende des 19. Jh. und noch darüber hinaus zu feiern bereit ist. Der mysterienhaften Zeremonien bedarf sie nicht mehr. Die Souveränität des höchsten oder des einen Gottes bleibt dabei unberührt. Eigentliche Mystik als Erlebnis der Einheit des Menschen mit dem höchsten Gott ist nicht vor Plotin nachweisbar; sie ist im Christentum ein nicht ganz orthodoxer Seitentrieb geblieben.

3.

Der Herrscherkult ist Verlegenheit für den Religionshistoriker. Fast treuherzig formuliert dies Martin Nilsson, wenn er von der "Periode des tiefsten Verfalls der Religion und der schlimmsten Orgien des Menschenkultes" spricht.[20] Gott sei's geklagt, der Herrscherkult ist eine wesentlich griechische Erfindung, wenn auch nachklassisch. Er ist die auffälligste Form der öffentlichen Religion in der Kaiserzeit: Fast alle neuen Tempel der Kaiserzeit von Spanien bis Kleinasien und Syrien sind Kaisertempel.

Inwieweit die verschiedenen vor- und außergriechischen monarchischen Kulturen seit Naramsin von Akkad dem vorgearbeitet haben, ist hier nicht zu untersuchen, auch nicht die besondere, komplizierte Situation in Ägypten. Die Perserkönige haben sich nie als 'Gott' bezeichnet; *[408]* "Xerxes, der Zeus der Perser" hat der Sophist Gorgias auf Griechisch gesagt.[21] Entscheidend für die Ausprägung[22] waren zwei der ungewöhnlichsten Gestalten der Antike, Alexander und Iulius Caesar.

Wie genial und/oder gestört Alexander war, sei nicht diskutiert. Individualpsychologische Überlegungen anzustellen, fällt fast allzu leicht: Alexander hatte einen ungeheuerlichen Vater, den er zu verarbeiten hatte, einen Vater, der obendrein unmittelbar vor seinem gewaltsamen Ende Alexanders Mutter und damit auch Alexander selbst verstoßen wollte, um sich eine neue, junge Frau zu nehmen. Es scheint verständlich, dass Alexander, "sich beim Ammon eingeschwärzt hat, indem er dem Philippos absagte", wie ihm der alte Kampfgenosse Kleitos beim Gelage zurief (Plut. Alex. 50,11), ehe Alexander ihn erstach.

---

[20] Nilsson 1961, S. 125 ff., hier S. 152.
[21] Fragmente der Vorsokratiker 82 B 5a = Longin. Subl. 3,2.
[22] Die griechische Entwicklung ist oft dargestellt worden: Ein Vorspiel mit Lysandros in Samos (Duris FGrHist 76 F 71; 26), das nach der Entdeckung einer Inschrift (1964) ernster zu nehmen ist, als man meinte (Habicht 1970, S. 243 f. vgl. S. 3–9). König Philipp, der ungeheuer erfolgreiche, hielt es für richtig, σύνθρονος τοῖς δώδεκα θεοῖς zu sein (Diod. 16,92,5; 16,95,1); das Philippeion in Olympia (Paus. 5,20,9 f.). Οὐδὲν γὰρ ἔσται λοιπὸν ἔτι πλὴν θεὸν γενέσθαι schrieb ihm Isokrates (ep. 3,5).

Was Fakten betrifft, so ist nicht genau zu ermitteln, was am Ammonorakel in der Oase passiert ist, was die ägyptischen Priester zu Alexander sagten, was er dann an seine Mutter schrieb.[23] Offenbar hielt er sich seither für einen Gott. Griechische Orakel erwachten, Didyma, die Sibylle von Erythrai, sie meldeten sich mit der gleichen Botschaft. Wir haben keine Urkunde darüber, in welcher Form Alexander 324 von Babylon aus von den Griechen die göttliche Verehrung gefordert hat. Darüber gibt es eine anhaltende Diskussion.[24] Ernst zu nehmen ist der Bericht bei Arrian, dass dann in Babylon die Abgesandten der griechischen Städte eintrafen, um Alexandros als Gott zu ehren, "Festgesandte ausdrücklich zur Ehre des Gottes" (θεωροὶ δῆθεν ἐς τιμὴν θεοῦ, Arr. 7,23,2).

In Griechenland hatte es Diskussionen gegeben; insgeheim mag man sich gesagt haben, es sei leichter den Gott zu akzeptieren als das Rückkehrrecht der Verbannten, das Alexander auch ganz unmissverständlich verlangt hatte. Eine Rationalisierung hat Eduard Meyer versucht: Nach ihm ging es um die neue Form einer gesamtgriechischen absoluten Monarchie;[25] andere versuchen abzuschwächen: Alexander habe die Forderung doch nicht so direkt gestellt.[26] Bemerkenswert ist immerhin, dass in *[409]* einzelnen Städten Alexander-Kulte generationenlang bestanden.[27] Apelles malte Alexander mit Blitz fürs Artemision von Ephesos (Plin. 35.92). Die Alexandermünzen zeigen Herakles als Dynastiegründer und Vorbild des Königs; selbst erscheint Alexander als Münzbild erst unter den Diadochen.

Die Diadochen haben sich, als sie sich der Reihe nach zu Königen aufschwangen, differenziert verhalten. Am zurückhaltendsten waren die Makedonenkönige in Makedonien, am weitesten gingen die Seleukiden. Die Attaliden akzeptierten immerhin Städte-Ehrungen.[28] Ägypten war sowieso ein Sonderfall. Der moderne Historiker wird unterscheiden zwischen dynastischem Kult und Städte-Kult, das heißt zwischen dem, was die Herrscher selbst verlangten und organisierten und dem, was ihnen von anderen, besonders den griechischen Poleis angeboten oder aufgedrängt wurde. Antiochos III. organisierte 'Oberpriester' (*archiereis*) für seinen ganzen Machtbereich.[29] In Ägypten entstand zuerst das Alexander-Heiligtum in Alexandreia. Die verstorbenen Könige wurden dann als 'Götter' mit entsprechendem Kult angeschlossen. Aber die 'Geschwister-Götter', θεοὶ φιλάδελφοι, wurden offenbar bereits vor dem Tod der Arsinoe (270) als solche betitelt und entsprechend geehrt; Ptolemaios Philadelphos hat dann noch bis 246 gelebt. Der

---

[23] Direktester Bericht von Kallisthenes, FGrHist 124 F 14, bei Strab. 17, p. 814.
[24] Siehe Bengtson 1950, S. 333,1 und Habicht 1970, S. 28–36, 246–250.
[25] E. Meyer: Kleine Schriften I², Halle 1924, S. 265–314; vgl. Habicht, S. 225 f.
[26] Siehe Habicht 1970, S. 34 f.; S. 246–250.
[27] Habicht 1970, S. 25.
[28] Damaskos 1999, S. 276–285.
[29] Orientis Graeci Inscriptiones Selectae (OGIS) 224; ein weiteres Exemplar: Nilsson 1961, S. 168 f.

Usus der göttlichen Verehrung lebender Monarchen scheint sich dann im 2. Jh. zu steigern; weit trieb es Kleopatra III. in Ägypten.[30] In den Städten wurde es Routine, auch temporäre Gestalten gleich zu Göttern zu ernennen, etwa einen Ariarathes in Athen (OGIS 352); voreilig wurde auch Mithridates zum Gott auf Delos,[31] ehe seine Katastrophe diese Hongkong-Insel zur Bedeutungslosigkeit zurückführte.

Beachtung fordert der Beiname Epiphanes, was doch wohl als "der erscheinende Gott" zu verstehen ist.[32] Man hat freilich versucht, den Beinamen herunterzuspielen. Tatsächlich sind alte Belege für 'Epiphanie' im feierlichen Sinn des sich offenbarenden Gottes eher spärlich,[33] aber Timaios schon, immerhin frühhellenistisch, schrieb in seinem Lob *[410]* für Timoleon, der sei "größer als die ἐπιφανέστατοι θεοί."[34] Den offiziellen Beinamen Epiphanes führt als erster Ptolemaios V.; geboren 210 wurde er sofort als nomineller Regent geführt und dann nach ägyptischer Weise 197, als 13-Jähriger also, gekrönt. Dieser "Ptolemaios Epiphanes Eucharitos" erscheint in der berühmtesten ägyptischen Inschrift, dem Stein von Rosette (OGIS 90,5), aus dem Jahr 196. Der Eingang dieser Inschrift ist durchweg ägyptisierend. Also ist wohl die 'reizende Erscheinung' des jungen Herrschers qua Horos-Knabe im Blick. Es hat ihn nicht davor bewahrt, 180 an Gift zu sterben.

Der Seleukide Antiochos IV. Epiphanes[35] gelangte 175 auf den Thron. Ausgerechnet der in Rom Erzogene, Rom Gehorsame, der sich auch in Athen länger aufgehalten hatte, nimmt diesen Titel an und startet die Verfolgung der Juden: Sein Eingreifen in Jerusalem provoziert den Makkabäeraufstand. Sein Bild schwankt dementsprechend je nach jüdischer oder antisemitischer Sicht.[36] Man kennt keine Erklärung für seinen Beinamen, nur den Hohn des Polybios, eines Zeitgenossen immerhin, dieser Mann sei eher ἐπιμανής als ἐπιφανής zu nennen.[37] Vielleicht war der Titel einfach daher gekommen, dass Ptolemaios V. von Ägypten mit der Schwester des Antiochos verheiratet war. Antiochos hat Ekbatana noch in Epiphaneia umbenannt, ehe er in Persien starb. Bei seinen antijüdischen Maßnahmen scheint der Beiname keine Rolle gespielt zu haben; inwieweit man seinen Reflex in den Bildern des Danielbuchs erkennt, ist eine Interpretationsfrage.

---

[30] Nilsson 1961, S. 164. Siehe auch Euphronios zum 'neuen Dionysos' Ptolemaios IV, (Powell, Collectanea Alexandrina 176): "Auf Grund der Wohltat zur Feier begeistert bin ich da", ἐξ εὐεργεσίης ὠργιασμένος ἥκω.

[31] Damaskos 1999, S. 286 ff.

[32] Sehr zurückhaltend zu diesem Beinamen Pfister RE Suppl. IV 306 f., Nilsson 1961, S. 183.

[33] Immerhin Hdt. 3,27 von Apis, ἑωθὸς ἐπιφαίνεσθαι.

[34] FGrHist 566 F 119 bei Polyb. 12,23,4 (dessen Formulierung?).

[35] Wilcken RE Nr. 27; regiert 175–164.

[36] Das Urteil des Tacitus, hist. 5,8: Antiochus wollte *taeterrimam gentem in melius mutare.*

[37] Polyb. 26,1a,1, mit Anekdoten über unkönigliches Verhalten Vgl. Polyb. 30,25 f.; Ath. 195c ff.

Fragt man nach der dynamischen Struktur des hellenistischen Herrscherkultes, so ist klar, dass die Aufsprengung der Grenze Mensch – Gott im Wesentlichen durch zwei Offenbarungen königlichen Glanzes erfolgte, durch 'Sieg' und durch 'Wohltaten', beides zusammengefasst in der 'Rettung'. Euergetes, Nikator, Soter, das sind die kennzeichnenden Beinamen. Es kommt nicht auf 'Charisma' im Sinn der besonderen persönlichen Ausstrahlung an; von Wundertaten der Herrscher ist im Hellenismus, so weit ich sehe, nie die Rede – Heilungskraft in seinem rechten Fuß hatte Pyrrhos, Spross der alten molossischen Königsfamilie (Plut. Pyrrh. 3,7–9); das ist eher ein Relikt. Noch weniger geht es um Verdienst im Sinne charakterlicher Vortrefflichkeit. Es ist das überwältigende Gefühl der Dankbarkeit nach überstandener Gefahr, das zur Verehrung Anlass gibt; und an sehr konkreten Gefahren waren die *[411]* Zeitläufe in jenen heillosen Zeiten nur allzu reich. Man ist nicht eigentlich der Meinung, dass man Götter 'macht'; das Wort 'Apotheose' spielt eine ganz geringe Rolle.[38] Man hält es gemeinhin auch nicht für nötig, wie bei anderen Kulten, ein Orakel zu fragen. Die Göttlichkeit ist erfahren worden, schon vor dem Beschluss der Volksversammlung, als deren Voraussetzung, im Sieg und im Wohltun.

Leicht ist einzusehen, dass die traditionelle Götter-Auffassung und die besondere Form des griechischen Götterkultes dem entscheidend vorgearbeitet hatte: Die Götter sind ja seit Homers Vorzeichnung in erster Linie die 'Mächtigen', κρείττονες zugleich aber eben die 'Geber des Guten'.

Man ist dementsprechend seit langem bereit, 'Retter' wie 'Götter' zu erleben und dementsprechend zu ehren. Das steht schon bei Homer,[39] besonders eindrücklich formuliert es Aischylos:[40] Die 'Schutzflehenden' werden jetzt zu den Argivern "beten, ihnen opfern und spenden wie Olympischen Göttern, denn sie sind die Retter". Realiter wurde in solcher Weise Dion als Retter in Syrakus gefeiert; vom Lob des erfolgreicheren Retters Timoleon, "größer als die ἐπιφανέστατοι θεοί", war schon die Rede.[41]

De facto entstand dabei kaum ein Unterschied gegenüber dem 'normalen' Kult. Dieser wurde wenig mit komplizierten traditionellen Gebetsformeln und gar nicht mit theologischer Lehre praktiziert. Es gab auch kein Priestertum als Stand und keine professionelle Theologie. Ein Tier zum Opfer führen, Feuer auf dem Altar entzünden, Weihrauch verbrennen, Libationen gießen, das sind die Handlungen, die Aischylos ebenso wie die Inschriften des Herrscherkultes nennen. Das kurze Gebet des Opferherrn sagt Dank für erwiesene Wohltaten und erbittet neue für die Zukunft. Die praktischen Wohltaten waren im Fall des Herr-

---

[38] Zu ἀποθεόω Habicht 1970, S. 173–179; ἀποθέωσις OGIS 56,56, ἐκθέωσις ib. 56,53 (Kanobos-Dekret von 238).

[39] Il. 22, 393–4; 24, 258–9: Od.8, 467–8; 11,484.

[40] Hik. 980–3; vgl. Eupolis Fr. 384; Vergil Ecl. 1 s. u.

[41] Anm. 34; Habicht 1970, S. 8–10.

scherkultes evidenter als etwa die allgemeine Sorge einer Demeter für die Landwirtschaft. Mit den Opfern sind bedeutende finanzielle Aufwendungen verbunden, was gegebenenfalls durch die königliche Verwaltung zu regeln war. Im Polytheismus sind die Götter nicht eifersüchtig. Der Herrscherkult geht insofern mit
dem Kult der traditionellen Götter bruchlos zusammen. Nilssons Formulierung:
"Man war am alten Glauben irre geworden und huldigte nur der tatsächlichen
Macht", ist in Bezug auf das 'nur' zu korrigieren. *[412]*

Die Frage bleibt, inwieweit Herrscherkult über kollektives Normverhalten hin-
ausging: Spielte er eine Rolle für private Frömmigkeit? Es gibt in Ägypten ein
paar Belege für private Stiftungen;[42] wenn aber da ein Admiral Kallikrates etwas
für den Kult der Königin Arsinoe unternimmt, ist das doch schon wieder Politik
oder zumindest Mauern an der eigenen Karriere.

Dagegen fehlt es keineswegs an Kritik. Für die Intellektuellen ist der Herrscherkult noch nicht einmal ein Problem. Jeder weiß, dass die Herrscher keine
Götter sind;[43] man weiß nur nicht so genau, was richtige Götter sind oder ob es
die überhaupt gibt. Darüber streiten die Philosophen.

Um Alexanders Göttlichkeit gab es 324/3 in Athen eine Diskussion. Wir haben
ein wenig späteres Zeugnis von Hypereides – der war ein Führer der Antimakedo-
nen-Partei, also nicht eben objektiv. Für ihn war ein Skandal passiert: "Da musste
man zusehen, wie Opfer für Menschen stattfanden, wie Bilder, Altäre und Tempel für die Götter mit Nachlässigkeit, für die Menschen mit Sorgfalt erstellt
wurden … " Der Komiker Philippides führte in einer Komödie alle möglichen
Unglücksfälle auf den Zorn der Götter ob dieses Frevels zurück.[44] Gelassener
nahmen es die Spartaner; wir haben kein zeitgenössisches Zeugnis, nur nachträglich zugespitzte Formulierungen. Der Antrag Spartas lautete, laut Plutarch: "Lasst
uns Alexander gestatten, wenn er will, sich Gott nennen zu lassen" (lac. apopth.
219e), noch etwas gespitzter laut Aelian (v.h.2,19): "Nachdem Alexander ein
Gott sein will, so sei er ein Gott." Gröblicher griff der Dichter Sotades Ptolemaios
den Schwester-Gatten an (Fr. 1 Powell), er musste es mit dem Leben bezahlen,
meinte man. Dass Polybios den Antiochos eher als ἐπιμανής denn als ἐπιφανής
sah, kam schon zur Sprache (Anm. 37).

Nur scheinbar auf der anderen Seite steht das hochberühmt-berüchtigte Lied
auf Demetrios Poliorketes, das die Athener sangen, wohl 290 v. Chr.[45] Da feierte
man die Ankunft der "größten und freundlichsten Götter", Demeter und Demetrios, und da sang man denn: "Die anderen Götter sind entweder weit weg, oder
sie haben keine Ohren, oder es gibt sie gar nicht, oder sie kümmern sich um uns

---

[42] Nilsson 1961, S. 165; 159, 10.
[43] Vgl. auch Habicht 1970, S. 196.
[44] Hypereides 6,21; Philippides Fr. 25 Kassel-Austin; Habicht 1970, S. 216–218.
[45] Duris FGrHist 76 F 13; zur Datierung Habicht 1970, S. 232 f.

nicht so viel – dich aber sehen wir gegenwärtig, nicht aus Holz, nicht aus Stein, sondern wahrhaftig: Wir beten also zu Dir." Der zitierende Historiker Duris trägt dies im Gestus der Abscheu vor: "Das sangen die Marathonkämpfer." Der *[413]* Verfasser des Textes muss ein Intellektueller gewesen sein, denn diese 'fernen' Götter, die sich um uns nicht kümmern, das kommt doch direkt von den Diskussionen eines Epikur – der damals noch durchaus lebte – mit Akademie und Peripatos. Man muss aber bedenken: Das Lied ist ein 'Ithyphallikos', ein Lied zur Phallos-Prozession. Wie es die Athener in diesem Jahr mit Demeter- und Dionysosfesten gehalten haben, darüber gibt es eine etwas mühselige Diskussion. Jedenfalls: Ein Ithyphallikos ist kein Bach-Choral, sondern ein Faschingssong, ein Lied 'von der Bütt'. Demetrios ist Gott qua Faschingskönig, natürlich lachend, wie sich's für einen Gott gehört. Wir haben dafür einen sehr viel älteren Beleg, nämlich den Schluss der 'Vögel' des Aristophanes. Da wird Peisetairos nach der Kapitulation der wahren Götter zum Weltgott eingesetzt: "Über alles Göttliche hat er Gewalt gewonnen, neben sich thronend hat er die Königsherrschaft des Zeus … Sei gegrüßt, der Gottheiten Höchster" (1753, 1764) – auch das sangen Enkel der Marathonkämpfer. Uns scheint fast unheimlich, wie hier im Jahr 414 die hellenistische Vergottung vorweggenommen ist. Aber die Götter lachen darüber, wie wohl auch im Jahr 290 Demeter und Dionysos ihren Spaß haben konnten an ihrem σύνθρονος.

4.

Der Kaiserkult ist wiederholt sehr gründlich behandelt worden. Die Fakten sind wohlbekannt; die Beurteilung schwankt. Gegenüber christlicher und rationalistischer Kritik gab es Versuche eines verständnisvollen Ernstnehmens, was wieder Gegenkritik auf den Plan ruft. Eine eher positive Darstellung hat zuletzt Manfred Clauss vorgelegt.[46] Hier nur einige Stichworte:

Am Anfang steht die Vergottung Caesars als die große Ausnahme. Wie immer Caesar zu Lebzeiten dem vorgearbeitet hatte, es ist, soweit ich sehe, der einzige Fall, wo die Erhebung zum Gott spontan und unorganisiert zustande kam, Wirkung eines postumen Charismas eher im Bereich der Unterschicht. Der Zufall der Kometenerscheinung, des *Sidus Iulium*, kam dazu. Natürlich gab es dann die Organisation, die Fixierung der Ehrung, die Beziehung zum Caesar-Forum. Allerdings, daran bestand kein Zweifel: Der Divus Iulius war erst einmal gestorben.

Lange Zeit gab es in Rom keinen Kaisertempel zu Lebzeiten eines Kaisers. Augustus erhielt die Konsekration und den Tempel nach seinem Tod (Tac. ann. 1,10,8). Sogar Nero zögerte, laut Tacitus, göttliche *[414]* Ehren anzunehmen,

---

46   Clauss 1996; 1999.

nam deum honor principi non ante habetur, quam agere inter homines desierit (Tac. Ann. 15,74,3). Und Vespasian soll ja mit dem makabren Witz verschieden sein: 'Weh, ich glaube, ich werde ein Gott.' (Suet. Vesp. 23,4)

Von der anderen Seite kam die Bereitschaft der Griechenstädte, zuerst und vor allem derer in Asien, den aktuellen Herrn der Welt als Retter und Wohltäter für sich einzunehmen. Augustus hat das zugelassen, dann auch Tiberius (Tac. Ann. 4,16,3). Tacitus legt dem Tiberius eine Rede gegen den Kaiserkult in den Mund – *ego me ... mortalem esse et hominum officia fungi ... volo. haec mihi in animis vestris templa* (Ann. 4,37). Die Rede imponiert modernen Interpreten wohl stärker als dem Tiberiushasser Tacitus selbst. Domitian ging weiter als seine Vorgänger – und wurde ermordet.

Von der anderen Seite gab es, wie schon angedeutet, geradezu einen Wettlauf der Städte um das Amt des Kaisertempel-Dienstes, die 'Neokorie'; Ephesos glaubte ihn zu gewinnen: ΔΙΣ ΝΕΩΚΟΡΟΣ steht auf den Münzen.

Man hat die eingespielte 'Zivilreligion'. Wenn ein entsprechender Antrag in irgendeinem Rathaus eingebracht wurde, konnte keiner dagegen stimmen. Den anderen Göttern tat das nicht weh. In Ephesos blieb Artemis selbstverständlich 'die Größte'.[47] In Hadrianeia gibt es einen 'gemeinsamen' Altar für Demeter und Hadrian, er gehört "der reinen Demeter und dem höchsten der Sterblichen", Δάματρος ἁγνᾶς κὲ βροτῶν ὑπερτάτω – man weiß immer noch zu unterscheiden.[48] Dass der Kaiser sterblich ist, daran besteht kein Zweifel. Von der weiteren Verstärkung monarchischen Zeremoniells bis zu Diokletian, bis dann alles um den Kaiser *sacer* heißt, ist hier nicht weiter zu handeln.

Wie verhält man sich außerhalb des offiziellen Rollenspiels zur Göttlichkeit der Kaiser? Jenseits der Ehreninschriften ist wenig davon die Rede. Kaiserkult wird nicht verbunden mit der philosophisch mystischen 'Vergottung' des Menschen – die die Besonderheit des Herrschers aufheben würde. Dass der Herrscher Heilungswunder wirkt, gibt es eigentlich nur im Fall Vespasian, ausgerechnet Vespasian[49] – die mittelalterlichen Könige von Frankreich und England sind da sehr viel wirksamer gewesen. Private Gelübde sind ganz wenige bezeugt; jeder kleinasiatische Lokalgott hat ganz andere Bilanzen. Manfred Clauss *[415]* stellt zusammen: zweimal für Augustus, zweimal für Tiberius, nichts offenbar zwischen Domitian und Commodus.[50]

---

[47] R. Oster: The Ephesian Artemis as an Opponent of Early Christianity, in: Jahrbuch für Antike und Christentum 19(1976), S. 24–44.
[48] R. Merkelbach, J. Stauber: Steinepigramme aus dem griechischen Osten II, Leipzig 2001, 08/07/01.
[49] Suet. Vesp. 7,2–3; ein bescheideneres Wunder: Bild des Tiberius bei Brand unversehrt, Tac. Ann. 4,64,3.
[50] Clauss 1999, S. 526 f., vgl. S. 339. Nock 1957 bespricht Liban. Or. 18,304, eine Gebetserhörung durch den göttlichen Iulian, als singuläre Ausnahme.

Es gibt Reden über Königtum. Der Rhetor Menandros empfiehlt zum Preis der Herrscher eine Passage wie: "Dass die Regenfälle zur rechten Zeit kommen, dass das Meer seinen Ertrag liefert, dass die Feldfrüchte eingebracht werden, das ist ein Glück, das uns dank der Gerechtigkeit des Kaisers zuteil wird."[51] Dies ist ein Topos, den schon Assurbanipal in Ninive für sich verwendet hat; unser Rhetor hat's aus der Odyssee (19,108–113). Dies macht den Herrscher doch nicht zum Gott. Was als 'royal mysteries' gelegentlich angesprochen wurde,[52] dürfte sich auf rhetorische Exerzitien ähnlicher Art reduzieren.

Offene Kritik wird begreiflicherweise nicht geübt. Aber man muss die Zwischentöne hören. Sueton schreibt über die 'charismatische', spontane Vergottung von Caesar: *in deorum numerum relatus est, non ore modo decernentium, sed et persuasione vulgi* (Suet. Iul. 88). Das heißt doch klar: Üblicherweise ist die *consecratio* ein 'Beschluss' eines gewissen Gremiums, eine Sache des 'Mundes' und nicht von Herz und Sinn; sagen wird man manches in der passenden Gesellschaft. Hier, bei Caesar allein, kam 'Glaube' ins Spiel, *persuasio*, aber es ist, für den Gelehrten Sueton, eine *persuasio vulgi*, der Intellektuelle weiß und schweigt.

Anders klingt es zugegebenermaßen bei Vergil: Der große Iulius wird in den Himmel aufgenommen, heißt es in der Aeneis, "er wird in Gebeten, mit Gelübden angerufen werden", *vocabitur hic quoque votis* (Aen. 1,290). Das ist, wie wir sahen, nicht so ganz eingetreten. Schon in der prekären Idylle der ersten Ekloge Vergils gibt es die inständige Verehrung des Wohltäters: "Ein Gott hat uns diese Ruhe geschaffen; denn der wird für mich immer ein Gott sein, seinen Altar wird oft ein zartes Lamm aus meinem Stall (mit Blut) benetzen (...)" (Ecl. 1,6). Dies ist der Kult des Retters, letztlich in der Nachfolge des Aischylos, freilich verhüllt und neutralisiert in der bukolischen Maske.

Eher doppelbödig ist dagegen, was Horaz in seinen Gedichten auf Augustus gestaltet. *Carmen* 3,5: "Im Himmel, glaubten wir, regiere der donnernde Jupiter: Als gegenwärtiger Gott wird Augustus gelten, wenn die Britanner und die lästigen Perser dem Imperium eingefügt sind." Hier also die Aussicht, Augustus als θεὸς ἐπιφανής zu haben; vorsichtshalber *[416]* steht das im Futur – und wir wissen, dass die im *ablativus absolutus* zugesetzte Bedingung nicht zustande kam; Britannien ist erst nach Augustus, Persien überhaupt nicht Bestandteil des Imperium geworden. Also kein *praesens deus*?

Das andere Beispiel, Carmen 3,14,1: "Er, von dem man eben sagte, dass er nach Art des Herakles nach dem Lorbeer greife, der um den Preis des Todes zu gewinnen ist, er, Caesar, kommt als Sieger von der spanischen Küste nach Hause

---

[51] Rhetores Graeci III 377,21 Spengel.
[52] Pap. Antinoopolis I nr. 18; zu M. P. Nilsson, Opuscula III, Lund 1950, S. 326–328, siehe W. Burkert in: Masks of Dionysus, hrsg. v. Th. H. Carpenter und Chr. A. Faraone, Ithaca 1993, S. 268–270.

zurück." Hercules – Caesar – Sieger, ein Fanfarenklang. Augustus kommt und wird mit Freuden gefeiert. Nach dem Vorbild des Herakles war er ausgezogen, der auch einmal in Spanien war – hat man gesagt. Der Lorbeer jedoch, den Herakles erlangte, ist "um den Preis des Todes zu erlangen", *morte venalem laurum.* Augustus – Jupiter sei Dank – ist am Leben, er ist jetzt wieder zuhause. Alle sind froh, Horaz feiert auch privat – aber ist das nun ein Preisgedicht oder etwas ganz anderes?[53] Intelligente Dichtung für Intelligente.

Aus dem 2. Jh. nenne ich die Rede, die Arrian (anab. 4,11,2–4) dem Kallisthenes in den Mund legt. Es geht da um die 'Proskynese', das Sich-Niederwerfen vor dem König, was die Griechen so störend fanden, was mit Vergottung aber an sich nichts zu tun hat: Entsprechendes Verhalten wird dringend gegenüber einem angreifenden Gorilla empfohlen. Die Assyrer nannten das 'die Nase wischen', sc. am Boden. Arrian macht daraus eine Argumentation gegen die göttliche Verehrung, die Alexander anstrebt: So etwas sei für Barbaren, für Perserkönige am Platze, nicht aber für aufrechte Griechen. Später, bei der erwähnten Gesandtschaft der Griechenstädte, bemerkt Arrian: Und da stand Alexander bereits im Schatten des Todes.

Von Plutarch habe ich mir notiert, aus der Schrift über Schmeichelei (De adul. 56 EF): "Lassen sich nicht die meisten Könige mit Freuden 'Apollon' nennen, wenn sie herzzerreißend singen, 'Dionysos', wenn sie sich betrinken, 'Herakles', wenn sie Ringkämpfe machen, und lassen sich so von der Schmeichelei zu jeglicher Schändlichkeit verführen?" Die Götternamen als rhetorische Hyperbeln – das ist zumindest schlechter Geschmack. Mit 'herzzerreißendem Gesang' dürfte Plutarch auf den Konzertsänger Nero zielen.

Schärfer formuliert Plutarch in der späteren Schrift *Über Isis und Osiris* (360 C), in seiner Auseinandersetzung mit Euhemeros: "Wenn gewisse Leute, vom Hochmut erhoben … Götter-Beinamen angenommen haben und die Errichtung von Tempeln akzeptierten, dann blühte ihr Ruhm doch nur kurze Zeit; danach wurde befunden, dass sie der Hohlköpfigkeit und Aufschneiderei samt Gottesfrevel und Rechtsbruch *[417]* schuldig seien … und sie werden jetzt, wie der Ausschaffung überstellte entlaufene Sklaven, von den Heiligtümern und Altären weggerissen; und sie haben nichts mehr als Denksteine und Gräber." Plutarch hat wohl in erster Linie Domitian im Auge. Dass eine *damnatio memoriae* dann sogar an Denksteinen und Gräbern vollzogen wurde, übersieht Plutarch.

Noch ein eher verstecktes Zeugnis, von Pausanias, dem merkwürdigen Reisenden, der, von Kleinasien kommend, Griechenland so eingehend beschrieben hat: Ihm hat Arkadien mit seinen altertümlichen Eigenheiten besonderen Eindruck gemacht; und da bemerkt er über die Eigenart der alten Zeiten (8,2,4): "Damals sind auch Götter aus Menschen entstanden" – die Beispiele sind, natürlich, Herakles,

---

[53]   Diese Sicht auf c. 3,14 verdanke ich mündlichen Hinweisen von Otto Seel.

die Dioskuren und Amphiaraos; "zu meiner Zeit jedoch ist kein Gott mehr aus einem Menschen entstanden, abgesehen von Gerede und Schmeichelei gegenüber der Macht", πλὴν ὅσον λόγωι καὶ κολακείαι πρὸς τὸ ὑπερέχον, – das ist deutlich: Gerede und Schmeichelei machen neue Götter "zu meiner Zeit". Pausanias war 148 in Rom; er schreibt diesen Satz wohl um 150/160, zur Zeit des Antoninus Pius – dem man die Konsekration am ehesten gönnen möchte. Es gibt von ihm das schöne Apotheose-Relief in den Sammlungen des Vatikan, und sein Tempel überragt das Forum Romanum. Mark Aurel hatte hohen Respekt vor seinem Adoptivvater, wie der als Kaiser sich einsetzte, 23 Jahre lang. Aber er hätte verständnislos geblickt, hätte man ihn gefragt, ob er zu diesem seinem vergöttlichten Vater bete.

Von der Gegenrichtung war bei den Intellektuellen nur ein Zeugnis zu finden, bei Maximos von Tyros, dem philosophierenden Rhetor. Er handelt vom Daimonion des Sokrates, geht dabei auch auf Geistererscheinungen von Heroen ein, Achilleus zumal auf seiner Weißen Insel im Schwarzen Meer: "Ich habe den Achilleus nicht gesehen … Gesehen habe ich die Dioskuren auf einem Schiff, als glänzende Sterne … Gesehen habe ich auch den Herakles, und zwar in Wirklichkeit." Der Abschluss zum Applaus – klar, wen er meint: Commodus, der als Hercules im Zirkus auftrat (9,7 p. 110,9). Ausgerechnet Commodus.

Um zusammenzufassen: Der Kaiserkult ist eine extreme Form der 'Zivilreligion'. Was man dazu sagt und wie man es sagt, ist eine Frage der Strategie im akzeptierten Rollenspiel, es gibt kaum private Zeugnisse eigentlich religiöser Art. Für eine charismatische Wirkung der Art, wie sie nach glaubhaften Berichten von Adolf Hitler ausgegangen ist, gibt es in keinem Zeugnis über antike Kaiser Belege. *[418]*

Die Christen haben das Rollenspiel nicht mitgemacht.[54] Sie störten sich schon am Ansatz zu göttlicher Verehrung, wie das Kapitel über Herodes Agrippa in der Apostelgeschichte zeigt (12,21–23): Das Volk rief bei dessen öffentlicher Rede: "Stimme eines Gottes und nicht eines Menschen" – da schlug ihn der Engel des Herrn und ließ ihn ganz besonders jämmerlich sterben. Dieser Gott ist eifersüchtig. Für die Christenverfolgungen spielte der Kaiserkult trotzdem allenfalls eine Nebenrolle.[55] Man war geneigt, ihnen ein bangloses Rollenspiel vorzuschlagen. Den Konflikt hat dies nicht verhindert.

Das christliche Kaisertum hat sich wenig vom Herrscherkult distanziert. Konstantin inszenierte sein Begräbnis in der Apostelkirche als ἰσαπόστολος, wenn

---

[54] Vgl. die Kritik Tertullian Apol. 10,10: (ut) quos … publice mortuos sint confessi, in deos consecrent.

[55] Vgl. Clauss 1999, S. 427–431. Man hat von den Christen zunächst nicht verlangt, dem Kaiser zu opfern, sondern 'für die salus der Kaiser' (Perpetua 6,4); anders Pionius H. Musurillo, The Acts of the Christian Martyrs, Oxford 1972, 10,8, p. 146: ἐπίθυσον οὖν κἂν τῶι αὐτοκράτορι.

nicht ἰσόχριστος im Kreise der Apostelsärge. Philostorgios[56] berichtet von einem erstaunlichen populären Kult an Konstantins Statue, die auf der Porphyrsäule in Konstantinopel stand. Man opfert, man stellt Lichter auf, man bringt Gelübde dar. Ein ähnlich intensives Zeugnis über gelebten Kult ist bei den paganen Kaisern nicht zu finden. Freilich gab es jetzt auch viele andere Heilige, Männer und Frauen, bei denen man Hoffnung und Hilfe fand. Eher verschwanden die Intellektuellen, die von *persuasio vulgi* gemurmelt hatten.

Literatur

Bengtson, H.: 1950: Griechische Geschichte, München.

Böhme, C.: 1995: Princeps und Polis. Untersuchungen zur Herrschaftsform des Augustus über bedeutende Orte in Griechenland, München.

Burkert, W.: 1977: Griechische Religion der archaischen und klassischen Epoche, Stuttgart.

– 1994: Antike Mysterien. Funktionen und Gehalt. 3. Aufl., München.

– 1999: Da Omero ai Magi, Venedig.

Cerfaux, L. und Tondriau, J.: 1957: Un concurrent du christianisme: Le culte des souverains dans la civilisation gréco-romaine, Paris.

Christmann-Franck, L.: 1971: Le rituel des funérailles royaux Hittites, in: Revue Hittite et Asianique 29, S.61–111.

Clauss, M.: 1996: Deus praesens. Der römische Kaiser als Gott, in: Klio 78, S.400–433.

– 1999: Kaiser und Gott. Herrscherkult im römischen Reich, Stuttgart.

Damaskos, D.: 1999: : Untersuchungen zu hellenistischen Kultbildern, Stuttgart.

Den Boer, W. (Hrsg.): 1973: Le culte des souverains dans l'Empire Romain (Entretiens sur l'antiquité classique 19), Vandoeuvres.

Fishwick, D.: 1986/1992: The Imperial Cult in the Latin West, Leiden.

Gesche, H.: 1968: Die Vergottung Caesars, Frankfurt.

Gradel, I.: 2000: Heavenly Honours. Roman Emperor Worship. Caesar to Constantine, Oxford.

Habicht, Chr.: 1970: Gottmenschentum und griechische Städte. 2. Aufl., München (1. Aufl. 1956).

Huttner, U.: 1997: Die politische Rolle der Heraklesgestalt im griechischen Herrschertum, Stuttgart.

Nilsson, M. P.: 1961: Geschichte der griechischen Religion II^2, München.

Nock, A. D. : 1957: Deification and Julian, in: Journal of Roman Studies 47, S.115–123 (= Essays on Religion and the Ancient World, Cambridge/Mass. 1972, S.833–846).

Pleket, H. W.: 1965: An Aspect of the Emperor Cult. Imperial Mysteries, in Harvard Theological Review 58, S.331–347.

Price, S. R. F.: 1984: Rituals and Power. The Roman Imperial Cult in Asia Minor. London.

Small, A. (Hrsg.): 1996: Subject and Ruler. The Cult of the Ruling Power in Classical Antiquity, Ann Arbor.

---

[56] Philostorg. Hist. Ecc. 2,17, p. 28. Bidez: θυσίαι, λυχνοκαΐαι, εὐχαί.

Taeger, F.: 1957/1960: Charisma. Studien zur Geschichte des antiken Herrscherkultes I/II, Stuttgart.

Wlosok, A. (Hrsg.): 1978: Römischer Kaiserkult, Darmstadt (WdF).

Wrede, H.: 1981: Consecratio in formam deorum. Vergöttlichte Privatpersonen in der römischen Kaiserzeit, Mainz.

Erschienen in: A. Bierl, W. Braungart, Hg., Gewalt und Opfer, Berlin/New York, 2010, 57–70.

17. Zwischen Biologie und Geisteswissenschaft.
Probleme einer interdisziplinären Anthropologie

Eigentlich ist unser Interesse doch immer ein anthropologisches, sagte mein Lehrer Otto Seel, der doch selbst ganz in der Literatur, der deutschen wie der antiken, zuhause war. Mich selbst hat, während ich das Handwerk der Gräzistik bei Rudolf Pfeiffer und Reinhold Merkelbach lernte, eben Reinhold Merkelbach sehr in der Zuwendung zur Religionsgeschichte und insbesondere zu E. R. Dodds und Karl Meuli bestärkt, die je in ihrer Weise Philologie in Richtung einer allgemeineren Anthropologie vorantrieben.[1] Karl Meuli zumal rückte die antiken Texte in einen weiten Zusammenhang von Volkskunde und Ethnologie – im Englischen sagt man *anthropology* – und fand dabei doch immer im Zentrum etwas elementar Menschliches, direkt Verständliches, so dass er bereits die Jagdrituale des paläolithischen Menschen als Ausdruck einer 'Ehrfurcht vor dem Leben' deuten konnte. Epoche machte dann das Buch von Konrad Lorenz *Das sogenannte Böse* (1963) über die notwendige Funktion und die durchaus positiven Wirkungen der Aggression. Für das, was uns an Verhaltensweisen und Aktionen im Menschenbereich schwer verständlich und oft erschreckend begegnet, schuf Konrad Lorenz einen viel weiteren, positiv ausgeleuchteten Rahmen.

Es war vor allem der Begriff des Rituals,[2] dem einerseits Reinhold Merkelbach in seinen Studien über *Roman und Mysterium* (1962) nachging und dem von anderer Seite her Konrad Lorenz einen biologischen Sinn gab. 'Ritual' bot sich als Verbindungsbrücke zwischen tierischem und menschlichem Verhalten an. Die biologischen Funktionen, die Lorenz aufzeigte, führten zugleich zu menschlich-sozialen Interaktionen und insbesondere zur Religionswissenschaft. In ihr war 'Ritual', eigentlich ein Wort der katholischen Kirche, seit etwa 1890 zum zentralen Phänomen *[58]* erhoben worden,[3] das die zuvor fast ausschließlich beachteten

---

[1]   Vgl. Dodds 1951; Meuli 1975, darin II, 907–1021 "Griechische Opferbräuche", ursprünglich 1946.

[2]   Studien zum Ritual sind inzwischen unübersehbar vielfältig geworden. Vgl. Burkert 1972, 31–45; Burkert 1979, 35–58; Gladigow 1998, 442–460.

[3]   Vgl. Nilsson 1941, 10: "Der Umschwung war vollendet: statt der Mythen waren die Riten in den

'Glaubensvorstellungen' samt 'Mythologien' in den zweiten Rang verwies. Biologen ihrerseits konnten als 'Rituale' tierische Verhaltensweisen beobachten, die aus eigentlich pragmatischen Funktionen eine Zeichenfunktion entwickelten und eben in dieser ihre Erfüllung fanden. Konrad Lorenz' Standardbeispiel war das Triumphgeschnatter eines Graugänse-Paares, das auch in Abwesenheit eines Gegners Solidarität demonstriert und begründet. Aggressives Verhalten erscheint als biologisch notwendig und durchaus lebensförderlich. Menschliche Rituale, ja religiöse Feste lassen sich in durchaus ähnlicher Weise als Verhalten betrachten und verstehen, das Zeichen setzt, Zeichen der Solidarität und des Ausschlusses. Dies heißt, über verbale Erklärungen hinauszugehen, vom Spiel der 'Vorstellungen' abzusehen und die soziale Kommunikation als wesentlich ins Auge zu fassen. Dass Rituale ältere, vorsprachliche Weisen der Verständigung fortsetzen, ist eine naheliegende Vermutung.

Das befremdliche Ritual antiker Religionen, dem ich mit Lorenzscher Perspektive beizukommen suchte, ist das Tieropfer – das als Möglichkeit immer auch das Menschenopfer mit einschließt –; es ist eine paradoxe Verbindung von Destruktion und Heiligung, ein 'Böses', aus dem Frömmigkeit sich erbaut. *Homo Necans* erschien 1972. Ausgangspunkt war Karl Meulis große Studie über *Griechische Opferbräuche* (1975, II, 907–1021), in der die Opfer-Rituale von frühmenschlicher Jagd und Fleischverzehr hergeleitet werden und ihr Zeichengehalt dann letztlich als eine Form von 'Ehrfurcht vor dem Leben' entziffert wird. Weite Resonanz fand besonders Meulis Begriff der 'Unschuldskomödie'. Konrad Lorenz schien sich gleichsam als Kommentar zu Meuli zu bewähren: Das 'Böse' zeigt sich als 'gut' in der notwendigen Beförderung des Lebens; das Töten wird eingefangen und eingegrenzt im 'heiligen' Ritual. Freilich wird zugleich das 'Gute', das Heilige, entzaubert als ein wie immer umkleideter zerstörerischer Akt von Aggression im Dienst elementarer Körperlichkeit. Es ist ein düsteres Licht, das von hier aus aufs 'Heilige' fällt.

Religion wird in dieser Weise nicht auf 'Glauben' reduziert, sondern als ein sinnvoller Komplex von Ritualen in ihrer sozialen Funktion betrachtet. Erleben steht in Korrelation zur Kommunikation. Da ließen, *[59]* neben Konrad Lorenz, auch Durkheims Soziologie und Sigmund Freuds Psychoanalyse sich durchaus einbringen.[4] Aus der griechischen Tradition, aus der Poesie der Griechen, der Mythografie und den Notizen zu antiken Ritualen ließ sich eine Struktur herausarbeiten, die sich in Variationen wiederholt und im Zentrum das Bewirken und Erleben des Todes im Opfer, im Vollzug des Tötens umschließt, mit labyrinthischem Zugang und nachträglicher Sorgewaltung. Die Rolle des Opferrituals in

---

Vordergrund getreten. [...] Seitdem ist keine durchgreifende oder grundsätzliche Änderung der Methode und der Richtung der Forschung eingetreten."

[4]   So bereits Harrison 1912, 476–477, 486–487 (zu Durkheim); Harrison 1921, xxiii (zu Freud).

der Metaphorik der griechischen Tragödie erweist sich als besonders aufschluss-reich.[5]

Der Ansatz von *Homo Necans* wurde weitergeführt in den *Sather Lectures* mit dem Titel *Structure and History in Greek Mythology and Ritual* (1979). Sie gehen besonders der Prägekraft historischer Traditionsketten nach, in denen Komplexe von Ritual und Mythos in ihren Variationen sichtbar werden; dies bringt zugleich eine Abgrenzung zu rein formalen Ansätzen des 'Strukturalismus'. Ein allgemei-nerer Versuch, biologische Ansätze zu Religion zu erfassen, mit Impulsen der 'Sociobiology' von Edward O. Wilson,[6] folgte in den *Gifford Lectures* von 1989 unter dem Titel *Creation of the Sacred* (1996). Der eigentlich intendierte Titel war *Tracks of Biology and the Creation of Sense*, was der Verlag ins Allgemeine-re gewendet hat. Diese Vorlesungen haben Begriff und Phänomen des 'Opfers' ergänzt, indem das Ritual des 'Gebens' in den Vordergrund tritt, das als – auf-wendiges – rituelles Zeichen in den meisten Formen der Religion eine tragende Rolle spielt: 'Geben' in seinem doppelten Aspekt, als Ablösung von Bedrohung und als Postulat eines Ausgleichs von Gabe und Gegengabe. *Fitness oder Opium? Die Fragestellung der Soziobiologie im Bereich alter Religionen* (1997) ist ein er-gänzender Aufsatz in jenem Sammelband, den mein verstorbener Freund Fritz Stolz zu meiner Emeritierung herausgebracht hat.[7]

Die griechische Religionswissenschaft konnte in den letzten Jahrzehnten er-freuliche Neufunde zur Kenntnis nehmen, wie das 'Heroon' von Lefkandi für die 'Dunklen Jahrhunderte', die Befunde von Kalapodi für die Kontinuität vom Spät-mykenischen bis zur klassischen Epoche, die Funde von 'orphischen' Texten – Goldblättchen und Papyrus von Derveni – für *[60]* Jenseitsglauben und -rituale. Grundstürzendes haben sie nicht gebracht. Für die Perspektive von *Homo Necans* waren einige Funde außerhalb des Fachbereichs fast wichtiger: Neu publiziert wurde ein sumerischer Mythos über die Erfindung des Opfers, der 'Lugalban-da'-Text (1983), der allen in *Homo Necans* behandelten Texten weit vorausliegt: Lugalbanda, von Freunden verlassen, erfindet das Feuer und die Jagd, und ein Gott erteilt im Traum die Anweisung, wie die Tiere zu schlachten sind. Darum lädt Lugalbanda die großen Götter zum gemeinsamen Mahl, und sie erhalten die besten Stücke.[8] Die Botschaft ist klar: Die Fleisch-Nahrung des Menschen ist ein Problem, das die überlegene Autorität der Götter löst. So versteht weit später auch der Islam die Geschichte vom Opfer Abrahams als die Ermächtigung für den Menschen, Tiere zu essen, und feiert das mit einem jährlichen Opferfest. Von ganz anderer Seite erscheint das gleiche Problem in einer Version der Buddha-

---

5   Vgl. Burkert 1966.
6   Vgl. Wilson 1975.
7   Vgl Stolz 1997; der genannte Aufsatz: 13–38.
8   Vgl. Hallo 1983; Hallo 1996. Hallo verweist bereits auf *Homo Necans*.

Legende: Der junge Königssohn soll, entsprechend seiner Position in der Familie, zum Fest ein Schaf schlachten. Dies sei keine Schuld, will man ihm einreden. Ein rechter Mann existiert als *homo necans*. Buddha aber bringt es fertig, statt des Schafs nur sich selbst zu verwunden.[9] Der Religionsstifter, entgegen den Regeln von Rang und Rolle, verweigert das Töten.

Von einem triumphalen Abschluss dieser Studien ist nun allerdings nicht zu berichten. Statt finaler Synthese stehen wir in der Situation, dass vermeintliche Sicherheiten hinweg schmelzen. Die Kulturwissenschaften erfahren die Erosion der Globalisierung, die Naturwissenschaften durchbrechen alle Grenzen einer menschlich vorstellbaren und benannten Welt, der Begriff des Geistes ist in Auflösung begriffen. Vervielfältigt und intensiviert stehen Fragen und Fragezeichen im Blick. Sie drängen an vom Bereich der Biologie, der Psychologie, der sogenannten Geisteswissenschaften überhaupt.

Was die Entwicklung der Biologie betrifft, so scheint Konrad Lorenz rascher und deutlicher als erwartet zu versinken. Widerspruch war zu erwarten; dass er politisiert wurde, ist bedauerlich, zumal dies auch die objektiv fortbestehenden Leistungen verdunkelt.[10] Als widerlegt kann Konrad Lorenz' These von der 'Spontaneität der Aggression' gelten, die sich angeblich staut und regelmäßig entladen muss. Dagegen scheint mir der *[61]* Ritualbegriff von Konrad Lorenz, die zum Zeichen gewandelte Handlungssequenz, nach wie vor erhellend und brauchbar. Zweifeln allerdings unterliegt die Annahme, wonach Rituale zeitbeständig, kontinuierlich, insofern uralt sind, ja als Manifestationen vormenschlicher Biologie zu nehmen sind. Die gewaltig vorangetriebene Primatenforschung führt nicht auf stabile Rituale, sondern zeigt ein buntes Puzzle möglichen Verhaltens, das keine einheitliche Entwicklungslinie erkennen lässt. In dem doch besonders einer Ritualisierung unterworfenen Sexualverhalten sind Gorillas, Bonobos, Schimpansen untereinander verschieden und je anders als der Mensch. Es gibt einige Homologien, besonders etwa im Umgang mit sozialen Hierarchien, mit Grüßen und 'Respekt'-Bezeugungen. Dergleichen ist uns leicht verständlich und führt direkt hinein auch in religiöses Verhalten.[11] Doch die durch kulturelle Erziehung fixierten Rituale der Menschen in ihrer offenbaren Buntheit sind gewiss eine neue Stufe. Dass Rituale als Auslesefaktoren in der Menschheitsgeschichte anzusetzen sind, ist darum nicht zu beweisen; dass extrem lebensfeindliche Rituale absterben, ist banal. Die Versuche der 'Soziobiologie', soziale Regeln und Bräuche auf ihren Wert für biologische Fitness d. h. für den Fortpflanzungserfolg zu prüfen und quasi-darwinistisch daraus zu begründen, haben nicht weit geführt.

---

[9] Vgl. Gimaret 1971, 81–83.
[10] Stellungnahme eines Lorenz-Schülers zu Lorenz-Problemen: Bischof 1991.
[11] Vgl. Burkert 1998, 102–125.

Das 'Gute' im 'Bösen', das Lorenz im Aggressionsverhalten fand, findet immer weniger Sympathie. Dass Solidarität in erster Linie durch gemeinsam vollzogene oder demonstrierte Aggression gestiftet wird, findet kaum mehr Zustimmung. Aggression liegt quer zu zeitgenössischen Trends und wird eher fortschreitend tabuisiert. Im Herrschaftsbereich der Bilder-Medien hat ein 'böses' Gesicht eine abstoßende Wirkung, als zeige es nur den Angreifer und nicht auch den schützenden Verteidiger. Die Jugend-Gewalt, bei welcher Solidarität durch Aggression eine unübersehbare Rolle spielt, hofft man mit sozialpädagogischen Maßnahmen abzustellen. Flachem Optimismus entgegen, besteht andererseits die Tendenz, das 'Böse' qua 'Schurkenstaaten' und Terrorismus zu verabsolutieren und der eigenen unreflektierten Aggression zu überantworten.

Vom 'Guten im Bösen', wie Lorenz es zeigte, machten besonderen Eindruck die Tötungshemmungen bei verschiedenen Tierarten, vor allem den jeweiligen Jungen gegenüber; das 'Kindchen-Schema' und seine Wirkung hat sich weitum eingeprägt. Im Widerspruch dazu ist inzwischen die *[62]* Fachbiologie zunehmend den Ausnahmen nachgegangen, die so außergewöhnlich gar nicht sind, etwa dem systematischen Kindermord in Tierfamilien, wenn das potente Männchen Platz für den eigenen Nachwuchs schafft. Harmonie des Lebens tritt zurück gegenüber einem radikaleren Darwinismus.

Einen prinzipiellen Durchbruch stellte das Buch *The Selfish Gene* (1976) von Richard Dawkins dar. Es macht, mit überlegener Wissenschaft, besonders in Bereichen von Statistik und Spieltheorie, der Idee der 'Gruppenselektion' den Garaus, einer naiven Version des Sozialdarwinismus, der man seit Anfang des 20. Jahrhunderts auch in der allgemeinen Religionswissenschaft zugeneigt war,[12] als ob im Auslesekampf die solidarischen Gemeinschaften, und so auch religiöse Gruppen, im Vorteil seien. Dagegen stellte Dawkins den Erfolg des einzelnen, ja des 'selbstsüchtigen Gens' in den Vordergrund, dessen Reproduktion keiner moralisch-solidarischen Definition unterliegt. Man sieht die Entsprechung zum modernen gesellschaftlichen Wandel von einer korporativ gebundenen zu einer atomisierten, auf individuelle Interessen ausgerichteten kapitalistischen Gesellschaft. So ist die 'Fitness' der Religion als Gemeinschafts-Phänomen in Frage gestellt. Freilich gilt das Problem der Gruppenselektion als noch nicht definitiv erledigt. Warum und wie überhaupt sich Gruppen bilden und durchsetzen, zumal Gesinnungs-Gruppierungen, das ist, vorschnellen Erklärungen zum Trotz, rätselhafter als gemeinhin angenommen.

Über alles Frühere hinaus geht der markante Fortschritt, der gerade im Jahr 2000 mit der Entzifferung des menschlichen Genoms – und vieler anderer Genome seither – markiert ist. Parallel damit geht ein nicht weniger atemberaubender Fortschritt der Gehirnforschung. Hier wird eine Präzision der Feststellungen er-

---

12 Vgl. Gruppe 1921, 243: "Vorsprung im Kampf ums Dasein mit anderen Gesellschaftsgruppen".

reicht, die noch vor kurzem kaum denkbar erschien, Molekülbildungen einerseits, elektrochemische Wechselwirkungen in ungezählten Nervenzellen andererseits, in deutlicher Verbindung mit Bewusstseinsphänomenen, mit Denken und Empfindungen. Das Ergebnis ist vorderhand eine neue Unübersichtlichkeit, die in Unverständlichkeit mündet. Milliarden von Synapsen in ihrem Zusammenspiel zu erfassen ist gerade unserem eigenen Gehirn unmöglich. Das Ich, die Person, der Geist sind so nicht aufzufinden. Fortgeschrittene mathematische Methoden im Bund mit Computern mögen weiterführen – die verstehende [63] Anthropologie gerät in eine Krise, wie sie seit Jahrtausenden nicht bestanden hat; es wird Generationen dauern, damit fertig zu werden. Zwischen unserer naiven Erlebens-Psychologie und der Komplexität eines funktionierenden Gehirns auf dem Hintergrund genetischer Programmierung ist kaum zu vermitteln. Ein sokratisch-platonischer Dialog oder ein demokratischer Diskurs darüber erscheint ebenso unmöglich wie eine altmodische Predigt. Unsere herkömmlichen Auffassungen, in denen wir geistig zu leben glauben, samt unserer traditionellen Art, darüber zu sprechen, erscheinen als ungeheuerliche, vielleicht irreführende Vereinfachungen.

Die Entwicklung der Biologie schlägt durch auf die Psychologie. Die Arbeit an *Homo Necans* stand im Zeichen der Freudschen Psychoanalyse, die in Deutschland erst nach 1945 als das Neue, Revolutionäre zur Entfaltung kam; im persönlichen Bereich kam die Verbindung mit Georges Devereux dazu, einem genial-erratischen Psychoanalytiker und Kulturhistoriker, den E. R. Dodds in die Klassische Philologie hineingezogen hatte.[13] Dass die in faszinierenden Büchern vorgetragenen Theorien Freuds doch eigentlich Mythen sind, die gerade darum ihre Wirkung taten, diese Einsicht scheint sich mehr und mehr durchzusetzen, zumal in der Praxis konkurrierende Methoden und vor allem die Erfolge von Chemotherapeutika hervortreten. Die Mythen haben den Vorteil, dass sie erzählbar und scheinbar begreifbar sind. Jane Harrison hat Freuds *Totem und Tabu* begeistert begrüßt:[14] Wir Wissenschaftler leben auch weiterhin in Mythen. Doch wissenschaftliche Psychologie, wie sie sich international entwickelt hat, ist anderer Art, gestützt auf Experimente und Statistik; sie gewinnt partielle Einsichten, hat auch Heilerfolge, hält sich aber fern von einer allgemeinen Kulturtheorie, wie sie Freud skizziert hatte.

Wie also kann der Kulturwissenschaftler die Psychologie noch nutzen? Lassen sich aus dem, was wir an Erlebensweisen und Emotionen intuitiv als 'allgemein menschlich' oder 'spezifisch menschlich' annehmen, überhaupt objektive Aussagen gewinnen, oder projizieren wir damit immer nur ein kulturell gesteuertes Selbstbild? Äußerlich werden wir 'globalisiert': alles mögliche Fremde ist in medialer Aufbereitung zugänglich, freilich so, dass die kulturellen und individuellen

---

[13] Vgl. Devereux 1976; Duerr 1987.
[14] Vgl. Harrison 1912, xxiii.

Tabu-Strategien, die Verhüllungen und Sprachregelungen der anderen dabei kaum zu durchdringen sind. *[64]* Gibt es ein *Humanum*? "There is no human nature apart from culture" (Geertz 1973, 35–36).

Im Falle von *Homo Necans* heißt dies: Was lässt sich generell fassen etwa über Entstehung und Verarbeitung von Angst- und Schuldgefühlen im Tiere-Töten bei ganz verschiedenen Individuen, Regionen, Epochen? Hat die These, dass in Opferritualen etwas wie Schuldgefühle und Wiedergutmachungsversuche zum Ausdruck kommen, noch einen allgemeinen Sinn? Die Interaktion von Jagdverhalten, Aggression und Angst- oder Schuldgefühlen kann von der Gehirnforschung im Einzelnen problematisiert, aber im Ganzen bis auf Weiteres weder bestätigt noch widerlegt werden, zumal 'Jagdverhalten' doch wohl recht verschieden funktioniert, je nachdem ob man einen Hasen mit einer Wurfkeule zu treffen sucht, ein Reh in einer Schlinge fängt oder an den Abzug einer Feuerwaffe rührt. Einstweilen können wir uns zurückziehen auf die auf uns zulaufende kulturelle Tradition: Hier finden wir, verbreitet und zeitbeständig, eine Ritualpraxis, die den Umgang mit dem Tod ins Zentrum der Aufmerksamkeit rückt, indem sie das Tiere-Schlachten als 'Heiliges' zelebriert oder auch, in der Reform-Religion eines Buddha, radikal ablehnt. Beim Jagdverhalten der Schimpansen gibt es dergleichen nicht. Ob sich bei Menschen dergleichen fortsetzen wird und fortsetzen soll, ist ein andere Frage.

Die Kulturwissenschaften, traditionell Geisteswissenschaften genannt, sind seit langem in der Reaktion auf den Erfolg der Naturwissenschaften befangen. Sie suchen die eigene Autonomie zu sichern durch Loslösung von der sogenannten 'Natur'; und so insistiert man auf der scheinbar freien Vielfalt kultureller Konfigurationen. Wie gesagt: "There is no human nature apart from culture".[15] *Point de résistance* ist die unzweifelhaft biologisch eingerichtete Geschlechterdifferenzierung; doch sie wird mit modernisierendem Gestus möglichst ganz zum gesellschaftlichen Konstrukt erklärt. Biologische Prägungen werden zur Erklärung kaum mehr zugelassen.

Ebenso wenig wird Vergangenes als Maßstab für Gegenwärtiges anerkannt. Gerade zu der Zeit, als *Homo Necans* zum Abschluss kam, fingen die Kulturwissenschaften und insbesondere Ethnologie und Volkskunde an, sich explizit von ihrer Rolle als Hüter der Tradition zu emanzipieren und sich, statt für alte Kontinuitäten, für Kontinuitätsbrüche zu interessieren, für Modernisierungen und illegitime Restituierungen, für zeitlose *[65]* Kulturanalyse.[16]

In der Tat, menschliches Ritual ist vielgestaltiger, formbarer und kurzlebiger als die aufs 'Wesen' ausgerichteten Idealisten früherer Generationen annehmen mochten. Eine Zeitlang erschien der Strukturalismus, ein ahistorischer, an forma-

---

[15] Geertz 1973, 35–36.
[16] Symptomatisch Bausinger/Brückner 1969; Bausinger 1971.

ler Logik orientierter Umgang mit Mythen und Riten, als neue, spezifische Methode der Geisteswissenschaft, wobei der Gehalt sich auf die Antithese Natur-Kultur konzentrierte.[17] Der eigentliche Wandel freilich liegt darin, dass der Ethnologie und Volkskunde ihr Gegenstand abhanden kommt, insofern der globale Zivilisationsbrei allenthalben sich durchsetzt. Keine unberührte Insel ist geblieben, die zusätzliche anthropologische Modelle beibringen könnte. So bleibt vor allem Selbstkritik innerhalb der Wissenschaften, samt der Kritik an bedeutenden Vorgängern, deren Interpretationen auf ideologische Einfärbung geprüft werden.

Am reinsten mag Geisteswissenschaft sich verwirklicht sehen, wenn sie sich ganz von der Ausrichtung auf objektive Sachverhalte emanzipiert und in Interpretation von Interpretationen erfüllt. Hermeneutik kann sehr geistvoll sein; sie ist sich selbst genug: hier erst recht wird alles zur Konstruktion, es gibt kein Finden, nur Erfinden und Weitergeben. Genauer sei dies hier nicht diskutiert. Dass naives gegenständliches Interesse ganz unterdrückt wird, steht trotz allem nicht zu erwarten.

Religion begreiflich zu machen, ist in dieser Weise immer schwieriger geworden. Religion steht vor uns in Gestalt sehr alter Traditionen, die uns bald allzu fern und dann wieder fast allzu nah erscheinen. Auf der einen Seite ist in der heutigen Wohlstandsgesellschaft Religion im Begriff, definitiv zu verschwinden. Dies fällt etwa in den 'neuen Bundesländern' Deutschlands auf. Andererseits fordert die nicht-europäische Religion des Islam einzigartige Aufmerksamkeit durch wachsendes Selbstbewusstsein und besonders durch das Glaubens-Extrem der suizidalen Attentäter. Die Frage, ob Religion schlechthin als 'gut' gelten könne, wird darum mit neuer Dringlichkeit diskutiert.[18] Ein stetiger Fortschritt der 'Menschheit' im Sinne humaner Aufklärung ist in globaler Sicht keineswegs selbstverständlich. Die historische Wissenschaft, die der Aufklärung verschrieben ist, kann die Vorstufen des Gegenwärtigen Stück für Stück erhellen. *[66]* Dass so geklärtes Bewusstsein zum gegenseitigen Verstehen und damit zur Entspannung beitragen könnte, ist eine fast verwegene Hoffnung.

Trotzdem werden wir weiterhin unsere Aufgabe darin sehen, die Diskussion lebendig zu erhalten und weiterzuführen. Motto kann noch immer die Formulierung des Siebten Platonischen Briefs (344b) sein: 'Argumente vorbringen und annehmen mit gegenseitiger Kritik, die mit Wohlwollen einhergeht', λόγον δοῦναί τε καὶ λαβεῖν ἐν εὐμενέσιν ἐλέγχοις. Festhalten möchte ich, manch modernen Tendenzen zum Trotz, an einem aufs Objektive gerichteten 'Realismus',[19] und insbesondere an dem Blick auf die historischen Bezüge. Wenn wir sehr vorsichtig

---

[17] Vgl. Burkert 1979, 10–18.
[18] Vgl. Kippenberg 2008. An sich ist das Problem nicht neu: *tantum religio potuit suadere malorum*; Lucr. 1.101.
[19] Vgl. Burkert 2000; Burkert 2003.

darin geworden sind, 'Wahrheit' schlechthin zu behaupten, kann man doch dem von Karl Popper gegebenen Rat folgen,[20] sich zunächst einmal auf das Negative zu einigen: Was es zu vermeiden oder zu beseitigen gilt; das heißt für Wissenschaft vor allem: Falschheit, Lüge, Täuschung, einschließlich der Selbsttäuschung. Hierfür hat die Wissenschaft seit langem kritische Methoden entwickelt. In der Beschäftigung mit Literatur ist Objektivität in doppelter Brechung gefordert, auf der Ebene des Textes, der zu sichern ist, und der in ihm intendierten Wirklichkeit, ein Bild, das mit all seinen Bedingungen, Vorprägungen, Verzerrungen, Verhüllungen, Absichten und Ideologien in den Blick zu nehmen ist. Gefordert ist ein gewisser Respekt vor Wirklichkeit.

'Das Seiende zu sagen', so formuliert man auf Griechisch den Gegensatz zu Irrtum und Täuschung. Griechische Bildung liefert auch noch immer einfache Beispiele für Richtigkeiten der 'Natur': Dass eine Mondfinsternis der Erdschatten ist, der den Widerschein der Sonne auf der Mondoberfläche wegnimmt, das ist, auf Beobachtung und Überlegung gebaut, eine 'richtige' Feststellung, die aufräumt mit anderen Deutungen, als ob da böse Geister den Mond bedrängten oder thessalische Hexen am Werke seien. Die griechische Erklärung ist eingeordnet in ein raum-zeitlich bestimmtes Weltmodell, das berechenbar, nicht aber durch gezieltes Ritual, durch Magie beeinflussbar ist. Dieses Natur-Modell ist kritisierbar, verbesserbar, ist aber nicht durch ein 'anything goes' zu ersetzen.

Gerade in Sachen Religion wird man von einem 'Sich Verwundern' im Sinne des Aristoteles (*Met.* 982b12) nicht loskommen. Und schon dieses 'Verwundern' führt über bloße Selbst-Explikation hinaus. 'Verstehen' *[67]* heißt nicht sich einzuschließen, abzuriegeln, zu salvieren, sondern dem 'Verwunderlichen' mit dem Risiko eigener Metamorphose nachzugehen. Das historische Wissen ist besonders wichtig zur Vermeidung von kurzschlüssigen Meinungen, voreiligen Verallgemeinerungen, ja Ahnungslosigkeit. Ein Vorteil des klassischen Altertums besteht darin, dass es ausgezeichnet erschlossen und überschaubar ist und doch weitgedehnte zeitliche Perspektiven eröffnet. Es zeigt, wenn nicht immer Fortschritt, so doch nicht umkehrbare Entwicklungsschritte, und zwar im Nahbereich der eigenen Tradition. Die griechische Basis unserer Kultur ist oft bedacht worden; die vorangehenden 'altorientalischen' Kulturen mit einzubeziehen, ist eine seit langem anstehende Aufgabe.

Gerade vom Aktuellsten sollte ein besonderer Impuls ausgehen: Wenn Geläufiges, scheinbar Selbstverständliches wie Seele, Geist, Person sich heutzutage eher als inzwischen alte, doch durchaus wirkungsvolle Mythologie erweist, wenn Kants Postulate Gott, Freiheit, Unsterblichkeit als kaum mehr einlösbar erscheinen, ist die Analyse des Zustandekommens solcher Begriffe und Überzeugungen wichtig; der Philologe kann die Prägung des Denkens am Wandel der Ausdrucks-

---

[20] Vgl. Popper 1945, 158–159.

weisen verfolgen. Mehr als zuvor sind wir darauf angewiesen, zu verstehen, woher die Formulierungen kommen, in denen wir uns heimisch fühlen, auch welche Lücken bleiben, wenn das Neue sich nicht zusammenschließt. Insofern bleibt die griechische Antike aktuell.

Wir betreiben dabei, meine ich, nicht bloß Interpretation von Interpretationen. Immer sprechen wir zugleich auch über uns selbst, arbeiten wir auch an unserer eigenen Wirklichkeit. 'Creation of Sense' inmitten biologischer Tatbestände war in den Entwicklung von Religionen intendiert. Umringt vom Fortschritt der Wissenschaften verharren wir in einer traditionellen, sprachlich gedeuteten Welt, mit dem Bedürfnis nach Verdichtung, nach Reduktion von Komplexität, selbst wenn man metaphysische Bezugspunkte streichen möchte. Um nochmals auf die Griechen zurückzugreifen: Sie definieren den Menschen als *zoon logikon thneton*, das denkende, aber sterbliche Lebewesen. Wir bleiben, was immer wir denkend vollbringen, dem Tod ausgesetzt und kommen nicht davon los, ihn zu bedenken. Insofern bleibt gerade auch in der Praxis des 'heiligen' Tötens im religiösen Ritual ein Stachel, der vielleicht sogar tiefer dringt als bloße 'Verwunderung'. Dies heißt weder Schlachtfeste zu inszenieren noch Todesmeditationen christlicher oder islamischer Provenienz zu verabsolutieren. Bleiben wir bescheiden. Die Zeichen der Zeit stehen wohl *[68]* nicht auf eine große neue Synthese in den Geisteswissenschaften allgemein und in der Religionswissenschaft im Besonderen. Wir stehen bestenfalls am Anfang des Begreifens.

Bibliographie

Bausinger/Brückner 1969, H./W. (Hrsg.): *Kontinuität? Geschichtlichkeit und Dauer als volkskundliches Problem*, Berlin 1969.

Bausinger 1971, H.: *Volkskunde. Von der Altertumsforschung zur Kulturanalyse*, Berlin 1971.

Bischof 1991, N.: *Gescheiter als alle die Laffen. Ein Psychogramm von Konrad Lorenz*, Hamburg 1991.

Burkert 1966, W.: "Greek Tragedy and Sacrificial Ritual", *GRBS* 7, 1966, 87–121 (dt. Fassung in: W. Burkert, *Wilder Ursprung*, Berlin 1990, 13–39) (= Kleine Schriften, Band VII, 1–36).

Burkert 1972, W.: *Homo Necans. Interpretation altgriechischer Opferriten und Mythen*, Berlin 1997[2] (Berlin 1972[1]).

Burkert 1972, W.: *Structure and History in Greek Mythology and Ritual*, Berkeley *et al.* 1979.

Burkert 1998, W.: *Kulte des Altertums. Biologische Grundlagen der Religion*, München 1998.

Burkert 2000, W.: "Revealing Nature Amidst Multiple Cultures. A Discourse with Ancient Greeks", *The Tanner Lectures on Human Values* 21, 2000, 125–151.

Burkert 2003, W.: "Impacts, Evasions, and Lines of Defence. Some Remarks on Science and the Humanities", in: W. Rüegg (Hrsg.), *Meeting the Challenges of the Future. A Discussion between 'The Two Cultures'*, Florenz 2003, 91–102.

Devereux 1976, G.: *Dreams in Greek Tragedy*, Oxford 1976 (dt. Fassung: *Träume in der griechischen Tragödie*, Frankfurt a. M. 1982).

Dodds 1951, E. R.: *The Greeks and the Irrational*, Berkeley *et al.* 1951.

Duerr 1987, H. P. (Hrsg.): *Die wilde Seele. Zur Ethnopsychoanalyse von Georges Devereux*, Frankfurt 1987.

Geertz 1973, C.: *The Interpretation of Cultures*, New York 1973.

Gimaret 1971, D.: *Le livre de Bilawhar et Budasf selon la version Arabe Ismaélienne*, Genf 1971.

Gladigow 1998, B. (Hrsg.): *Handbuch Religionswissenschaftlicher Grundbegriffe*, IV, Stuttgart 1998.

Gruppe 1921, O.: *Geschichte der Klassischen Mythologie und Religionsgeschichte*, Leipzig 1921.

Hallo 1983, W. W.: "Lugalbanda Excavated", *Journal of the American Oriental Society* 103, 1983, 165–180.

Hallo 1996, W. W.: *Origins*, Leiden 1996.

Harrison 1912, J. E.: *Themis. A Study of the Social Origins of Greek Religion*, Cambridge 1927[2] (Cambridge 1912[1]).

Harrison 1921, J. E.: *Epilegomena to the Study of Greek Religion*, Cambridge 1921.

Kippenberg 2008, H. G.: *Gewalt als Gottesdienst*, München 2008.

Meuli 1975, K.: *Gesammelte Schriften*, I-II, Basel 1975.

Nilsson 1941, M. P.: *Geschichte der griechischen Religion*, I, München 1967[3] (München 1941[1]).

Popper 1945, K. R.: *The Open Society and its Enemies I. The Spell of Plato*, London 1962[4] (London 1945[1]).

Stolz 1997, F. (Hrsg.): *Homo naturaliter religiosus. Gehört Religion notwendig zum Mensch-Sein?*, Bern 1997.

Wilson 1975, E. O.: *Sociobiology. The New Synthesis*, Cambridge, MA 1975.

Erschienen in: U. Dill, Ch. Walde, Hg., Antike Mythen: Medien, Transformationen und Konstruktionen, Berlin 2009, 502–515.

18. Sardanapal zwischen Mythos und Realität: Das Grab in Kilikien

Sardanapal ist ein Produkt griechischer Tradition, ein Name, der schon im 5. Jahrhundert v. Chr. bekannt und aussagekräftig ist. Herodot verspricht *Assyrioi logoi* (1,184), die er aber nicht ausgeführt hat. Er kennt immerhin und nennt wiederholt die Assyrerstadt Ninos, weiß, dass sie am Tigris lag, er nennt auch den gleichnamigen König, den angeblichen Gründer der Stadt. Wir wissen, dass der Stadtname aus assyrisch Ninua ziemlich treffend übernommen ist; der Name ist dann auf den mythischen Gründer übertragen. Dass Ninive von den Medern zerstört wurde, weiß Herodot (1,106,2). Auf den Untergang von Ninos bezieht sich die warnende Sentenz des Phokylides.[1] Eine kleine Stadt auf irgendeinem Berg sei besser als ein unvernünftiges Ninive. Das wäre um 600 v. Chr. zu datieren, kurz nach der Zerstörung der Stadt. Herodot kennt aber auch den Assyrerkönig Sardanapallos, von dem man Geschichten erzählte: Seinem unermesslichen Reichtum, im Schatzhaus gesammelt, rückte man mit unterirdischen Gängen zuleibe (2,150,3). Die schönste Schatzhausgeschichte hat Herodot allerdings dem Ägypter Rhampsinit vorbehalten. So steht Sardanapal eher etwas blass in der Reihe jener Könige aus der Nachbarschaft der Griechen, von denen man Geschichten erzählt – Rhampsinit-Ramses, Midas, Gyges, Kroisos und Kyros.

Der Name Sardanapallos taucht auch in Aristophanes' *Vögeln* auf (1021), hat also dem Athener Publikum von 414 etwas zu sagen. Da macht ein *episkopos*, ein 'Revisor' aus Athen, sich lästig – er wird schließlich fortgeprügelt; *[503]* er beruft sich auf seine demokratische Wahl und muss dringend zurück nach Athen, um in der Volksversammlung Angelegenheiten des Pharnabazos zu regeln. "Was ist das für ein Sardanapallos?" heißt es, als er auftaucht, das muss sich auf seine Ausstattung beziehen, sie hat wahrscheinlich mit seiner Rolle in der Perser-Di-

---

[1] Fr. 8 West, zitiert bei Dion Chrys. *or*: 36,13 (Borysthenikos). Korenjak/Rollinger (2001) vertreten die These, Dions Zitat sei Pseudo-Phokylides aus jüdischer Quelle, von Dion aus Alexandrien mitgebracht. Doch die Art, wie Dion diesen Phokylides, als Gegenstück zu Homer, dem Proömium seiner Rede zugrundelegt, erweckt den Eindruck, dass man es mit einem vielleicht wenig beachteten Klassiker der griechischen Literatur zu tun hat. Das Zitat hat nichts zu tun mit den jüdisch beeinflussten Pseudo-Phokylidea.

plomatie zu tun; man wird sich das irgendwie orientalisch, üppig-weichlich-weibisch vorstellen.[2]

Denn mindestens eine der von Sardanapal erzählten Geschichten lässt sich noch fassen: Sein *arcanum imperii* brach, als einer sah, wie Sardanapal bei den Frauen saß und Wollarbeit machte. Die daraus folgende Verachtung führte zu seinem Sturz, "wenn denn wahr ist, was die Geschichtenerzähler (οἱ μυθολογοῦντες) so sagen", schreibt Aristoteles (*pol.* 1312a1). Das klingt nicht nach einer bestimmten Quelle. Im Ktesias-Exzerpt des Diodor[3] ist die Geschichte von der Wollarbeit ein offensichtliches Einsprengsel in eine einigermaßen durchdachte politisch-militärische Darstellung. Sie war also schon vor Ktesias im Umlauf. Sie kopiert evidentermaßen Älteres: Herakles mit Spindel im Dienst der Lyderkönigin Omphale – das ist im 5. Jahrhundert bezeugt[4], dürfte aber irgendwie doch auf die Lyderzeit vor 547 zurückgehen. Der bewunderte orientalische Reichtum und die von Asien mitbestimmte Hochkultur wird schon im Fall der Lyder konterkariert durch die bezeichnende 'Weichlichkeit' des Orientalen – was Herakles nicht hinderte, mit Omphale den Ahnherrn der lydischen Herakliden-Dynastie zu zeugen. Die Übertragung auf Sardanapallos lag nahe; auch Midas wurde dem gleichen Schema unterworfen;[5] in keinem Fall wird man nach historischer Faktizität suchen.

Allgemein gilt Sardanapallos als die griechische Namensform des Assurbanipal, des glänzendsten Herrschers von Ninive (668–626). Er konnte als einziger Assyrerkönig lesen und schreiben und legte die berühmte Bibliothek an, von der die Keilschriftforschung zehrt. Sein Name war, genau genommen Assur-bân-aplu, 'Gott Assur hat einen Erbsohn erschaffen'. Er starb friedlich 626, 14 Jahre vor der Zerstörung Ninives. Weißbach stellt fest, Sardanapal müsste einem Shardân-aplu entsprechen, 'Der König schafft Recht einem Erbsohn' – aber bezeugt ist ein solcher Assyrer nicht.[6] Man kann, mit Weißbach, ernsthaft bezweifeln, ob Sardanapallos irgend etwas mit Assurbanipal zu tun hat. Den Sardanapallos jedenfalls macht Ktesias zum letzten König des assyrischen Reichs, der sich beim Untergang von Ninive mit all *[504]* seiner königlichen Garderobe, mit Konkubinen und Eunuchen auf einem Riesen-Scheiterhaufen heroisch selbst verbrennt (*FGrH* 688 F 1q): "Und die Leute standen und staunten über den Rauch."

Ktesias' Geschichte Persiens hatte unverdienten Erfolg. Er lässt dem Perserreich ein Assyrer- und ein Mederreich vorausgehen. Seine Geschichte des Assy-

---

[2]   Dunbar (1996) 563 vermutet "rich Persian clothes".

[3]   Diod. 2,24,4 = *FGrH* 688 F 1,24, dazu F 1p.

[4]   Omphale: Aischyl. *Ag.* 1040 f.; Soph. *Trach.* 248–257, 274–279; Ion F 19, F 17a-33 *TrGF*; Kratinos F 259 *PCG*. Ausführlich Klearchos fr. 43a Wehrli = Athen. 515e-516b.

[5]   Klearchos fr. 43a Wehrli = Athen. 515e-516b.

[6]   Weißbach (1920). Es gibt einen Assurdânapli im 9. Jh. (RL*A* 1 [1932] 211).

rerreichs – wir haben das Exzerpt bei Diodor[7] – ist ein Skandal. Es stimmt so gut wie nichts. Ktesias hat eine Liste der Assyrerkönige über 1240 Jahre. Kein einziger Name dieser Liste lässt sich mit einem der historisch bekannten Assyrerkönige zur Deckung bringen; dafür sind einige Namen griechisch. Ktesias' Chronologie ist Unsinn: das Ende von Ninive wäre – umgerechnet – 820 v. Chr. statt 612; der Anfang von Ninive liegt dann bei 2060 v. Chr. Immerhin, Ktesias wurde von Xenophon und Platon gelesen, seine Weltreichs-Abfolge inspiriert den Propheten Daniel; seine Pseudo-Chronologie gibt den Start für die Weltchronik des Eusebios. Was ein Geschichtsbild bestimmt, sind nicht die historischen Fakten.

Am bekanntesten ist Sardanapallos bei den Griechen durch sein angebliches Grabepigramm, zwei Hexameter, die leicht auswendig zu lernen sind:

> So viel habe ich, wie ich gegessen und ausgetrunken habe und mit Erotik
> Angenehmes erfuhr – so vieles noch, Glückliches, ist alles noch übrig geblieben.[8]

Varianten betreffen vor allem das dritte Glied: hat er das Erotische 'erfahren' (ἐδάην) oder 'erlitten' (ἔπαθον), was dann nach passiver Homosexualität klingt, die als besonders verworfen und besonders lustvoll galt[9]; dann kann auch das 'Trinken' durch aktives Sexspiel im Kontrast zum 'Leiden' ersetzt werden: 'was ich an schändlichem Übermut getrieben habe' (ἐφύβρισα, Plut mor. 330F). Das Epigramm kannte Aristoteles, und er kritisierte es scharf: Was anderes könnte man auf das Grab eines Ochsen schreiben?[10] Krates der Kyniker 'verbesserte' es im Sinne strenger geistiger Tugend:

> Das habe ich, was ich gelernt und gedacht habe und mit den Musen Ehrwürdiges erfuhr; das viele
> Glückliche hat Einbildung an sich gerafft.[11]

[505] Ähnlich Chrysipp. Dass dieses Epigramm schon im 5. Jahrhundert bekannt war, lässt sich vermuten – es passt zu den sonstigen Spuren von Sardanapallos, zum Reichtum und zur Weichlichkeit. Auch gibt es einen gewissen Anklang im Spottepigramm des Timokreon auf sich selbst (*Anth. Gr.* 7,348), der als Zeitgenosse des Pindar und Bekannter des Themistokles in die erste Hälfte des 5. Jahr-

---

[7]   Diod. 2,1–29 = *FGrH* 688 F 1.

[8]   *Anth. Gr.* 7,325: Τόσσ' ἔχω, ὅσσ' ἔφαγόν τε καὶ ἔκπιον καὶ μετ' ἐρώτων / τερπν' ἐδάην; τὰ δὲ πολλὰ καὶ ὄλβια πάντα λέλειπται.

[9]   Siehe Dover (1978).

[10]   Cic. *Tusc.* 5,101; *fin.* 2,106; dazu Aristot. *Eth. Eud.* 1216a16, *eth. Nic.* 1095b22. Die Cicero-Texte sind von Rose (fr. 90) Περὶ δικαιοσύνης zugewiesen, von Ross, nach Jaeger (1923) 265–267, dem *Protreptikos* (fr. 16), wobei fälschlich Stücke aus Strabon (unten Anm. 14 und 23) einbezogen sind. Vgl. Flashar et al (2006) 212 f.

[11]   *Anth. Gr.* 7,326, vlg. Plut *de laude ipsius* 546A: Ταῦτ' ἔχω, ὅσσ' ἔμαθον καὶ ἐφρόντισα καὶ μετὰ Μουσῶν / σέμν'· ἐδάην· τὰ δὲ πολλὰ καὶ ὄλβια τῦφος ἔμαρψεν. Ähnlich Chrysipp (Athen. 336F–337A: Ταῦτ' ἔχω, ὅσσ' ἔμαθον καὶ ἐφρόντισα καὶ μετὰ τούτων ἔσθλ' ἔπαθον· τὰ δὲ λοιπὰ καὶ ἡδέα πάντα λέλειπται (hier wohl im Sinn: "liegt hinter mir in wesenlosem Scheine").

hunderts gehört. Die Abschiedsworte des Dareios in Aischylos' *Persern*[12] sind eine eher vage, allgemeinere Motivparallele.

Sardanapallos ist also eine Phantasiefigur mit quasimythischer Funktion im Diskurs von Griechen um Glück, Genuss und Vergänglichkeit. Ganz unerwartet aber brach Realität ein: Als Alexander im Frühjahr 333 mit seinem Heer den Taurus überschritt und nach Anchiale[13] bei Tarsos kam, standen sie unversehens vor dem Grab des Sardanapal. Der uns vorliegende Bericht stammt von Aristobulos und ist in vierfacher Brechung überliefert, als Zitat bei Athenaios, kaum verändert bei Strabon und Arrian, variiert bei Apollodor.[14]

Und da war, nicht weit weg, das Grabmal des Sardanapallos; auf dem, heißt es, stehe eine steinerne Statue, die die Finger der rechten Hand zusammenhält wie zum Schnalzen; geschrieben stehe darauf in assyrischer Schrift: Sardanapallos, Sohn des Anakyndaraxes, hat Anchiale und Tarsos erbaut an einem einzigen Tag. Iss, trinke, spiele, denn das andere ist nicht einmal dessen wert – des Schnalzens (ἀποϰρότημα), meint er offenbar.[15]

Der erläuternde Zusatz zur Inschrift, die Erklärung der Gestik ist unverzichtbar und stand offenbar bei Aristobulos (Athenaios, Strabon); dann gehört dazu auch die weitere Auskunft der Übersetzer zu παῖζε (Arrian): "Sie sagten, dies sei mit dem assyrischen Wort etwas lockerer geschrieben."[16] Griechen verstanden den Wink: Im Apollodorzitat ist gleich ὄχευε eingesetzt, bei Plutarch (*mor.* 330E) etwas dezenter ἀφροδισίαζε. Das gröbste Wort verwendet, ohne Verweis auf Sardanapal, eine spätere Grabschrift aus Aizanoi in Phrygien.[17]

[506] Auffallend ist die ionische Form ἡμέρηι μιῆι (Athenaios, Strabon). Sollte das auf eine weit zurückliegende Quelle, etwa der Herodot-Zeit, verweisen? Dann würde die ganze Erzählung mit der Versetzung in dem Alexander-Zug Fiktion. Nun taucht aber die ionische Form nur in der Übersetzung aus 'assyrischen Buchstaben' auf, mit denen man nicht wohl ionisch schreiben kann. Also kann nur ein

---

[12] Aischyl. *Pers.* 840: ψυχῆι διδόντες ἡδονὴν ϰαθ' ἡμέραν; dazu Dornseiff (1929).

[13] Die Formen 'Anchiale' und 'Anchialos' wechseln; später mit Zephyrion gleichgesetzt (RE 10A, 227 f.).

[14] Aristobulus *FGrH* 139 F 9 = Athen. 530AB + Strab. 14,5,9 (rätselhaft ἔνιοι δέ, del Kramer, Radt) + Arr. *an.* 2,5,3, dazu Apollodor *FGrH* 244 F 303.

[15] *FGrH* 139 F 9a = Athen. 530 AB Καὶ ἦν οὐ πόρρωι τὸ τοῦ Σαρδαναπάλλου μνημεῖον, ἐφ' οὗ ἑστάναι τύπον λίθινον συμβεβληϰότα τῆς δεξιᾶς χειρὸς τοὺς δαϰτύλους, ὡς ἂν ἀποϰροτοῦντα. ἐπιγεγράφθαι δ' αὐτῶι Ἀσσυρίοις γράμμασι· Σαρδανάπαλλος Ἀναϰυνδαράξου παῖς Ἀγχιάλην ϰαὶ Ταρσὸν ἔδειμεν ἡμέρηι μιῆι. ἔσθιε πῖνε παῖζε· ὡς τἆλλα τούτου οὐϰ ἄξια, τοῦ ἀποϰροτήματος ἔοιϰε λέγειν.

[16] Καὶ τὸ παῖζε ῥαιδιοργότερον ἐγγεγράφθαι ἔφασαν τῶι Ἀσσυρίωι ὀνόματι.

[17] Le Bas/Waddington (1847–1873) Bd.3, 266, Nr.977 = *CIG* 38461 (3, p.1070) ; nur erwähnt bei Cox et al. (1988) 300: Ἄνθος τοῖς παροδείταις χαίρειν. Λοῦσαι, πίε, φάγε, βείνησον· τούτων γὰρ ὧδε ϰάτω οὐδὲν ἔχις.

Sprachspiel vorliegen: Das Ionische gibt den 'asiatischen' Touch. Timotheos lässt in seinen 'Persern' den verzweifelten Perser auf Ionisch jammern.[18]

Unklar war den Lesern Aristobuls die beschriebene Handhaltung. Der beschreibende Text zwar ist deutlich: "Zusammenpressender Finger der rechten Hand", also Finger-Schnalzen mit einer Hand. Richtig verstanden ist das bei Klearchos, der offenbar den Aristoboulos-Text vor sich hat.[19] Aber das erklärende Wort ἀποκρότημα konnte verstanden werden als 'Beifall schlagen', also 'Hände über dem Kopf zusammenschlagen', so Arrian, wohl nicht als erster. Plutarch steigert die gleiche Interpretation, er lässt das steinerne Bild, "das in barbarischer Weise sich selbst auf dem Kopf herumtanzt, mit den Fingern über dem Kopf sozusagen schnalzen."[20] Dagegen haben schon Eduard Meyer und dann Weißbach die Geste aus der assyrischen Ikonographie überzeugend belegt.[21]

Zwei weitere Variationen der Geschichte von Sardanapals Grabmal erfordern Diskussion: Ein gewisser Amyntas schreibt:[22]

In Ninive gebe es eine hohe Aufschüttung, die Kyros niederreißen ließ bei seiner Belagerung, als er gegen die Stadt Rampen errichtete. Man sagt, die Aufschüttung stamme von Sardanapallos, dem König von Ninive, und darauf sei auf einer steinernen Stele in chaldäischer Schrift geschrieben, was Choirilos in metrische Dichtung übertragen hat. Der Text sei: "Ich war König, und solange ich das Licht der Sonne sah, trank ich, aß ich, hatte Sex, im Wissen, dass die Zeit kurz ist, die die Menschen leben, und diese auch noch viele Wechselfälle und schlimmes Leiden enthält; und von dem Guten, was ich hinterlasse, werden andere den Genuss haben. Deshalb ließ ich keinen Tag aus mit solcher Tätigkeit."

Hier ist das Grabmal samt fremdsprachiger Inschrift nach Ninive verlegt; die Statue ist zu einer Stele geworden; der künstliche Hügel, auf dem die Stele stand, wird aber zugleich als längst zerstört gekennzeichnet, wobei *[507]* die Vernichtung von Ninive offenbar dem Kyros zugeschrieben ist; für den Inhalt der hier viel längeren Inschrift ist auf einen griechischen Dichter verwiesen, Choirilos. Der Text des Choirilos erscheint in Versform in einem Chrysipp-Zitat, auch Strabon kennt ihn.[23] Was Amyntas bringt, ist also kein Originalzeugnis aus direkter Beobachtung, sondern sekundär zusammengesetzt aus dem Wissen, dass Ninive

---

[18] *PMG* 791,149: Ἰάονα γλῶσσαν ἐξιχνεύων. Antiochos von Kommagene schreibt Mithres statt des üblichen Mithras (indoiranisch, 'mitra').

[19] Klearchos fr. 51d Wehrli = Athen. 529D. Auf Aristobulos weist insbesondere das Wort τύπος für die Statue.

[20] *De Alexandri Magni fortuna aut virtute* 336C: ἐπορχουμένην ἑαυτῆι [...] ὑποψοφοῦσαν.

[21] Meyer (1892) 205, vgl. Meyer (1899) 541; Weißbach (1920) 2467; wenn Flashar (2006) 213 eine solche Statue im 7. Jh. für "nicht denkbar" hält, hat er nur griechische, nicht assyrische und luwische Denkmäler im Auge.

[22] *FGrH* 122 F 2 = Athen. 529E–530A "Über die *stathmoi* von Asien", vgl. Jacobys Kommentar.

[23] *SH* Nr. 335 'Choirilos?' mit ausführlicher Dokumentation. Chrysipp bei Athen. 335F–336B; Strab. 14,5,9 der den Choirilos-Text mit den 'umlaufenden'Versen, d. h. dem bekannten Zweizeiler kontrastiert; auch *Anth. Gr.* 16,27.

Assyrerhauptstadt war, und dem Text eines Choirilos; Amyntas setzt letztlich den Bericht von Amphiale voraus.

Dann gibt es den Lexikoneintrag Σαϱδαναπάλους bei Photios und *Suda*, genau übereinstimmend.[24]

Im 2. Buch der *Persika* sagt Kallisthenes, es habe zwei Sardanapalloi gegeben, einen tatkräftigen und edlen, einen anderen, den Weichling. In Ninive steht auf seinem Grabmal folgendes: "Der Sohn des Anakyndaraxes hat Tarsos und Anchiale in einem Tag gebaut. Iss, trink, mach Sex (ὄχευε), denn das andere ist nicht einmal soviel wert", d.h. des Schnalzens der Finger. Denn die Statue, die auf dem Grabmal steht, hält die Hände über den Kopf, wie um mit den Fingern zu klatschen. Dasselbe steht auch in Anchialos bei Tarsos geschrieben, das jetzt Zephyrion heißt.

Der Text der Inschrift stimmt genau mit Aristobulos überein, einschließlich des Ionismus ἡμέϱηι μιῆι, nur dass παῖζε, wie bei Apollodor, durch ὄχευε verdeutlicht ist. Der falsche Gestus der Hände geht mit Arrian zusammen. Die Lokalisierung aber ist nun verdoppelt, Ninive und ebenso Anchialos. Mir scheint klar: Dieser Teil des Lexikoneintrags setzt Wissen zusammen und benützt dabei den Aristobul-Text; man beachte auch den Wechsel von indirekter zu direkter Rede. Hier wird Lexikon-Stoff angehäuft, wofür Aristobulos und auch Amyntas Vorgaben gesetzt haben. Die Quellenangabe "Hellanikos und Kallisthenes" kann also nur für den ersten Satz gelten, den doppelten Sardanapal; in welchem Zusammenhang Hellanikos darauf zu sprechen kam, steht dahin.

Wir haben soweit also eine einheitliche Überlieferung, mit Aristobulos als Grundtext,[25] sekundär angereichert einerseits durch den Choirilos-Text, andererseits durch die Versetzung nach Ninive. Weitere Ausläufer bis zu *[508]* Stephanos von Byzanz[26] und zur *Chronik* des Eusebios[27] bringen nichts Neues.

Wohl aber stellt sich nach dem langen Verhör der Zeugen endlich doch die Frage: Was ist realiter von dieser Geschichte zu halten? Ein unerwartetes, aber bemerkenswertes Ereignis während des Alexanderzugs – hat das so stattgefunden? Bei Anchiale angekommen, trifft man auf ein offenbar auffälliges, wohlerhaltenes Grabmal mit Statue, man hat Übersetzer zur Hand, die die Inschrift lesen und kommentieren, samt ihrem 'etwas lockeren' Sinn. Soll man dies als eine reale Begebenheit mit einem realen Monument verstehen? Unter den älteren Studien ragen die von Eduard Meyer und von Franz Heinrich Weißbach heraus. Ihre Antwort ist ein klares 'Ja'.

---

[24] Nach Schol. Aristoph. *Av.* 1021 sprach Hellanikos von dem doppelten Sardanapal. Jacoby setzt, mit Fragezeichen, in den Lexikoneintrag Hellanikos ein: "Im zweiten Buch der *Persika* sagt ⟨Hellanikos […] und ebenso⟩ Kallisthenes", *FGrH* 124 F 34 (Kallisthenes) und 4 F 63 (Hellanikos).

[25] Die Diskussion um Sardanapal hat ihre Spur auch bei Kleitarchos hinterlassen: Sardanapal sei "durch Alter" gestorben. Also gar nicht wie Ktesias erzählt (Kleitarchos *FGrH* 137 F2). Jacoby (zur Stelle) meint, dass auch er die Geschichte von Anchiale erzählt hat.

[26] S.v. *Anchiale*, mit Athenodoros *FGrH* 746 F 1.

[27] A.Abr. 1189: Gründung von Tarsos und Anchiale, Selbstverbrennung des Sardanapal.

Zunächst das Monument: Auf dem Grab "steht ein steinerner *typos*, auf ihm ist geschrieben" – das kann nur heißen: eine Statue mit Inschrift, die auf der Statue steht. Fälschlich ist gelegentlich in der Literatur von einem 'Relief' die Rede.[28] Wo gibt es Statuen mit Inschriften? Abgesehen von einigen Fällen im archaischen Griechenland vor allem in Kilikien. Berühmt ist die große Bilingue von Karatepe; sie steht teilweise auf einer großen Statue – Götterstatue oder Herrscherstatue, da ist man sich nicht ganz sicher.[29] Dazu gekommen ist im Jahr 2000 eine neue Bilingue, die von Cineköy; da hat man eine Statue, die im Wagen fährt und wohl den König darstellt.[30] Beide Inschriften sind durch Überschneidung mit assyrischen Dokumenten sicher ans Ende des 8. Jahrhunderts datiert, etwa 720. Dazu kommen Inschriften von Sam'al – türkisch Zincirli –, seit Anfang des 20. Jahrhunderts ausgegraben; eine, seit langem bekannt, steht auf einer Königsstatue.[31] Soeben, im Sommer 2008, wurde in Zincirli in einer Grabanlage in einem unteren Stockwerk des Palasts eine Statue gefunden, mit einer Aufsehen erregenden Inschrift.[32] Kurzum, der Bericht des Aristobulos führt in einen Bereich kilikischer Realitäten. Allerdings sind die hier genannten beschrifteten Statuen alle kurz vor 700 anzusetzen; dergleichen war also, als Alexander nach Kilikien kam, fast 400 Jahre alt. Aber Steinskulpturen sind von Dauer, und andere Dynasten waren nachgekommen.

Was besagt die Angabe über 'assyrische' Schrift? Weißbach, Kenner der Keilschrift, hat mit Selbstverständlichkeit einen Keilschrifttext vor Augen; er *[509]* zieht darum einen Text des Sanherib heran, der vom Aufstand in Kilikien im Jahr 796 handelt, von der Plünderung und Wiedergewinnung von Tarsos.[33] Eine griechische Quelle, in der *Chronik* Eusebs, bezieht sich vielleicht auf das gleiche Ereignis; sie spricht von einer Siegesstele des Sanherib.[34] Assyrische Keilschrift in monumentaler Verwendung ist aber aus Kilikien nicht bekannt; dazu ein Einwand, den sich Weißbach selber macht: Konnte denn zur Alexanderzeit außerhalb der Tempelschulen von Babylon – die allerdings fortbestanden – irgend jemand noch Keilschrift lesen? Weißbach meint, vielleicht hätte jemand noch sich an den Inhalt der Grabschrift erinnert – ein verzweifelter Ausweg. Der Text des Aristobulos setzt Interaktion mit den Übersetzern voraus.

---

[28] RE, s.v. Anchialos.
[29] *KAI* 26.
[30] Tekoglu/Lemaire (2000).
[31] *KAI* 214; ein Relief *KAI* 216; Götterbild aus Kalhu mit Inschrift: Strommenger (1962) Taf. 215.
[32] Inschrift des Kuttamuwa, Museum Gaziantep, 8. Jh.; unveröffentlicht; angeordnet werden Totenopfer für die Seele (*näbäs)*, "die im Stein ist".
[33] Weißbach (1920) 2467f.; der Text: Luckenbill (1924) 61, Übersetzung Luckenbill (1926) §§286–289.
[34] *FGrH* 685 F 5 = Eus. *chron.* (arm.) p. 17,23–18,26 K.

Im Peloponnesischen Krieg haben einmal die Athener beim Perser Artaphernes Briefe abgefangen in 'assyrischer' Schrift, wie Thukydides berichtet (4,50,2). Die waren mit Sicherheit auf Aramäisch verfasst, in der Verwaltungssprache des Perserreichs. Die Griechen konnten sie offenbar ohne weiteres in ihre Schrift und Sprache 'umschreiben'. Dementsprechend liegt es nahe, auch beim Monument von Anchiale an Phönikisch-Aramäisch zu denken. Um die Unterscheidung Phönikisch-Arämaisch haben sich die Griechen nicht gekümmert; die Schrift ist identisch. Die Inschriften von Zincirli gelten als aramäisch, die Bilinguen von Karatepe und Cineköy verwenden Phönikisch. Das semitische Stückchen im Korintherbrief des Apostels Paulus, des Mannes aus Tarsos, *maran ata* (1 *Kor* 16,22), ist aramäisch. Was wichtiger ist: wir befinden uns gerade in Kilikien, gerade in der Alexanderzeit in einem Land der Zweisprachigkeit. Die Münzen von Tarsos im 5./4. Jahrhundert sind teils griechisch, teils aramäisch, teils auch in beiden Schriften ausgefertigt. Das gleiche gilt von Mallos, das der Sage nach von Mopsos und Amphilochos gegründet ist.[35] Die Dynastie von Karatepe nennt sich das 'Haus des Mopsos'. So ist festzustellen: der Bericht des Aristoboulos führt durchaus in einen Bereich kilikischer Realitäten.

Was aber den Inhalt der Inschrift betrifft, ist ein neues Dokument dazugekommen, das Weißbach nicht kennen konnte: Westlich von Kilikien, in Ostlykien, in Asartash unweit Antalya, ist eine griechische Grabinschrift aufgetaucht, die Michael Wörrle 1998 und ausführlicher 2000 publiziert und kommentiert hat. Was für uns besonders wichtig ist: diese Inschrift ist nach epigraphischem Befund in die erste Hälfte des 4. Jahrhunderts zu setzen.[36] Sie ist also älter als der Alexanderzug, älter als die Entdeckung bei Anchiale. Sie ist griechisch und besteht aus drei Hexametern: *[510]*

> Hier liege ich, verstorben, Apollonios Sohn des Hellaphilos.
> Ich wirkte gerecht, ich hatte ein angenehmes Leben, wie immer ich lebte,
> essend, trinkend und spielend. Geh und sei gegrüßt.[37]

Da haben wir diese Dreiheit von Essen, Trinken, vielsagendem 'Spielen' auf einer realen Grabschrift im Ostlykien des 4. Jahrhunderts, mit genau den gleichen Worten, wie sie die Übersetzung der 'assyrischen Buchstaben' von Anchiale zutage gefördert hat. Der Vatername Hellaphilos weist wohl darauf hin, dass die Familie dieses Apollonios erst kürzlich, wohl durch den Großvater, in die griechische Kultursphäre eingetaucht ist. Mit der griechischen Metrik ist der Verfasser des Epigramms nicht ganz im Reinen Ἀπολλώνιος, δικαίως, ἐσθίων,

---

[35] Head (²1911) 723f.

[36] Wörrle (2000) 26.

[37] Τῆδε θανὸν κεῖμαι, Ἀπολλώνιος Ἑλλαφίλου παῖς.
Ἠργασάμην δικαίως, ἡδὺν βίον εἶχον ἀεὶ ζῶν,
ἐσθίων καὶ πίνων καὶ παίζων· ἀλλ' ἴθι χαίρων.

aber was soll's. Ἠργασάμην δικαίως klingt eher ungriechisch; semitisch sagt man 'Gerechtigkeit machen'.[38] In der Familie des Hellaphilos wird man eher ein Luwisch-Lykisch gesprochen haben.

Jedenfalls: Der Text des Grabgedichts ist nicht vom Amphiale-Text und auch kaum von den im Umlauf befindlichen Sardanapal-Versen abhängig; dem Epikur, der im Zusammenhang solcher Texte gern genannt wird, liegt all dies weit voraus. Vielmehr bestätigt die Inschrift in überraschender Weise den Realitätscharakter des Aristoboulos-Berichts und seine lokale Verwurzelung. Sie zeigt vor allem, dass die Charakteristik dieser Dreiheit als 'Laster-Trias'[39] gar nicht zutrifft. Apollonios weiß sich ausgezeichnet durch sein 'gerechtes Handeln'; er hält nur zusätzlich fest, dass er ein glücklicher Mensch gewesen ist, mit Essen, Trinken, Spielen – wie 'locker' immer man das auffasst. Man sollte offenbar eher von einer 'Glückstrias' statt von einer 'Lastertrias' sprechen. Was ist an den Sardanapal-Versen wirklich skandalös? Sie verbinden Trotz und Klage. Was 'hat' der Tote vom reichen Leben? Das hat er, was er genossen hat; schade nur, dass so vieles, unkonsumiert, noch übrig blieb ...

Damit stehen wir in einer ganzen Welt von Parallelen, und zwar nicht nur bei Griechen und Römern. Wörrle hat eine Menge verzeichnet.[40] Herodot hat einen ägyptischen Beleg (2,78): eine Totenfigur wird beim ägyptischen Fest hereingebracht und der Spruch gesprochen: "Auf diesen schauend trinke und erfreue dich; Du wirst, wenn Du gestorben bist, so sein." Πῖνε τε καὶ τέρπευ – das ist keine große Weisheit, auch Trimalchio bringt bei seinem Gastmahl dergleichen auf, sogar mit selbstverfasstem Gedicht (Petron. 34,10). Von ferne klingt auch Paulus her, wenn er das Motto der Gottlosen formuliert: "Lasset uns essen und trinken, denn morgen sind wir tot" *[511]* (*1 Kor.* 15,32); zur Dreiheit wird's beim reichen Kornbauern im Lukas-Evangelium (12,19), der zu seiner Seele sagt: "Iss, trink und habe guten Mut" (φάγε, πῖνε, εὐφραίνου). Dazu Gottes Kommentar: "Diese Nacht wirst du sterben."

Den vielleicht ältesten Beleg finde ich in der hebräischen Bibel: Beim Fest ums goldene Kalb, das anhebt, während Moses weit weg auf dem Berge ist, heißt es: "und das Volk setzte sich, zu essen und zu trinken; dann standen sie auf, um sich zu vergnügen".[41] Der Tanz ums goldene Kalb ist todeswürdig in den Augen des zornigen Moses, doch wegen des Götzenbildes, laut Text, nicht wegen des 'Spielens'.

---

[38] *'asah zedaqa HAL*, Bd. 3, 844b; 944b.
[39] Wörrle (2000) 32.
[40] Wörrle (2000) 32–36; Dover (1974) 175–180.
[41] *Ex* 32,6.

Zum Vergleich lädt ein noch sehr viel älterer Text ein, die Rede der Siduri zu Gilgamesh, in der altbabylonischen Fassung des Gilgamesh-Epos[42]: Siduri, die Schenkin spricht zu Gilgamesh:

> Das Leben, das du suchst, wirst du nicht finden. Als die Götter die Menschheit schufen […], haben [sie] für die Menschheit den Tod bestimmt, das Leben haben sie in die eigenen Hände genommen. Du, Gilgamesh, lass deinen Bauch voll sein, […] täglich mach Freude, tanze und spiele Tag und Nacht. Lass dein Gewand sauber sein, lass deinen Kopf gewaschen, mit Wasser gebadet sein; sieh auf den Kleinen, der deine Hand hält; deine Frau erfreue sich immer wieder in deinem Schoß. Das ist die Bestimmung der Menschheit.

Das also ist der ganz positive Glücksentwurf in einem orientalischen Klassiker: 'gefüllter Bauch', das Kind, die Frau auf dem Schoß, also Essen, Familie und Sex. Das Trinken ist hier nicht gesondert markiert. Das alles ist nicht tadelnswürdige Ausschweifung, das ist die Art von Glück, die dem Menschen in seiner Sterblichkeit immerhin möglich ist.

Es fällt einem von hier aus erst auf, wie streng die griechische Ethik ist. Was dem sogenannten Orientalen als Summe des Wohllebens im Grunde harmlos war, erscheint den Griechen empörend. Die griechische Philosophie sieht sich berufen, vom Leben in Genuss, dem ἀπολαυστικὸς βίος, dringend abzuraten, ihn abzuwerten, ja zu verhöhnen. Da sind sich Aristoteles, Krates und Chrysipp durchaus einig: das Leben eines Sardanapal – Leben eines Ochsen. Es geht um 'Selbstbeherrschung', ἐγκράτεια, dem Wort nach ein Akt von Machtausübung; der Begriff wird im 5. Jahrhundert als Bezeichnung dieses Ideals gebildet. Die Pädagogik steht gemeinhin bis heute auf dieser Seite. Als erster, der das literarisch wirksam formuliert hat, ist uns Prodikos bekannt, in Xenophons Nachgestaltung:[43] Herakles am Scheidewege. Der muss sich zwischen Ἡδονή und Ἀρετή entscheiden, und kein Philosophenjünger zweifelt, wie ein Herakles sich entscheiden wird. Dieser in der Schule seit je beliebte Text ist doch von hintergründiger Ironie: Der populäre Herakles ist sehr viel weniger zur ἐγκράτεια finster entschlossen; *[512]* sein Essen und Trinken ist gewaltig, und seine sexuelle Potenz ist nicht minder rekordverdächtig.[44] Indem die Griechen einen solchen Herakles zu ihrem Ideal gemacht haben, gleichen sie die Einseitigkeit und Trübseligkeit der philosophischen Lehrer doch wieder aus.

Der Text vom Goldenen Kalb gibt noch Anlass zu einer philologischen Bemerkung: Das 'Spielen', das zum Essen und Trinken kommt, ist mit dem Stamm *zahaq* ausgedrückt, 'lachen' – die Bibel versteht so auch den Namen Isaak

---

42   Altbab. Version III 6–15, p. 279 George. [*Vgl. die neuen Übersetzungen mit Kommentar von W. Röllig, Das Gilgamesch Epos, Stuttgart 2009 und St. M. Maul, Das Gilgamesch-Epos, München 2008, ausserdem D. E. Fleming, S. J. Milstein, The Buried Foundation of the Gilgamesh Epic. The Akkadian Huwawa Narrative, Leiden 2010].

43   Xen. *mem.* 2,1,21–34 = Prodikos 84 B 2 Diels/Kranz.

44   Siehe Eur. *Alc.* 779–793: Trinken und 'Kypris' (791).

(Jizchaq) –; für unsere Stelle gibt das Lexikon an: "sich (ausschweifend) belustigen".[45] Es gibt aus Babylon, im *British Museum* zu sehen, eine nackte Frauenfigur, fast lebensgroß, und auf ihr steht in Keilschrift, König Assurbelkala habe sie "zu seinem Spaß anfertigen lassen", mit eben diesem Wortstamm.[46] Es sieht so aus, als habe man hier das semitische Wort, das die Übersetzer in Anchiale mit παῖζε wiedergaben, nicht ohne auf seinen 'lockeren' Nebensinn hinzuweisen.

Soweit spricht alles dafür, dass mit der Geschichte von Anchiale von einer echten Kulturbegegnung in Kilikien, anhand eines realen Monuments, berichtet wird, freilich in einer Weise, dass, genau besehen, trotz Übersetzern das Missverstehen triumphiert.

Zunächst: Die Datierung des Monuments ist, trotz der Parallelen aus dem 8. Jahrhundert, völlig offen. Der griechische Ortsname 'Anchiale' jedoch, den die Übersetzer herauslasen, kann in einem alten Text nicht wohl vorgekommen sein.[47] Seit wann gibt es griechische Ortsnamen in Kilikien? Hier muss die Übersetzung deutlich überarbeitet sein.

Weit problematischer ist die Umschrift des Namens 'Sardanapal'. Dass irgendeinem der damals Beteiligten eine genauere Kenntnis des Assurbanipal einschließlich der richtigen Namensform Assur-bân-apli zugänglich war, ist ganz unwahrscheinlich. Wenn die 'assyrischen Buchstaben' auf Aramäisch weisen, hatten die Übersetzer eine vielleicht vieldeutige Konsonantenfolge vor sich. *SRDNPL* muss es nicht gewesen sein.[48] Den Vatersnamen haben sie als 'Anakyndaraxes' wiedergegeben, 'fremdländisches Urgestein';[49] Sardanapal aber wird identifiziert worden sein, indem ein Sprung in Bekanntes erfolgte: Die Bekanntschaft hat sich offenbar eben an jener Dreiheit *[513]* des Glücks aufgebaut, dieser Triade der Lust: Essen, Trinken und 'Spielen'. Man kannte doch Sardanapals Skandalverse: ἔφαγον, ἔκπιον, τερπν' ἐδάην – hier nun ἔσθιε, πῖνε, παῖζε. Wer kann das sein, wenn nicht Sardanapal? Wie die neue Grabinschrift aus Lykien zeigt, war dies ein Missverständnis.

Ärger ist das Missverständnis der Gestik jener Statue. Schon Eduard Meyer, dem Weißbach folgt, hat überzeugende Beispiele aus der assyrischen Ikonographie beigebracht, die eben dieses 'Zusammenhalten der Finger der rechten Hand, wie zum Schnalzen' zeigen.[50] Nur: Dieser Gestus heißt akkadisch *karabu* und be-

---

[45] *Ex.* 32,6; *HAL* 3, 955.
[46] Assur-bêl-kala, 11 Jh., *RLA* 1 (1932) 207f. mit Taf. 34; vgl. V89; die Inschrift *CAD* 1, 332 s.v. alamgate, 16,64f. s.v. sahu: *ina muhhi siahi.* Jizchaq: *Gen.* 18,12; 21,6.
[47] Der Name Μόψου Ἑστία ist Theopomp *FGrH* 117 F 103 bekannt, gerade die lokale Überlieferung ist aber in der vorseleukidischen Zeit ganz unsicher (W. Ruge, in: *RE* 16, 243–250).
[48] Vgl. Weißbach oben bei Anm. 6. Bezeugt ist ein Name SRND *KAI* 236,1 (= Sharruna'id).
[49] Weißbach hat auch mehrere Vorschläge, Anakyndaraxes assyrisch zu verstehen; die heutigen Luwier-Spezialisten könnten sicher noch weitere Vorschläge beibringen.
[50] Meyer (1892) 205; Weißbach (1920) 2467.

deutet 'Anbeten' und 'Segnen'. Dies ist eines Hochgestellten, eines Königs würdig. Auf der Umdeutung als Schnippchen, Schnalzen der Verachtung aber beruht die ganze griechische Interpretation. Sie ist nicht durch den Text der Inschrift gestützt. Wie konnte eine solche Umdeutung zustande kommen? Auch Assyrer konnten die Verehrung des Königs durchaus durch 'lockere' Deutungen entschärfen: Die Proskynese, die die Griechen so störte, klang bei ihnen wie 'die Nase wischen'.[51] Einleuchtender scheint, dass die Missdeutung spontan in der Begegnung der Griechen mit dem Monument entstand. War erst Sardanapal identifiziert, dann floss aus dem griechischen Zweizeiler die rechte Deutung: Ab mit Schaden – ist ja alles nichts wert.

Nun weist ein Element der Tradition in der Tat über Aristobulos zurück, eine Bemerkung des Aristoteles: Ein solches Leben à la Sardanapal, Sohn des Anakyndaraxes, sei "noch blöder (ἀσυνετώτερον) als der Name des Vaters".[52] Ἀσύνετος heißt 'unverständlich' und 'unverständig'; der Name ist deutlich ungriechisch, und diese Unverständlichkeit verwendet Aristoteles für seine Pointe: was kann aus so einem Namen herauskommen? Nun, eben das Sardanapal-Epigramm, ein Leben, das "noch blöder als der Vatersname" ist. Der Name 'Anakyndaraxes' stammt nicht aus Ktesias.[53] Er ist sonst immer mit der Episode in Kilikien verbunden. Nun kann aber Aristoteles das Werk des Aristobulos nicht gesehen haben; Aristoteles ist kurz nach Alexander gestorben; Aristobulos' Werk frühestens 291/90, also 30 Jahre später erschienen.[54] Wenn also der Name Anakyndaraxes dem Aristoteles bekannt war, muss ihm die Geschichte von Anchiale mit dem übersetzten Text dieses Grabmals schon vor Aristobulos bekannt geworden sein.

Hier wird man doch an Kallisthenes denken, dessen Alexandergeschichte Bruchstück blieb. Seine Katastrophe wird 327 datiert; aber die ersten Teile konnten doch seinen Onkel in Athen erreichen.[55] Kallisthenes war *[514]* ein Historiker mit archivalischen Interessen; er hatte mit Aristoteles zusammen die Überlieferung von Delphi aufgearbeitet, hatte dabei gewiss auch mit Inschriften gearbeitet.[56] Und an Sardanapal waren beide interessiert. Man kann sich vorstellen, dass das philosophisch-historische Interesse des Kallisthenes die tatsächlichen Ereignisse von Anchiale mit bestimmt hat. Man nahm zur Kenntnis, dass ein Sardanapal nicht nur Wollarbeit bei Weibern verrichtet hat, und doch hat das mitgebrachte quasimythische Wissen um Sardanapal als Skandalfigur sich durchgesetzt, besonders in der Interpretation der Gestik. Dank mehrfachem Missverständnis

---

[51] *AHw* 522.

[52] Athen. 335F = Aristot. Fr. 90 Rose; ⟨ἦ⟩ (Athenaios-Ausgabe) scheint mir notwendig; [*vgl. Flashar (2006) 83 (Übersetzung und 212 f. (Kommentar)].

[53] Sofern Kastor 250 F 1d Ktesias wiedergibt; hier heißt der Vater des Sardanapallos Akrazanes.

[54] *FGrH* 139 Einleitung.

[55] *Persika* in *FGrH* 124 F 34 könnte sich darauf beziehen.

[56] *SIG³* 275 = *FGrH* 124 T 23.

wird das Fremde als Bestätigung des eigenen vorgegebenen Mythos von Sardanapal genommen. Im Sardanapal-Skandal steckt der Riss einer partiellen Kulturbegegnung, die in Anchiale Ereignis wurde.

Literaturverzeichnis

AHw. – Wolfram von Soden, *Akkadisches Handwörterbuch* (Wiesbaden 1965–1982).

CAD. – Ignace J. Gelb et al. (edd.), *The Assyrian Dictionary of the Oriental Institute of
the University of Chicago* (Chicago 1956-).

Cox et al. (1988). – C.W.M. Cox/A. Cameron/J. Cullen, *Monuments from the Aezanitis*,
ed. by Barbara Levick et al., MAMA 9 (London 1988).

Dornseiff (1929). – Franz Dornseiff, "Dareios und Sardanapal", *Hermes* 64 (1929) 270 f.

Dover (1974). – Kenneth Dover, *Greek Popular Morality* (Berkeley 1974).

Dover (1978). – Kenneth Dover, *Greek Homosexuality* (New York 1978).

Dunbar (1995). – Dan Dunbar, *Aristophanes Birds* (Oxford 1995).

Flashar et al. (2006). – Hellmut Flashar/Uwe Dubielzig/Barbara Breitenberger, *Aristoteles
Fragmente*, Bd. 1 (Berlin 2006).

HAL. – Ludwig Köhler/Walter Baumgartner, *Hebräisches und Aramäisches Lexikon zum
Alten Testament* (Leiden 1967–1990).

Head ([2]1911). – Barclay V. Head, *Historia Numorum* (Oxford [2]1911).

Jaeger (1923). – Werner Jaeger, *Aristoteles* (Berlin 1923).

Korenjak/Rollinger (2001). – Martin Korenjak/Robert Rollinger, "ΚΑΙ ΤΟΔΕ ΦΩΚΥΛΙ-
ΔΟΥ: Phokylides und der Fall Ninives", *Philologus* 145 (2001) 195–202.

Lanfranchi (2003). – Giovanni B. Lanfranchi, "Il 'Monumento di Sardanapalo' e la sua is-
crizione", *Studi Trentini di Scienze storiche* 82 (2003) 79–86.

Le Bas/Waddington (1847–1873). – Philippe Le Bas, *Voyage archéologique en Grèce et
en Asie mineure fait par ordre du gouvernement français pendant les années 1843 et
1844*, Teil 2: Philippe Le Bas/William Henry Waddington, *Inscriptions grecques et la-
tines* (Paris 1847–1873).

Luckenbill (1924). – Daniel David Luckenbill, *The Annals of Sennacherib* (Chicago
1924).

Luckenbill (1926). – Daniel David Luckenbill, *Ancient Records of Assyria and Babylonia*,
Bd. 1 (Chicago 1926).

Meyer (1892). – Eduard Meyer, "Sardanapals Grabschrift", in: id., *Forschungen zur Alten
Geschichte*, Bd. 1 (Halle 1892) 203–209.

Meyer (1899). – Eduard Meyer, "Nochmals Sardanapals Grabschrift", in: id., *Forschungen zur Alten Geschichte*, Bd. 2 (Halle (1899) 541–544).

Streck (1916). – Maximilian Streck, *Assurbanipal und die letzten assyrischen Könige bis
zum Untergang Niniveeh's* (Leipzig 1916).

Strommenger (1962). – Eva Strommenger, *Fünf Jahrtausende Mesopotamien* (München
1962).

Tekoglu/Lemaire (2000). – Recai Tekoglu/André Lemaire, "La bilingue royale louvito-
phénicienne de Cineköy", *CRAI* (2000) 961–1007.

Weißbach (1920). – Franz Heinrich Weißbach, "Sardanapal", in: RE 1A,2 (1920)
2436–2475.

West (1978). – Martin I. West, *Theognidis et Phocylidis Fragmenta*, Kleine Texte 192 (Berlin 1978).

Wörrle (1998). – Michael Wörrle, "Leben und Sterben wie ein Fürst. Überlegungen zu den Inschriften eines neuen Dynastengrabes in Lykien", *Chiron* 28 (1998) 77–83.

Wörrle (2000). – Michael Wörrle, "Die Inschriften am Grab des Apollonios am Asartas von Yazir in Ostlykien", *Lykia* 3 (1996/7; erschienen 2000) 224–238.

Anhang

Verzeichnis der Veröffentlichungen der Jahre 2000–2010

Ein Verzeichnis der früheren Veröffentlichungen findet sich im Band I, 234–256.

2000

"Stumm wie ein Menander-Chor". Ein zusätzliches Testimonium, ZPE 131, 2000, 23–24.

La violence sacrificielle. Faits et réflexions, in: A. Nayak, éd., Religions et violences, Fribourg 2000, 296–313.

Geschichte der alten Religionen. Wozu braucht der Mensch Religion? Die Mensch-Gott-Beziehung in den alten Religionen, in: S. M. Daecke, J. Schnakenberg, Hg., Gottesglaube – ein Selektionsvorteil? Religion in der Evolution – Natur- und Geisteswissenschaftler im Gespräch, Gütersloh 2000, 103–124.

Migrating Gods and Syncretisms. Forms of Cult Transfer in the Ancient Mediterranean, in: A. Ovadiah, ed., Mediterranean Cultural Interaction, Tel Aviv 2000, 1–22.

Neanthes v.Kyzikos über Platon. Ein Hinweis aus Herculaneum, MH 57/2, 2000, 76–80.

Introduzione, in: M. Giangiulio, ed., Pitagora. Le opere e le testimonianze, Milano 2000.

Private Needs and "Polis" Acceptance. Purification at Selinous, in: P. Flensted- Jensen et al., ed., Polis & Politics. Studies in ancient Greek history presented to Mogens Herman Hansen on his sixtieth birthday, Copenhagen 2000, 207–216.

Jason, Hypsipyle, and new fire at Lemnos. A study in myth and ritual, in: R. Buxton, ed., Oxford Readings in Greek Religion, Oxford 2000, 227–249.

Mythen um Oedipus. Familienkatastrophen und Orakelsinn, Freiburger Universitätsblätter 148, 2000, 7–20.

Unsere Akademiker (7): Die Trümmer der Griechen. Eduard Zeller (1814 bis 1908), FAZ 127/22, 02.06.2000.

Response, Religion 30/3, 2000, 283–285.

2001

Können wir ohne Schuld essen?, Berliner Zeitung 23, 27.01.2001, Magazin, 4.

Opfer als Skandalon des Lebens. Eine religionsgeschichtliche Perspektive, in: H.J. Luibl, S. Scheuter, Opfer. Verschenktes Leben, Zürich 2001, 25–28.

Der Odyssee-Dichter und Kreta, in: Tagung Kreta & Zypern: Religion und Schrift. Von der Frühgeschichte bis zum Ende der archaischen Zeit, Altenburg 2001, 87–100.

La religione greca all'ombra dell'Oriente. I livelli dei contatti e degli influssi, in: S. Ribichini, M. Rocchi, P. Xella, ed., La questione delle influenze vicino-orientali sulla religione greca, Roma 2001, 21–30.

Il Medio Oriente e l'emergere della 'Grecia classica', in: G. Bocchi, M. Ceruti, ed., Le radici prime dell'Europa. Gli intrecci genetici, linguistici, storici, Milano 2001, 348–358.

The Making of Homer in the Sixth Century B.C.: Rhapsodes versus Stesichorus, in: D.L. Cairns, ed., Oxford Readings in Homer's Ilias, Oxford 2001, 92–116.

2002

'Iniziazione'. Un concetto moderno e una terminologia antica, in: B. Gentili, F. Perusino, ed., Le orse di Brauron, Pisa 2002, 13–27.

Edle Einfalt. Zufall oder Zusammenfall: Die Konstellation der 'Griechischen Klassik', Berliner Zeitung 58/98, 27.04.2002, Magazin, 1–2.

'Mythos und Ritual' im Wechselwind der Moderne, in: H.F.J. Horstmanshoff et al., ed., Kykeon. Studies in Honour of H.S. Versnel, Leiden 2002, 1–22.

Mysterien der Ägypter in griechischer Sicht. Projektionen und Kulturkontakte, in: J. Assmann, M. Bommas, Hg., Ägyptische Mysterien?, München 2002, 9–26.

Die Waffen und die Jungen. Homerisch OPLOTEROI, in: M. Reichel, A. Rengakos, Hg., EPEA PTEROENTA. Beiträge zur Homerforschung. Festschrift für Wolfgang Kullmann zum 75. Geburtstag, Stuttgart 2002, 31–34.

Ελληνική Περιφέρεια. Τα μυστήρια στη "Σαμοθράκη", in: A.A. Anagianou, ed., Λατρεία στην περιφέρεια του αρχαίου Ελληνικου κόσμου, Athen 2002, 31–61.

2003

'Seele', Mysterien und Mystik. Griechische Sonderwege und aktuelle Problematik, in: W. Jens, B. Seidensticker, Hg., Ferne und Nähe der Antike, Berlin 2003, 111–128.

Vorwort, in: H. Diels, Parmenides Lehrgedicht, Sankt Augustin 2003[2], 9–13.

Impacts, Evasions, and Lines of Defence. Some Remarks on Science and the Humanities, in: W. Rüegg., ed., Meeting the Challenges of the Future. A Discussion between 'The Two Cultures', Florenz 2003, 91–102.

Qualität und Quantität in der antiken Philosophie. Zur Genese einer Fragestellung, in: E. Neuenschwander, Hg., Wissenschaft zwischen Qualitas und Quantitas, Basel 2003, 33–48.

Gegebenes erhellen. Dankrede, in: Deutsche Akademie für Sprache und Dichtung Darmstadt, Jahrbuch, Göttingen 2003, 162–168.

Johann Jakob Bachofen, Karl Meuli, and Classical Studies in Switzerland, JCS 51, 2003, 1–19.

2004

Im Vorhof der Buchreligionen. Zur Rolle der Schriftlichkeit in den Kulten des Altertums, in: A. Holzem, Hg., Normieren, Tradieren, Inszenieren. Das Christentum als Buchreligion, Darmstadt 2004, 25–39.

Mikroskopie der Geistesgeschichte. Bruno Snells "Entdeckung des Geistes" im kritischen Rückblick, Philologus 148, 2004, 168–182.

Tieropfer. Realität – Symbolik – Problematik, in: H. Böhme et al., Hg., Tiere. Eine andere Anthropologie, Köln 2004, 177–186.

Sinn und Sinnlichkeit. Antike Wurzeln unserer Sprache, in: Gymnasium Carolinum Ansbach, Jahresbericht über das Schuljahr 2003/04, Ansbach 2004, 8–17.

Sacrifice, Offerings, and Votives. Introduction, in: S.I. Johnston, ed., Religions of the Ancient World. A Guide, Cambridge/Mass., 2004, 325–326.

Policrate nelle testimonianze letterarie, in: E. Cavallini, ed., Samo. Storia, letteratura, scienza, Pisa 2004, 351–361.

Gyges to Croesus. Historiography between Herodotus and Cuneiform, in: A. Panaino, A. Piras, ed., Melammu Symposia IV, Milano 2004, 41–52.

Epiphanies and Signs of Power. Minoan Suggestions and Comparative Evidence, Illinois Classical Studies 29, 2004, 1–23.

Babylon, Memphis, Persepolis. Eastern Contexts of Greek Culture, Cambridge/Mass., 2004.

2005

Signs, Commands, and Knowledge. Ancient Divination between Enigma and Epiphany, in: S.I. Johnston, P.T. Struck, ed., Mantikê. Studies in Ancient Divination, Leiden 2005, 29–50.

Artikel 'Divination', in: Thesaurus Cultus et Rituum Antiquorum (ThesCRA), Los Angeles 2005, III, 1–16, 31–37, 39–51.

Artikel 'Profanation', in: Thesaurus Cultus et Rituum Antiquorum (ThesCRA), Los Angeles 2005, III, 271–281.

Kritiken, Rettungen und unterschwellige Lebendigkeit griechischer Mythen zur Zeit des frühen Christentums, in: R. von Haehling, Hg., Griechische Mythologie und frühes Christentum, Darmstadt 2005, 173–193.

La teogonia originale di Orfeo secondo il Papiro di Derveni, in: G. Guidorizzi, M. Melotti, Orfeo e le sue metamorfosi. Mito, arte, poesia, Roma 2005, 46–64.

Near Eastern Connections, in: J.M. Foley, ed., A Companion to Ancient Epic, Oxford 2005, 291–301.

Hesiod in context. Abstractions and divinities in an Aegean-Eastern Koiné, in: E. Stafford, J. Herrin, ed., Personification in the Greek World. From Antiquity to Byzantium, London 2005, 3–20.

Vergöttlichung von Menschen in der griechisch-römischen Antike, in: J. Stagl, W. Reinhard, Hg., Grenzen des Menschseins. Probleme einer Definition des Menschlichen, Wien 2005, 401–420.

L'ésotérisme antique, Le Point, Hors-série: Ésotérisme, Mars-Avril 2005, 19–21.

Rezension: M. Malaise, Pour une terminologie et une analyse des cultes isiaques, Bruxelles 2005, in : Gnomon 81, 2009, 82–83.

Artikel 'Initiation', in: Thesaurus Cultus et Rituum Antiquorum (ThesCRA) Los Angeles, 2005, II, 91–124.

2006

Der Meister in seiner Werkstatt. Homer-Vorlesung bei Wilamowitz, in: P. Dräger, Hg., Ulrich von Wilamowitz-Moellendorff. Homers Ilias, Hildesheim 2006, 9–14.

Mythen – Tempel – Götterbilder, in: R.G. Kratz, H. Spieckermann, Hg., Götterbilder – Gottesbilder – Weltbilder. Polytheismus und Monotheismus in der Welt der Antike, Bd. II, Griechenland und Rom, Judentum, Christentum und Islam, Tübingen 2006, 3–20.

Jacob Burckhardt über griechische Religion, in: L. Burckhardt, H.-J. Gehrke, Hg., Jacob Burckhardt und die Griechen, Basel 2006, 209–228.

Ritual between Ethology and Post-modern Aspects. Philological-historical Notes, in: E. Stavrianopoulou, ed. Ritual and Communication in the Graeco-Roman World, Liège 2006, 23–35.

Griechische Religion als "primäre Religion"?, in: A. Wagner, Hg., Primäre und sekundäre Religion als Kategorie der Religionsgeschichte des Alten Testaments, Berlin 2006, 211–226.

2007

O surgimento dos deuses e suas áreas de influência, in: D. Grassinger, ed., Deuses Gregos. Coleçâo do Museu Pergamon de Berlin, Sâo Paulo 2007, 66–109.

'Blutsverwandtschaft'. Mythos, Natur und Jurisprudenz, in: Chr. v. Braun, Chr. Wulf, Hg., Mythen des Blutes, Frankfurt 2007, 245–256.

Nachwort, in: Homer. Odyssee. Aus dem Griechischen übersetzt und kommentiert von K. Steinmann, Zürich 2007, 369–379.

Smileumata Iliaka. Three Puzzling Verses, in: P.J. Finglass et al., ed., Hesperos. Studies in Ancient Greek Poetry Presented to M.L. West on his Seventieth Birthday, Oxford 2007, 58–65.

Rezension: R.G. Edmonds, Myths of the Underworld Journey. Plato, Aristophanes and the "Orphic" gold tablets, Cambridge 2004, in: Gnomon 79, 2007, 294–297.

2008

Die Gestaltwerdung der Götter, in: D. Grassinger, Hg., Die Rückkehr der Götter. Berlins verborgener Olymp, Berlin 2008, 67–110.

Zwölf Sprachen, vier Schriften und keine Identität, FAZ, 17.01.2008, 33.

Heiliger Schauer. Biologische und philologische Blicke auf ein Phänomen der Religion, NZZ 214, 13.09.2008, 3.

Prehistory of Presocratic Philosophy in an Orientalizing Context, in: P. Curd, D.W. Graham, ed., The Oxford Handbook of Presocratic Philosophy, Oxford 2008, 55–85.

Das frühgriechische Epos und der Orient, in: Badisches Landesmuseum Karlsruhe, Hg., Zeit der Helden. Die "dunklen Jahrhunderte" Griechenlands 1200–700 v.Chr, Karlsruhe 2008, 330–331.

Odysseen. Phantasien, Realitäten und Homer, in: E. Wagner, W. Burckhardt, Hg., Odysseen. Mosse-Lectures 2007, Berlin 2008, 14–36.

Der Klassische Philologe Ulrich von Wilamowitz-Moellendorff, in: Orden Pour Le Mérite für Wissenschaften und Künste. Reden und Gedenkworte 36, 2007/08, 115–126.

El Dios solitario. Orfeo Fr. 12 Bernabé en contexto, in: A. Bernabé, F. Casadesús, ed., Orfeo y la tradición órfica, Madrid 2008, 587–597.

Medea. Arbeit am Mythos von Eumelos bis Karkinos, Freiburger Universitätsblätter 181, 2008, 37–47. Repr. in: B. Zimmermann, Hg., Mythische Wiederkehr, Freiburg 2009, 153–166.

2009

Im Schatten des Basileus. Griechisch-persische Kulturbegegnungen, in: Chr. Riedweg, ed., Grecia Maggiore. Intrecci culturali con l'Asia nel periodo Arcaico, Basel 2009, 87–97.

Griechische Weltkultur. Logos-Welt inmitten der Sprachenvielfalt, Gymnasium 116, 2009, 103–119.

Pleading for Hell. Postulates, Fantasies, and the Senselessness of Punishment, Numen 56, 2009, 141–160.

Beglaubigung jenseits der Sprache. Der Eid, in: P. Friedrich, M. Schneider, Hg., Fatale Sprachen. Eid und Fluch in Literatur- und Rechtsgeschichte, München 2009, 47–56.

Die Entdeckung der Nerven. Anatomische Evidenz und Widerstand der Philosophie, in: Chr. Brockmann, W. Brunschön, O. Overwien, Hg., Antike Medizin im Schnittpunkt von Geistes- und Naturwissenschaften, Berlin 2009, 31–44.

'Orient' since Franz Cumont. Enrichment and Dearth of a Concept, in: C. Bonnet, V. Pirenne-Delforge, D. Praet, ed., Les Religions Orientales dans le monde grec et romain. Cent ans après Cumont (1906–2006), Bruxelles/Rome 2009, 105–118.

Sardanapal zwischen Mythos und Realität. Das Grab in Kilikien, in: U. Dill, Chr. Walde, Hg., Antike Mythen. Medien, Transformationen und Konstruktionen (Fritz Graf zum 65. Geburtstag), Berlin 2009, 502–515.

Diskontinuitäten in der literarischen und bildlichen Ritualtradition, in: V. Lambrinoudakis, B. Jaeger, Hg., Religion in Lehre und Praxis (Akten des ThesCRA Kolloquiums, Basel am 22. Oktober 2004). Archaiognosia Supplementband 8, Athen 2009, 37–47.

The Song of Ares and Aphrodite. On the Relationship between the Odyssey and the Iliad, in: L.E. Doherty, ed., Homer's Odyssey. Oxford Readings in Classical Studies, Oxford 2009, 29–43.

2010

Zwischen Biologie und Geisteswissenschaft. Probleme einer interdisziplinären Anthropologie, in: A. Bierl, W. Braungart, Hg., Gewalt und Opfer, Berlin 2010, 57–70.

Horror Stories. Zur Begegnung von Biologie, Philologie und Religion, in: A. Bierl, W. Braungart, Hg., Gewalt und Opfer, Berlin 2010, 45–56.

Indices

Namen und Sachen

Ausgewählte Stellen

Moderne Autoren

Graeca

Thesaurus Linguae Graecae (Hg.)
Lexikon des frühgriechischen Epos

Lieferung 24

Lexikon des frühgriechischen Epos. Ausgabe in
Lieferungen, Lieferung 24.
2010. 128 Seiten, kartoniert
ISBN 978-3-525-25527-8

Lieferung 25

Lexikon des frühgriechischen Epos. Ausgabe in
Lieferungen, Lieferung 25.
120 Seiten, kartoniert
ISBN 978-3-525-25528-5

Das »Lexikon des frühgriechischen Epos« (LfgrE) ist ein sprachwissen-
schaftliches Lexikon zur Frühzeit der Textgattung des griechischen Epos. Es
behandelt die Epen Ilias und Odyssee von Homer sowie die Werke des Dich-
ters Hesiod und die homerischen Hymnen.

55 Jahre nach der ersten Lieferung im Jahr 1955 sind jetzt die 24. und
gleichzeitig die 25. und letzte Lieferung erschienen.

Begründer des »Thesaurus Linguae Graecae« und damit auch des »Lexikons
des frühgriechischen Epos« ist Bruno Snell (1896–1986), einer der bedeutendsten und einflussreichsten Altphilologen der Nachkriegszeit.

Der »Thesaurus« widmet sich langfristigen gräzistischen Editionen. Die Ar-
beitsstelle des »Lexikons des frühgriechischen Epos« in Hamburg gehört zu
einem Projekt der Akademie der Wissenschaften zu Göttingen. Redaktor ist
M. Meier-Brügger. W. A. Beck hat die Organisation vor Ort geleitet.

»ein Werk, das seinesgleichen nicht hat« *Hans-Albrecht Koch, NZZ online*

»Wissenschaftliche Spitzenleistungen wie die Schaffung des weltweit be-
wunderten Lexikon des frühgriechischen Epos könnten ein guter Anlass [ ]
sein.« *Joachim Latacz, Süddeutsche Zeitung*

Vandenhoeck & Ruprecht

Hypomnemata
Untersuchungen zur Antike und zu ihrem Nachleben.

V&R

Band 177: Christos Simelidis
Selected Poems of Gregory of Nazianzus
I.2.17; II.1.10, 19, 32: A Critical Edition with Introduction and Commentary
2009. 284 Seiten, gebunden
ISBN 978-3-525-25287-1

Band 178: Johannes Breuer
Der Mythos in den Oden des Horaz
Praetexte, Formen, Funktionen
2008. 444 Seiten, gebunden
ISBN 978-3-525-25285-7

Band 179: Thomas D. Frazel
The Rhetoric of Cicero's »In Verrem«
2009. 264 Seiten, gebunden
ISBN 978-3-525-25289-5

Band 180: Euree Song
Aufstieg und Abstieg der Seele
Diesseitigkeit und Jenseitigkeit in Plotins Ethik der Sorge
2009. 184 Seiten, gebunden
ISBN 978-3-525-25290-1

Band 181: John Schafer
Ars Didactica
Seneca's 94th and 95th Letters
2009. 125 Seiten, gebunden
ISBN 978-3-525-25291-8

Band 182: Margherita Maria Di Nino
I fiori campestri di Posidippo
Ricerche sulla lingua e lo stile di Posidippo di Pella
2010. 378 Seiten, gebunden
ISBN 978-3-525-25292-5

Band 183: Silvio Bär
Quintus Smyrnaeus »Posthomerica« 1
Die Wiedergeburt des Epos aus dem Geiste der Amazonomachie. Mit einem Kommentar zu den Versen 1–219
2009. 640 Seiten, gebunden
ISBN 978-3-525-25293-2

Band 184: Béatrice Lienemann
Die Argumente des Dritten Menschen in Platons Dialog »Parmenides«
Rekonstruktion und Kritik aus analytischer Perspektive
2010. 414 Seiten, gebunden
ISBN 978-3-525-25275-8

Band 185: Yosef Z. Liebersohn
The Dispute concerning Rhetoric in Hellenistic Thought
2010. 224 Seiten, gebunden
ISBN 978-3-525-25294-9

Weitere Bände in Vorbereitung.
Nähere Informationen sowie früher erschienene Bände unter www.v-r.de

Vandenhoeck & Ruprecht